"偷懒"的技术

打造财务 Excel 达人

第2版

龙逸凡　钱　勇◎著

机械工业出版社
China Machine Press

图书在版编目（CIP）数据

"偷懒"的技术：打造财务 Excel 达人 / 龙逸凡，钱勇著 . --2 版 . -- 北京：机械工业出版社，2022.1
ISBN 978-7-111-69599-8

I. ①偷… Ⅱ. ①龙… ②钱… Ⅲ. ①表处理软件 - 应用 - 财务管理 Ⅳ. ① F275-39

中国版本图书馆 CIP 数据核字（2021）第 232541 号

"偷懒"的技术：打造财务 Excel 达人　第 2 版

出版发行：	机械工业出版社（北京市西城区百万庄大街 22 号　邮政编码：100037）
责任编辑：	刘　静
责任校对：	马荣敏
印　　刷：	中国电影出版社印刷厂
版　　次：	2022 年 1 月第 2 版第 1 次印刷
开　　本：	203mm×203mm　1/20
印　　张：	19‰
书　　号：	ISBN 978-7-111-69599-8
定　　价：	99.00 元

客服电话：（010）88361066　88379833　68326294　　投稿热线：（010）88379007
华章网站：www.hzbook.com　　读者信箱：hzjg@hzbook.com

版权所有·侵权必究
封底无防伪标均为盗版　　本书法律顾问：北京大成律师事务所　韩光 / 邹晓东

赞 誉
PRAISE

这本 Excel 图书从财务人员的工作实际出发，内容涵盖了规范化操作理念、数据分析经验、表格设计范例、财务图表制作、工作表格美化，有些内容是专为财务人员打造的。而且本书一改市面上已有 Excel 图书的技术范儿，有趣、有料，让财务人员看得下去，学得轻松，用得灵活，确实是一本难得的有血有肉的 Excel 图书。

重庆市迪马实业股份有限公司（SH600565） 财务总监 易琳

"工欲善其事，必先利其器"，Excel 作为提高财务工作效率的神器，很多同志并未充分认识到，更谈不上潜心修炼。本书作者用风趣幽默的语言、生动丰富的案例讲解规范化操作要点、技巧以及数据处理心得，集多年财务实践经验之大成！这些经验和技巧非常实用、非常接地气，助读者掌握宝典精髓，轻松玩转 Excel，笑傲海量数据。本书的最后一章"表格美化"内容新颖、表格漂亮、赏心悦目，是职业晋升不可多得的法宝。

智慧农业（SZ000816） 财务总监 冯永勇

作者以独特的角度切入，开篇将如何规范化操作浓墨重彩地呈现在读者面前，这是非常实用的创新。如果说其他的书是讲具体的武功招式，那么本书就是以修炼内功开篇并贯穿始终。书中所讲的各种规范、技巧，来源于作者多年经验的积累，这些经验总结有助于 Excel 初学者在学习过程中，免去摸索之苦，快速提高 Excel 水平。

福建闽东电力股份有限公司（SZ000993） 财务总监　杨小明

快速制作一张准确、美观的财务报表是每位会计人的追求。很多会计人用了多年的 Excel，还是不得其门而入，面对纷繁复杂的数据，仍然无法快速分析、编制出心中想要的表格。这本书可以说是作者从多年实战中摸爬滚打提炼出的精髓。我相信每位会计人如果把书中的操作理念、数据分析、表格制作的实战经验应用到日常工作中，数据处理的效率就可以大大提高，我强烈推荐这本书给每位会计人！

重庆市涪陵榨菜集团股份有限公司（SZ002507） 财务总监　韦永生

作者用简单诙谐的语言、生动活泼的示例，把 Excel 对财务及其他统计内勤人员最实用的功能和操作技巧一一展现。毫不夸张地说，这本书就是让你成为 Excel 达人的捷径。本书你值得拥有。

重庆万里新能源股份有限公司（SH600847） 财务总监　杜正洪

现在的 Office 图书在介绍操作之外，也越来越多地注重设计的美感，Excel 图表也不例外。本书分享了很多让你提升效率的技巧，也分享了很多让你做出漂亮图表的设计思维，教你做出有品质的图表，很好！

《和秋叶一起学 PPT：又快又好打造说服力幻灯片》
《说服力：让你的 PPT 会说话》 作者　秋叶

推荐序

"偷懒"也是一门技术活

不经意间,我们已经步入了一个数据爆炸性增长的大数据时代,经济的飞速发展、信息技术的全面应用给企业带来了海量的数据。于是,CRM、ERP、MES以及SCM等大型应用软件应运而生。随着应用的深入,这些软件已经不只是应用软件,更是一种经营管理的思路和方法。

但是,这些大型应用软件的应用却替代不了Excel。

尽管这些大型应用软件提供了强大的分析功能和报表输出功能,但它们所提供的都是通用的报表分析,而以Excel为代表的电子表格软件却能灵活地满足企业个性化的数据分析需求。所以,很多行业的管理人员,尤其是财务人员,在日常工作中始终离不开电子表格软件。Excel作为电子表格软件的领军者,可以说与我们的工作息息相关。Excel的熟练程度,直接决定了数据分析效率的高低。不管你是一名才出道不久的会计人员,还是一名资深的财务总监,Excel都将是你在工作中最得力的帮手。另外,从职业发展的角度来看,精通Excel也会提升个人的核心竞争力,会对你的个人职业前景产生很大的正面影响。

正因如此,如果有一本好书能帮助财务人员学习并运用Excel来最大限度地提高工作效率,善莫大焉。我认为,本书就很值得渴望提高Excel水平的朋友们一读。

本书的确是一本不同寻常的Excel图书。它首先告诉我们的并不是功能，也不是函数，而是使用Excel的理念。作者将自己多年使用Excel表格的经验提炼出来加以抽象概括，总结成一条条的规范性原则和设计要求，并辅之以生动的实例，我相信给读者带来的启发和收获会很大。

这些理念和规范性原则是真正的精华，它们是充分发挥Excel功能和技巧的基础。正所谓：有道无术，术尚可求；有术无道，止于术也。

此外，本书最后两章即第六章和第七章也是一大亮点。第六章"图表制作"中的大多数图表都是以著名财经杂志的实际图表为示例，按财务分析的类别进行编排，大家在进行财务分析时可以拿来就用。第七章"表格美化"更值得大家学习。在工作中，大多数财务人员只会埋头做事，不愿意去做这些"表面文章"。实际上，所有的表格都应该做到整洁、美观，尤其是对外提供资料时，都应该有意识地为表格"化妆"。

从本书书名来看，作者的最终目标肯定是让大家学会"偷懒"之术。但是要真正实现"偷懒"，除了要有"偷懒"的思维，还要有"偷懒"的能力：要掌握Excel的具体功能，比如各种功能技巧、常用函数公式、透视表，甚至还要会编程。所以，"偷懒"还真是一门技术活。本书在"偷懒"的道路上肯定能给你以启迪和帮助，将你的Excel能力提升一个层级。

祝大家通过阅读本书，Excel水平可以超越同事和朋友，达到"举头红日白云低，五湖四海皆一望"的水平。

向志鹏
重庆东银控股集团有限公司董事、副总裁
重庆市迪马实业股份有限公司董事长
2011年中国十大优秀CFO

再版序
PREFACE

《"偷懒"的技术：打造财务 Excel 达人》（以下简称《"偷懒"1》）于 2015 年 1 月首次出版，距今已足足六年了。这期间，《"偷懒"1》在图书销售排行榜上的排名一路上升，从最初几个月的默默无闻，到后来的稳居榜首。2017 年当当网 Excel 类图书第一名，办公类图书畅销榜上第二名。这个成绩，已远超预期，这一切全都靠读者朋友们自发推荐、口碑相传。

六年，是两个 Office 版本更新的时间，《"偷懒"1》出版以来，Office 软件从 2016 版更新到了 2019 版，甚至 Office 2021 也将于 2021 年年底推出。最新的这几个版本，Excel 新增了很多实用功能，比如快速填充、预测工作表、动态数组，函数方面新增了实用的 XLOOKUP、FILTER、SORT、TEXTJOIN 等，图表方面新增了瀑布图、旭日图、漏斗图等。

而《"偷懒"1》还是按 Excel 2010 写作的，的确已经够老了，大部分用户已经在使用 Excel 2016 或 Excel 2019 了。基于此，我决定修订《"偷懒"1》。

那该如何修订呢？

除了按新版本 Excel 改写全部内容，案例也得调整，具体如何调整呢？

在动手修订前，我小范围征询了读者朋友的意见，大家的意见比较一致：《"偷懒"1》内容全面且实用、体系完整，不应将某一章内容全部删除，只将各章节中不是很实用的内容删除即可。

因而，本次修订遵循读者朋友的意见，没做大的删减改动，主要修订如下：

- 按最新的 Excel 365 来描述所有操作，并按 Excel 365 重新截图。

  如果你使用 Excel 2016 或 Excel 2019，不必担心，它们在界面上和 Excel 365 大体一致。

- 响应读者朋友的呼声，录制了讲解视频。

  对第 1 版中读者朋友问得最多的示例和知识点，录制了讲解视频，一共 25 个。

- 对个别内容做了加减法。

  增加了新功能、新函数的介绍，比如新功能快速填充，新函数 XLOOKUP、FILTER、UNIQUE 等，但没有介绍 Power Query，因为这个功能在本系列第二本《"偷懒"的技术 2：财务 Excel 表格轻松做》中已有详细介绍。

  删除了个别不是很实用的内容，将部分使用频率略低的内容移至"Excel 偷懒的技术"微信公众号。另外，还将书中部分内容进行了扩展，比如在第六章中介绍各公司业绩完成情况对比图时，就进行了扩展，新增了：多部门预算与实际对比图、各公司分上下半年的业绩完成情况对比图。但是，由于图书篇幅限制，只能将这些扩展内容放在微信公众号中，大家回复相应关键词即可获取。因而修订版的纸质书虽然看起来变薄了，但包含的内容反而增多了。

相信《"偷懒"的技术：打造财务 Excel 达人》（第 2 版）能更好地帮助你成为同事、朋友中的 Excel 达人，能帮助你提高工作效率，远离加班的困扰。

最后祝大家："偷懒"有术，工作有闲，人生有味！

龙逸凡

2021 年 10 月

自　序
PREFACE

懒者，效率之道也

写作背景

　　2013年9月底，应机械工业出版社华章公司编辑华蕾女士的邀请，计划写一本Excel在财务应用方面的书。尽管自己以前在ExcelHome论坛、中国会计视野和新浪博客陆陆续续发表过一些相关文章，但真要用几个月的时间写一本书，我对自己的能力和精力都没有足够的把握。经过了一周的深思熟虑，我最终还是决定接受这次对自身知识储备和时间管理能力的挑战。为了保证能按时完成，我特意邀请钱勇先生一起来编写本书。

　　当年国庆过后，我开始编写本书的提纲、制订写作计划，10月中旬确定目录后开始写样章，11月底样章初稿完成，12月初通过选题会后就开始过上了白天上班，早晚写稿的生活。

　　转眼大半年过去了，书稿终于在几经修改后定稿，还来不及轻松，心中倒有了一种丑媳妇要见公婆的忐忑：书中会有技术性错误吗？书的内容对读者有帮助吗？读者会喜欢吗？书中分享的方法与思路，一定就是最快捷、最完美的吗？

　　一切，尚未可知，最终要等读者朋友来评价。

书名释义

　　"懒"者，效率之道也，"懒"是社会进步的原动力。人们懒得心算，就发明了计算器；懒得按计算器，就发明了带公式的电子表格；懒得输入公式，就发明了数据透视表，透视表只需用鼠标简单地拖动就可以得出统计结果……我们日常工作中很多数据分析，也需要"懒"的精神，不求最好，但求最"懒"，这样才能进一步优化，才能最大限度地利用 Excel 已有功能，最大限度地减少手工操作。本书就是介绍如何使用 Excel 来"偷懒"，故其第 1 版就取名为《"偷懒"的技术：打造财务 Excel 达人》。

我懒，故我在，生命不息，"偷懒"不止。

篇章安排

确定写这本书时，就曾与华蕾女士沟通：要写，就一定写一本具有鲜明特色的 Excel 财务应用书。本书不求大而全，也不是单纯的技巧讲解，而是围绕效率做文章，介绍如何在工作中使用 Excel 来"偷懒"。本书强调的是，"偷懒"的基础是首先得具有良好的数据管理理念、表格制作的基本素养和高效数据分析的"四化"意识：数据规范化、操作批量化、表格模板化、公式自动化。

在这个思路下，全书分为上篇、中篇和下篇。其中上篇主要强调养成正确使用 Excel 的理念和素养，并对常用的功能、技巧和函数进行介绍；中篇通过几个常用财务工作表介绍表格的设计思路和函数的具体应用，以及各种类型的财务分析图表的制作方法；下篇则是分享表格美化的心得。

写作分工

本书第一作者龙逸凡负责第一章至第三章、第六章、第七章的写作，以及全书的统稿、技术把关；第二作者钱勇负责第四章、第五章的写作，以及全书的审校、文字的修订润色。

特别鸣谢

在本书付梓之际，特别鸣谢为本书的问世做出积极贡献的各界人士：

策划编辑华蕾女士：华蕾女士以其出色的专业素质和极强的沟通能力，为我们在写作过程中提供了积极的帮助、指导和鼓励。

素未谋面的网络好友：小新（晋江詹大标）、静水流深（桂林龙文静）、梅（合肥郑叶梅）、故乡的小河（泉州林琅）以及热心同事周玲、熊碧思、杨万洁（第2版）。他们积极参与本书初稿的预读纠错，并提供了很好的修改建议。

众多网络好友及其他素不相识的热心网友：他们非常热心地帮助构思书名、挑选书名，正因为他们的参与，才最终决定本书第1版使用书名《"偷懒"的技术：打造财务Excel达人》。特别要感谢热心参与并在自己的朋友圈中转发挑选书名活动的好友：泉州的sky630、成都的四叶草、海南的魔力鸟。

为本书写推荐语的五位上市公司财务总监：迪马股份（SH600565）的易琳女士、智慧农业（SZ000816）的冯永勇先生、闽东电力（SZ000993）的杨小明先生、涪陵榨菜（SZ002507）的韦永生先生、万里股份（SH600847）的杜正洪先生，以及秋叶老师，感谢你们抽出宝贵的时间阅读书稿，并热心地为本书写推荐语。

最后，要特别感谢为本书作序的重庆东银控股集团的副总裁向志鹏先生，感谢向总在繁忙的工作中抽出宝贵的时间阅读本书样稿，并为本书作序。

由于作者水平有限，书中难免存在疏漏错误之处，敬请读者朋友批评指正，本人邮箱：171765401@qq.com。收到指正意见后，作者将第一时间在本书官方微信公众号"Excel偷懒的技术"刊发勘误表。视频课程：http://study.163.com/u/aluolhm，读者QQ群号：514580536，欢迎加入，共同践行"偷懒"的技术。

龙逸凡

使用说明
INTRODUCTION

读者对象

本书主要面向 Excel 入门和初中级用户，尤其是财务工作者。此外，本书虽然以财务工作案例为主，但并未涉及过多的财务专业知识，不会给非财务工作者的阅读带来障碍。

软件版本

本书的写作基础是 Windows 操作系统上的中文版 Excel 365，为了对照书本操作，建议读者朋友安装中文版 Excel 2016 以后的版本 (Excel 2016 以后的版本与 Excel 365 界面基本相同)，最好安装 Excel 2019 或 Excel 365。

菜单命令

本书在描述操作连续多个菜单指令时使用右箭头进行连接，描述举例：单击【开始】选项卡→"编辑"组→"查找和选择"→"定位条件"，调出"定位"对话框。

键盘命令

键盘加黑括号表示，描述键盘命令时一般是这样描述：按住【Ctrl+Enter】组合键，是表示同时按下 Ctrl 键和 Enter 键。

鼠标命令

一般用下面的词语描述鼠标的常用操作：点击、单击、双击、右键点击、拖动。

单元格地址

单元格区域字母大写，中间的冒号为英文半角。如："A2 单元格"表示第 A 列与第 2 行交叉的单元格，"C3:F9 单元格区域"表示以 C3 单元格为左上角，F9 单元格为右下角所界定的矩形单元格区域。

函数

函数全部大写、参数全部小写。稿件中的函数字母全部大写、参数字母全部小写，如：VLOOKUP(lookup_value, table_array, col_index_num, [range_lookup])。

在正文中描述函数时不要括号，不加引号。

附赠文件

本书示例文件的电子文档，以及附赠的对账软件、表格合并工具、逸凡账务系统，请扫描封底二维码下载，或者在微信公众号"Excel 偷懒的技术"发送关键词"偷懒示例"获取下载地址。

索 引 INDEX

一、技巧秀

1. 鼠标操作技巧，123

快速跳转至数据边界，124

移动单元格，124

在同一行或列中填充数据，124

多种方式填充数据，124

删除单元格内容，125

将单元格区域复制（移动）插入目标区域，125

设定合适的行高、列宽，125

常用快捷键，125

鼠标双击技巧总结，128

【Shift】键作用总结，129

2. 鼠标键盘联用操作技巧，126

快速选定单元格区域，126

选取连续单元格区域，127

选取不连续单元格区域，127

插入单元格，127

删除单元格，127

复制单元格，127

调换单元格的顺序，127

跨工作表移动单元格，127

改变显示比例，127

以中点为中心向两端延长线段，128

绘制正方形、圆形、等边三角形，128

限制对象只在水平垂直方向移动，128

3. 批量操作，51

选择多个单元格或多个单元格区域，52

在多个单元格区域批量输入数据，52

对多个工作表进行批量常规操作，53

将已有内容、格式填充到其他工作表中，54

将多个工作表中的公式全部转换为数值，54

一次性删除工作表中的所有对象，55

一次性删除多张工作表的所有批注，55

对多个单元格区域批量求和，55

批量合并相同内容的单元格，57

批量给公式添加四舍五入 ROUND 函数，60

将表格按类别批量拆分为多个工作表，61

批量打印多个工作表、工作簿，61

4. 表格结构的规范与整理，30
删除小计、合计行，32
取消合并单元格，33
在空白单元格批量补填数据，34
快速删除空白行、空白列，39
快速删除重复值、重复记录，41
不规范数字的整理技巧，44
文本型数字转数字型数字，44
删除数字中含有的逗号、不可见字符，45
不规范文本的整理技巧，46
不规范日期的整理技巧，47
不规范时间的整理技巧，49
用数据验证规范录入的数据，50
5. 报表翻新，61
快速删除表格中手工填列的数据而保留公式，62
快速翻新表格中的公式，63
6. 工作表的汇总，72
同一工作簿多工作表的汇总，72
不同工作簿多工作表的汇总，74
7. 辅助列，80
8. Excel 与 Word 的联用，80

二、应用集

插入表格（超级表格），19
数据安全，20
删除隐藏的行、列、表，20
选择性粘贴，82
查找替换，90
筛选，93
定位，101
分列，104
快速填充，109
数据验证（数据有效性），112
条件格式，115
自定义格式，120
数据透视表，129
定义名称，157

三、图表控

1. 图表的基础知识，259
图表的类型，259
图表组成元素，260
财务分析图表实战经验，261
2. 财务分析经典图表，265
发展趋势分析经典图表，265
对比分析经典图表，281
组成结构分析经典图表，299
达成及进度分析经典图表，309
影响因素分析经典图表，323
财务管理分析经典图表，327

目录 CONTENTS

赞誉

推荐序

再版序

自序

使用说明

索引

上篇 基础，在这里夯实

第一章

理念养成
让你的制表素养洗髓易筋 / 2

作为一名财务人员，你一定常常在各种财务表格的制作中疲于奔命，如果你没有感受到Excel在数据加工中显示的威力，除了你缺乏必要的Excel功能认知外，更多的原因是你没有规范的数据处理理念、正确的表格制作思路以及良好的Excel操作习惯。本章的内容将帮助你摧毁表格设计的种种陋习，最终在数据管理和表格设计方面从理念和心法上"洗髓、易筋"，在Excel的应用能力上脱胎换骨。

第一节　表格制作的工作量真有那么大吗 / 3

第二节　伊可赛偶：数据处理效率低下的原因分析 / 6

　　　　　一、不知功能强大，抱着金砖哭穷 / 7
　　　　　二、Excel 知识欠缺，想"偷懒"难遂愿 / 8
　　　　　三、"偷懒"意识缺乏，始终原地踏步 / 9
　　　　　四、灵活运用不够，效率有待激活 / 11
　　　　　五、操作习惯不良，永远事倍功半 / 11
　　　　　六、理念素养欠缺，障碍有待清除 / 12
　　第三节　一可赛二：规范化数据处理的"偷懒"心法 / 13
　　　　　一、始终有"根据用途确定表格类型及结构"的意识 / 13
　　　　　二、遵循六大使用原则，从心所欲不逾矩 / 15
　　　　　三、三类表格的具体设计要求 / 24
　　　　　四、使用 Excel 表格的其他专业素养 / 25

第二章

心法修炼
让你的工作效率一可赛二 / 28

要将"偷懒"进行到底、实现高效数据分析，首先得做到数据规范化、操作批量化、表格模板化、公式自动化。在本章中，我们就将围绕此"四化"介绍一些实用的表格编制心法和制作技巧。掌握了这些心法和技巧，你的数据处理和表格编制效率将得到切实的提高。

　　第一节　正本清源：不规范数据的整理技巧 / 29
　　　　　一、表格结构的规范与整理 / 30
　　　　　二、快速删除空白行、空白列 / 39
　　　　　三、快速删除重复值、重复记录 / 41
　　　　　四、不规范数字的整理技巧 / 44
　　　　　五、不规范文本的整理技巧 / 46
　　　　　六、不规范日期的整理技巧 / 47
　　　　　七、不规范时间的整理技巧 / 49

　　　　　　八、用数据验证规范录入的数据 / 50

　　第二节　以一当十：批量操作最"偷懒" / 51

　　　　　　一、批量操作多个单元格或多个单元格区域 / 51

　　　　　　二、批量操作多个工作表 / 53

　　　　　　三、对多个单元格区域批量求和 / 55

　　　　　　四、批量合并相同内容的单元格 / 57

　　　　　　五、批量给公式添加四舍五入 ROUND 函数 / 60

　　　　　　六、将表格按类别批量拆分为多个工作表 / 61

　　　　　　七、批量打印多个工作表、工作簿 / 61

　　第三节　坐享其成：报表翻新的"偷懒"妙招 / 61

　　　　　　一、快速删除表格中手工填列的数据而
　　　　　　　　保留公式 / 62

　　　　　　二、快速翻新表格中的公式 / 63

　　第四节　一劳永逸：让你的汇总表自动统计新增表格 / 69

　　第五节　一蹴而就：让多工作表、多工作簿数据汇总
　　　　　　更高效 / 72

　　　　　　一、同一工作簿多工作表的汇总 / 72

　　　　　　二、不同工作簿多工作表的汇总 / 74

第三章

技巧提升
让你的表格操作得心应手 / 81

本章不只是简单地介绍 Excel 的功能，而是通过实例讲解常用功能和技巧，让你领略 Excel 中蕴藏着的魔法效应。在这里，你将看到用鼠标在单元格区域实现快速跳转、用查找替换转换公式、使用选择性粘贴将元切换为万元，以及使用数据透视表快速实现本年累计、同比增长、环比增长分析等非常实用的应用示例。

第一节　掌握实用功能与技巧让你游刃有余 / 82

　　一、选择性粘贴及其精彩应用 / 82

　　二、查找替换及其精彩应用 / 90

　　三、筛选及其精彩应用 / 93

　　四、定位及其精彩应用 / 101

　　五、分列及其精彩应用 / 104

　　六、快速填充及其精彩应用 / 109

　　七、数据验证及其精彩应用 / 112

　　八、条件格式及其精彩应用 / 115

　　九、自定义格式及其精彩应用 / 120

第二节　掌握快捷键让你练就弹指神功 / 123

　　一、鼠标操作技巧 / 123

　　二、键盘操作技巧 / 125

　　三、鼠标键盘联用操作技巧 / 126

　　四、鼠标双击技巧总结 / 128

　　五、【Shift】键作用总结 / 129

第三节　掌握数据透视表让你以一当十 / 129

　　一、数据透视表的用途 / 130

　　二、如何创建数据透视表 / 130

　　三、数据透视表的布局和格式 / 136

　　四、数据透视表的汇总方式 / 139

　　五、数据透视表的组合功能：快速编制月报、季报、年报 / 141

　　六、数据透视表的显示方式：进行累计、环比、同比分析 / 144

　　七、数据透视表的切片器 / 150

　　八、利用透视表汇总多个工作表的数据 / 152

第四章

函数集萃
让你的数据分析游刃有余 / 153

Excel 365 中有 478 个函数，其实只需要掌握其中的 1/10，就可以满足工作七八成以上的需求，让你的数据加工效率得到极大的提升。而在编制公式时善于对问题进行逻辑分析和规律总结，更会让你在设计公式时如虎添翼。

第一节　函数与公式序曲 / 154

　　一、函数长什么样 / 154

　　二、参数都接受哪些数据类型 / 155

　　三、公式的实质 / 155

　　四、单元格地址引用的表达 / 156

　　五、运算符的类型和标准写法 / 156

　　六、定义名称 / 157

　　七、判断值隐藏的数字身份 / 159

第二节　逻辑函数 / 159

　　一、IF 函数：条件选择的不二法宝 / 159

　　二、函数名称及语法格式 / 159

　　三、提问解答 / 160

　　四、AND 函数、OR 函数以及 NOT 函数：
　　　　条件判断的得力助手 / 161

　　五、IFERROR 函数：清道夫 / 164

第三节　数学与三角函数类 / 164

　　一、SUMIF 函数：专攻单条件求和 / 164

　　二、SUMIFS 函数：SUMIF 函数的加强版 / 168

　　三、SUMPRODUCT 函数：求和计数跨界高手 / 171

四、ROUND 函数：从根源上控制小数位数 / 174

五、INT 函数：整数切割机 / 175

六、其他常用的数学与三角函数一览 / 177

第四节　日期与时间类 / 177

一、日期组成与分解函数 / 177

二、日期推移函数 / 178

第五节　查找与引用类 / 178

一、VLOOKUP 函数和 HLOOKUP 函数：关联查找神器 / 178

二、INDEX 函数：坐标追踪仪 / 183

三、MATCH 函数：位次反馈仪 / 184

四、OFFSET 函数：偏移追踪器 / 186

五、LOOKUP 函数：查找函数界鬼才 / 189

六、XLOOKUP 函数：新生代查找神器 / 191

七、FILTER 函数：称手的筛选器 / 197

八、UNIQUE 函数：唯一值萃取机 / 199

九、ROW 函数和 COLUMN 函数：行列坐标记录仪 / 202

第六节　文本类 / 203

一、LEFT、RIGHT 函数：截取器函数 / 203

二、LEN 函数和 LENB 函数：求字符串（字节）长度 / 203

三、FIND 函数：字符位置探查器 / 205

第七节　统计类 / 206

一、COUNT 家族：计数器世家 / 206

二、MAX、MIN 函数：极值函数 / 207

三、AVERAGE 函数：算术平均值计算器 / 208

中篇 实践，在这里深入

第五章
实战演习
让你的表格设计更上层楼 / 210

要设计一套功能强大的财务工作表，需要的是表格设计过程中的逻辑思维和函数的拓展应用能力。本章以实际应用为出发点，通过三个财务工作表格来讲解前面章节中的表格设计规范和数据管理理念、各个表格的设计思路、Excel常用功能或函数的应用。

第一节　账龄统计表：IF 函数经典应用示例 / 211
　　一、基本框架与功能展示 / 211
　　二、基本前提及假设 / 213
　　三、注意事项 / 214
　　四、知识点储备 / 215
　　五、主要信息的公式设计方法 / 215
　　六、逻辑校验信息的公式设计方法 / 223

第二节　长期资产摊销统计表：待摊资产的智能化管理示例 / 225
　　一、基本框架与功能展示 / 225
　　二、基本前提及假设 / 226
　　三、注意事项 / 227
　　四、知识点装备 / 227
　　五、主要信息的公式设计方法 / 228
　　六、逻辑校验信息的公式设计方法 / 239

第三节　贷款管理台账：贷款本息管理工具 / 240
　　一、基本框架与功能展示 / 241
　　二、基本前提及假设 / 241
　　三、注意事项 / 242

四、知识点储备 / 243

五、主要信息的公式设计方法 / 243

第六章

图表制作
让你的财务分析图文并茂 / 258

人们常说"一图胜千言",使用图表可以使数据的比较、趋势或结构组成一目了然,可以让财务分析、经营分析图文并茂,更直观、更有说服力,也显得更专业。本章将以著名财经杂志上的图表为实例,介绍财务分析中各种图表的制作,如发展趋势分析、对比分析、组成结构分析、达成及进度分析、影响因素分析、本量利分析等。掌握了本章的图表,可满足财务分析的大部分图表制作需求。

第一节　图表的基础知识 / 259

　　一、图表的类型 / 259

　　二、认识图表组成元素 / 260

　　三、财务分析图表实战经验 / 261

第二节　财务分析经典图表 / 265

　　一、发展趋势分析经典图表 / 265

　　二、对比分析经典图表 / 281

　　三、组成结构分析经典图表 / 299

　　四、达成及进度分析经典图表 / 309

　　五、影响因素分析经典图表 / 323

　　六、财务管理分析经典图表 / 327

第三节　动态图表的制作 / 331

　　一、动态图表基础知识 / 331

　　二、动态图表举例 / 335

下篇 气质,在这里升华

第七章
表格美化
让你的财务表格锦上添花 / 342

人靠衣妆马靠鞍,报表亦如此。我们制作的报表除了内容上要做到数字准确,还要从形式上做到美观大方。漂亮的表格既能让表格更便于阅读、更清晰地传递信息,还可以给表格增添专业严谨的商务气质。本章从理论上介绍表格的美化技巧,同时以丰富生动的商业杂志的表格为例介绍如何使报表更美观、更易于阅读、更清晰地表达报表要传递的信息。通过本章的学习,读者可轻松制作出精美绝伦的 Excel 表格。

第一节　表格外观设计的陋习 / 343
第二节　表格美化的目的、方法与技巧 / 345
　　一、正确布局让逻辑更合理 / 345
　　二、层次分明让结构更清晰 / 350
　　三、鹤立鸡群让重点更突出 / 353
　　四、格式得体让表格更美观 / 355
第三节　表格美化应考虑的问题 / 361
　　一、考虑公司的 VI（视觉识别）要求 / 361
　　二、考虑表格的用途 / 361
　　三、考虑是否要打印 / 361
　　四、考虑标题是否写明重点 / 362
　　五、尊重报表使用者的偏好 / 363

后记
仰望半山腰 / 364

上 篇

基础，在这里夯实

第一章 理念养成

让你的制表素养洗髓易筋

亲爱的读者，在开始本书的阅读旅程之前，先来做一个小调查：

"Excel"你是怎么读的？

人们常说，一千个人眼中有一千个哈姆雷特。同样，对于"Excel"不同的人也有不同的读法：不用 Excel 的人的读法是 [ik'sel]，Excel 菜鸟一般将其读成"伊可赛偶"以示谦虚好学，"表哥""表妹"读成"一个 cell"以示低调，Excel 老鸟读成"一可赛二"以彰显自信，而 Excel 高手则会读成"一个神哦"以示其卓尔不群。你是怎么读的？

第一节　表格制作的工作量真有那么大吗

《南乡一剪梅·加班》

南山小亭台，假日欲往赏花开。突闻加班通知到：晴也须来，雨也须来。

无奈换行装，惜别春衣染绿苔。若待掌握"偷懒"术，花也灿烂，心也灿烂。

作为财务人员，我们的日常工作除了账务处理外，还有大量时间用于和表格打交道。我们应该都有这般经历：每个月总有那么几天，心情总是"湿漉漉"的，一到下班时间，其他部门的同事一脸幸福地拎包走人，而我们却还在不见天日地埋头做着各种报表。甚至在节假日，我们也是要么在做报表，要么就在赶回办公室做报表的路上。

真够悲催的！

"Excel"本意是"优于、胜过"，Excel作为微软Office办公套件之一，的确胜过市面上所有的同类软件。按理说，经常做报表的"表哥""表妹"使用Excel的熟练程度也应该"优于、胜过"其他人，在工作效率上应该"一可赛二"，但大部分人却还是只能谦虚低调地说"伊可赛偶"，原因是什么？

我们是否反思过：在日常工作中，数据分析和表格编制的工作量真有那么大吗？是否存在"没有困难，制造困难也要上"的情形？我们的表格在字段设置、行列布局、数据格式设置，还有数据分析流程、个人的Excel操作习惯等各个环节中，是否存在什么问题？有没有可优化的地方？

我们先来看一下国内人气最旺的Excel学习论坛ExcelHome官方微博的一则微博消息：

最“牛”Excel 用法

请帮这位老师做成绩分析（见图 1-1）：计算各班的平均分、最高分、最低分。你能在多长时间内统计出来？

	A	B	C	D	E	F
1						
2		一班	二班	三班	四班	五班
3		朱志斌 120	黄跃西 124	郑艺勇 116	郑怀德 126	方艺君 97
4		朱　凤 122	郑翠能 117	黄坤龙 101	陈惠卿 100	郑志敏 100
5		郑丽苹 140	方松波 118	林明辉 108	陈勇辉 105	黄惠红 99
6		林瑞凤 138	方阳平 131	方小明 114	陈艺勇 69	李　坤 101
7		郭杰明 131	郑　芬 119	陈丽灵 115	黄燕雪 99	邱　杰 96
8		陈碧琛 128	郑雅芬 120	郑艺燕 119	黄庚金 85	任　峰 107
9		林健华 113	郑雅苹 99	黄建财 117	方艺红 107	张淑娴 106
10		许　杰 122	黄艺兴 102	黄荣宝 135	郑清能 107	赵继文 110
11		郑燕丽 100	许建慧 117	方伟君 136	林燕玲 120	肖传敏 109
12		方小强 108	黄志红 105	郑武容 116	方少君 98	黄　莺 114
13		黄智坤 133	林　龙 96	庄艺家 119	邱惠玲 104	陈修田 108
14		许艺红 123	林良坤 135	郑伟敏 112	方宝成 98	方艺勇 100
15						
16	平均分					
17	最高分					
18	最低分					

图 1-1　学生成绩统计表

如果这是一张规范的表格，用 AVERAGE 函数、MAX 函数及 MIN 函数在 1 分钟之内就可以完成统计。如果你对 Excel 比较熟练，对这种不规范的表格，也可以使用“分列”功能对各列中的姓名和分数进行分割，将其迅速整理成规范的表格后再进行统计分析。而如果你不懂这些预处理方法，手工计算，可能要花 5 分钟、10 分钟，甚至更长，效率也会比上述两种情况低许多。

也许你会说，像这种将 Excel 当 Word 用的只是极端案例，不具有普遍性，并不能代表咱们“表哥”“表妹”的真实水平，也并不是我们加班熬夜的主要原因。那么，我们再来看一个更具有普遍性的例子。

按照逸凡公司对财务人员的合同管理要求，销售会计每天都要登记合同台账，每个月大约会签订六七十份合同。销售会计设计的合同台账如图 1-2 所示。为便于展示，图 1-2 为简化后的数据。

逸凡公司合同登记台账

日期	客户名称	商品名称	合同号	颜色			付款方式
				红	黑	灰	
20200101	重庆新世纪电子有限公司	商品A	20200001	713.23			现销
20200106	重庆环宇实业	商品BB	20200002			333.08	赊销
2020.1.10	新世纪电子	商品A	20200003	163.58			赊销
2020.1.13	重庆新世纪电子	商品CCC	20200004		548.55		分期付款
2020.1.20	环宇实业	商品BB	20200005			576.68	现销
	环宇实业	商品CCC		273.78			
1月小计				1,150.59	548.55	909.76	
2020.2.2	重庆新世纪电子	商品A	20200006	488.17			
2020.2.5	长安汽车	商品BB	20200007		843.60		赊销
2020.2.10	江淮动力	商品A	20200008		574.25		现销
		商品BB		756.10			
2020.2.16	江淮动力	商品A	20200009			841.67	赊销
2020.2.22	环宇实业	商品CCC	20200010		180.22		现销
2020.2.23	江淮动力	商品BB	20200011	799.58			赊销
2020.2.25	环宇实业公司	商品A	20200012			145.03	现销
2020.2.28	长安汽车	商品BB	20200013	361.48			
2月小计				2,405.33	1,598.07	986.70	
2020.3.5		商品A		803.13			
2020.3.6	江淮动力	商品CCC	20200014		989.99		现销
2020.3.12		商品BB		512.60			
2020.3.18	长安汽车	商品A	20200015			865.77	赊销
2020.3.25	重庆长安汽车	商品A	20200016		563.89		现销
2020.3.26	长安汽车	商品BB	20200017	285.32			分期付款
2020.3.30	长安汽车	商品A	20200018			373.73	现销
3月小计				1,601.05	1,553.88	1,239.50	
合计				5,156.97	3,700.50	3,135.96	

图 1-2 逸凡公司合同登记台账

看到这个表格,大家是不是有似曾相识的感觉?初看之下,感觉销售合同台账设计得还蛮不错的,按月小计,还有商品颜色分类,付款方式等备注得也很清晰。真的是这样吗?

假设现在是 12 月,财务经理要求销售会计对今年的订单情况做一个分析,其中包括订单金额前十名的客户订单金额、构成比例,最畅销的前五种商品及其构成,畅销商品中最畅销的颜色。要求销售会计在一个小时内提交分析结果!最后,财务经理还轻描淡写地加了一句:"哦,还有,你另外再加个同比分析。"

如果你就是这名销售会计，听了财务经理布置的工作是什么样的感觉？是不是要崩溃了？是不是觉得财务经理有点不通人情？两年一两千份合同呢，这么大的数据量怎么可能在一个小时之内完成？领导，你这是逼我成长吗？！

那么，你认为完成这个分析需要多长时间？三个小时？一天还是两天？就图1-2来讲，要在一个小时内做完分析工作的确是不可能完成的任务，能在一天内搞定都算高效了。因为这个表格的设计和数据格式都存在诸多问题，比如：表头使用合并单元格、多行标题、日期不规范、同一合同使用合并单元格、同一客户使用不同简称、清单中使用小计合计、记录之间有空行等，这些看似无伤大雅的小问题，都会导致无法使用Excel的数据透视表功能进行快速分析。

反之，如果表格设计合理、数据规范，那么使用数据透视表功能，用一二十分钟就能轻松搞定领导布置的分析任务，具体方法详见第三章数据透视表部分。

本来十分钟就可以完成的工作却要花一天，甚至一天还不一定能完成！这就是大部分财务人员经常加班的原因之一！所以难免会出现网络段子所描述的情况：一个Excel表格，足足搞了两天，三番四次，五易其稿，六神无主很生气，七上八下心不安，久久折腾到崩溃，十分挑战人格分裂极限！

上面两个例子都是因为表格设计不规范，导致我们"没有困难，制造困难也要上"，不仅数据处理效率低下，还费力不讨好，常被领导批评。

第二节　伊可赛偶：数据处理效率低下的原因分析

春眠不觉晓，我在做报表；锄禾日当午，汗滴做报表；夕阳无限好，还在做报表；举头望明月，低头做报表……洛阳亲友如相问，就说我在做报表；众人寻我千百度，蓦然回首，发现我在灯火阑珊处——做报表！

看了第一节的例子，我们对财务人员数据处理效率低下、经常加班熬夜做报表的原因有了大概的认识。下面我们全面分析一下数据处理效率低下的原因，以便有针对性地加以改进。

一、不知功能强大，抱着金砖哭穷

财务部需要补充人手，财务经理通过筛选最终招了一位小"表妹"，选择她是因为看她专业知识还不错，加之看到她简历上写着"熟练掌握 Excel 常用功能，熟练使用 Word、PowerPoint"。（悄悄问一声：你的简历这样写过没？）一天，"表妹"按财务经理的要求从系统里导出了一张员工借款表，如图 1-3 所示。

财务经理要求她把职员字段去掉编码，只保留姓名。于是，勤劳踏实、兢兢业业、任劳任怨的小"表妹"从"刘一"开始，双击鼠标→选中姓名前的编码→按【Delete】键将编码删除→再移到"陈二"所在行……相同的动作，周而复始、循环往复。二十几分钟后，终于大功告成，她将表格上报财务经理。

图 1-3　员工借款表

财务经理很纳闷地问"表妹"怎么弄了那么久，"表妹"有些委屈："500多条呢，要一条一条地改，我眼睛都看直了……"财务经理笑了，打开示例文件"表 1-2　员工借款表"（示例文件下载地址见封底），选定职员列→按【Ctrl+H】组合键→在查找栏输入"*-"→替换栏什么都不填→点击"全部替换"，立马完工（扫描二维码观看操作视频）。小"表妹"当场石化，惊呼："啊？这么快！Excel 还有这功能呀？"

扫码观看操作视频

听完这个故事你是否会心一笑？你和你的小伙伴是否也曾惊呼："啊？Excel 竟然还有这个功能！"Excel 有太多的功能我们不曾认识，更未曾使用。如图 1-4 中的老人一样，电子文档有错误，老人却不知道文字编辑软件有相应的修改功能，一心想着使用涂改液来改写电子文档中的错误。

图 1-4　"复古风"的文字涂改工具

这是导致我们工作效率低下的原因之一。我们已学会使用的功能也许达不到 Excel 功能的 20%。平时我们使用得较多一点的 Excel 功能有常用函数、筛选、排序、汇总、数据透视、条件格式、数据有效性等；冷门一点的功能有定位、合并计算、模拟分析、单变量求解等；高端一点的还有 Power Query、VBA 等。先不说这些功能我们真正会应用的有多少，我们至少应该知道 Excel 有这些功能，以及它们能做什么。否则，难免会出现住在金砖砌的房子里，却还以为自己穷得叮当响的情形。

只有对 Excel 强大的功能有所了解，我们才会在遇到问题的时候，首先想到用这些功能去解决问题，而不是傻乎乎地采用手工方法。知道有这些功能，不会用没关系，可以查看帮助、去网上找教程，有需求就有学习的动力，通过自我学习解决了问题，工作效率大幅提高，就会进一步提高学习的兴趣。如果不去了解 Excel 的功能，有了需求也不去摸索学习，那么你的 Excel 水平永远无法提高，工作效率与同事们相比也永远是"伊可赛偶"。

二、Excel 知识欠缺，想"偷懒"难遂愿

在了解了 Excel 的强大功能后，如果不进行持续深入的学习，同样无法掌握其基本的功能用法和实用技巧。没有 Excel 知识点的储备，就没有"偷懒"的本钱。

同样的一件事，用笨的手工方法需要 10 分钟，但用一些实用的 Excel 操作功能或技巧可能只需要 1 分钟，甚至半分钟。比如，熊孩子上计算机课的时候给同桌的女孩递纸条被老师逮到，被罚在电脑上录入"我再也不给美女递纸条了"500 遍。他要完成此项作业，至少有以下几种方法。

> 方法 1：手工输入 500 遍，可能需要两三个小时。
> 方法 2：通过复制粘贴来完成，可能需要 5～10 分钟。
> 方法 3：打开 Excel 在一个单元格输入"我再也不给美女递纸条了"，通过拖动填充柄填充来完成，可能需要半分钟。
> 方法 4：在 A1 单元格上方的名称框输入 A1:A500，回车后选定 A1:A500 单元格，输入"我再也不给美女递纸条了"，按【Ctrl+Enter】键就可以在 A1:A500 单元格一次性完成输入，半分钟搞定。

方法 5：使用函数，打开 Excel 输入公式：

=REPT(" 我再也不给美女递纸条了 ",SEQUENCE(500,1,1,0))

15 秒内即可完成。

注：如果使用的不是 OFFICE 365，可输入下面的公式：

=REPT(" 我再也不给美女递纸条了 "&CHAR(10),500)

以上五种方法的效率高下立见。如果你是那熊孩子，你选择什么方法呢？当然，除了上面列出的五种方法，也许还有比这些更快、更"偷懒"的方法。但前提是，你的大脑里必须储备了相关的知识点。

再比如，图 1-5 的表格中，横向和纵向的小计栏都需要用到求和公式，一般的做法是：

在 H2 单元格输入公式：=SUM(C2:G2) → 拖动填充柄下拉填充，然后在 C5 单元格输入公式：=SUM(C2:C4) → 拖动填充柄右拉填充。

实际上有更"偷懒"的方法：

直接选定 C2:H5 单元格区域 → 点击 ∑ 自动求和按钮或者按【Alt+=】快捷键，即可快速完成行列求和。如果知道此技巧，操作效率就可大大提高。

	A	B	C	D	E	F	G	H
1	片区	姓名	项目1	项目2	项目3	项目4	项目5	小计
2		员工1	1	2	3	4	5	
3	西部	员工2	6	7	8	9	10	
4		员工3	11	12	13	14	15	
5	西部小计							

图 1-5 项目统计表

三、"偷懒"意识缺乏，始终原地踏步

"表哥""表妹"常用"加班不知日月短，岂料世上已千年"来自嘲，岂知加班是有原因的，数据处理效率低下只是表象，真正的原因是他们满足于当前的解决方案，缺乏"偷懒"的意识。如果做表格时觉得数据处理效率不高，重复工作量大，请先别忙着埋头苦干，赶紧想一想，方法是不是错了？

如果没错,那此方法是不是最优的?有没有更好、更"偷懒"的解决办法?是不是该向谷歌、百度寻求更佳的解决方案了?

图 1-6 中,各项费用按月登记,各表的结构完全一样,要在"汇总表"中输入公式对各月各项费用求和,比如:统计 1 ~ 12 月的费用 1 之和,常规的公式为:

='1 月 '!B2+'2 月 '!B2+'3 月 '!B2+'4 月 '!B2+'5 月 '!B2+'6 月 '!B2+'7 月 '!B2+'8 月 '!B2+'9 月 '!B2+'10 月 '!B2+'11 月 '!B2+'12 月 '!B2

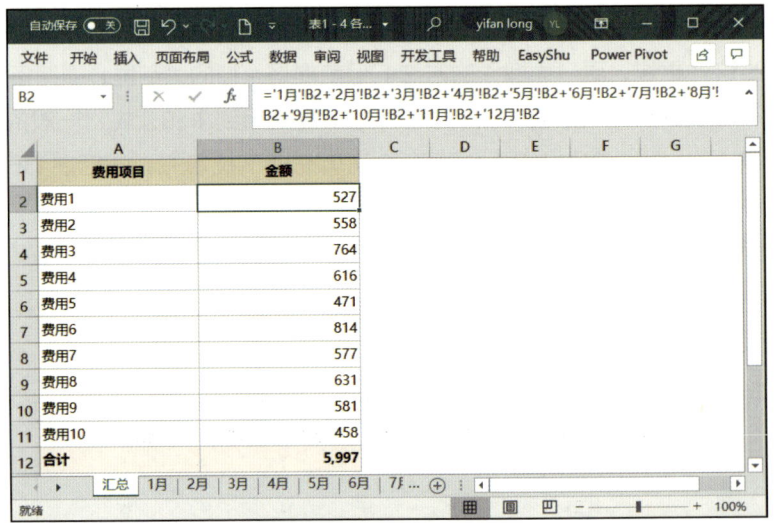

图 1-6 各月费用汇总表

录入这一公式既费事又容易出错,这个时候我们就应该有"偷懒"的意识,应该问自己有没有更好的方法来快速求和。其实,只要百度一下"如何快速对多个工作表的同一单元格求和"就能找到更好的公式:

=SUM('1 月 :12 月 '!B2)

此公式录入方法及详细讲解请扫描二维码观看操作视频。

扫码观看操作视频

四、灵活运用不够，效率有待激活

大部分财务人员对 Excel 的强大功能有足够的认识，也掌握了一些常用的功能，并有"偷懒"的意识。但是，由于缺乏对这些功能的灵活运用，操作效率依然不高。比如查找替换是 Excel 最常见的功能之一，但大部分人对其认识也仅限于简单的查找替换。实际上，查找替换能实现很多功能，可以大大提高我们的操作效率。例如：

（1）利用查找替换转置已录入公式的单元格区域。
（2）利用查找选定包含特定内容的所有单元格。
（3）利用查找替换批量删除 0 值、分行符。
（4）查找特定格式的单元格。
（5）用查找功能近似实现定位的功能。

■ **链接**

灵活运用查找替换功能的详细讲解请参见本书第三章第一节。

运用不够灵活也体现在表格制作的思路上。比如我们每个月填报的报表格式大部分是相同的，如合同汇总表、月度经营分析。这些报表都是要对数据进行分析加工后填报的，我们可以通过编制公式，结合规范性的工作表命名、查找替换功能来翻新这些报表：只要将上月的报表复制一份，将基础数据放到指定的文件夹，通过查找替换来批量修改公式引用的表格就可以实现对当月报表的统计分析，省却了大量重复劳动，极大地提高了工作效率。如果会灵活运用 Excel 基础知识，你会发现：原来，"偷懒"这么简单。

■ **链接**

关于报表的翻新、动态表格的制作请参见第二章第三节、第四节。

五、操作习惯不良，永远事倍功半

Excel 数据处理工作中还潜伏着一个无形杀手，就是不良的操作习惯。部分财务人员由于 Excel

知识缺乏，遇到问题只能使用笨办法来解决，久而久之养成了不良的操作习惯，而这些习惯甚至进一步给数据处理造成了障碍。

比如：要将表格从第一行翻到最后一行时，大家习惯性地使用鼠标滚轮翻动表格，表格较小时影响不明显，而当表格较大时，任凭鼠标滚轮怎样痛苦地"吱吱"叫也滚不到目标行。假如使用【Ctrl+↓】快捷键快速跳转，则可以大大提高操作效率。

又如：人们在清单型（定义及作用见本章第三节）表格中习惯性地使用多行表头、斜线表头、合并单元格等，习惯性地在清单型表格内插入小计行，这些不良的操作习惯会给后期的数据处理带来很大的障碍，极大地影响数据处理效率。具体原因分析详见本章第三节。

六、理念素养欠缺，障碍有待清除

如前所述，很多 Excel 问题都是由不良的操作习惯和表格设计造成的。要想让 Excel 充分发挥其强大的数据分析功能，有两个基本前提：表格设计合理和数据录入规范。这就要求我们在使用 Excel 时要具备良好的数据管理理念。

数据管理理念是金字塔的塔底，金字塔的中间是表格设计规范，塔尖才是基本操作及函数、VBA（如图 1-7 所示）。**如果没有良好的数据管理理念和表格设计规范，一味地追求操作技巧和复杂的公式，往往会导致空有理论却无法施展。沙地上是盖不起高楼的，初学者不要热衷于技巧而忽略了表格设计的基本规范。掌握了良好的数据管理理念和表格设计规范，Excel 已有的功能才能最大限度地发挥作用。**

图 1-7　使用 Excel 应具备的理念与技能

第三节 一可赛二：规范化数据处理的"偷懒"心法

《易筋经》云："谓登正果者，其初基有二：一曰清虚，一曰脱换。能清虚则无障，能脱换则无碍。无碍无障，始可入定出定矣。知乎此，则进道有其基矣。所云清虚者，洗髓是也；脱换者，易筋是也。"

本节的目的就是帮助读者在数据处理和表格设计方面从理念和心法上"洗髓、易筋"，克服表格设计的种种陋习，了解各类表格的基本设计规范，掌握高效数据处理的实用技巧，让你在 Excel 表格应用方面脱胎换骨，无障无碍。本节是站在理论高度来介绍数据处理和表格设计的，读起来可能略显枯燥，但是，强烈建议你认真仔细地阅读完，并且还要多读几遍。因为这些心法都是笔者走了很多弯路后才摸索出的经验。要想"偷懒"，首先要练好基本功！掌握了这些数据处理原则，会让你在学习 Excel 的过程中更快地走上快车道，使用 Excel 的理念也会脱胎换骨，看表格的眼光会上升一个层级。

那么，如何才能练好"偷懒"的基本功呢？

一、始终有"根据用途确定表格类型及结构"的意识

针对不同的用途需要使用不同的表格，而不同的表格也有不同的设计要求。

我们用 Excel 进行数据处理的目的主要有三个：存储数据、制作图表，以及进行数据分析并提炼出报表。如果数据量不是很大，可以在 Excel 中直接录入数据并保存，再进行加工分析。如果是海量数据，Excel 则无法胜任，这不是我们讨论的范畴，暂且略过。因而，Excel 数据处理的完整流程包括数据输入、数据存储、数据加工以及报表输出。

根据所处的 Excel 数据处理的流程环节以及表格的性质不同，可以将 Excel 表格分为清单型、报表型、其他型三大类型。

1. 清单型表格

与数据存储环节相对应的是清单型表格。此类表格其实就是一个数据仓库，主要用于存储基础

数据，其数据来源可能是直接录入，也可能是外部数据导入。各种台账（见图 1-8 中的合同登记台账）、会计凭证序时簿、业务明细表等都是清单型表格。其使用对象是数据加工者，数据加工的所有基础数据大多来自清单型表格。因而，清单型表格设计是否合理，格式是否规范，将直接影响到后期的数据加工效率。

日期	合同号	客户名称	付款方式	商品名称	颜色	金额
2020-1-1	20200001	重庆新世纪电子有限公司	现销	商品A	红	713.23
2020-1-6	20200002	重庆环宇实业有限公司	赊销	商品BB	灰	333.08
2020-1-10	20200003	重庆新世纪电子有限公司	赊销	商品A	红	163.58
2020-1-13	20200004	重庆新世纪电子有限公司	分期付款	商品CCC	黑	548.55
2020-1-20	20200005	重庆环宇实业有限公司	现销	商品BB	灰	576.68
2020-1-20	20200005	重庆环宇实业有限公司	现销	商品CCC	红	273.78
2020-2-2	20200006	重庆新世纪电子有限公司	现销	商品A	红	488.17
2020-2-5	20200007	重庆长安器材有限公司	赊销	商品BB	黑	843.60
2020-2-10	20200008	江苏江淮动力股份有限公司	现销	商品A	黑	574.25
2020-2-10	20200008	江苏江淮动力股份有限公司	现销	商品BB	红	756.10
2020-2-16	20200009	江苏江淮动力股份有限公司	赊销	商品A	灰	841.67
2020-2-22	20200010	重庆环宇实业有限公司	现销	商品CCC	黑	180.22
2020-2-23	20200011	江苏江淮动力股份有限公司	现销	商品BB	红	799.58
2020-2-25	20200012	重庆环宇实业有限公司	现销	商品A	灰	145.03
2020-2-28	20200013	重庆长安器材有限公司	现销	商品BB	红	361.48
2020-3-5	20200014	江苏江淮动力股份有限公司	现销	商品A	红	803.13
2020-3-6	20200014	江苏江淮动力股份有限公司	现销	商品CCC	黑	989.99
2020-3-12	20200014	江苏江淮动力股份有限公司	现销	商品BB	红	512.60
2020-3-18	20200015	重庆长安器材有限公司	赊销	商品A	灰	865.77
2020-3-25	20200016	重庆长安器材有限公司	现销	商品BB	黑	563.89
2020-3-26	20200017	重庆长安器材有限公司	分期付款	商品BB	红	285.32
2020-3-30	20200018	重庆长安器材有限公司	现销	商品A	灰	373.73

图 1-8 清单型表格示例

2. 报表型表格

与报表输出环节相对应的是报表型表格。数据量较小时，清单型表格与报表型表格合二为一；数据量较大时，就必须用报表型表格来进行汇总数据的信息输出，它反映的信息都是经过加工处理高度浓缩后的，比如各种汇总表、财务报表等（见图 1-9），其使用对象就是信息的最终用户。

逸凡公司订单统计表				
日期	商品名称	订单金额			总计

日期	商品名称	黑色	红色	灰色	总计
1月	商品A		876.81		876.81
	商品BB			909.76	909.76
	商品CCC	548.55	273.78		822.33
2月	商品A	574.25	488.17	986.70	2,049.12
	商品BB	843.60	1,917.16		2,760.76
	商品CCC	180.22			180.22
3月	商品A	563.89	803.13	1,239.50	2,606.52
	商品BB		797.92		797.92
	商品CCC	989.99			989.99
总计		3,700.50	5,156.97	3,135.96	11,993.43

图 1-9 报表型表格示例

3. 其他型表格

除前两者之外的表格就是其他型表格。其他型表格主要用于数据的输入，作为参数表或用于数据分析。

在使用 Excel 编制各种表格时，一定要有区分表格类型的意识。由于不同类型的表格，其结构和格式都不同，因而其使用原则和设计要求也是不同的。如果把清单型表格当作报表型表格来设计，就会给后期数据分析带来很大的障碍。例如图 1-2 就是因为违背清单型使用原则，使得本可以 5～10 分钟就完成的工作却需要花费一两天才能完成。

各类表格的使用原则和设计要求详见本节"三、三类表格的具体设计要求"。

二、遵循六大使用原则，从心所欲不逾矩

我们使用 Excel 表格的目的就是对基础数据进行加工分析后，整理出需要的信息，然后制作出报表，提交给信息的最终使用者。当数据量较大时，各环节中最关键、最复杂、直接决定最终报表质量的，就是数据加工环节。因而，**进行 Excel 表格设计时就要一切以数据加工为中心，始终以"为数据加工服务"为原则**。基于此，在 Excel 表格设计时要遵循以下原则。

1. 数据管理原则

在实际工作中，要有良好的数据管理理念，要先根据数据量的大小、表格的用途确定表格的类

型，然后再确定表格的整体结构、布局。

清单型表格的结构取决于数据的类型和复杂程度，使用此类型表格一定要结构简单、逻辑清晰、无冗余数据，以方便数据加工为原则。

报表型表格以用户需求为原则，在清晰直观地反映信息的基础上，适当考虑报表使用者的习惯。

其他型表格要以实用、效率为原则。

在设计表格时要问自己：此表是用于存储基础数据还是要作为报表输出。如果是用于存储基础数据，那么数据的格式、表格的结构和格式一定要有利于数据的加工分析，凡是不利于数据加工分析的结构和格式一律要摒弃；如果是用于报表输出则不必讲究，只要结构清晰、格式美观，能直观地反映数据即可。

2. 一致性原则

一致性原则要求表格内、表格之间的字段名称、数据类型、表格结构格式等要保持一致。具体来讲有三个基本要求：同物同名称、同表同结构、同列同格式。

同物同名称： 狭义的同物同名称就是说同一对象只能使用同一个名称，同一对象的名称在任何表格、任何部门、集团内的任何公司间都要保持一致，以便数据统计和表格间的数据引用。比如图1-2中的"重庆环宇实业""环宇实业"和"环宇实业公司"实际为同一家公司，但对于Excel来说就是不同的公司，在函数求和、分类汇总、数据透视表进行数据加工时，都会按不同的公司进行统计。

广义的同物同名称，是指对其他具备共性的信息制定统一的命名规则。例如，同类型工作簿应使用统一格式的文件名。以各月的财务报表为例，我们可以将文件名设定为"逸凡公司财务报表（XXXX年X月）"，而不要出现"逸凡1月报表""逸凡公司2021年2月财务报表"等情况。工作簿、工作表的名称保持同样的格式，才能在表格翻新时使用查找替换功能快速修改公式。表格翻新是指本月无须做新表，复制上个月表格，将上月引用的表格修改成本月引用的表格。

■ **链接**

关于表格快速翻新技巧，详见第二章第三节"坐享其成：报表翻新的'偷懒'妙招"。

同表同结构： 相同的表格其表格结构和格式必须保持一致，以便应用函数统计汇总数据，进而大大提高操作效率。在图1-6中，如果1～12月各月的表格结构不一样，比如某月表格的范围不是

A1:B12，那么在使用公式"=SUM('1月:12月'!B2)"统计时就会出错，最后只能手工计算。

同列同格式： 表格的列相当于数据库中的字段，同一列应保持同一格式，比如不能将某列的一些行设成文本格式，而其他行又设成数字或日期等格式。

3. 规范性原则

名称规范、格式规范：表格中的各类数据应使用规范的格式，数字就使用常规或数值型的格式，而不应使用文本型的格式。日期型数据不能输入"20210106""2021.1.6""21.1.6"等不规范的格式，否则在对日期型单元格进行运算时，会影响数据的加工处理。比如，数字使用文本格式，使用 SUM 函数求和时，Excel 系统就会把它视为字符串，导致求和结果为零。日期型数据输入类似"2021.1.6"时，Excel 就无法统计日期相隔天数，在使用数据透视表时无法对日期按月、季、年进行分组。

有些时候，数据的来源不是手工输入，而是从其他系统导入。比如 ERP 系统、网银，这些系统导出的数据可能并不规范，比如数字是文本格式、数字后有空格、有不可见字符，这时就需要按规范性原则将数据转换成标准的数据，具体方法将在第二章第一节进行介绍。

4. 整体性原则

整体性原则要求把同一事项的数据放在同一个工作表中，同一类型的工作表放在同一个工作簿中，同一类型的工作簿放置在同一个文件夹中。如第二章第三节所举的例子，各公司的报表都放在以月份命名的文件夹下，这样在报表翻新时才能批量修改公式。清单型表格的数据能储存在同一工作表中就不要按年按月拆分到多个工作表中保存，比如本章的"图 1-8　清单型表格示例"中合同台账如果按年按月拆分到不同工作表中，就不方便使用公式或数据透视表进行统计分析了。

只有在数据录入时贯彻整体性原则，在统计分析数据、编制修改公式时才会得心应手，不必为数据的移动、合并、无法批量修改公式而烦恼。

5. 可扩展性原则

可扩展性原则主要体现在以下三个方面：

（1）编制的公式要有良好的可扩展性。

我们在编制公式时应考虑其可扩展性，这样才能快速提高数据分析效率。编制公式时，单元格引用时应正确使用相对引用、绝对引用、混合引用，以便后期使用鼠标拖拉填充柄填充公式。

■ 扩展阅读

请在微信公众号“ Excel 偷懒的技术”主页发送关键词“引用类型”，获取相对引用、绝对引用、混合引用的基础知识及使用技巧。

举一例子：图 1-10 中的表格，D 列、E 列的销售收入是根据 B 列、C 列的销售数量乘以第二行相应年份的单价得到的。在 D6 单元格输入公式：

=B6*B$2*$E$2

D6 | =B6*B$2*$E$2

	A	B	C	D	E
1		2020年	2021年		折扣率:
2	销售单价	12	13		95%
3					
4		销售数量		销售收入	
5		2020年	2021年	2020年	2021年
6	1月	2,587	2,934	29,491.80	36,234.90
7	2月	1,063	1,771	12,118.20	21,871.85
8	3月	1,945	1,533	22,173.00	18,932.55
9	4月	1,491	2,926	16,997.40	36,136.10
10	5月	1,495	1,417	17,043.00	17,499.95
11	6月	1,959	1,749	22,332.60	21,600.15
12	7月	1,101	1,696	12,551.40	20,945.60
13	8月	1,030	1,916	11,742.00	23,662.60
14	9月	1,743	1,979	19,870.20	24,440.65
15	10月	1,583	2,859	18,046.20	35,308.65
16	11月	1,572	1,691	17,920.80	20,883.85
17	12月	2,452	1,977	27,952.80	24,415.95

图 1-10　使用正确的单元格引用保证公式的扩展性

公式中销售数量 B6 是相对引用，销售单价 B$2 是混合引用，折扣率 $E$2 是绝对引用。如果 D6 单元格公式的引用模式错误，则无法使用拖拉填充柄将公式快速填充复制到 D 列、E 列的其他单元格中。

（2）表格的名称要有良好的可扩展性。

表格名称应规范、有规律，以方便批量修改公式。参见前文"一致性原则"中提到的"同物同名称、同表同结构、同列同格式"。

（3）表格的布局要有良好的可扩展性。

需增补数据的表格应使用表格功能或在末行末列预留空白行列。我们通常会在表格的末行末列对前面的行列求和，计算合计数额，如果后期可能还会补录数据，则应该使用表格功能插入智能表格或预留空白行列。

例如在图 1-11 中，左边的表是普通单元格区域，当新增记录行后，D2 单元格的公式仍然为 =SUM(B2:B10)；而右边的表使用了表格功能，当新增记录行后，不但新记录行自动填充了格式，D2 单元格的公式也自动将第 11 行新增记录包含了进去，公式变为 =SUM(B2:B11)。

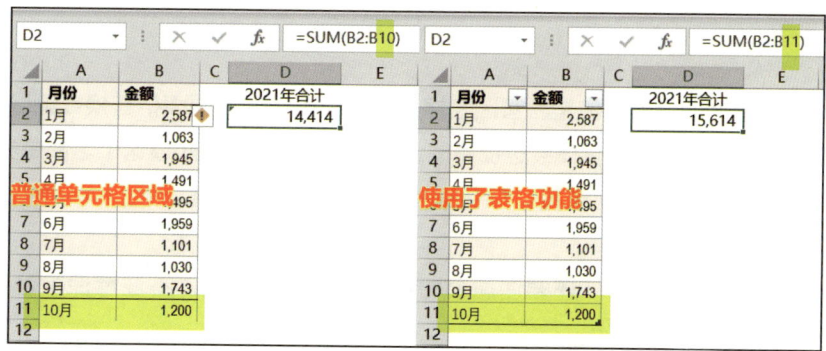

图 1-11　使用表格功能与否的结果对比

■ 扩展阅读

请在微信公众号"Excel 偷懒的技术"主页发送关键词"超级表格"，获取表格功能的定义、用途和使用技巧。

对清单型表格使用公式或数据透视表进行统计分析时，建议选定清单型表格区域，点击"插入"

选项卡的"表格"选项，将其设置为可自动扩展的智能表格，这样当添加新记录时，公式或透视表可以自动将新增的记录包含进去，不必再手动修改公式的引用范围。

6. 安全性原则

使用 Excel 处理数据时一定要注意数据的安全，否则，轻则导致数据丢失，一切都要从头再来；重则导致数据录入错误、分析结果不正确，给公司带来经济损失，也影响自己的职业前途。安全性原则具体要求如下：

（1）数据安全。

1）要分发的表格一定要注意保护工作表，仅允许修改可以修改的单元格。

2）如果引用了其他工作簿的数据，在不需要链接时就应断开链接，以免源表格被删除或移动后本表数据丢失。

> **断开链接的方法：** 点击【数据】选项卡→编辑链接→在弹出的"编辑链接"对话框点击右侧的"断开链接"按钮。

3）养成定期备份数据的习惯。你是否曾因表格损坏或误操作而将原表格替换或删除，导致辛苦几天做出来的表格眨眼间灰飞烟灭？如果你体会过那痛彻心扉的懊悔，你应该知道这个习惯是多么重要和必要。

4）临时性操作应在文档备份上进行，以免误操作替换掉原有数据。

（2）信息安全。

除了保证数据安全不丢失之外，还要注意公司和个人信息的安全。不注意保护信息的安全，可能会给公司和个人带来无可挽回的损失。

表格在对外发布之前，一定要检查有无敏感数据，有没有隐私数据未删除。这些数据可能在隐藏的行列中，也可能在隐藏的工作表中。

> 我们来看一个因未删除隐藏工作表而造成信息泄露的真实案例：
>
> 2013 年 11 月，河南某金融机构在官方网站发布考生面试成绩公告，考生下载后发现除了公而告之的成绩单，在隐藏的工作表中居然还有一份不一样的成绩单。不管这两份不一样的成绩单是因为"第三方公司的技术性故障"，还是因为某些"你懂的"原因，总之，这是两份成绩

> 单,两份不一样的成绩单,两份看了会让人"浮想联翩"的成绩单。我们不从法律和道义的角度评判此事,只是单纯从 Excel 操作者的角度来讲,将另一份成绩单隐藏了事,然后对外发布,这是掩耳盗铃的低级错误,更是对单位数据信息安全极端不负责任的行为。

日常工作中,我们在对外发送表格前应该使用文档检查器进行检查,将隐藏的行、列、表一次删除,避免因疏忽而泄露了公司的重要机密信息。我们以示例文件"表 1-7 使用文档检查器检查工作簿"为例介绍检查方法。

打开示例文件"表 1-7 使用文档检查器检查工作簿"→【文件】菜单→信息→检查问题→检查文档,在弹出的"文档检查器"对话框点击"检查"按钮(见图 1-12)。

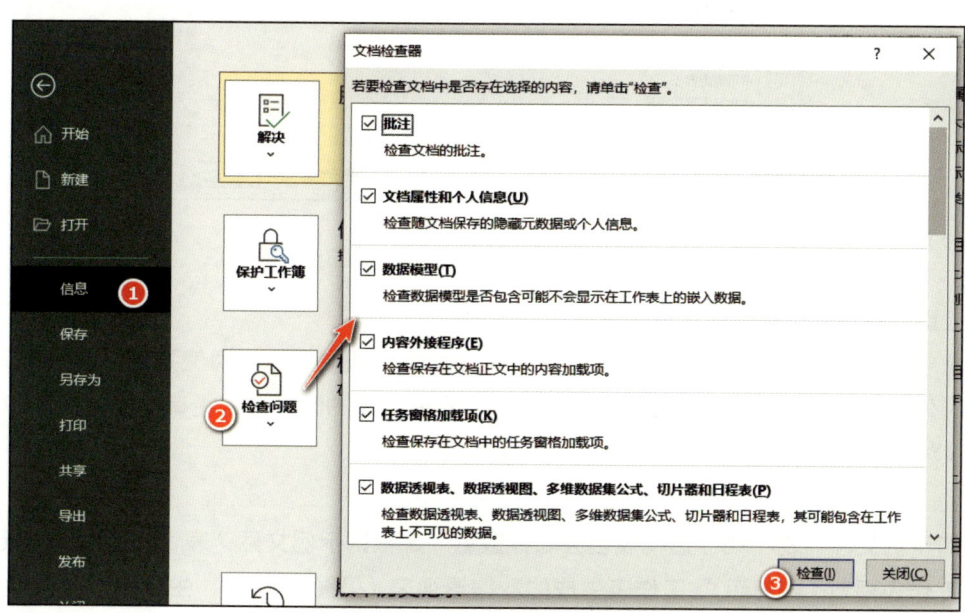

图 1-12 使用文档检查器检查文档

检查结果如图 1-13 所示。

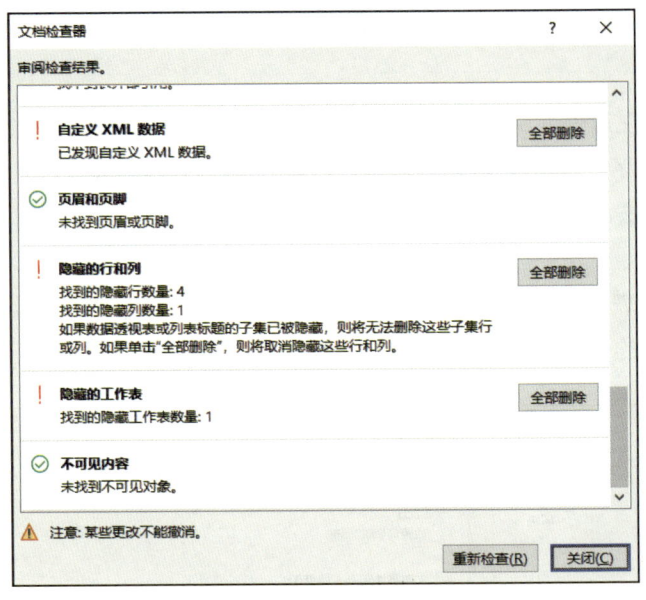

图 1-13 文档检查结果

针对检查的结果，可根据情况直接删除或返回修改。

关于信息安全，需要特别提醒的是，透视表是会隐藏明细数据的，即使我们已经将源文件删除。因此，在对外发送带有数据透视表的表格时一定要注意透视表的源文件是否有敏感数据，如果有敏感数据，建议将透视表转换为普通的表格，再对外发送。

比如示例文件"表 1-8 透视表也会隐藏数据"是根据示例文件"表 1-1 合同登记台账"中的"工作表规范（整理后）"工作表生成的数据透视表（见图 1-14），生成后，将源文件"工作表规范（整理后）"工作表删除。

	A	B	C	D	E
1					
2					
3	求和项:金额	商品名称			
4	客户名称	商品A	商品BB	商品CCC	总计
5	江苏江淮动力股份有限公司	2219.05	2068.28	989.99	5277.32
6	重庆环宇实业有限公司	145.03	909.76	454	1508.79
7	重庆新世纪电子有限公司	1364.98		548.55	1913.53
8	重庆长安器材有限公司	1803.39	1490.4		3293.79
9	总计	5532.45	4468.44	1992.54	11993.43
10					

图 1-14　数据透视表也会隐藏数据

从表面上看，此表格只是一个反映汇总情况的透视表。但是如果我们双击透视表总计行的E9单元格，工作簿马上像变魔术一样新增了一个表格（见图 1-15），表格的内容就是源文件的全部内容。

	A	B	C	D	E	F	G
1	日期	合同号	客户名称	付款方式	商品名称	颜色	金额
2	2014/2/10	20140008	江苏江淮动力股份有限公司	现销	商品A	黑	574.25
3	2014/2/16	20140009	江苏江淮动力股份有限公司	赊销	商品A	灰	841.67
4	2014/3/5	20140014	江苏江淮动力股份有限公司	现销	商品A	红	803.13
5	2014/2/10	20140008	江苏江淮动力股份有限公司	现销	商品BB	红	756.1
6	2014/2/23	20140011	江苏江淮动力股份有限公司	赊销	商品BB	红	799.58
7	2014/3/12	20140014	江苏江淮动力股份有限公司	现销	商品BB	红	512.6
8	2014/3/6	20140014	江苏江淮动力股份有限公司	现销	商品CCC	黑	989.99
9	2014/2/25	20140012	重庆环宇实业有限公司	现销	商品A	灰	145.03
10	2014/1/6	20140002	重庆环宇实业有限公司	赊销	商品BB	灰	333.08
11	2014/1/20	20140005	重庆环宇实业有限公司	现销	商品BB	灰	576.68
12	2014/1/20	20140005	重庆环宇实业有限公司	现销	商品CCC	红	273.78
13	2014/2/22	20140010	重庆环宇实业有限公司	现销	商品CCC	黑	180.22
14	2014/1/1	20140001	重庆新世纪电子有限公司	现销	商品A	红	713.23
15	2014/1/10	20140003	重庆新世纪电子有限公司	赊销	商品A	红	163.58
16	2014/2/2	20140006	重庆新世纪电子有限公司	现销	商品A	红	488.17
17	2014/1/13	20140004	重庆新世纪电子有限公司	分期付款	商品CCC	黑	548.55
18	2014/3/18	20140015	重庆长安器材有限公司	赊销	商品A	灰	865.77
19	2014/3/25	20140016	重庆长安器材有限公司	现销	商品A	黑	563.89
20	2014/3/30	20140018	重庆长安器材有限公司	现销	商品A	灰	373.73
21	2014/2/5	20140007	重庆长安器材有限公司	赊销	商品BB	黑	843.6
22	2014/2/28	20140013	重庆长安器材有限公司	现销	商品BB	红	361.48
23	2014/3/26	20140017	重庆长安器材有限公司	分期付款	商品BB	红	285.32

图 1-15　数据透视表所隐藏的数据

另外，在工作中遇到问题，在网上寻求帮助时应该使用模拟数据，或者至少要删除或修改公司的名字，同时将人名、身份证号、账号等敏感信息删除。

三、三类表格的具体设计要求

1. 清单型表格的具体设计要求

（1）以方便后期数据处理为基本原则。

（2）结构合理：主要字段排在前面，以方便阅读和查找引用数据，具体实例还可参见第七章第二节中的"一、正确布局让逻辑更合理"。

（3）设置列标题且列标题名不重复，列标题应为非数字。如果列标题重名，在使用数据透视表时系统会自动将重名的标题更改成另一列标题，给数字使用者带来困扰或误解。

（4）不要使用我们常用的斜线表头。

（5）同一类数据要在同一工作表中，不要分表保存。比如"图1-2　逸凡公司合同登记台账"，所有的合同应保存在同一工作表中，而不是按年或月分表保存，这样有利于统一使用数据透视表或函数公式进行数据分析，如果使用Power Query汇总数据，可不受此规则限制。

（6）同一列为同一数据类型，且要保证各列数据格式的规范性。

（7）无冗余数据，可通过已有数据计算得出的数据不必输入到清单型表格中。

（8）保证数据的一致性。

（9）清单型表格尽量不要从其他表格中引用数据。

（10）各记录间不能有空行空列，不能有小计、合计行，否则无法使用数据透视表和分类汇总功能。

（11）不能有合并单元格、多行标题。在清单型表格中使用合并单元格、多行标题不方便使用数据透视表、筛选等分析工具。在清单型表格中使用合并单元格会带来以下麻烦：

- 不能排序
- 不能筛选或筛选结果不正确
- 不方便粘贴数据
- 使用数据透视表结果不正确
- 输入公式时，无法正确地选择单元格区域
- 使用SUMIF、COUNTIF等函数计算时结果不正确

2. 报表型表格的具体设计要求

（1）结构合理、层次清晰、重点突出、排版美观，方便阅读与打印。
（2）用公式对其他表格（表格类型可以为清单型或其他型）进行统计分析。
（3）如果是定期提供的报表，则使用的公式要有良好的可扩展性。
（4）注意保护工作表，防止误操作破坏公式与数据。
（5）报表要准确表达使用者需要的信息。
（6）表格排版适当考虑使用者的习惯。

3. 其他型表格的具体设计要求

（1）数据录入类的表格要方便数据录入或计算。
（2）数据录入类的表格对录入的数据要有校验机制，确保数据正确。
（3）用于分析的其他型表格无论如何设计，都至少要以不影响源数据为前提。
（4）效用最大化原则：选用最快捷、最高效的方法进行数据加工。
（5）实用性原则：在其他单元格中使用公式生成中间过渡性的数据（辅助单元格）。然后再编制公式利用辅助单元格进行统计分析，以化繁为简。
（6）不要大范围使用数据有效性、条件格式和数组公式。
（7）如果某工作表含有计算量大的公式，可以考虑将其移出工作簿单独保存，需要时再打开，以提高整个其他型工作簿的运行速度。
（8）数据加工中时注意要勾稽、对比，以检验数据是否完整准确。
（9）数据加工中使用的公式要有良好的可扩展性，方便修改。
（10）逻辑清晰、布局合理、适当标注，便于后期阅读、修改。

四、使用 Excel 表格的其他专业素养

（1）要保证计算过程的自动化。凡是需要通过计算才能得出结果的单元格或链接其他单元格结果的单元格一定要使用公式计算或链接，而不要直接填列计算结果。因为手工填列的数字不会随着源

单元格的数字变化而变动，会导致报表的数字或分析结果出现偏差。当表格的数据很重要时，出现这种情况对你职业生涯的影响可能是灾难性的。

（2）某数据已经在本工作表或其他工作表的单元格公式计算出结果，当其他单元格需要此数据时，应该用链接直接引用，而不是另外重新编制公式计算结果。这是因为当公式错误时，同时修改这些单元格的公式很可能会出现修改遗漏的情况，用链接直接引用就可以保证计算公式的单一性，方便后期维护。

（3）统筹考虑操作对其他单元格、表格的影响。非必要情况下不要删除、移动行列或单元格，以免导致公式引用出错。

（4）同一工作表只放一张表格，至少要避免横向多张表格与纵向多张表格同时出现的情况。这是因为表格设计好后，因各种原因可能要删除某些行或列，如果纵向、横向都有表格，删除则会变成一件非常麻烦的事。

（5）做到规范化操作：不要选定整行、整列设置格式；不要通过插入空格来排版；整行整列设置格式既影响表格的美观，也影响表格文件的大小。单元格内插入空格后，其内容将发生变化，违背了一致性原则，不利于后续使用工具进行数据分析。如某列字段为姓名，为了排版美观，部分读者喜欢在类似于"张三"等单字姓名中间插入空格，但是对于 Excel 来讲，"张　三"不等于"张三"，无法直接使用函数公式进行数据分析。

（6）先录入数据、编制公式，然后再进行单元格格式设置等排版工作。这是因为后续还可能会增补数据，如果一开始就设置格式，就会出现重复劳动，影响工作效率。

（7）数据加工时要多方勾稽对比，看数据是否完整准确。作为财务人员，我们对数据勾稽的重要性应该有充分的认识，这里就不详述了。

（8）基于整体性原则，如果可能的话，尽量将数据整合在同一工作簿中；如果不能整合在同一工作簿中，宁可使用少量的大型工作簿，也不要使用数量较多的小型工作簿；尽可能地避免工作簿间的链接，对外部工作簿进行链接既影响表格的打开速度，当工作簿移动或删除时还容易出现断链，并且不一定易于查找和修复。

（9）对关闭的工作簿应尽量使用简单的直接单元格引用，比如用" =[财务报表 2020 年 12 月 .xlsx] 利润表！ $G$8"，而不是用函数公式对已关闭的工作簿进行统计分析。这样做可以避免在重新计算任何工作簿时，重新计算所有链接的工作簿。

（10）如果在某张工作表中需要进行大量运算，且其他工作表对它的引用较少，可以考虑将其移出本工作簿，以免每次重新计算时影响工作簿的整体计算速度。

（11）如果不能避免使用链接的工作簿，最好将与链接相关的工作簿全部打开，并且打开顺序也有讲究：请首先打开要链接到的工作簿，然后再打开包含链接的工作簿。一般来说，从打开的工作簿中读取链接的速度要比从关闭的工作簿中读取得快。

（12）尽管使用很多工作表可以减少工作簿的使用数量，但是通常计算指向其他工作表的引用比计算工作表内的引用速度要慢。

（13）尽管条件格式和数据有效性的功能非常强大，数组公式运算功能也非常强大，但是大量使用它们会明显降低计算速度。除非你愿意忍受蜗牛般的运算速度，否则请不要大范围使用数据有效性、条件格式和数组公式。

（14）对于数据量大的表格，应将已经计算出结果且不会再更新的单元格的公式计算结果采用选择性粘贴方式转化为数值，以减少计算量。

（15）表格较大或计算量较多时，一定要考虑表格的计算效率，尽可能提高表格的计算效率。

第二章 心法修炼

让你的工作效率一可赛二

"已知鸡和兔共 35 只,共有 94 只脚,问鸡和兔各有几只?"面对这个鸡兔同笼的问题,你会采用什么方法来解决?二元一次方程?模拟运算表?这些太复杂、太高端。我们来看看网友的智慧:假设鸡和兔训练有素,吹一声哨,它们抬起一只脚(94-35=59)。再吹一声哨,它们又抬起一只脚(59-35=24),这时鸡都一屁股坐地上了,兔子还两只脚站着。所以,兔有 24/2=12 只,鸡有 35-12=23 只。(计算思路来源于《孙子算经》。)

从鸡兔同笼问题的不同解题方法的效率中可以看出，解决问题时的思路和方法很重要，编制财务表格亦是如此。在第一章中我们介绍了高效编制报表应具备的理念和素养，但这些都只是"偷懒"的前提和基础，要将"偷懒"精神贯彻到底，真正实现数据分析高效，还需要掌握实现**数据规范化、操作批量化、表格模板化、公式自动化**的方法。本章就将围绕此"四化"介绍一些实用的表格编制心法和制作技巧。掌握了这些"偷懒"的心法和技巧，可以切实提高数据处理、表格编制的效率。由于本章的示例讲解用到了较多的 Excel 基本功能和技巧，建议底子较薄的"表弟""表妹"先阅读第三章。

第一节　正本清源：不规范数据的整理技巧

《忆秦娥·正本清源》
三更夜，数据整理难了却。难了却，格式混乱，结构拙劣。
规范素养需牢记，表单性质先明确。先明确，正本清源，效率卓越。

要做到高效处理数据、快速编制表格，最基本的前提是结构清晰、数据规范、格式统一。不规范的表格就如图 2-1（左）所示：格式错误、数据混杂。规范的表格如图 2-1（右）所示，分类正确、格式规范、整齐有序。如果要快速统计出各类水果和玩具的数量，面对左图是一件让人头痛的事情，但面对右图，人们却能快速报出答案。

与此同理，要实现高效、快速的数据分析，就必须杜绝数据的杂乱无章。这也是第一章反复强调表格数据规范的原因。下面，我们就来看看常用的各种整理不规范数据的方法。

一、表格结构的规范与整理

如第一章第三节所述，在报表型的表格中为了排版的需要可以使用合并单元格，但是在清单型的表格中一定不能使用合并单元格，甚至在表格标题中都不要使用合并单元格。同理，基于排序、筛选、数据透视表的需要，也不要使用多行表头、斜线表头。遇到此类不规范的清单型表格，就要首先将其整理成标准规范的样式。我们以图2-2的表格为例，讲解如何将不规范的表格整理成标准的清单型表格。

图2-1　规范数据与不规范数据的区别

在整理之前，我们先分析示例文件"表2-1　不规范表格的整理"有哪些不规范的地方：

（1）记录之间有空行（第7、17、26行）。

不良后果：筛选时筛选范围是错误的，必须得先选定全部内容再筛选。

（2）表头（列标题）及记录中使用合并单元格。

不良后果：记录中有合并单元格，在使用筛选功能时，只会显示合并单元格中的第一条，其他数据无法被筛选功能识别。列标题有合并单元格时，不方便移动列，无法使用透视表。

（3）使用多行表头（第2、3行）。

不良后果：不方便使用透视表和筛选。

（4）清单型表格中使用小计、合计。

不良后果：不方便使用透视表及公式进行统计。

（5）日期格式不规范（使用"2020.1.20"等不规范的格式）。

不良后果：使用透视表时无法对日期自动按年按月分组统计。

	A	B	C	D	E	F	G	H
1	逸凡公司合同登记台账							
2	日期	客户名称	商品名称	合同号	颜色			付款方式
3					红	黑	灰	
4	20200101	重庆新世纪电子有限公司	商品A	20200001	713.23			现销
5	20200106	重庆环宇实业	商品BB	20200002			333.08	赊销
6	2020.1.10	新世纪电子	商品A	20200003	163.58			赊销
7								
8	2020.1.13	重庆新世纪电子	商品CCC	20200004		548.55		分期付款
9	2020.1.20	环宇实业	商品BB	20200005			576.68	现销
10		环宇实业	商品CCC		273.78			
11	1月小计				1150.59	548.55	909.76	
12	2020.2.2	重庆新世纪电子	商品A	20200006	488.17			
13	2020.2.5	长安汽车	商品BB	20200007		843.60		赊销
14	2020.2.10	江淮动力	商品A	20200008		574.25		现销
15			商品BB		756.10			
16	2020.2.16	江淮动力	商品A	20200009			841.67	赊销
17								
18	2020.2.22	环宇实业	商品CCC	20200010		180.22		现销
19	2020.2.23	江淮动力	商品BB	20200011	799.58			赊销
20	2020.2.25	环宇实业公司	商品A	20200012			145.03	现销
21	2020.2.28	长安汽车	商品BB	20200013	361.48			
22	2月小计				2405.33	1598.07	986.7	
23	2020.3.5		商品A		803.13			
24	2020.3.6	江淮动力	商品CCC	20200014		989.99		现销
25	2020.3.12		商品BB		512.60			
26								
27	2020.3.18	长安汽车	商品A	20200015			865.77	赊销
28	2020.3.25	重庆长安汽车	商品A	20200016		563.89		现销
29	2020.3.26	长安汽车	商品BB	20200017	285.32			分期付款
30	2020.3.30	长安汽车	商品A	20200018			373.73	现销
31	3月小计				1601.05	1553.88	1239.5	
32	合计				5156.87	3700.5	3135.96	

图 2-2 不规范的清单型表格

（6）同一单位使用不同简称（如：长安汽车、重庆长安汽车）。

不良后果：无法对同一单位进行统计汇总。

（7）同一属性字段用多列保存数据（"颜色"字段分类别保存在 E 列、F 列、G 列）。

不良后果：不方便统计合同金额。

（8）字段顺序不合理，关键字段"合同号"应排在前面。

不良后果：不方便查看、不方便使用 VLOOKUP 按合同号查找。

（9）部分合同付款方式字段填写不完整，如"20200006""20200013"合同。

不良后果：按付款方式分类统计时，数据缺失。

下面介绍如何将上述不规范之处一一纠正过来（扫描二维码观看操作视频）：

扫码观看操作视频

Step1：删除空白行。

具体方法参见本章第一节第二小节"快速删除空白行、空白列"。删除空白行后，表格区域为 A1:H29。

Step2：将"20200006""20200013"合同号的付款方式补充完整，假设都是"现销"（数据量较大时，先使用筛选功能，将付款方式列为空白的记录筛选出，将付款方式补充完整）。

Step3：删除小计、合计行。

选定 A2:H29 单元格区域，按快捷键【Ctrl+Shift+L】筛选，或单击【数据】选项卡→"排序和筛选"→"筛选"（见图 2-3）。

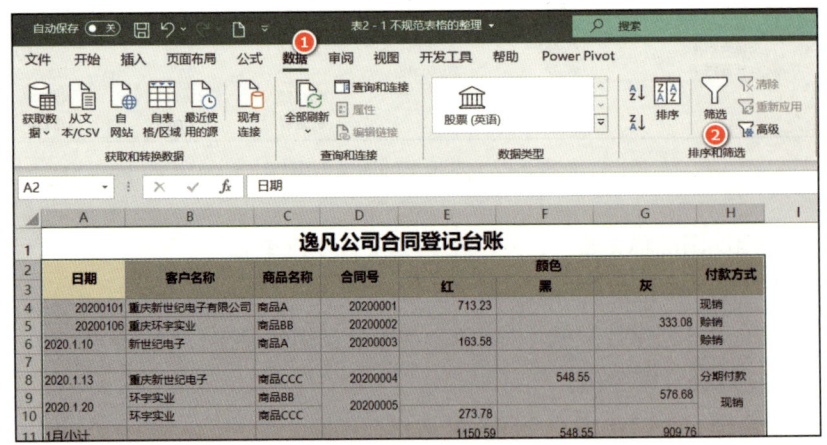

图 2-3　筛选数据

点击 A2 单元格旁的"筛选"按钮，在文本搜索栏输入"计"，筛选出所有包含"计"字的行（即小计、合计行）(见图 2-4)。

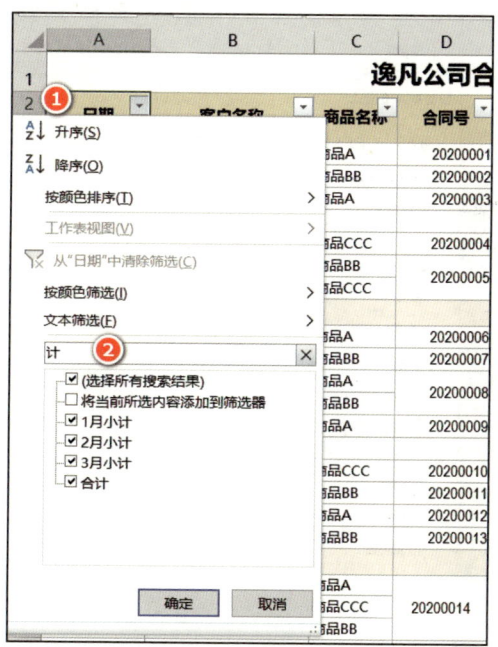

图 2-4　筛选出小计、合计行

选定筛选出来的行，点击右键→删除行，将小计、合计行删除。然后取消筛选。取消筛选后可以看到此时 A4:D25 单元格区域无空白单元格。

Step4：取消合并单元格。

选定表格中的任意单元格，按下【Ctrl+A】选定全表，点击"合并并居中"按钮。或者点击右键→设置单元格格式（或按下【Ctrl+1】键）。将"合并单元格"前的对勾去掉（见图 2-5），点击"确定"。

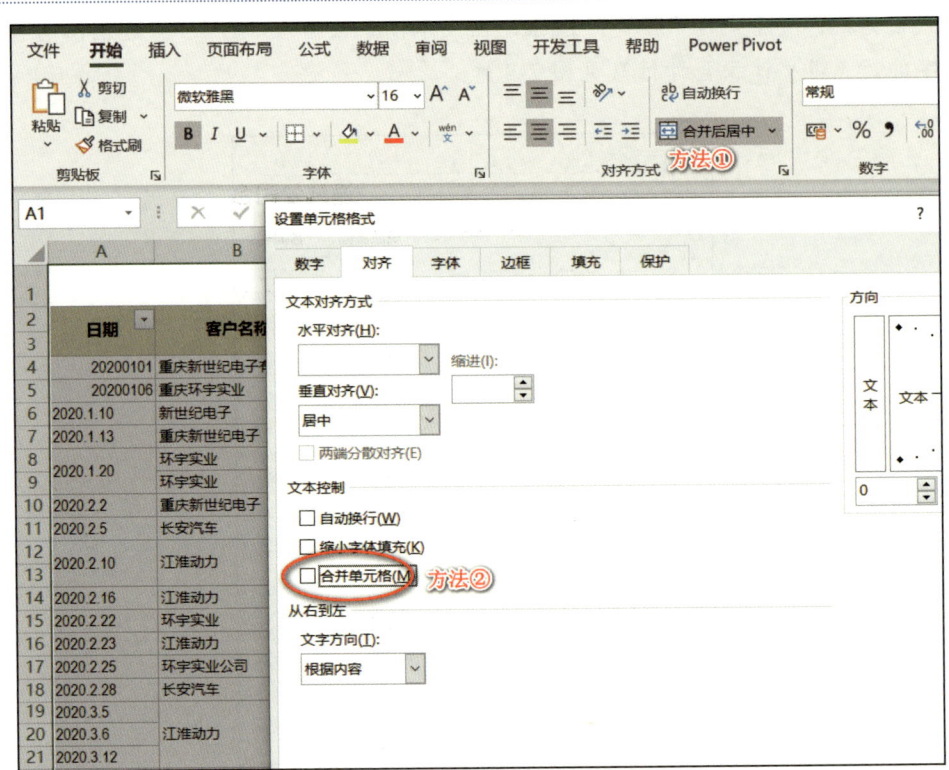

图2-5 批量取消单元格合并

此时，可以看到原合并单元格区域只在最上面的单元格保留了数据，其他单元格均为空白。如B19:B21原为合并单元格，取消合并后，只在B19单元格保留有数据，B20:B21为空白单元格，它们的内容应该与B19单元格的内容一致，应该将其补充完整，批量填充的方法见下一步。

Step5：在空白单元格批量补填数据。

选定A4:D25单元格区域，按下【Ctrl+G】组合键→定位条件，在弹出的"定位条件"对话框中双击"空值"选项（见图 2-6 中的定位条件对话框），即可选定 A4:D25 单元格区域的所有空白单元格（见图 2-6 中表格选定的单元格）。

■ **提示：**

直接双击选项按钮确定退出是提高操作效率的一个小技巧。

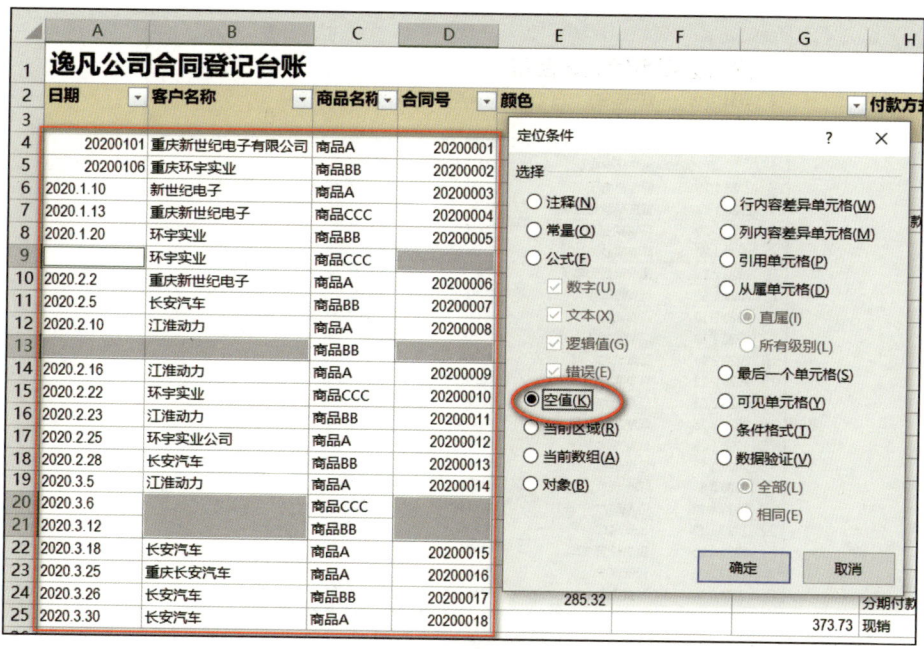

图 2-6　定位空值

此时请勿点击鼠标，直接在 A9 单元格输入下面的公式（输完后先不要按回车）：

=A8

然后，按下【Ctrl+Enter】键，即可在所有空白单元格中均输入公式（见图 2-7）。

■ **公式解释：**

我们在 A9 单元格输入公式"=A8"，也即令 A9 单元格的值等于 A8 的。由于公式使用的是相对引用格式，故所有空白单元格的值都等于其上面单元格的值，即 A13 单元格的公式为"=A12"，B13 单元格的公式为"=B12"。

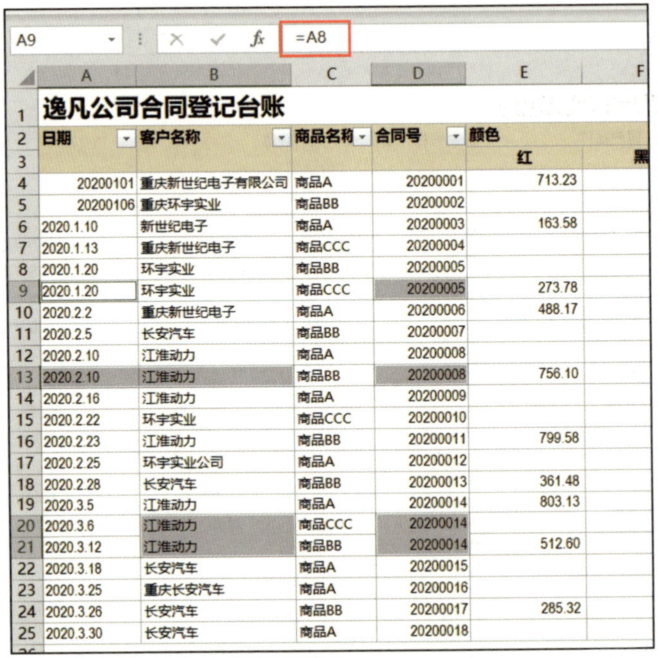

图 2-7　在空白单元格批量输入公式

选定 A4:D25 单元格区域，按【Ctrl+C】复制→点击右键→选择性粘贴→粘贴为数值。

用同样的方法，重复上面的步骤，将 H4:H25 单元格区域取消合并，并将空白单元格填充上相应的值。

Step6：插入两列空白列，并编辑公式。

选定 E:F 列，点击右键→插入，插入两列，插入后如图 2-8 所示。

	A	B	C	D	E	F	G	H	I	J
1	逸凡公司合同登记台账									
2	日期	客户名称	商品名称	合同号			颜色			付款方式
3							红	黑	灰	
4	20200101	重庆新世纪电子有限公司	商品A	20200001			713.23			现销
5	20200106	重庆环宇实业	商品BB	20200002					333.08	赊销
6	2020.1.10	新世纪电子	商品A	20200003			163.58			赊销
7	2020.1.13	重庆新世纪电子	商品CCC	20200004				548.55		分期付款
8	2020.1.20	环宇实业	商品BB	20200005					576.68	现销
9	2020.1.20	环宇实业	商品CCC	20200005			273.78			现销
10	2020.2.2	重庆新世纪电子	商品A	20200006			488.17			现销
11	2020.2.5	长安汽车	商品BB	20200007				843.60		赊销
12	2020.2.10	江淮动力	商品A	20200008				574.25		现销
13	2020.2.10	江淮动力	商品BB	20200008			756.10			现销
14	2020.2.16	江淮动力	商品A	20200009					841.67	赊销
15	2020.2.22	环宇实业	商品CCC	20200010				180.22		现销
16	2020.2.23	江淮动力	商品BB	20200011			799.58			赊销
17	2020.2.25	环宇实业公司	商品A	20200012					145.03	现销
18	2020.2.28	长安汽车	商品BB	20200013			361.48			现销
19	2020.3.5	江淮动力	商品A	20200014			803.13			现销
20	2020.3.6	江淮动力	商品CCC	20200014				989.99		现销
21	2020.3.12	江淮动力	商品BB	20200014			512.60			现销
22	2020.3.18	长安汽车	商品A	20200015					865.77	赊销
23	2020.3.25	重庆长安汽车	商品A	20200016				563.89		现销
24	2020.3.26	长安汽车	商品BB	20200017			285.32			分期付款
25	2020.3.30	长安汽车	商品A	20200018					373.73	现销
26										

图 2-8　在 E 列和 F 列插入两空白列

然后分别在 E2、F2 单元格输入"颜色""金额"。在 E4 单元格输入公式：

=IF(G4<>"","红",IF(H4<>"","黑","灰"))

如果颜色类别较多，也可以使用类似于下面的公式：

=LOOKUP(1,0/(G4:I4<>""),$G$3:$I$3)

在 F4 单元格输入公式：

=SUM(G4:I4)

选定 E4:F4 单元格区域，拖动填充柄将公式下拉填充至 E5:F25 单元格区域。

Step7： 选定 E4:F25 单元格区域→按【Ctrl+C】组合键复制→点击右键→选择性粘贴→粘贴为数值。

Step8： 选定 G:I 列，点击右键→删除，将原 G:I 列删除。

Step9： 选定第三行，点击右键→删除，将第三行删除，表格变为单行表头。

Step10： 选定 A1:G1 单元格区域，点击右键→设置单元格格式，将单元格的水平对齐格式设置为"跨列居中"（见图 2-9）。

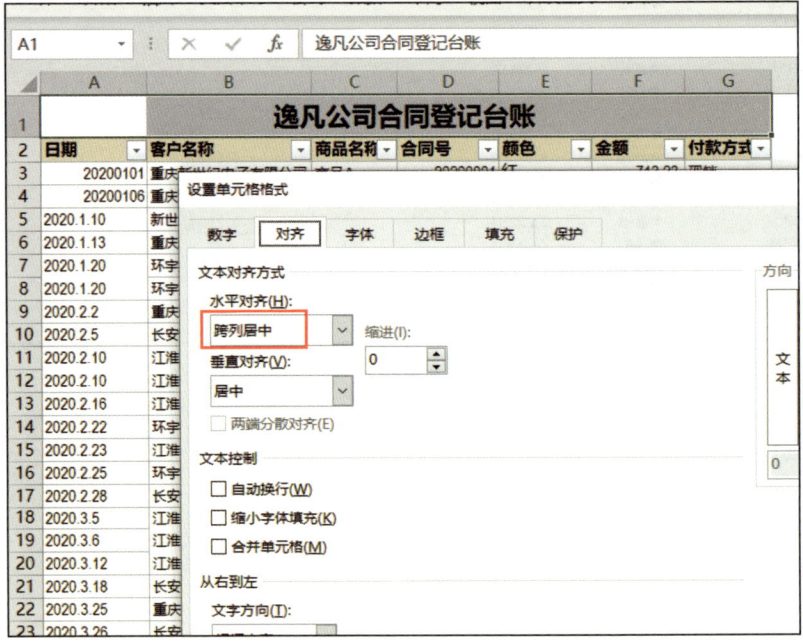

图 2-9 用跨列居中代替合并单元格

Step11：选定合同号所在的 D 列，将鼠标移至光标选定框的边缘，鼠标变为十字光标，按住【Shift】键，将 D 列拖至客户名称列之前。

> **注意：**
> 如果 A1:G1 单元格使用的是合并单元格，则无法进行此步操作，会提示"无法对合并单元格进行此操作"。这也是在 Step10 中使用"跨列居中"的原因。

Step12：用分列功能将 A 列日期整理成标准的日期。方法详见本章第一节第六小节"不规范日期的整理技巧"。

Step13：使用筛选功能，输入某公司的关键字，如"环宇实业"，筛选出在表格中录入的该公司的所有名称并选定。然后输入此公司的全称，按住【Ctrl+Enter】组合键将该公司的名称进行统一，完成批量输入。

Step14：重复 Step13，分别将其他公司的名称统一成规范的名称。

至此，本表就整理成了标准规范的清单型表格，整理后的表格见示例文件"表 2-1　不规范表格的整理"。

二、快速删除空白行、空白列

如第一章所述，在清单型表格中不应该插入空白行、空白列，因为这会极大地影响我们使用公式、筛选、排序、数据透视表等功能对数据进行分析。如果表格中已经插入了空白行、空白列，如何快速删除呢？

如果是删除空白行，至少有四种常用方法可供选择：

方法 1： 如果数据量少，手工选择空白行删除。

方法 2： 选择一个合适的字段（该字段应满足此条件：除了空白行，本字段下所有单元格都有数据）进行筛选，然后将筛选出的空白行删除。

方法 3：增加一个辅助列，使用 COUNTA 函数（COUNTA 函数功能请参见第四章第七节）统计每行非空单元格的个数，然后筛选此列，筛选出非空单元格个数为零的行，一次性删除。

方法 4：使用定位功能，选定非空白的数据行，将这些非空白的行隐藏，然后删除空白行。

我们以示例文件"表 2-2　删除空白行"为例（见图 2-10）讲解方法 4 的具体操作步骤（扫描二维码观看操作视频）。

扫码观看操作视频

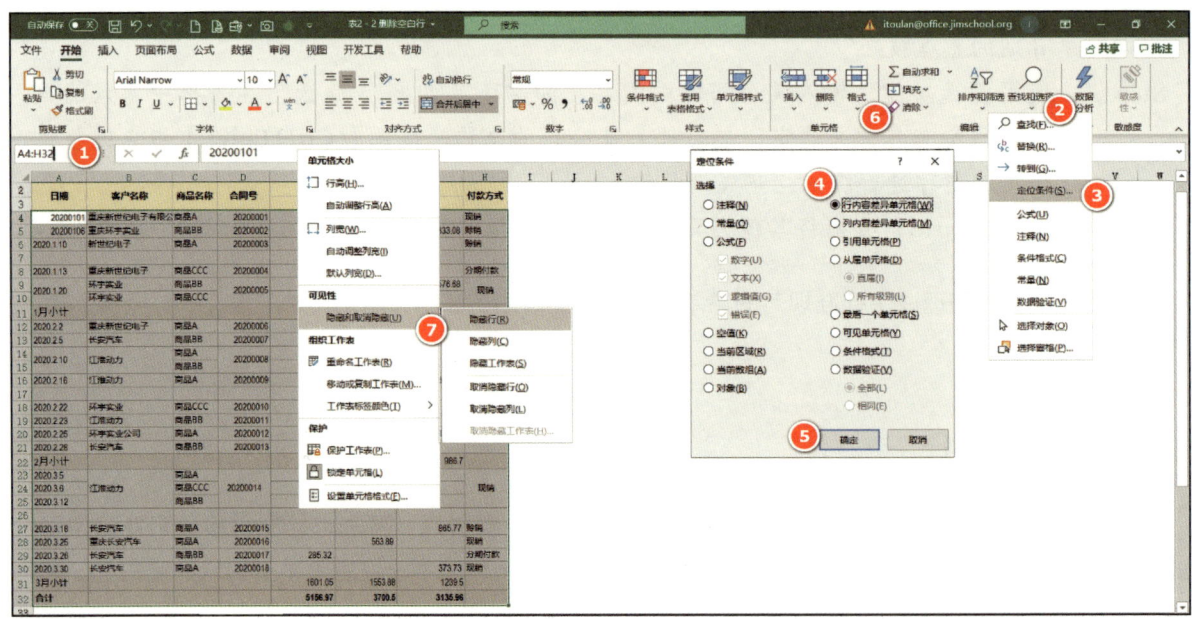

图 2-10　删除空白行示例

> Step1：打开示例文件"表 2-2　删除空白行"，在"工作表规范"工作表的名称框输入 A4:H32 或用鼠标直接选定的方式，选定 A4:H32 单元格区域。

Step2～3：按下【F5】功能键（或者单击【开始】选项卡→"编辑"组→"查找和选择"→"定位条件"），调出"定位"对话框。

Step4～5：在"定位条件"对话框，直接双击"行内容差异单元格"选项。这一步骤可以选定所有非空行。

■ 提示：

"行内容差异单元格"的作用：简单来说，就是选定同一行内有差异的单元格。如何判断有差异？谁跟谁比较？选定的单元格区域内的其他单元格，分别和同一行中活动单元格所在列的单元格相比较，如果有差异，则选定它们（这里不会选定活动单元格所在列的单元格）。

"定位——行内容差异单元格"功能的快捷键为【Ctrl+\】，因而Step2～5可直接简化为按【Ctrl+\】组合键。

Step6：直接按【Ctrl+9】快捷键（或者单击【开始】选项卡→"单元格"组→"格式"→"隐藏和取消隐藏"→"隐藏行"），将所有选定的非空数据行隐藏。

Step7：选择A7:H26单元格区域，按【Alt+;】选定可见单元格（或者按下【Ctrl+G】快捷键→"定位条件"→调出"定位"对话框→双击"可见单元格"单选项）。

Step8：点击右键→删除→删除整行。

Step9：选定第1行到第30行，点击右键，取消隐藏。删除空白行完毕。

如果是删除空白列，方法和步骤是一样的，只是定位时要选择"列内容差异单元格"，隐藏删除时都是隐藏列、删除列。这里就不详细介绍操作步骤了，读者朋友们请自己操作。

三、快速删除重复值、重复记录

我们在数据处理时经常需要剔除重复值，以得到唯一值的清单或记录，有两种方法可以实现这个目的。

方法 1：高级筛选法，操作步骤详见图 2-11。

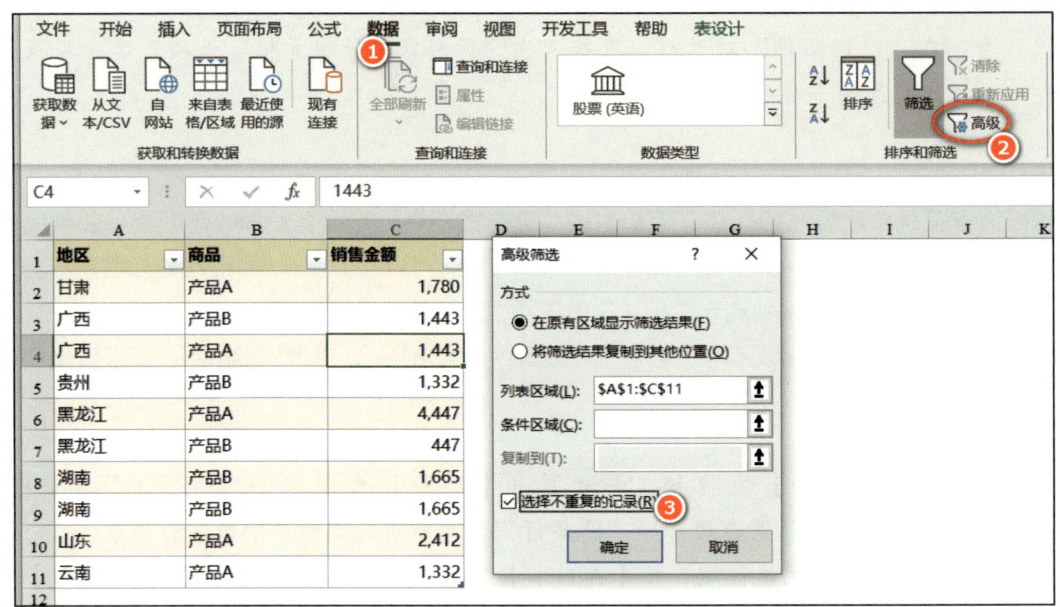

图 2-11 删除重复值 1

Step1：打开本章示例文件"表 2-3 删除重复值"，选中 A1:C11 单元格区域任一单元格。

Step2：点击【数据】选项卡→排序和筛选→高级。

Step3：在打开的高级筛选对话框中勾选"选择不重复的记录"（如果要保留原有数据，可勾选"将筛选结果复制到其他位置"，然后在"复制到"栏输入目标单元格位置）。

Step4：用颜色标注已经筛选出的记录。

Step5：删除未标注颜色的记录。

方法 2：删除重复值（见图 2-12）。

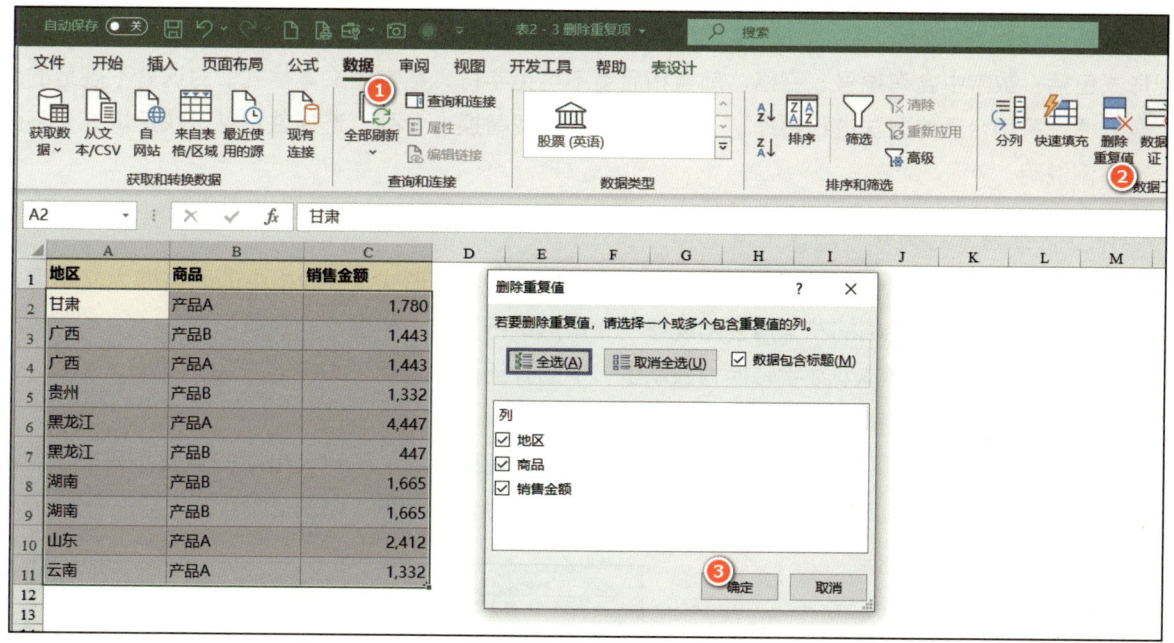

图 2-12　删除重复值 2

■ **注意：**

本方法会直接删除原记录。如果要保留原数据，可将数据复制到其他单元格区域后再操作。

Step1：打开示例文件"表 2-3　删除重复值"，选中记录中的任一单元格。

Step2：点击【数据】选项卡→"数据工具"组→删除重复值。

Step3：根据需要选择列，然后点击"确定"。

　　系统会提示"发现 1 个重复值，已将其删除。保留 9 个唯一值"，点击"确定"即可。

四、不规范数字的整理技巧

从其他业务系统如 ERP、CRM 以及网银等导出来的表格数字不一定是标准格式，不标准的表现形式包括：数字中含有逗号、空格、前置和后置不可见字符，数字为文本格式。对这些不规范的数字要分情况采用合适的方法进行整理，一般方法有：查找替换、分列、选择性粘贴、快速填充，下面分别举例说明。

1. 文本型数字转数字型数字

打开示例文件"表 2-4 不规范数字的整理"，其"不规范形式 1"表格中的数字即为文本型数字，文本型数字所在单元格的左上角会出现绿色三角形进行提示。如图 2-13 所示。

有很多种方法可将文本型数字转换为数字型，下面介绍两种适用于本表的方法。

方法 1：使用"追踪错误"按钮。

选定 A4:C7 单元格区域，然后单击单元格旁边的"追踪错误"按钮，出现如下操作列表，点击"转换为数字"，即可将选定单元格区域的文本型数字转换为数字型的（见图 2-14）。

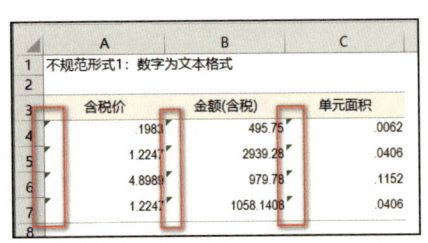

图 2-13 文本型转化为数字型

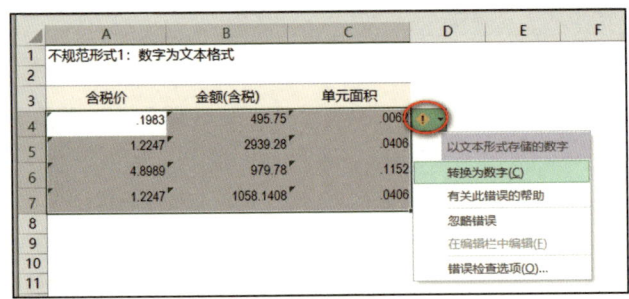

图 2-14 使用"追踪错误"转换为数字型

■ **扩展阅读**

从其他系统导出的部分表格，会在所有的数值前添加英文单引号。使用查找替换无法删除，如何去掉这些恼人的单引号？当然，有时还需要反过来操作，在数字或文本前添加英文单引号。具体操作方法请在微信公众号"Excel 偷懒的技术"主页发送关键词"单引号"获取详细操作。

方法 2：选择性粘贴法。

选定任意空白单元格，按【Ctrl+C】复制，再选定 A4:C7 单元格区域，点击右键→选择性粘贴→在弹出的"选择性粘贴"对话框的运算组，选择"加"或"减"，点击"确定"退出。

2. 数字中含有逗号、不可见字符

数字中含有逗号（非千位分隔符）或不可见字符。这种类型的不规范数据较常见于从网银系统、其他业务系统导出的表格，空格用眼睛无法观察出，但可用 LEN 函数统计字符个数，就会发现与肉眼观察的个数不一致；也可双击此单元格，在编辑栏就可发现光标所处位置与数字最后一位间隔有距离，即为不可见的空格，如图 2-15 所示。

这一类不规范的数据可以使用四种方法删除。

方法 1：查找替换法删除。

打开示例文件"表 2-4 不规范数字的整理"的"不规范 2"表格，我们用公式"=LEN(A4)"（LEN 函数功能请参见第四章第六节）计算可知 A4 单元格字符数是 11，选中 A4 单元格，按【F2】功能键，然后按住←键，一个字符一个字符地移动，可以发现：数字后有一个不可见字符。

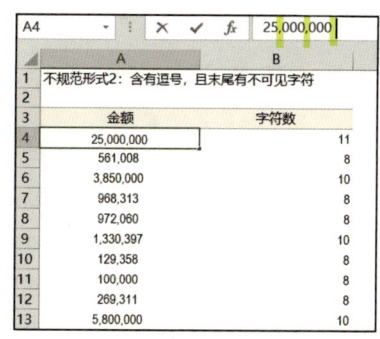

图 2-15　数字中含有逗号或不可见字符

> Step1：用鼠标选中不可见字符，复制。
> Step2：选中 A 列，按【Ctrl+H】组合键，打开查找替换对话框，将不可见字符粘贴至查找内容栏，替换内容栏为空。
> Step3：点击"全部替换"。即可将 A 列数字后的不可见字符全部删除。同理，使用上面的方法可见数字中的逗号全部删除。

至此，不规范数字即可整理成规范的数字。

方法 2：使用快速填充。

在 C4 单元格中输入规范的数字"25000000"，敲击回车后，按【Ctrl+E】组合键（或点击"数据"选项卡下的"数据工具"组中的"快速填充"按钮）。整理后的效果如图 2-16 所示。

然后将 C4:C13 的单元格区域复制粘贴到 A4:A13 单元格区域即可。

■ **注意：**

快速填充是根据你给的示例，猜测你的目的，有样学样，给出一个参考结果。所以，其结果可能不正确，整理完后一定要检查一下结果。

■ **链接**

关于“快速填充”的详细讲解及更多精彩应用案例，请参见第三章第一节。

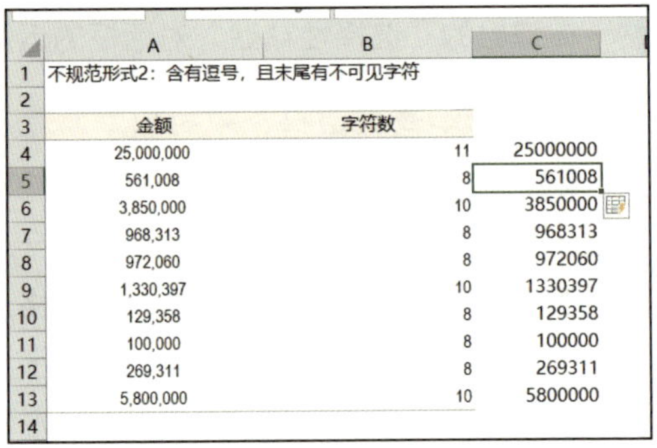

	A	B	C
1	不规范形式2：含有逗号，且末尾有不可见字符		
2			
3	金额	字符数	
4	25,000,000	11	25000000
5	561,008	8	561008
6	3,850,000	10	3850000
7	968,313	8	968313
8	972,060	8	972060
9	1,330,397	10	1330397
10	129,358	8	129358
11	100,000	8	100000
12	269,311	8	269311
13	5,800,000	10	5800000
14			

图 2-16　使用快速填充整理不规范的数字

方法 3：复制到 Word 再粘贴回 Excel。

还有一种特殊的情况，也是数字中含有逗号且数字后有不可见字符，将表格列复制粘贴到 Word 文档后，再将其复制粘贴回 Excel 表格中，即可整理成标准的数字形式。各位读者可以自行测试示例文件“表 2-4　不规范数字的整理”的“不规范形式 3”表格中 F:H 列的数字，这里不详述了。

方法 4：在 Word 中使用查找替换法。

可以将不规范的数字复制粘贴到 Word 中，使用 Word 强大的查找替换功能，将不规范数字中的逗号和不可见字符批量删除。请在微信公众号“Excel 偷懒的技术”主页发送关键词“六七节”获取相关内容。

五、不规范文本的整理技巧

不规范文本的表现形式有：文本中含有空格、不可见字符、分行符。整理的方法和含有逗号、不可见字符数字的方法一样，不再复述。但在使用查找替换法删掉分行符时，无法通过复制粘贴的方式将分行符输入到“查找和替换”对话框的查找内容栏，必须手工输入，输入方法如下：

方法 1：【 Alt+1+0 】，即按住【 Alt 】不放，然后依次按数字键盘上的 1 和 0，笔记本电脑上由于没有数字键盘，无法使用此方法。

方法 2：按住【Ctrl+Enter】即可输入分行符。

方法 3：按住【Ctrl+J】即可输入分行符。

不规范文本的整理方法如图 2-17 所示。

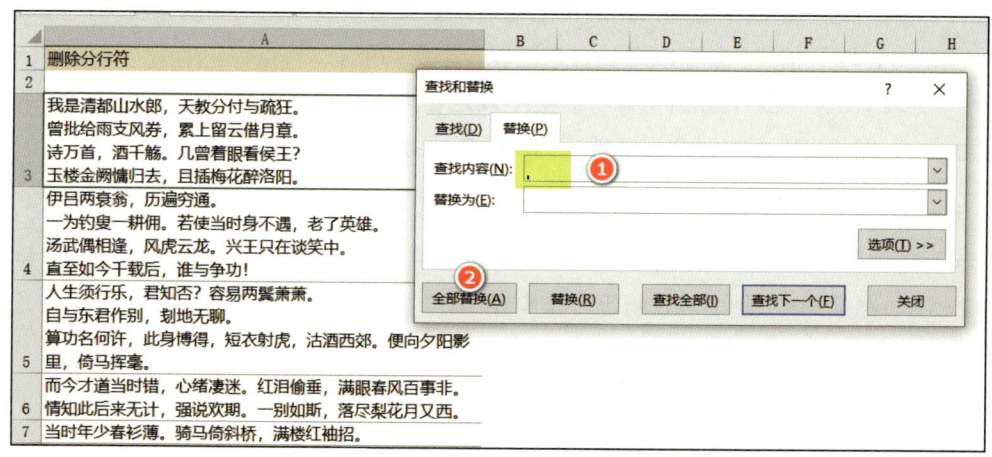

图 2-17 不规范文本的整理技巧

读者朋友可打开示例文件"表 2-5 不规范文本的整理"测试。

■ 扩展阅读

请在微信公众号"Excel 偷懒的技术"主页发送关键词"换行符",查看本操作的详细答疑。

六、不规范日期的整理技巧

在 Excel 中必须按指定的格式输入日期,Excel 才会把它当作日期型数值,否则,会被其视为不可计算的文本。输入以下四种格式的日期 Excel 均可识别:

(1)短横线"-"分隔的日期,如"2021-12-31""2021-6"。

(2)用斜杠"/"来分隔的日期,如"2021/12/31""2021/6"。

(3)使用中文年月日输入的日期,如"2021 年 12 月 31 日""2021 年 6 月"。

（4）使用包含英文月份或英文月份缩写输入的日期，如"December-31""Jun-14"。

用其他符号分隔的日期或数字形式输入的日期，如"2021.3.1""2021\3\1""20210301""210301"，Excel无法自动将其识别为日期数据，而会将其视为文本或数字。当表中的日期或数字Excel无法识别时该如何处理？根据不规则日期的类型可以用查找替换或分列功能进行整理，遇到特殊的不规则类型（如"31/12"格式）就可以用公式来整理，举例如下。

类似于"2021.3.1"和"2021\3\1"这类不规范日期，我们可以使用查找替换功能将"."或"\"替换为"-"即可。下面主要介绍使用分列功能或函数来整理。

1. 分列功能

打开示例文件"表2-6　不规范日期的整理"，选中F列，然后打开【数据】选项卡，点击分列，按图2-18、图2-19、图2-20所示一步步操作。

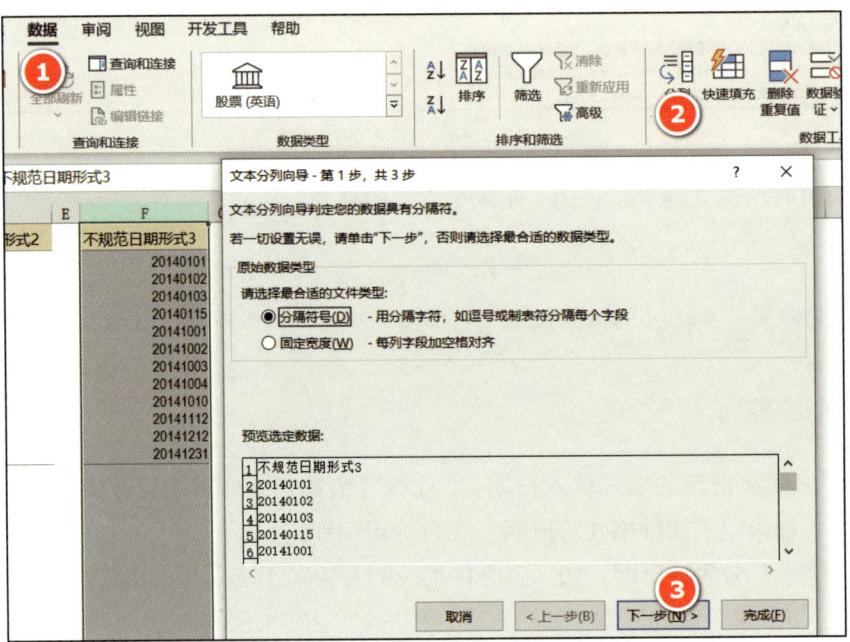

图2-18　使用分列整理不规范日期1

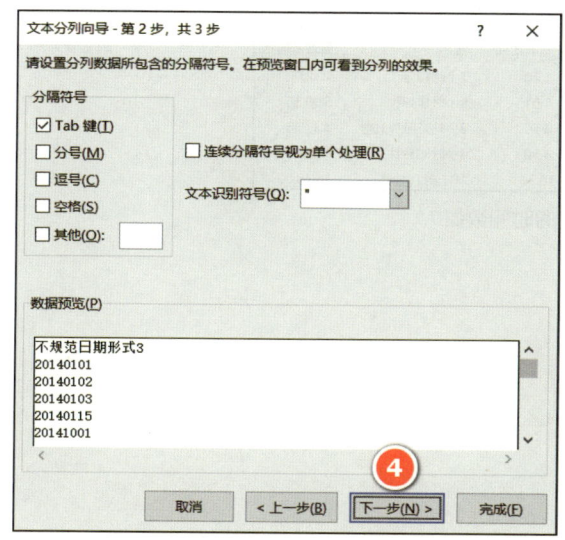
图 2-19　使用分列整理不规范日期 2

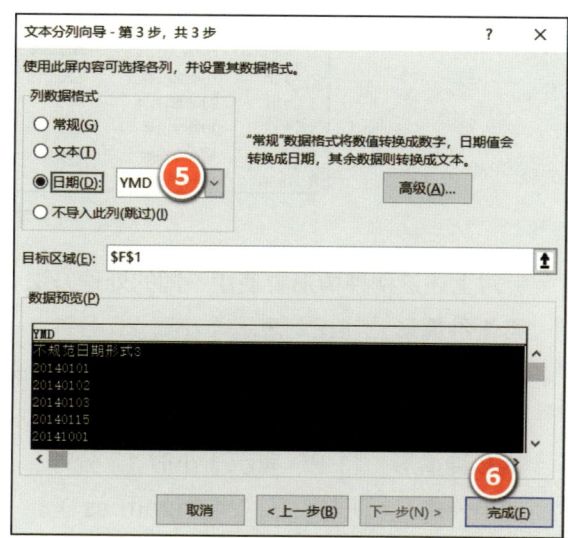
图 2-20　使用分列整理不规范日期 3

2. 函数

如示例文件"表 2-6　不规范日期的整理"的 J 列日期是日期在前、月份在后（如"31/1"），遇到这种不规范的日期，只能使用下面的公式进行整理：

=DATE(2021,RIGHT(J2,LEN(J2)-FIND("/",J2,1)),LEFT(J2,FIND("/",J2,1)-1))

不理解上述公式的读者请先学习第四章的相关函数，使用庖丁解牛法将公式的各部分复制到其他单元格细细揣摩明白后再组合在一起理解。

七、不规范时间的整理技巧

在 Excel 中时间型数据的规范格式如"22:39:20"，时间的小时、分钟和秒数用英文冒号"："分隔。然而在日常工作中，大家大都习惯用数字来表示时间。"1.2"可能表示 1 小时 20 分钟，也可能表示 1 小时 12 分钟，如图 2-21 所示。

	A	B	C	D	E	F	G
1	时间长度	含义	整理公式		时间长度	含义	整理公式
2	1.20	1小时20分钟	1:20		1.20	1小时12分	1:12:00
3	5.01	5小时零1分钟	5:01		5.01	5小时36秒	5:00:36
4	3.56	3小时56分钟	3:56		3.56	3小时33分钟36秒	3:33:36
5	4.50	4小时50分钟	4:50		4.50	4小时30分钟	4:30:00
6	16.30	16小时30分钟	16:30		16.30	16小时18分钟	16:18:00

图 2-21 不规范的时间数值

针对上述这两种情形要使用不同的处理方法。

第 1 种情形:"1.2"表示 1 小时 20 分钟。

方法 1:查找替换法。将"."替换为":"即可。

方法 2:公式法。使用公式:=SUBSTITUTE(A2,".",":")

第 2 种情形:"1.2"表示 1 小时 12 分钟。

使用公式:=TEXT(E2/24,"h:mm:ss")

公式解释:

- 第 2 种情形的公式除以 24 是因为在 Excel 中日期和时间本质上是数字,用 1 表示一天,一天有 24 小时,E 列中的数字 1 表示是 1 小时,要转换为天,故要除以 24。
- TEXT 是文本函数,可将数值转换成指定格式的文本。如在单元格输入公式"=TEXT(1.2345,"¥0.00")",则会显示"¥1.23"。此处是将计算出的时间按"6:03:56"的格式显示,详细用法请参阅 Excel 帮助。

■ **扩展阅读**

关于日期时间更详细的解释,请在微信公众号"Excel 偷懒的技术"主页发送关键词"日期时间"获取。

八、用数据验证规范录入的数据

在第一章第三节中,我们讲到表格中的数据一定要注意规范性、一致性要求,否则会给后期的数据分析带来很多障碍。要提高数据处理的效率,就应该从源头做起,保证录入的数据正确、规范。那有没有办法能使用户按规范输入数据呢？比如不允许录入不规范的日期格式"2021.3.27"，"张三"不允许录入成中间带空格的"张三"。这就是"数据验证"（在以前的版本中叫作"数据有效性"）。我们可以使用数据验证功能来设定条件验证，限制单元格数据的输入。

常见的有效性条件有：整数、小数、序列、日期、时间、文本长度。以上有效性条件除"序列"外，其他的都可以设定一个区间值。比如限定只能输入 1 ~ 100 之间的整数，2010 年 1 月 1 日到 2021 年 12 月 31 日之间的日期。这些设置都很简单，就不再逐一介绍了。关于序列和自定义的设置，请阅读第三章第一节关于数据验证的内容。

第二节　以一当十：批量操作最"偷懒"

《天净沙·喝茶》

复制粘贴累趴，头晕眼花想家，批量操作出马。夕阳西下，财务人在喝茶。

通常情况下，我们在处理数据时都是选定一个单元格或一个单元格区域进行操作，这个区域设置好后，再对其他单元格或区域进行操作。实际上，Excel 是具备同时操作多单元格区域、多工作表的能力的，使用该功能可以减少重复操作，大幅提高我们的操作效率。批量操作是最基本的"偷懒"技术。下面分别介绍各种批量操作技巧。

一、批量操作多个单元格或多个单元格区域

我们要对多个单元格或多个单元格区域进行操作，首先得选定单元格区域。选定单元格区域的方法有多种，分别有不同的应用场景，使用正确的功能才能大大提高"偷懒"效率。

- 如果是根据单元格的位置来选择，可以使用键盘或鼠标。
- 如果是根据单元格的内容或者单元格的格式来选择，在同一列的话，可以使用筛选功能来选

定；如果不在同一列，可以使用查找功能来实现。

- 如果是根据单元格的属性来选择，比如要选择手工输入内容的单元格（没有公式的单元格）、有公式的单元格、没有内容的单元格、没有隐藏的单元格、当前单元格所引用的单元格等，则可以使用定位功能。

关于查找、定位、筛选等功能的详细介绍见本书第三章。下面我们介绍根据位置选择单元格的操作方法。

1. 选择多个单元格或多个单元格区域的方法

（1）选择连续的区域。

方法 1： 直接使用鼠标拖动选择目标单元格区域。

方法 2： 选定目标单元格区域左上角的单元格，然后按住【Shift】键，点选目标单元格区域右下角的单元格。

方法 3： 直接在名称框输入目标单元格区域的地址，如 A1:D200。

（2）选择不连续的区域。

方法 1： 选择第一个单元格区域，然后按住【Ctrl】键，拖动鼠标选择其他单元格区域。

方法 2： 直接在地址栏输入每个目标单元格区域的地址，中间用英文输入法下的逗号分隔。如 A1:B5，A7:D20。

选定多个单元格或多个单元格区域后，就可以像操作单个单元格一样设置格式。

2. 在多个单元格区域批量输入数据的方法

要在多个单元格区域同时输入数据或公式，应先选定目标单元格区域，然后输入数值、文本或公式。输入完成后，不按【Enter】键，而是按【Ctrl+Enter】组合键，就能将输入的内容一次性批量输入到选定区域的每一个单元格中。

需要提醒的是：输入公式时，要注意公式的引用类型，是相对引用还是绝对引用。比如在图 2-22 中的表格中，选定

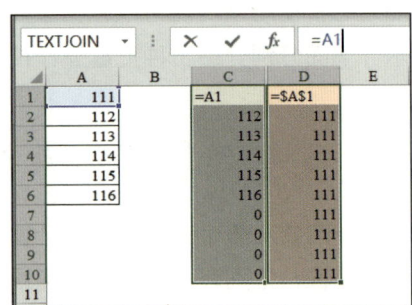

图 2-22　在多个单元格输入内容的注意事项

C1:C10 单元格区域，输入公式 =A1，然后按住【Ctrl+Enter】，那么 C1 的公式为 =A1，C2 单元格的公式为 =A2，以此类推，这些单元格中的公式不会都是：=A1。要全部等于 A1 单元格，就必须切换为绝对引用，像 D1 单元格那样输入公式 =$A$1，详见示例文件"表 2-8　在多个单元格批量输入相同公式的注意事项"。

二、批量操作多个工作表

在 Excel 中不但可以批量操作多个单元格区域，还可以对多个工作表进行批量操作，如设置格式、录入数据、编制公式等。比如，1～12 月的管理费用分部门统计表，每月一张工作表，各表格式完全相同。由于设计时的疏忽，少了一个明细科目"汽车费用"，需要在各月的管理费用分部门统计表插入一行补录"汽车费用"相关数据，这时就可对这 12 张工作表进行批量操作。下面先介绍如何对多个工作表进行批量常规操作，再介绍其他批量操作技巧。

1. 对多个工作表进行批量常规操作

按住【Ctrl】键，分别选定目标工作表，此时 Excel 窗口标题栏中工作簿名称后会增加"[工作组]"字样，如"工作簿 1[工作组]"。如果要选定相邻的多个工作表，可以先选定目标工作簿中要选择的第一个工作表（如图 2-23 中的 Sheet2），然后按住【Shift】键，点击选取目标工作表的最后一个工作表（如图 2-23 中的 Sheet5），就可将相邻的多个工作表选定。选定后就可像操作单个工作表一样，录入数据、设置格式、编辑公式等。此时录入数据时不需要按【Ctrl+Enter】也会在多个工作表批量录入。但是，要在工作组各工作表的多个单元格区域输入数据，还得按【Ctrl+Enter】才能完成批量录入。

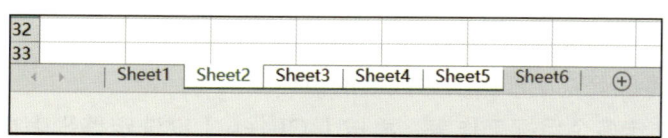

图 2-23　将多个工作表选定为工作组

在完成多个工作表的操作后，一定要记得取消工作组。 操作方法：点击未包含在工作组范围的某一工作表，或在工作表标签栏点击右键→取消组合工作表。

2. 将已有内容、格式填充到其他工作表中

Step1： 打开示例文件"表2-9 将已有工作表内容、格式填充到其他工作表中"，按住【Ctrl】键，依次选定"数据""Sheet1""Sheet2""Sheet3"工作表。

Step2： 选定需要填充的内容（A1:D11单元格区域）。

Step3： 点击【开始】选项卡→"编辑"组的"填充"按钮→至同组工作表。

Step4： 在"填充成组工作表"对话框，选择填充的方式"全部""内容"或"格式"，点击"确定"（见图2-24）。

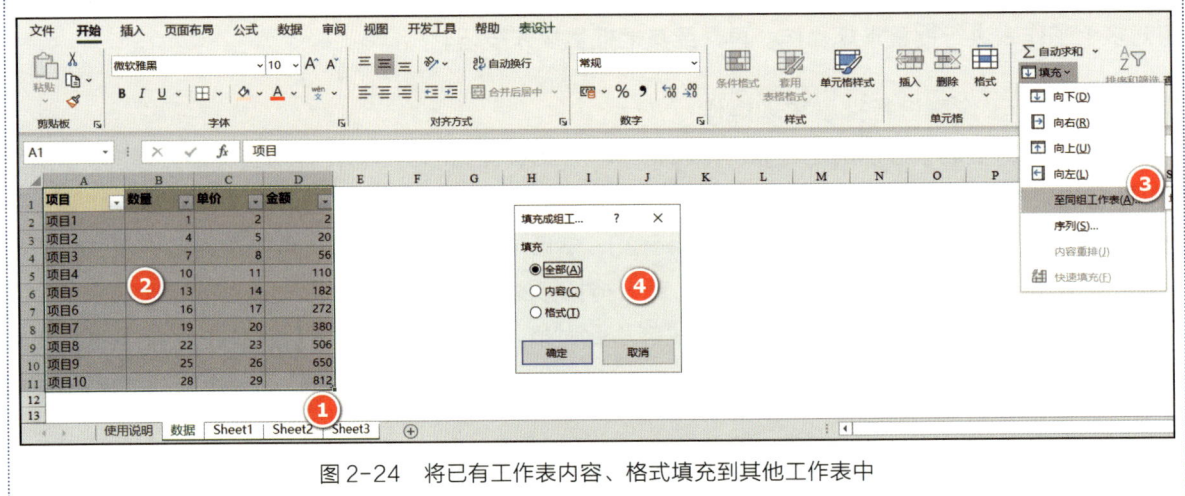

图2-24 将已有工作表内容、格式填充到其他工作表中

3. 将多个工作表中的公式全部转换为数值的技巧

使用【Ctrl】键选定多个目标工作表，再按【Ctrl+A】键选定整张表格→复制→选择性粘贴（选数值）→确定。

4. 一次性删除工作表中的所有对象

Excel 中的对象是指插入的图片、文本框、图表、控件按钮等。批量删除的具体操作步骤如下：打开示例文件"表 2-10 一次性删除工作表中的所有对象"→按【F5】功能键或【Ctrl+G】键→打开定位对话框→定位条件（对象）→点击"确定"选定所有的对象→点击【Delete】键删除。

5. 一次性删除多张工作表的所有批注

按住【Ctrl】键→选定要删除批注的多张工作表→再按【Ctrl+A】键选定所有单元格→【开始】选项卡"编辑"组→点击"清除"按钮→"清除批注和注释"。最后记得解除多张工作表的选定。

三、对多个单元格区域批量求和

在第一章分析数据处理效率低下的原因时，在原因二里我们简单地介绍了在表格的横向和纵向同时输入公式快速求和的技巧。有时我们还会遇到这种情况——在多个单元格区域的行、列输入求和公式，如图 2-25 所示。

	A	B	C	D	E	F	G	H	I
1		片区	姓名	项目1	项目2	项目3	项目4	项目5	小计
2		西部	员工1	1	2	3	4	5	
3			员工2	6	7	8	9	10	
4			员工3	11	12	13	14	15	
5		西部小计							
6		东部	员工4	21	22	23	24	25	
7			员工5	26	27	28	29	30	
8			员工6	31	32	33	34	35	
9			员工7	36	37	38	39	40	
10		东部小计							
11		北部	员工8	46	47	48	49	50	
12			员工9	51	52	53	54	55	
13			员工10	56	57	58	59	60	
14			员工11	61	62	63	64	65	
15			员工12	66	67	68	69	70	
16		北部小计							

图 2-25 对多个单元格区域批量求和

这种情况下如何快速输入求和公式呢？步骤如下。

Step1：打开示例文件"表2-11　快速求和"，选定D2:I16单元格区域，按下【F5】功能键，在弹出的"定位"对话框点击"定位条件"打开定位条件对话框。

Step2：在"定位条件"对话框中，双击"空值"选项后确定退出（见图2-26）。此时即选定了第5行、第10行、第16行、第I列要输入公式的单元格。

Step3：按【Alt+=】快捷键，或者点击【开始】选项卡"编辑"组中的自动求和按钮即可快速完成行列求和。

如果表格的小计行在数据区域的上方（见图2-27），又如何同时对行、列进行批量求和呢？

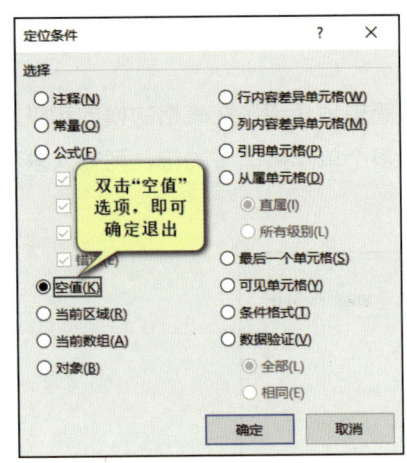

A	B	C	D	E	F	G	H	I
	片区	姓名	项目1	项目2	项目3	项目4	项目5	小计
	西部小计							
	西部	员工1	1	2	3	4	5	
		员工2	6	7	8	9	10	
		员工3	11	12	13	14	15	
	东部小计							
	东部	员工4	21	22	23	24	25	
		员工5	26	27	28	29	30	
		员工6	31	32	33	34	35	
		员工7	36	37	38	39	40	
	北部小计							
	北部	员工8	46	47	48	49	50	
		员工9	51	52	53	54	55	
		员工10	56	57	58	59	60	
		员工11	61	62	63	64	65	
		员工12	66	67	68	69	70	

图2-26　选定空单元格　　　　　　　图2-27　对多个单元格区域批量求和3

可以在D2单元格输入公式：

=SUM(D3:D$16)-2*SUMIF($B3:$B$16,"* 小计 ",D3:D$16)

此时公式计算结果是错的，我们不必理会，复制D2单元格将其粘贴到E2:H2、D6:H6、D11:H11单元格中即可。粘贴后，各单元格的公式就会得到正确的结果。关于此公式的详细解释，请参见《"偷懒"的技术2：财务Excel表格轻松做》第二章的内容。

四、批量合并相同内容的单元格

在第一章我们说过，在清单型表格中尽量不要使用合并单元格，这会给我们使用筛选、排序、数据透视表等工具进行数据分析带来很大的麻烦。但在报表型表格中却经常用到合并单元格来进行排版。有时清单型表格数据较少，对外提供数据时也会直接将清单型表格排版后直接报送，这时可能需要将一些相同内容的单元格进行合并。

下面介绍如何快速批量合并相同内容单元格（扫描二维码观看操作视频）。

打开示例文件"表2-12　批量合并相同内容的单元格"，这是一个类似于清单型表格的统计表，下面我们结合分类汇总和定位功能将相同内容的单元格进行批量合并。

扫码观看操作视频

> Step1：选中 A1:A20 单元格区域→点击【数据】选项卡→"分级显示"组→点击"分类汇总"按钮，将分类字段和选定汇总项设置为"省份"→点击"确定"（见图 2-28）。

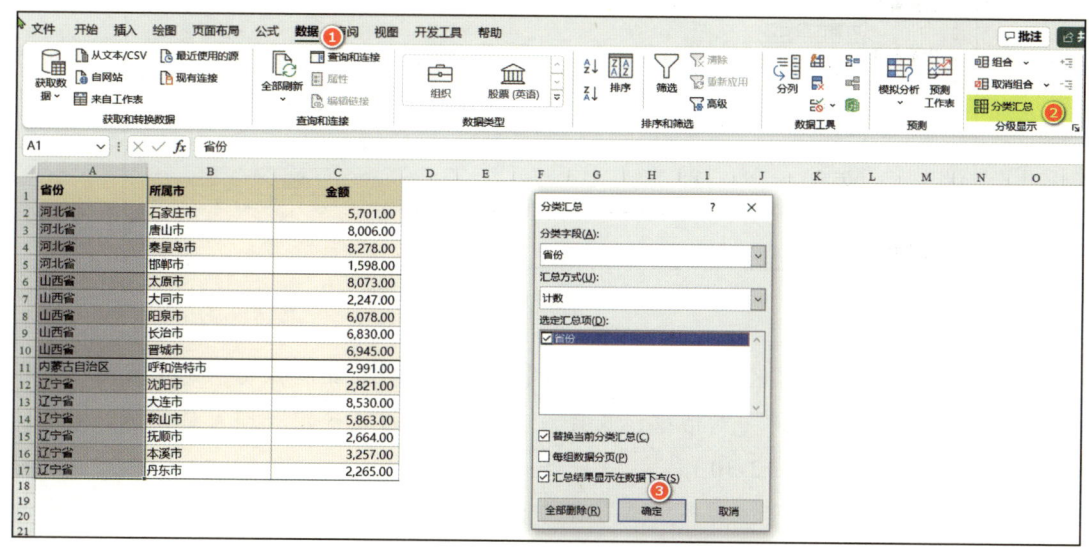

图 2-28　批量合并相同内容的单元格 1

Step2: 分类汇总后,表格如图 2-29 所示,A 列无格式,需要将 B 列的格式应用到 A 列。具体操作如下:

选中 B2:B20 单元格区域,复制→然后选中 A2 单元格右键→选择性粘贴(格式)→点击"确定"。

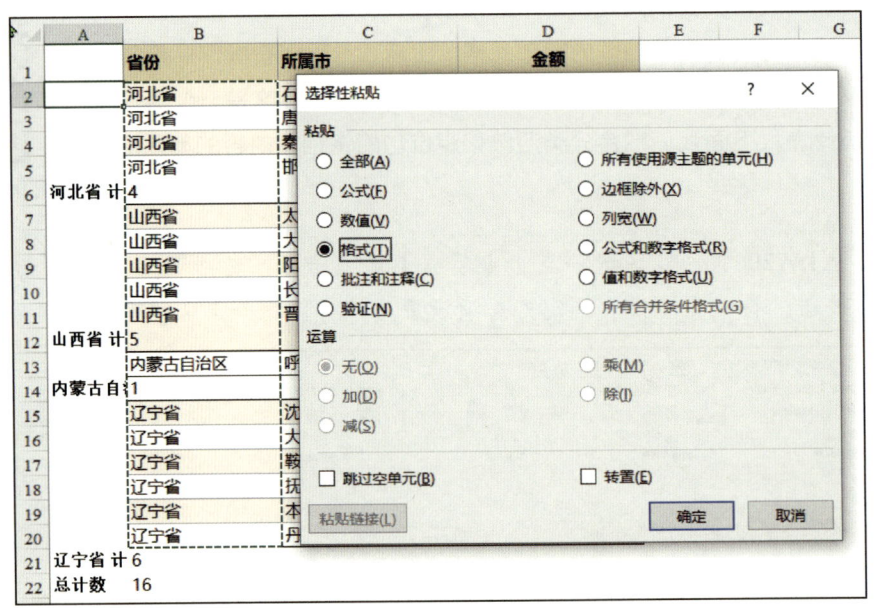

图 2-29　将 B 列的格式粘贴到 A 列

Step3: 选中 A2:A23 单元格区域→按【Ctrl+G】键,在定位对话框点击"定位条件"按钮→在弹出的"定位条件"对话框,选择"空值",点击"确定"即可选定 A2:A23 区域的空白单元格(见图 2-30)。

Step4: 点击【开始】选项卡"对齐方式"组中的"合并后居中"按钮,合并同一省份的空白单元格。

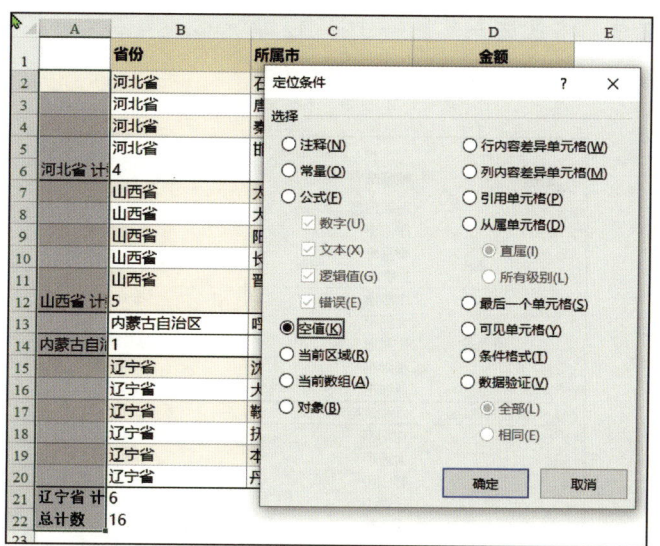

图 2-30 定位到空白单元格

Step5：将鼠标选中数据表中的任一单元格，点击【数据】选项卡→"分级显示"组→点击"分类汇总"按钮，在分类汇总对话框，点击"全部删除"，取消分类汇总（见图 2-31）。

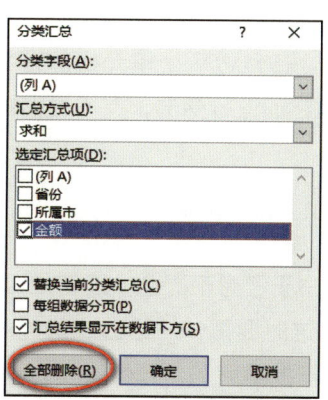

图 2-31 将分类汇总删除

Step6：选择 A2:A17 单元格区域→复制→选择 B2 单元格→点击右键→选择性粘贴→格式→然后将 A 列删除。合并后效果如图 2-32 所示。

省份	所属市	金额
河北省	石家庄市	5,701.00
	唐山市	8,006.00
	秦皇岛市	8,278.00
	邯郸市	1,598.00
山西省	太原市	8,073.00
	大同市	2,247.00
	阳泉市	6,078.00
	长治市	6,830.00
	晋城市	6,945.00
内蒙古自治区	呼和浩特市	2,991.00
辽宁省	沈阳市	2,821.00
	大连市	8,530.00
	鞍山市	5,863.00
	抚顺市	2,664.00
	本溪市	3,257.00
	丹东市	2,265.00

图 2-32　合并后的效果

■ 注意：

使用这个方法将各省份合并后，各省份每个单元格都有数据，例如虽然 A2:A5 单元格区域的值都是"河北省"，但仍然可以对它们进行筛选，是不是很神奇？

五、批量给公式添加四舍五入 ROUND 函数

有时我们在设置表格的公式时，由于考虑不周全，没有给公式添加 ROUND 函数进行四舍五入，导致求和金额出现一二分钱的差异，这时要再一一给公式最外围添加 ROUND 函数就比较麻烦，我们可以使用选择性粘贴和查找替换进行批量添加。具体操作方法，请在微信公众号"Excel 偷懒的技术"主页发送关键词"添加 ROUND"，查看详细操作步骤。

六、将表格按类别批量拆分为多个工作表

工作中为了方便使用透视表或数据进行统计分析,我们经常将所有的数据都登记在一个工作表,有时因某些需要,需要将这个表按类别分拆为多个工作表,并按相应类别分别命名工作表。我们可以使用数据透视表来实现,具体操作方法,请在微信公众号"Excel偷懒的技术"主页发送关键词"分拆成多表",查看详细操作步骤。

七、批量打印多个工作表、工作簿

在 Excel 中,可以一次性打印多张工作表:先将需要打印的表格格式设置好→按【Ctrl】键,选择需要打印的多张工作表→点击快速访问工具栏上的"快速打印"按钮,或点击"文件"菜单→打印→打印活动工作表。

第三节 坐享其成:报表翻新的"偷懒"妙招

《沁园春·报表翻新》

惜复制粘贴,略输灵动;重置公式,稍逊高效。一代名宿VBA,编程代码太烧脑。俱往矣,问报表翻新,可有妙招?

很多日常财务表格的编制和财务工作一样,具有很强的周期性。如果没有一颗"偷懒"的心,不知道在编制表格时"旧物"利用,每次编制报表都从头开始设置各个分析表格、公式、图表,结果只有一个:加班不知日月短,岂料世上已千年。

既然这些工作都是重复性的,表格的内容也基本相同,为什么不直接拿来翻新利用呢?工厂浇注一个产品时,都是将铁水倒入模型中,绝不会每做一个都从头制模。**要提高工作效率,一定要将日常**

工作标准化、模板化，从文件夹的设置到表格的格式、公式、图表都设置好。只要文件夹设置合理（文件夹决定表格的路径，从而决定到其他引用这张表格的公式）、公式的扩展性良好，下月编制同类表格时只需使用查找替换批量修改，就可以将旧报表中的数据一秒钟更新为本月数据。

在简单介绍了报表翻新的理念后，下面介绍报表翻新时常用的一些技巧。

一、快速删除表格中手工填列的数据而保留公式

在日常工作中，经常要用到以前设计好的表格，需要删除手工填列的数据而保留原公式。如图 2-33 所示，需手工删除 C 列、D 列、E 列以及 G 列中手工填列的数据。如果手工选定一个个删除，效率不高且容易出错。我们可以使用数据选择利器"定位"功能来帮助快速选定那些手工填列的常量数据。

片区	办事处	订单数量	订单收入	订单成本	税金及附加	销售费用	订单利润
西部	西藏	817	20,425.00	16,340.00	209.49	1,021.25	2,854.26
	新疆	236	5,900.00	4,720.00	60.51	295.00	824.49
	云南	189	4,725.00	3,780.00	48.46	236.25	660.29
	四川	400	10,000.00	8,000.00	102.56	500.00	1,397.44
	小计	1,642	41,050.00	32,840.00	421.02	2,052.50	5,736.48
东部	江苏	512	12,800.00	10,240.00	131.28	640.00	1,788.72
	河南	923	23,075.00	18,460.00	236.67	1,153.75	3,224.58
	江西	124	3,100.00	2,480.00	31.79	155.00	433.21
	广东	251	6,275.00	5,020.00	64.36	313.75	876.89
	小计	1,810	45,250.00	36,200.00	464.10	2,262.50	6,323.40
华北	河北	733	18,325.00	14,660.00	187.95	916.25	2,560.80
	天津	936	23,400.00	18,720.00	240.00	1,170.00	3,270.00
	山东	221	5,525.00	4,420.00	56.67	276.25	772.08
	小计	1,890	47,250.00	37,800.00	484.62	2,362.50	6,602.88
华东	浙江	284	7,100.00	5,680.00	72.82	355.00	992.18
	上海	90	2,250.00	1,800.00	23.08	112.50	314.42
	安徽	530	13,250.00	10,600.00	135.90	662.50	1,851.60
	小计	904	22,600.00	18,080.00	231.80	1,130.00	3,158.20
西南	重庆	229	5,725.00	4,580.00	58.72	286.25	800.03
	湖北	752	18,800.00	15,040.00	192.82	940.00	2,627.18
	湖南	952	23,800.00	19,040.00	244.10	1,190.00	3,325.90
	小计	1,933	48,325.00	38,660.00	495.64	2,416.25	6,753.11
合计		8,179	204,475.00	163,580.00	2,097.18	10,223.75	28,574.07

图 2-33　快速删除表格中手工填列的数据而保留公式

操作步骤如下（扫描二维码观看操作视频）：

Step1：打开示例文件"表 2-13　报表的快速翻新"，选择 C2:H24 单元格区域，按下【F5】功能键，在定位对话框点击"定位条件"。

Step2：在定位条件对话框，双击"常量"选项，自动确定退出（见图 2-34）后，C 列到 E 列、G 列中除小计行 / 列外的所有手工填列的常量数据就都被选定了。

扫码观看操作视频

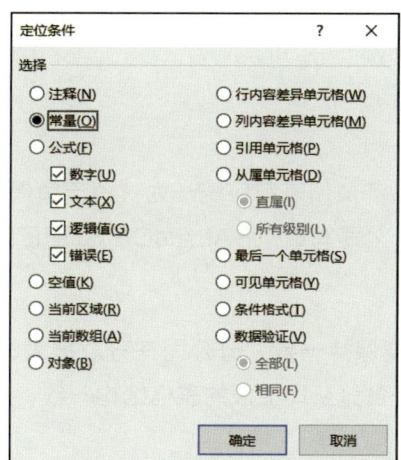

图 2-34　使用定位（常量）选定手工填列的单元格

Step3：按【Delete】键，将手工填列的常量数据批量删除，即可清除报表原有数据。

二、快速翻新表格中的公式

上一个技巧讲的是使用现有的表格，将表格中手工填列的常量数据删除，以节约表格格式设计的时间。**真正要提高工作效率，不但要有效利用现有表格的格式，更要充分利用现有表格已设好的公**

式，通过查找替换批量修改公式，实现一秒钟翻新表格、更新数据。

假设重庆 A 公司作为母公司要合并各分公司的财务报表，如果编制合并报表的总账会计每月将各公司的报表复制粘贴到合并报表的模板中，再编制抵消分录合并，费时费力，还容易出错。这位会计应该使用公式引用各公司报表的数据，然后在下月使用查找替换批量修改公式所引用的表格。

要实现公式的批量修改，有如下几个必要前提。

1. 工作簿名称格式统一

如示例文件中的"重庆 A 公司财务报表（2021 年 1 月）""深圳 E 公司财务报表（2021 年 1 月）"，重庆 A 公司作为母公司，应该从信息报送制度上要求各分公司提交的定期财务报表按规定的格式命名。

2. 工作表的名称一致

如本示例文件中各分公司的资产负债表都应统一为"资产负债表"，而不是 A 公司写成"资产负债表"，B 公司写成"资负表"，C 公司写成"BALANCE SHEET"。

3. 工作表的结构相同

各分公司各表格的结构格式要保持一致，母公司在分发报表时就应该加密码保护工作簿和工作表，不允许插入、删除行，以保证各分公司上报的表格结构一致，方便数据汇总。

4. 文件夹设置合理

文件夹分类和层级的先后顺序要利于文件管理，更要利于报表翻新时公式的批量修改。比如文件存放位置要规范合理，不能这个月的报表放这个文件夹，下个月的又放另一文件夹；文件夹层级的先后顺序要确定是先类别后月份，还是先月份后类别。关于文档的管理可参阅本书示例文件中的"'电脑文档管理技巧'PPT"，这里不详述了。

如果没有做到这四点，就无法批量修改公式。这也是在第一章特别强调的知识点，建议对第一章内容不太理解的读者可以在读完本章后，再回头读一遍第一章的相关内容。

下面分步骤详细介绍具体的操作步骤（扫描二维码观看操作视频）。

扫码观看操作视频

假设"财务报表"文件夹在 D 盘根目录下,各分公司报表格式如图 2-35 所示。

	A	B	C	D	E	F
1			资产负债表			
2	编制单位:重庆A公司			日期:2021年1月31日		单位:元
3	资产	年初数	期末数	负债和所有者权益	年初数	期末数
4	货币资金	21,965,529.75	18,978,963.00	应付账款	6,806,088.89	5,739,455.32
5	应收账款	2,404,927.26	3,696,234.05	应付职工薪酬	1,798,245.57	1,722,239.70
6	预付款项	836,374.77	550,000.00	应交税费	676,005.77	579,654.30
7	其他应收款	2,364,556.50	1,383,846.37	其他应付款	9,163,689.87	8,327,315.10
8	存货	19,958,937.31	20,862,109.56			
9	流动资产合计	47,530,325.59	45,471,152.98	负债合计	18,444,030.10	16,368,664.42
10	长期股权投资	120,000,000.00	120,000,000.00	实收资本(或股本)	100,000,000.00	100,000,000.00
11	固定资产	15,202,921.11	16,905,783.52	资本公积	37,293,764.00	37,293,764.00
12	在建工程	12,956,492.67	12,956,492.67	盈余公积		
13	无形资产	5,620,129.71	4,863,209.00	未分配利润	45,572,074.98	46,534,209.75
14	非流动资产合计	153,779,543.49	154,725,485.19	所有者权益合计	182,865,838.98	183,827,973.75
15	资产总计	201,309,869.08	200,196,638.17	负债和所有者权益总计	201,309,869.08	200,196,638.17

图 2-35 各公司报表格式

合并报表的格式如图 2-36 所示,1 月已经将合并报表中的公式设置好,并已分别链接到各分公司报表的对应单元格。公式如下:

='D:\财务报表\1 月\[上海 D 公司财务报表(2021 年 1 月).xlsx]资产负债表 '!C6

现在要编制 2 月的合并报表,各分公司的报表已经上报且已按规定格式命名。

Step1:将"财务报表"文件夹中的 1 月文件夹整体复制,复制后的文件夹名称为"1 月 – 副本",将文件夹重命名为"2 月"。

Step2:将各分公司上报的 2 月的报表复制到 2 月文件夹,并检查报表的命名是否与 1 月报表工作簿的名称格式相同。如果确认无误,将 2 月文件夹中各分公司 1 月的报表删除。将合并报表"资产负债表(2021 年 1 月合并)"的名字改为"资产负债表(2021 年 2 月合并)"。

图 2-36 合并报表格式

Step3：打开"资产负债表（2021年2月合并）"，可能会出现如图 2-37 的提示，点击"启用内容"。

图 2-37 安全警告

打开后会发现表格中的公式仍然链接为 1 月的报表，如" ='D:\ 财务报表 \2 月 \[上海 D 公司财务报表（2021 年 1 月）.xlsx] 资产负债表 '!C6"，在 2 月文件夹中已不存在"上海 D 公司财务报表（2021 年 1 月）"的工作簿，系统可能会出现如图 2-38 的提示，点击"不更新"。

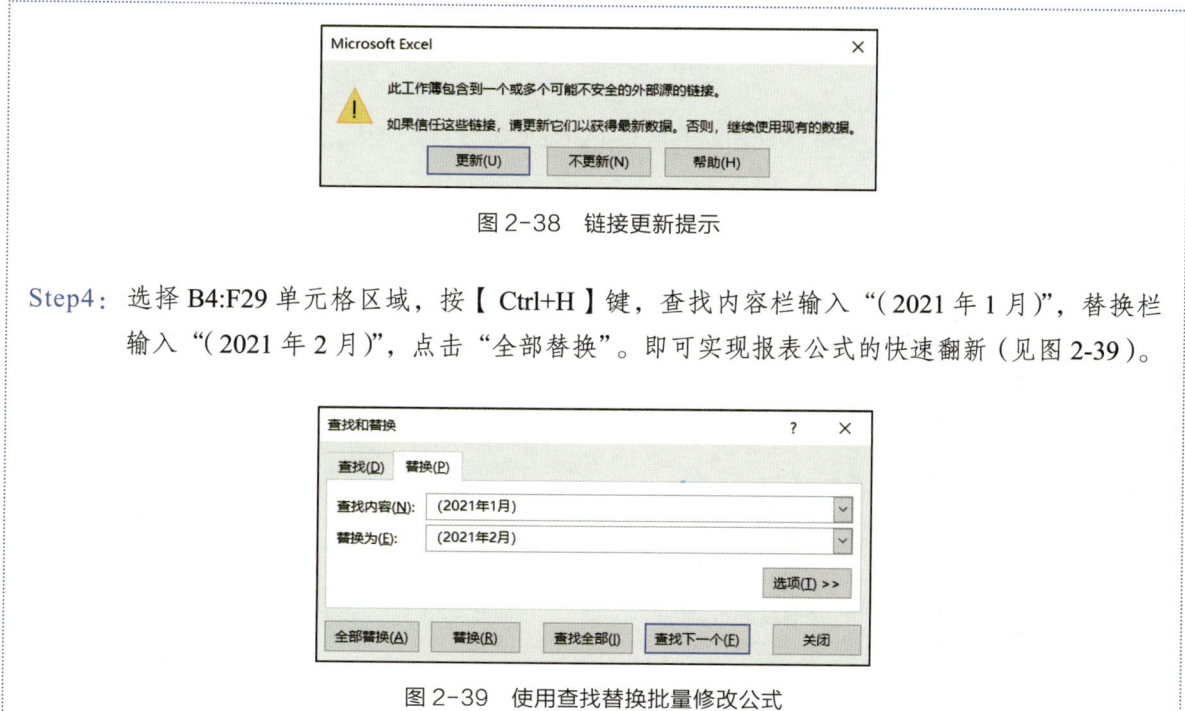

图 2-38 链接更新提示

Step4：选择 B4:F29 单元格区域，按【Ctrl+H】键，查找内容栏输入"（2021 年 1 月）"，替换栏输入"（2021 年 2 月）"，点击"全部替换"。即可实现报表公式的快速翻新（见图 2-39）。

图 2-39 使用查找替换批量修改公式

需要提醒的是：输入的查找内容一定要保证唯一性，能准确查找到目标数据，而不会出现错误替换的情况。比如本示例中查找内容就不能只是输入"1"，否则会将公式中的 2021 替换成 2022。

细心的读者可能已经注意到，表格中的公式有时会很长，有时却很短。这是因为链接到其他工作簿时，如果源工作簿处于打开状态，就会只显示工作簿名称；如果源工作簿是关闭的，就会显示含文件路径的工作簿名称，如：

='D:\ 财务报表 \2 月 \[上海 D 公司财务报表（2021 年 1 月）.xlsx] 资产负债表 '!C6

如果由于文件夹设置不合理，或者整体复制文件夹后，2 月合并报表中的公式仍然链接到 1 月文件夹中 1 月的报表，则会出现下面这种样式：

='D:\财务报表**1月**\[上海D公司财务报表（**2021年1月**）.xlsx] 资产负债表 '!C6

我们需要将其修改为：

='D:\财务报表**2月**\[上海D公司财务报表（**2021年2月**）.xlsx] 资产负债表 '!C6

此时如果直接查找"（2021年1月）"替换为"（2021年2月）"，系统会弹出更新值的文件选择对话框（见图2-40），导致无法批量替换。

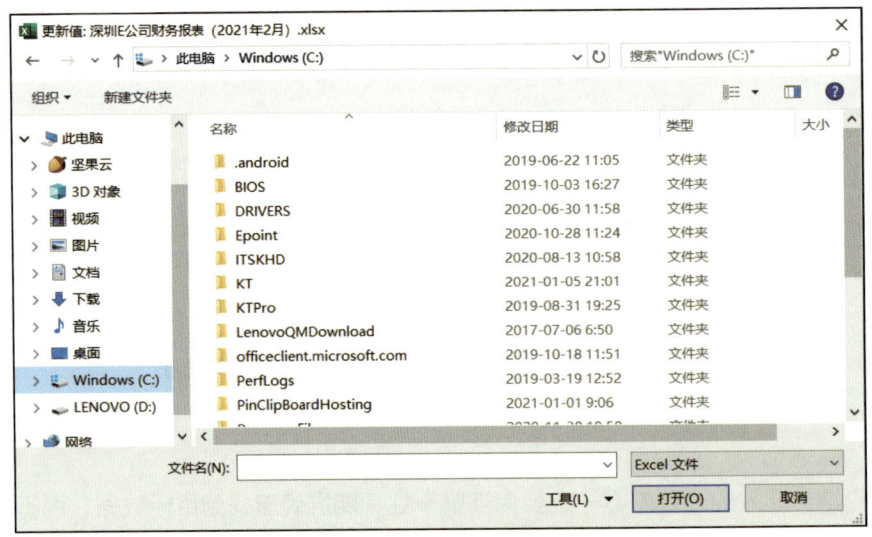

图 2-40　更新值对话框

这是因为在"D:\财务报表\1月"文件夹下，并没有"上海D公司财务报表（2021年2月）.xlsx"等工作簿。为了避免此种情况，可以选择要批量修改的单元格区域，先使用查找替换将"="替换为"A="，然后使用查找替换分别将"\1月\"替换为"\2月\"、将"（2021年1月）"替换为"（2021年2月）"，最后再将"A="替换为"="。

通过本示例可以看到：只要表格设计合理，哪怕分公司再多，运用表格翻新技巧，母公司的数据汇总就能如此简单而快速。"偷懒"就是这么简单！

第四节　一劳永逸：让你的汇总表自动统计新增表格

《七律》

朝辞家人晨曦间，周末加班何时还。若能掌握汇总术，轻松游历万重山。

上一节我们介绍了在规范命名工作簿 / 工作表、使用统一格式表格的基础上，使用查找替换批量修改公式，来实现报表的快速翻新。本节将介绍一个全自动化的报表，可以实现自动将新增的工作表纳入汇总表，做到真正的一劳永逸。

逸凡公司的车间每天要填写“生产日报表”，报告每天的生产及停工等情况，工作表按日期命名，如图 2-41 所示。

	A	B	C	D	E	F	G	H
1	生产日报表							
2	车间名称:	一车间					日期:	1月1日
3	生产单号	产品名称	本日产量		累计产量		耗费工时	
4			预计	实际	预计	实际	本日	累计
5	DM210100001	产品A	100	101	100	100	20	20
6	DM210100001	产品B	350	340	350	340	30	30
7	DM210100001	产品C	234	234	234	234	25	25
8	DM210100001	产品D	50	50	50	50	10	10
9								
10	小计		734	725	734	724	85	85
11	应到人数	90	停工时间及原因:	材料未到位	2	异常情况报告:		
12	实到人数	85	因传送带电机烧坏，修理、更换电机停工两小时。					
13	请假人数	3						
14	旷工人数	2						
15	加班人数	20						
16	生产部长:		车间主任:			填表人:		
17								

使用说明 | 汇总 | 1月1日 | 1月2日 | 1月3日

图 2-41　生产日报表

因管理需要，要将每日的产量、工时、出勤情况、停工时间及原因等整理到汇总表格上，以便使用分析工具进行分析，如图 2-42 所示。

图 2-42 生产日报汇总表

要统计每天的产量情况,需要将每天"生产日报表"产量小计栏、出勤情况、停工时间及原因及时复制粘贴到汇总表,花费的时间虽然不多,但每天都要重复同样的动作还是很烦琐。那能不能偷个懒,让表格实现自动对相应日期的日报表取数,并且新增日期的日报表也能自动取数过去呢?答案是:能!而且并不复杂。下面我们介绍汇总表的具体操作步骤(扫描二维码观看操作视频)。

扫码观看操作视频

假定逸凡公司 1 月 1 日的生产日报表格式及公式已设置好。

Step1:打开示例文件"表 2-15 让你的报表自动化",将鼠标移至"1 月 1 日"表格工作表标签,按住【Ctrl】键拖动复制一份,将表格名称"1 月 1 日(2)"改成"1 月 2 日"。将"1 月 2 日"日报表中的累计数公式设置好:

E5 单元格公式:

='1 月 1 日 '!E5+'1 月 2 日 '!C5

F5 单元格公式:

='1 月 1 日 '!F5+'1 月 2 日 '!D5

H5 单元格公式:

='1 月 1 日 '!H5+'1 月 2 日 '!G5

Step2:将"1 月 2 日"工作表复制一份,将工作表名称"1 月 2 日(2)"改成"1 月 3 日"。

Step3:选定"1 月 3 日"工作表的 C5:H9 单元格区域,按【Ctrl+F】组合键打开查找替换对话框，在查找栏输入"1月1日"，替换栏输入"1月2日"，点击"全部替换"按钮，关闭查找替换对话框（见图2-43）。

此时E列、F列、H列等累计栏的公式已全部修改完毕，自动修改为前一日累计数加本日数。

Step4：选定"1月3日"工作表C5:H9单元格区域，按【Ctrl+G】键→点击"定位条件"按钮打开定位条件对话框→在定位条件对话框双击"常量"选项，选定非公式单元格→按【Delete】键将原手工录入的数据删除。

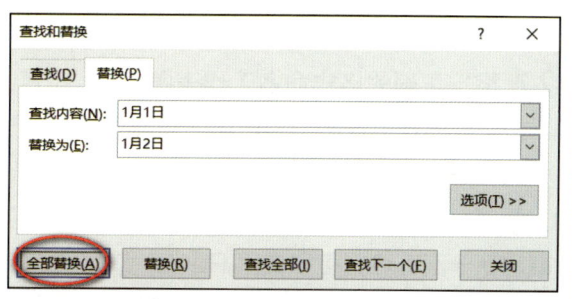

图2-43 修改替换公式中的日期

Step5：在"汇总"工作表A列输入标准的日期，如"2021/1/1"或"2021-1-1"，在第2行各栏分别输入以下公式。

B2单元格：=INDIRECT(TEXT($A2,"m月d日")&"!**C10**")

C2单元格：=INDIRECT(TEXT($A2,"m月d日")&"!**D10**")

……

其他单元格格式以此类推，仅需修改公式中加粗部分对应的单元格即可。B2:K2单元格区域公式均设置好后，将其下拉填充，即可完成汇总表公式的设置。

■ **公式解释：**

TEXT($A2,"m月d日")是将日期数值转换成"1月1日"这种格式的文本。

INDIRECT函数会返回由文本字符串代表的引用。比如公式"TEXT($A2,"m月d日")&"!C10""的计算结果是"1月1日!C10"的字符串，它不是单元格引用，如果要引用此字符串含义所代表的单元格，就需要使用INDIRECT函数。

■ 扩展阅读

请在微信公众号"Excel偷懒的技术"主页发送关键词"INDIRECT",获取INDIRECT函数讲解及应用示例。

需再次强调的是,要使用此公式实现报表的自动化,前提条件是严格做到数据规范、表格名称规范,严格按正确的格式命名工作表名,如"1月1日""10月12日",不能在表格名称中插入空格等。关于数据规范性的内容请返回阅读第一章。

此方法还不是最"偷懒"的,新增工作表后,还得用查找替换修改公式,我们若想"偷懒"到极致,希望在新增工作表后,不用修改公式,甚至工作表名称有一点小瑕疵也不会影响自动汇总,只需右键刷新一下即可,可以使用Power Query来自动汇总统计,具体方法请参见《"偷懒"的技术2:财务Excel表格轻松做》第四章第三节的相关内容。

第五节 一蹴而就:让多工作表、多工作簿数据汇总更高效

如果表格的数据是清单型数据,要对此类多部门数据进行汇总分析,可以使用数据透视表进行处理,具体请参见第三章数据透视表的介绍。本节介绍的是报表型表格数据的汇总。下面分情况介绍。

一、同一工作簿多工作表的汇总

1. 工作表结构布局相同

当各部门数据在同一工作簿内,分别用多张工作表登记,且各表格的结构布局一致时,就很好处理,只需用SUM求和,类似下面的公式:

=SUM('1月:12月'!B2)

表格结构布局相同，还可以使用合并计算来进行汇总，具体操作方法参见第五节第二小节"不同工作簿多工作表的汇总"所述。

如果数据保存在同一文件夹的不同工作簿中，可以先将表格转移至本工作簿，再使用上面的方法汇总。表格较少时，可以直接用手工方法转移；如果表格较多，可以使用本书下载文件中附送的小工具"逸凡工作簿合并助手"实现批量转移（见图2-44），然后再使用 SUM 函数进行多表汇总。

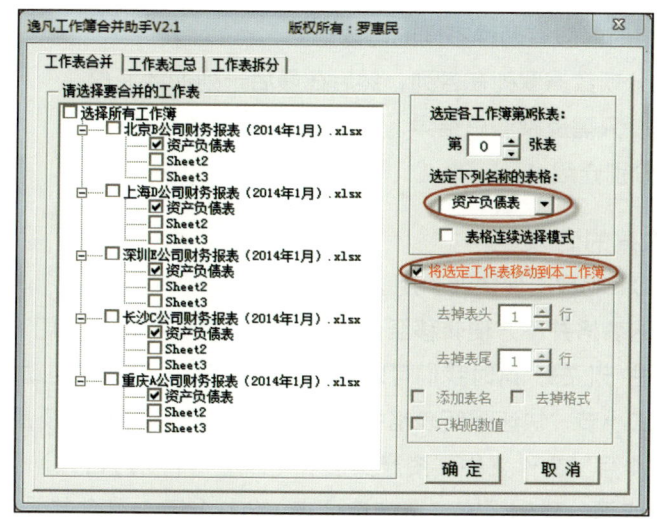

图 2-44　使用逸凡工作簿合并助手批量转移工作簿

2. 工作表结构布局不同

如果表格的结构布局不同，就不能使用 SUM 函数来汇总求和，这里介绍两个方法。

方法 1： 使用合并计算来汇总。

如果要指定按行列字段来统计，有一个前提条件：各表的行标题、列标题的名称必须一致。这也再一次体现了第一章讲的一致性的重要性。具体操作示例见本节第二小节"不同工作簿多工作表的汇总"。

方法 2：使用 Power Query 来汇总。

具体方法请参见《"偷懒"的技术 2：财务 Excel 表格轻松做》第四章第四节"批量合并格式不同的工作表"。

二、不同工作簿多工作表的汇总

在跨工作簿汇总表格时一般有两种不同的需求：
- 需要将各表格的分项数据罗列在各列，然后在最后一列加计汇总。
- 不需要分项数据，只需反映汇总结果。

下面就这两种情况分别介绍。

1. 需要列示分项数据的汇总

（1）使用 INDIRECT 函数实现快速引用。

有时我们需要汇总的表格并不方便转移至同一工作簿，需要将这些部门/公司的数据引用到同一工作表的不同列，然后进行汇总，这时我们可以使用 INDIRECT 函数来自动引用。

我们仍以第三节第二小节"快速翻新表格中的公式"中的示例为例，还是假定"财务报表"文件夹在 D 盘目录，打开"1 月"文件夹中"资产负债表（2021 年 1 月合并）"和"重庆 A 公司财务报表（2021 年 1 月）"工作簿，我们观察"资产负债表（2021 年 1 月合并）"B4:C14 单元格区域引用的公式会发现，其公式分别如下：

='[重庆 A 公司财务报表（2021 年 1 月）.xlsx]资产负债表 '!C4
='[重庆 A 公司财务报表（2021 年 1 月）.xlsx]资产负债表 '!C5
='[北京 B 公司财务报表（2021 年 1 月）.xlsx]资产负债表 '!C4
='[北京 B 公司财务报表（2021 年 1 月）.xlsx]资产负债表 '!C5
……

具体如图 2-45 所示。

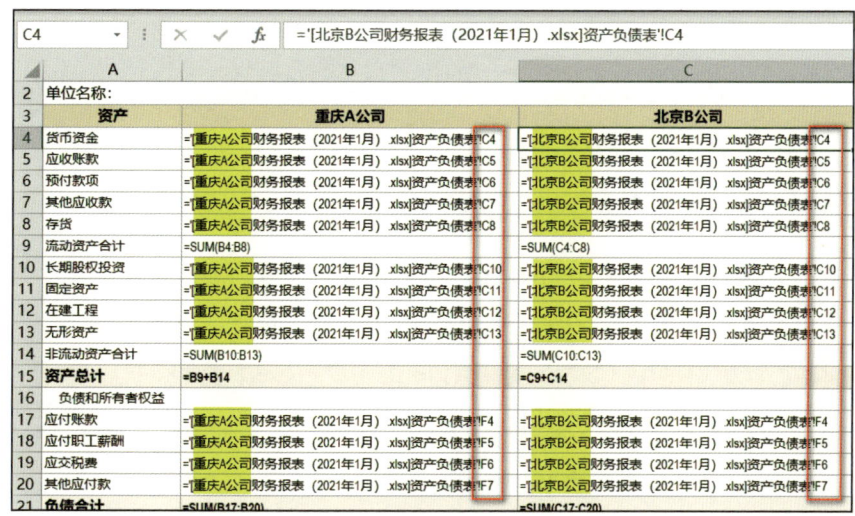

图 2-45 链接到各公司报表的引用公式

从图 2-45 中不难看出，这些公式都具有一定的规律，变化的只是表格的名称和依次递增的单元格行号，因而我们可以使用 INDIRECT 函数来实现自动引用。具体操作步骤如下。

Step1：检查 B3:F3 单元格区域各公司的名称与 1 月文件夹中各单位财务报表工作簿名称中的单位名称是否一致。这一点很重要，否则，使用 INDIRECT 函数引用结果会出错。

Step2：在"资产负债表（1月合并）"的 B4 单元格编辑下面的公式：

=INDIRECT("'["&**B$3**&" 财务报表（2021年1月）.xlsx] 资产负债表 '!C**4**")

Step3：将 B4 单元格的公式往下填充会发现，计算结果都等于重庆 A 公司资产负债表 C4 单元格的值，而不是依次等于 C5、C6 单元格的值。我们使用取行号的函数 ROW（关于 ROW 函数的功能介绍请参见第四章第五节）来代替公式中的行号"4"，以便往下拖动公式时会自动递增，自动变为引用 C5、C6 单元格。公式修改如下：

=INDIRECT("'["&**B$3**&" 财务报表（2021年1月）.xlsx] 资产负债表 '!C" & **ROW()**)

■ 扩展阅读

关于此公式的详细解释，请在微信公众号"Excel 偷懒的技术"主页发送关键词"各种符号"获取相关内容。

Step4：将公式向下和向右填充至 B4:F13 单元格区域。

负债和权益类的公式由于引用的是 F 列，故公式需要修改一下，"资产负债表（2021年 1 月合并）工作簿"资产负债表 B17 单元格的公式如下：

=INDIRECT("'["&**B$3**&"财务报表（2021年1月）.xlsx]资产负债表'!F" & **ROW()−13**)

由于 B17 单元格行号为 17 要链接 F4 单元格，故计算的行号要减去 13。上面公式中的"ROW()-13"，也可写成 ROW(A4)。

（2）使用查找替换快速修改引用公式。

如果大家觉得使用 INDIRECT 函数不好理解，还可以使用基本功能——查找替换来修改公式的引用工作簿。我们仍以第三节中报表的快速翻新的表格为示例，还是假定"财务报表"文件夹在 D 盘目录。具体操作步骤如下。

Step1：将"资产负债表（2021年1月合并）"B4 的公式修改成混合引用，如下：

='[重庆 A 公司财务报表（2021年1月）.xlsx]资产负债表'!$C4

然后复制填充至 B5:B8 和 B10:B13 单元格区域。

Step2：将 B17 单元格公式修改成如下形式：

='[重庆 A 公司财务报表（2021年1月）.xlsx]资产负债表'!$F4

然后复制填充至 B18:B20 和 B22:B25 单元格区域。

Step3：选定 B4:B27 单元格区域，往右拖动填充柄，将公式复制填充至 C4:F27 单元格区域。

Step4：选定 C4:C27 单元格区域，按【Ctrl+H】键，查找内容栏输入"重庆 A 公司财务报表”，在替换内容栏输入“北京 B 公司财务报表”，点击“全部替换”。

Step5：重复 Step4 操作步骤，依次将 D:F 列公式引用的工作簿修改为目标工作簿。

■ **扩展阅读**

利用此技巧，不用打开工作簿，就可以批量合并多个工作簿的数据，请在微信公众号“Excel 偷懒的技术”主页发送关键词“隔空取物”获取相关内容。

2. 仅需列示汇总结果

（1）使用合并计算进行跨工作簿汇总。

在“合并计算”文件夹中，分别有 A 公司、B 公司和 C 公司的销售统计表，它们的样式如图 2-46 所示。

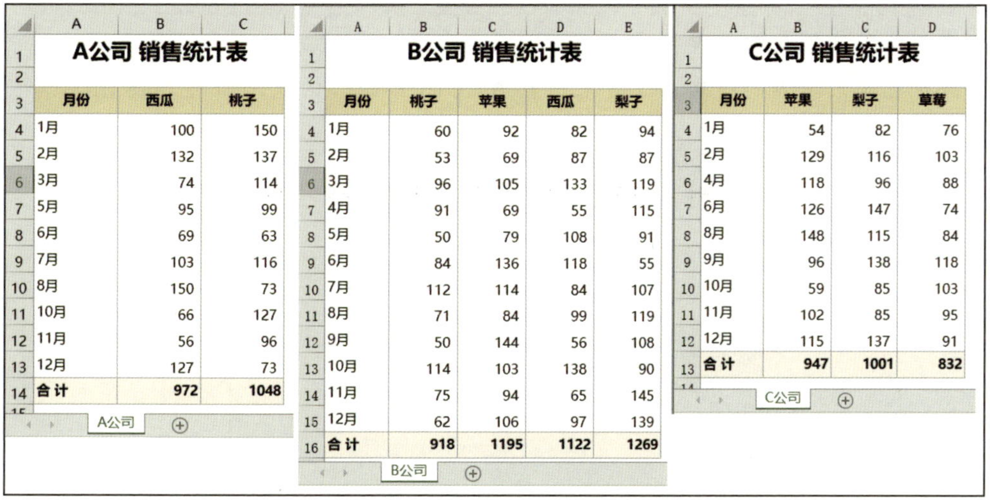

A公司 销售统计表

月份	西瓜	桃子
1月	100	150
2月	132	137
3月	74	114
5月	95	99
6月	69	63
7月	103	116
8月	150	73
10月	66	127
11月	56	96
12月	127	73
合计	972	1048

B公司 销售统计表

月份	桃子	苹果	西瓜	梨子
1月	60	92	82	94
2月	53	69	87	87
3月	96	105	133	119
4月	91	69	55	115
5月	50	79	108	91
6月	84	136	118	55
7月	112	114	84	107
8月	71	84	99	119
9月	50	144	56	108
10月	114	103	138	90
11月	75	94	65	145
12月	62	106	97	139
合计	918	1195	1122	1269

C公司 销售统计表

月份	苹果	梨子	草莓
1月	54	82	76
2月	129	116	103
4月	118	96	88
6月	126	147	74
8月	148	115	84
9月	96	138	118
10月	59	85	103
11月	102	85	95
12月	115	137	91
合计	947	1001	832

图 2-46 各公司销售统计表

要将上述销售统计表汇总成一张表，操作结果如图 2-47 所示。

	A	B	C	D	E	F	G
1	月份	草莓	梨子	苹果	桃子	西瓜	总计
2	1月	76	176	146	210	182	
3	2月	103	203	198	190	219	
4	3月		119	105	210	207	
5	4月	88	211	187	91	55	
6	5月		91	79	149	203	
7	6月	74	202	262	147	187	
8	7月		107	114	228	187	
9	8月	84	234	232	144	249	
10	9月	118	246	240	50	56	
11	10月	103	175	162	241	204	
12	11月	95	230	196	171	121	
13	12月	91	276	221	135	224	
14	总计						

图 2-47 销售统计汇总表

下面介绍具体操作步骤。

Step1：将各公司的销售统计表打开。

Step2：假定已知汇总表的结构，选定汇总表 A1:F13 单元格区域，如图 2-48 所示。

	A	B	C	D	E	F	G
1	月份	草莓	梨子	苹果	桃子	西瓜	总计
2	1月						
3	2月						
4	3月						
5	4月						
6	5月						
7	6月						
8	7月						
9	8月						
10	9月						
11	10月						
12	11月						
13	12月						
14	总计						

图 2-48 选定汇总表 A1:G13 单元格区域

Step3: 在【数据】选项卡→点击"数据工具"组的"合并计算"按钮→打开"合并计算"对话框。

Step4: 点击引用位置栏的折叠按钮,选择"A公司销售统计表"的A3:C13单元格区域,点击"添加"按钮,将其添加到引用位置栏。然后将标签位置的首行、最左列勾选上,如图2-49所示。

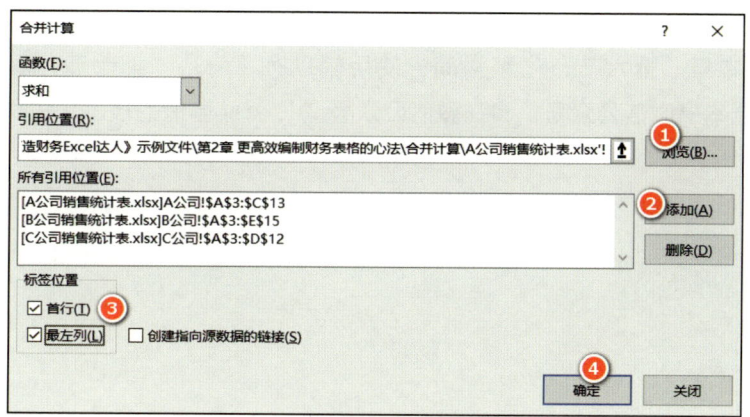

图2-49 添加要合并的目标单元格区域

Step5: 重复Step4,将B公司A3:E15单元格区域、C公司A3:D12单元格区域添加到引用位置。

Step6: 添加完所有表格需要合并的单元格区域,点击"确定"按钮,完成合并计算,结果如前文图2-47所示。

本示例为合并计算表按类别对数据进行合并计算。如果汇总表格已经指定了需要汇总的行标题和列标题,那么Excel只会合并计算指定字段,并将结果汇总到指定单元格;如果没有指定需要汇总的行标题、列标题,那么Excel会将包含所有数据的汇总结果反映在指定位置。

（2）使用数据透视表进行跨工作簿汇总。

使用数据透视表进行跨工作簿汇总参见第三章数据透视表的相关内容。

（3）使用 Power Query 进行跨工作簿汇总。

请参阅《"偷懒"的技术 2：财务 Excel 表格轻松做》第四章第四节。

另外，母公司总账会计应该建立一个财务报表自动汇总的模板，每月自动汇总合并分公司的财务报表，还可以灵活指定月份、指定公司的汇总报表（比如分公司地产行业公司的合并报表、机械板块公司的报表），相关模板的制作详见《"偷懒"的技术 2：财务 Excel 表格轻松做》第四章第五节。

因篇幅所限，本章"第六节　化繁为简：使用辅助列（表）""第七节　双剑合璧：Excel 与 Word 的联用"移至本书微信公众号，请在微信公众号"Excel 偷懒的技术"主页发送关键词"六七节"获取相关内容。

技巧提升

让你的表格操作得心应手

第三章

图 3-1 将瓶底咬破舔饮料喝的猴子

在第一章分析数据处理效率低下的原因时提到，如果不掌握一定的 Excel 基本知识、功能和技巧，哪怕你数据管理理念再好、操作习惯再规范，也难免陷入巧妇难为无米之炊的困境。想"偷懒"也不成，遇到问题还是只会使用笨方法。就如图 3-1 中的"大师兄"一样，喝瓶装饮料时不知道拧开瓶盖喝个痛快，而是使蛮力将瓶底咬破，一滴一滴地舔。为了避免像图中的"大师兄"一样，我们就很有必要来学习一下 Excel 的常用功能和技巧。

第一节　掌握实用功能与技巧让你游刃有余

Excel 操作技巧掌握不好，命运只有一个：节假日，你不是在加班，就是在加班的路上，不能走亲访友，好不容易抽时间相个亲，也是：既相逢，却匆匆。携手佳人，和泪加班中。为问东风余几许？春纵在，与谁同！

一、选择性粘贴及其精彩应用

普通的粘贴一般会将单元格的全部信息粘贴过去，包括文本/公式、格式、批注、有效性、条件格式等。有时我们只需要粘贴其中的一部分信息或格式，这时就需要用到选择性粘贴。选择性粘贴功能我们经常使用，但大部分人只使用过粘贴数值、格式的功能，实际上其功能远远不止于此。它不但可以粘贴单元格的格式、有效性、条件格式，还可以进行加减运算、数值格式转换，以及输入简单的单元格链接公式等（见图 3-2）。

下面介绍选择性粘贴中几个非常实用的常用功能及相关技巧。

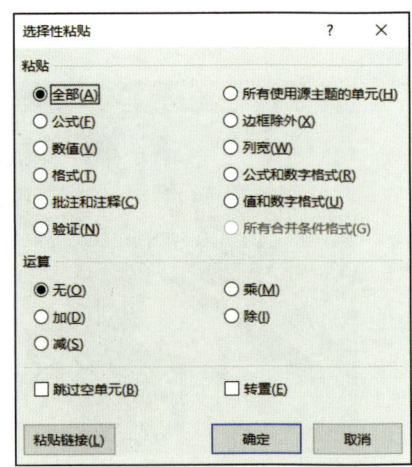

图 3-2　选择性粘贴选项卡

1. 公式

功能： 选择此选项时仅粘贴源单元格中的公式。当粘贴公式时，引用的单元格将根据所用的引用类型（相对引用、绝对引用以及混合引用）而变化。

应用： 当需要从其他单元格复制公式到目标单元格时，选用此选项。

技巧： 将数值粘贴到合并单元格且保留合并单元格格式。

使用普通的粘贴尽管可以将源单元格的数值粘贴到合并单元格，但合并单元格会取消合并。而使用"选择性粘贴——公式"就可以将数值粘贴到合并单元格，并保留相关单元格的合并格式，且合并单元格中的每个单元格都有数值。当然也可以直接使用"选择性粘贴——值和数字格式"来实现上述功能。

2. 数值

功能： 选择此选项时，仅粘贴单元格中显示的值，不粘贴格式和公式。

应用： 需要从源单元格区域复制由相关公式计算出的结果时，或只需将源单元格的数值粘贴到目标单元格，而不需要源单元格的格式时选用此选项。

> **■ 注意：**
> 此功能不能将数值粘贴到合并单元格，会提示"此操作要求合并单元格都具有相同大小"。

3. 格式

功能： 仅粘贴源单元格的格式，但不能粘贴单元格的数据验证。

应用： 当需要复制源单元格的格式（含条件格式）到目标单元格时，使用此功能。

扩展： 使用格式刷 ，可复制单元格的格式（含字体、字号、颜色、边框等），但不能复制行高、列宽、公式、有效性、批注等。单击"格式刷"按钮后只能复制一次；双击"格式刷"按钮后可以多次复制，直到再次点击"格式刷"按钮或按【Esc】键取消。

4. 列宽

功能： 将一列或多列的宽度粘贴到另一列或多列。

应用： 当需要将源单元格或单元格区域的列宽复制应用到目标单元格区域时使用此功能。

> **■ 注意：**
> "选择性粘贴——列宽"选项仅复制列宽而不粘贴内容，但"选择性粘贴"快捷菜单选项中的"保留源列宽"是在粘贴源单元格的格式和内容的同时，应用其列宽。

5. 运算

功能：选择此选项时表示对目标单元格区域进行相应的数学运算。

应用：如果要将源单元格区域的内容与目标单元格区域的内容进行算术运算，可以在“运算”选项下指定相应的数学运算。比如 A1 单元格值为 2，复制 A1 单元格→选择 B3:D6 单元格区域→“选择性粘贴——运算（加）”，则可将 B3:D6 单元格区域批量加上 2。如果 B3:D6 单元格区域为公式，则用括号将原公式括上，再加上 2，如“=（原公式）+2”。具体应用参见后文的举例。

- **提示：**

如果复制的源单元格区域是多个单元格，选择性粘贴时会自动选择目标单元格区域对应范围的单元格进行粘贴运算，而不管选定的目标单元格区域是小于还是大于源单元格区域。

如图 3-3 所示，A2:D10 单元格区域的值在未进行“选择性粘贴——运算（加）”前都是 20，复制源单元格区域 F2:G6 后选择目标单元格区域进行“选择性粘贴——运算（加）”，目标单元格区域不管是选择 A2 单元格、A2:B6 单元格区域还是 A2:D10 单元格区域，执行“选择性粘贴——运算（加）”操作后，最终的结果都是对 A2:B6 单元格区域执行加的运算，运算后的结果如图 3-3 所示。

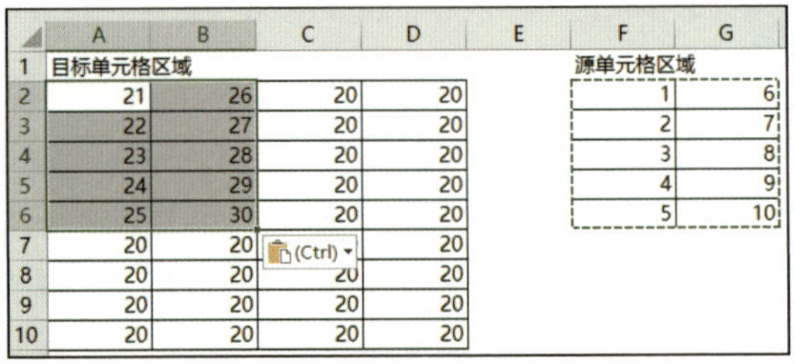

	A	B	C	D	E	F	G
1	目标单元格区域					源单元格区域	
2	21	26	20	20		1	6
3	22	27	20	20		2	7
4	23	28	20	20		3	8
5	24	29	20	20		4	9
6	25	30	20	20		5	10
7	20	20	(Ctrl)	20			
8	20	20	20	20			
9	20	20	20	20			
10	20	20	20	20			

图 3-3 复制单元格区域进行选择性粘贴——运算

这里给大家介绍两个小技巧。

技巧 1：将合并单元格同时乘除某个值，并保留合并格式。

如果同时将“选择性粘贴”里的“公式”和“乘”选上（加、减、除也一样），可以将多个合并单元格区域同时乘上一个数，这样能保留原合并格式不变，且合并单元格区域内的每个单元格均有数据。

技巧 2：将表格中所有的公式最外面批量添加 ROUND 函数。

我们在设置表格公式时可能因为一时疏忽，忘了添加 ROUND 函数进行四舍五入，现要给所有公式最外围添加 ROUND 函数。此时，可以使用选择性粘贴和查找替换来批量添加，具体操作方法，请在微信公众号“Excel 偷懒的技术”发送“添加 ROUND”查看详细操作步骤。

应用举例：

（1）将文本型数字转换成数值型。

如果某单元格区域的数字为文本格式，无法对其进行加减，可以复制某空白单元格，然后"选择性粘贴——运算（加）"将其转换为数值格式，具体示例请参见第二章第一节中"四、不规范数字的整理技巧"相关内容。

（2）将以元为单位的报表转换为以万元为单位。

使用下面介绍的方法，可以将以元为单位的报表转换为以千元或万元为单位的报表，非常方便！以图 3-4 的报表为例，此报表以元为单位，现将 D 列、E 列和 G 列中的数值转换为以万元为单位。

	A	B	C	D	E	F	G	H
1	片区	办事处	订单数量	订单收入	订单成本	税金及附加	销售费用	订单利润
2	西部	甘青宁	817	7,296,422.75	5,837,138.20	74,835.11	364,821.14	1,019,628.30
3		新疆	236	2,107,657.00	1,686,125.60	21,616.99	105,382.85	294,531.56
4		云南	189	1,687,911.75	1,350,329.40	17,311.92	84,395.58	235,874.85
5		四川	400	3,572,300.00	2,857,840.00	36,638.97	178,615.00	499,206.03
6		小计	1,642	14,664,291.50	11,731,433.20	150,402.99	733,214.57	2,049,240.74
7	东部	江苏	512	4,572,544.00	3,658,035.20	46,897.89	228,627.20	638,983.71
8		河南	923	8,243,082.25	6,594,465.80	84,544.43	412,154.11	1,151,917.91
9		江西	124	1,107,413.00	885,930.40	11,358.08	55,370.65	154,753.87
10		广东	251	2,241,618.25	1,793,294.60	22,990.96	112,080.91	313,251.78
11		小计	1,810	16,164,657.50	12,931,726.00	165,791.36	808,232.87	2,258,907.27
12	华北	河北	733	6,546,239.75	5,236,991.80	67,140.92	327,311.99	914,795.04
13		天津	936	8,359,182.00	6,687,345.60	85,735.20	417,959.10	1,168,142.10
14		山东	221	1,973,695.75	1,578,956.60	20,243.03	98,684.78	275,811.34
15		小计	1,890	16,879,117.50	13,503,294.00	173,119.15	843,955.87	2,358,748.48
16	华东	浙江	284	2,536,333.00	2,029,066.40	26,013.67	126,816.65	354,436.28
17		上海	90	803,767.50	643,014.00	8,243.77	40,188.37	112,321.36
18		安徽	530	4,733,297.50	3,786,638.00	48,546.64	236,664.88	661,447.98
19		小计	904	8,073,398.00	6,458,718.40	82,804.08	403,669.90	1,128,205.62
20	西南	重庆	229	2,045,141.75	1,636,113.40	20,975.81	102,257.08	285,795.46
21		湖北	752	6,715,924.00	5,372,739.20	68,881.27	335,796.20	938,507.33
22		湖南	952	8,502,074.00	6,801,659.20	87,200.76	425,103.70	1,188,110.34
23		小计	1,933	17,263,139.75	13,810,511.80	177,057.84	863,156.98	2,412,413.13
24		合计	8,179	73,044,604.25	58,435,683.40	749,175.42	3,652,230.19	10,207,515.24

图 3-4　将以元为单位的报表转换为以万元为单位

Step1：打开示例文件"表 3-1　选择性粘贴——运算"，在任一空白单元格（如 I1 单元格）中输入 10000，按【Ctrl+C】键将其复制。

Step2：选择 D2:H23 单元格区域，按【F5】键打开"定位"对话框，点击"定位条件"，打开"定位条件"对话框，双击"常量"选项，即可一次性选定 D2:H23 单元格区域除公式单元格之外的常量单元格。

Step3：点击右键，选择"选择性粘贴"，在弹出的"选择性粘贴"对话框中先选择"数值"选项，然后双击"除"选项直接确定退出。如图 3-5 所示。

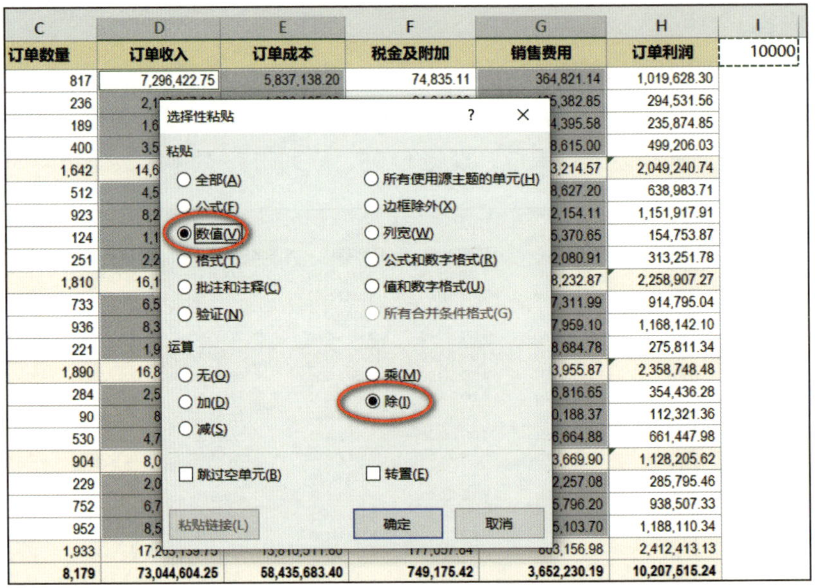

图 3-5　选择性粘贴对话框

> **注意：**
> 这里要将"数值"选项选上，否则粘贴时会将 I1 单元格的格式应用于目标单元格。

进行以上操作后，报表中的数字已经批量除以 10000，原来小数点后为两位小数，现在尽管显示的只有两位小数，但实际有六位，如图 3-6 中编辑栏所示。

如何将表格的数字批量改成只保留两位小数呢（即四舍五入后保留为所显示的值）？需进行以下操作。

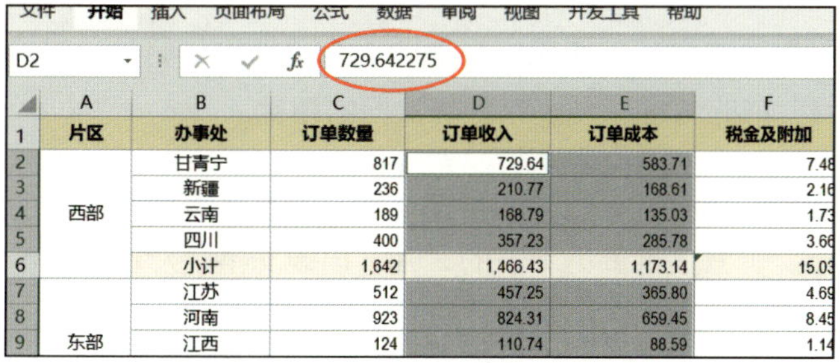

图 3-6 转换后的数字保留了六位小数

Step4：点击"文件"菜单下的"选项"，打开"选项"对话框，在"高级"选项下，将"将精度设为所显示的精度"勾选后，会弹出提示框"数据精度会受到影响"（见图 3-7），点击"确定"后退出。即可将表格数字批量转换为所显示的值。

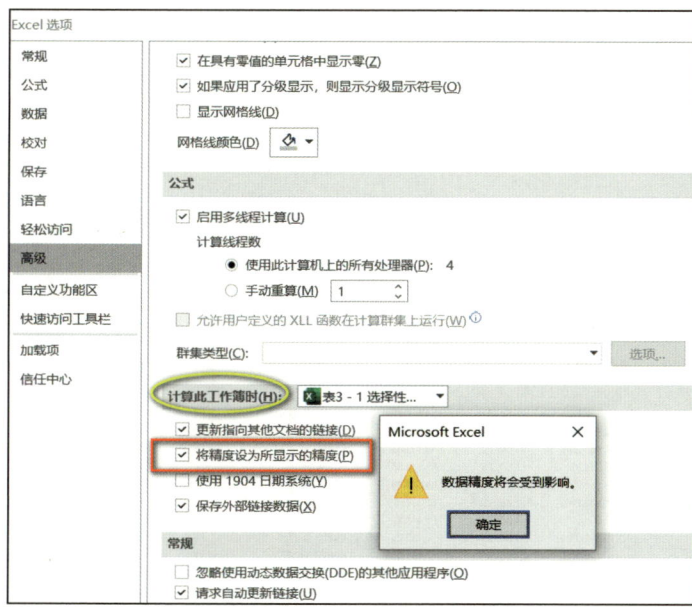

图 3-7 将精度设为所显示的精度

> **注意：**
> 此操作会影响本工作簿中所有工作表中的值，操作要慎重！另外，进行此操作后，应将"将精度设为所显示的精度"前的勾去掉，以免影响数据的精度。

由于此操作会影响数据的精度，适用范围有限。如果要在不改变数据原值的情况下把报表转换为以千元或万元为单位显示，其方法请参见本节的"九、自定义格式及精彩应用"。

6. 跳过空单元

功能： 选择此选项，可避免在复制的源数据区域中出现空单元格时替换目标区域中的值。

应用： 如果复制的源数据区域中有空单元格，粘贴时不希望将源数据区域的空单元格覆盖掉目标区域对应单元格的值，则勾选此功能选项。此功能在将其他部门报送的统计报表的数据复制到结构相同的汇总表格时非常实用，免除了分段复制的痛苦。

应用举例：

打开示例文件"表3-2 选择性粘贴——跳过空单元格"，表格如图3-8所示（实际的供应商很多，为便于展示只保留了四个供应商）。

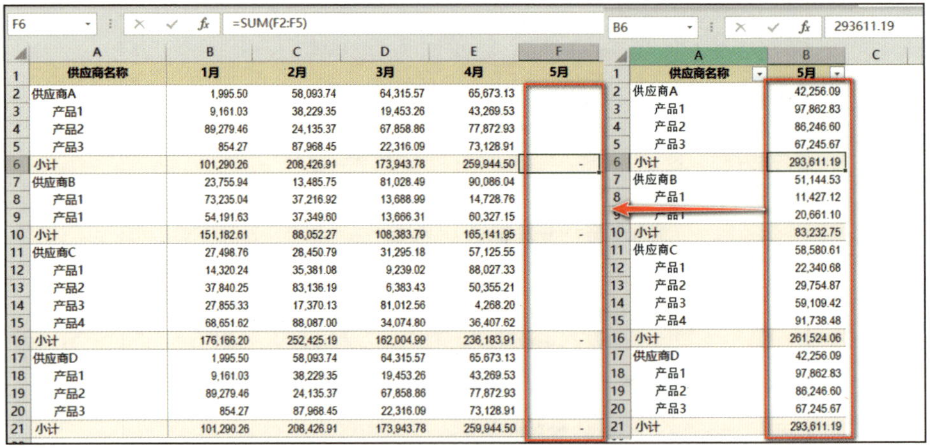

图3-8 将"月报表"的数据复制粘贴到"汇总表"

需将"月报表"的数据复制粘贴到"汇总表"。操作如下。

Step1： 先使用筛选的方式，一次性将"月报表""小计"行的数据删除，删除后 B6、B10、B16、B21 单元格为空白。

Step2： 选定"月报表"的 B2:B20 单元格区域，按【Ctrl+C】组合键复制。

Step3： 选择"汇总表"的 F2:F20 单元格区域→点击右键→选择性粘贴→在弹出的选择性粘贴对话窗，将"跳过空单元"前的勾选上，然后双击"数值"选项（见图 3-9），即可将源单元格区域的值复制到目标单元格。既保留了源单元格区域中空单元格所对应的 F6、F10 和 F16 单元格中的公式，也不影响 F2:F20 单元格区域的格式。

Step4： 选定"月报表"的 B2:B20 单元格区域，使用"定位（空值）"批量选定"月报表"的 B6、B10、B16 单元格，然后按【Alt+=】键输入"小计"行的求和公式。

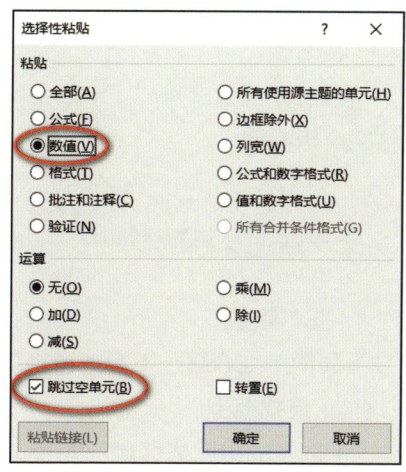

图 3-9　选择性粘贴——跳过空单元格

7. 转置

选择此选项可以将被复制数据的列变成行，将行变成列。源数据区域的顶行将位于目标区域的最左列，而源数据区域的最左列将显示于目标区域的顶行。此选项不能转置使用公式的单元格（除非公式中的引用都为绝对引用），要转置使用公式的单元格，请参见本节第二小节中"查找替换"的内容。

8. 粘贴链接

功能： 将源单元格的数值以公式链接的形式粘贴到目标单元格。粘贴后的单元格将是单元格引用的公式。如将 A1 单元格复制后，通过"选择性粘贴——粘贴链接"粘贴到 D8 单元格，则 D8 单元格的公式为：=$A$1。

应用： 可用此方式批量输入简单的链接公式。

■ **注意：**

如果复制单个单元格，粘贴链接到目标单元格或目标单元格区域，则目标单元格中链接公式的引用为绝对引用；如果复制的是某单元格区域，则为相对引用。

■ **扩展阅读**

请在微信公众号"Excel偷懒的技术"主页发送关键词"选择性粘贴"，获取更多的选择性粘贴应用案例。

二、查找替换及其精彩应用

1. 基本知识

下面简单地介绍一下查找替换功能的一些选项。

（1）查找范围。

1）选定的单元格区域：如果选定单元格区域再查找，则只在选定区域内查找。如果"范围"为工作簿或选定了多张工作表时，就不会只在选定的单元格区域内查找。

2）工作表：仅在当前工作表内查找。

3）工作簿：在本工作簿的所有工作表内查找。

4）工作组：选定多张工作表，则在这些工作表内查找，无论范围选的是"工作表"还是"工作簿"。

（2）查找的对象。

需要指定是搜索单元格公式的计算结果还是搜索单元格的公式。查找替换时一定要正确设置"查找的对象"，否则替换时会造成数据错误，详述如下。

1）值：如果单元格是公式，选定此选项时可查找公式计算结果。但只会查找单元格的值和公式计算的值，不会查找自定义格式所显示的内容。如单元格中公式为"=2*2+4"，则如果查找"2"

时，将查找不到此单元格。

2）公式：可在公式的组成部分中查找。

以示例文件"表3-3 查找"为例，A列为手工输入的数值，B列为公式，公式内容见C列。选定A列、B列，查找内容为"2"，查找范围为"公式"，点击"查找全部"，然后按【Ctrl+A】键，一次性选定所有查找到的单元格，可看到查找到的单元格为A4、B2、B5（如图3-10中被选定的单元格所示）。

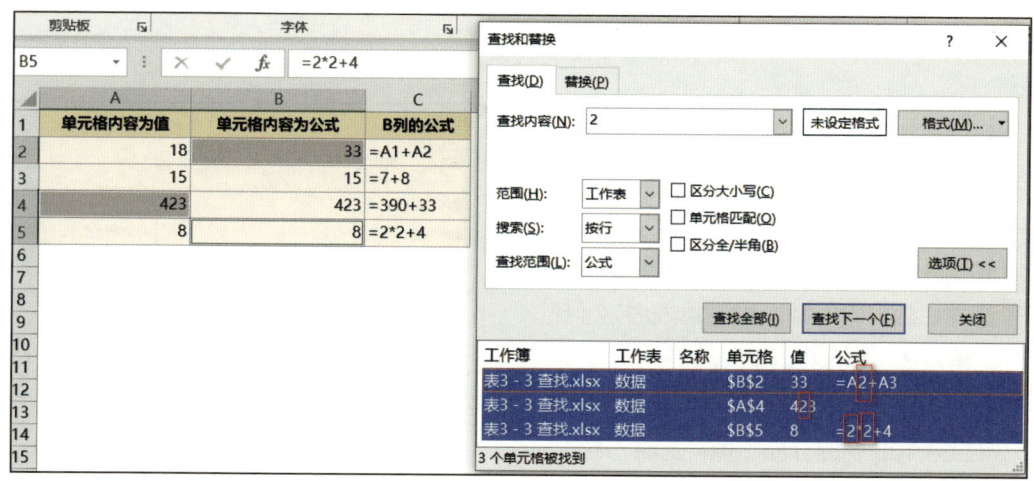

图3-10 查找范围——公式

选定A列、B列，查找内容"2"，如果查找范围为"值"，则查找到的单元格为A4、B4单元格。如果勾选上"单元格匹配"再查找，则系统提示"找不到正在搜索的数据"。

3）格式：可以按单元格格式查找，如字体颜色、底色、边框、合并单元格等。但条件格式的单元格不在此列。

2. 查找技巧

（1）使用通配符。

查找时可使用通配符"？"和"＊"。使用问号（?）匹配任何单一字符，使用星号（*）匹配任意多个任意字符。例如，在查找栏输入"龙？凡"可查找到"龙逸凡"和"龙超凡"；在查找栏输入"龙＊"可查找到"龙逸凡""龙超凡"和"我是龙的传人"。

> ■ 注意：
> 通配符"？"和"＊"可以指代其他任意字符，但是就是不能指代它们自身。比如某产品的规格写成了"20＊15"，现要使用查找替换将其批量修改成"20×15"。就不能在查找栏输入＊，替换栏输入 ×，而应该在星号＊前加上"～"，使用"～＊"来指代星号本身。同理，用"～？"指代问号本身。

（2）利用查找替换进行删除。

在替换栏不输入内容，进行替换时即可删除查找的内容。

比如表格中有零值，为了美观要将零值删除。可在查找栏输入 0，替换栏不输入内容（见图 3-11），再勾选"单元格匹配"。**这里一定要勾选上"单元格匹配"**，否则会将表中数值中的零也删除。比如会将 108 中的 0 删除掉，变成 18。

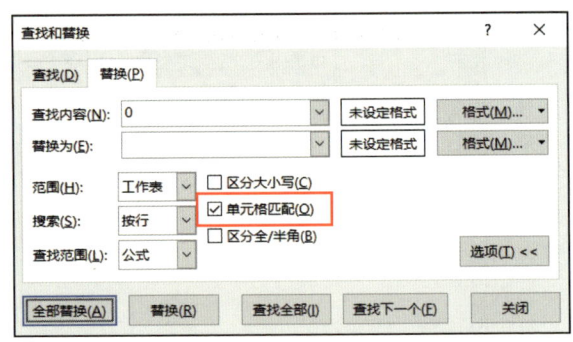

图 3-11　使用查找替换（单元格匹配）删除零值

（3）利用查找替换删除分行符。

按【Ctrl+H】组合键打开查找替换对话框，在查找内容栏中按【Ctrl+Enter】键（或【Ctrl+j】）输入换行符，点击"全部替换"，即可删除分行符。详见第二章第一节。

（4）利用查找替换修改公式。

查找范围设定为公式，利用查找替换可快速批量修改公式，进行表格翻新。

如每月要做分月的"管理费用统计表"，此表数据来源于每月的"管理费用明细表"，则应将每月明细表放在同一文件夹，分别命名为"1月管理费用明细表""2月管理费用明细表"……然后利用查找替换翻新每月的管理费用统计表。如 2 月时查找公式中的"1月管理费用明细表"，替换为"2月管理费用明细表"，详细操作案例请参见第二章第三节的内容。

（5）利用查找替换转置公式。

假设某矩形单元格区域设定了公式，由于排版需要，要做行列转换，如果利用"选择性粘贴——转置"直接转置，当单元格公式中有相对引用时，转置后的公式是错误的。我们可以先将"＝"查找替换为"A="，然后复制此单元格区域再利用"选择性粘贴——转置"进行转置，转置后再将"A="查找替换为"＝"。

（6）利用查找替换快速录入。

如某表格需要大量录入某长字符串，可在录入此长字符串时用某特殊字符串代替，表格录入完毕后，用查找替换将特殊字符串替换成长字符串。

（7）利用查找选定本工作表包含某字符串的所有单元格。

本节第四小节将介绍的定位功能，可以根据指定的条件选定相应的单元格，但它不能选定包含某特定文本的单元格。我们可以使用查找替换来实现：

按下【Ctrl+F】组合键，在查找栏输入要查找的内容，点击"查找全部"，然后按住【Ctrl+A】键（或直接在列表框中用鼠标结合【shift】键选定所有单元格地址），关闭查找窗口，即可选定本工作表中包含某字符串的所有单元格。此操作可参见图3-10。

（8）利用查找实现"定位-常量、公式、注释"功能。

（9）利用查找实现"定位-空值、可见单元格、从属单元格"功能。

（10）利用查找实现"快速查找某单元格区域的大于某金额的值"功能。

扫描二维码观看查找替换精彩应用的操作视频。

扫码观看操作视频

三、筛选及其精彩应用

有时为了方便查看、打印或统计，只需要显示符合条件的行，这时就可以使用筛选功能。Excel提供了自动筛选和高级筛选这两个方便实用的功能。

1. 自动筛选

一般情况下，要筛选数据，可点击数据表格中的任一单元格，然后在【数据】选项卡上的"排序和筛选"组中，单击"筛选"按钮（快捷键为【Ctrl+Shift+L】），见图 3-12。

图 3-12　排序和筛选

此方法是比较"偷懒"而快捷的，但是如果表格有空行或空列，Excel 默认的筛选区域就会出错，此时可以先选定要筛选的单元格区域，然后再点击"筛选"按钮。

执行筛选操作后，一般情况下我们可以通过单击列标题字段旁边的下拉箭头，在弹出的列表中选择满足筛选条件的项目，以筛选出需要的记录。当只需要筛选其中一个项目时，除了采用先将"全选"前的勾去掉，再勾选要筛选的项目外，我们还可以采用更快捷的方式：在工作表中，右键单击包含要作为筛选依据的值、颜色、字体颜色的单元格，在弹出的菜单中单击"筛选"，然后再根据需要选择相应的功能，如图 3-13 所示。

此外，我们还可通过点击"自动筛选"按钮来按所选单元格的值进行筛选，但功能区无此按钮，需要手动添加。添加方法如下：

点击【文件】菜单→选项→快速访问工具栏→在"从下列位置选择命令"下方的下拉列表中选择"不在功能区中的命令"→拖动滚动条至底部→选择"自动筛选"→单击"添加"按钮，将其添加到右侧区域中→点击"确定"退出（见图 3-14）。下次使用时直接点击快速访问工具栏的"自动筛选"按钮即可。

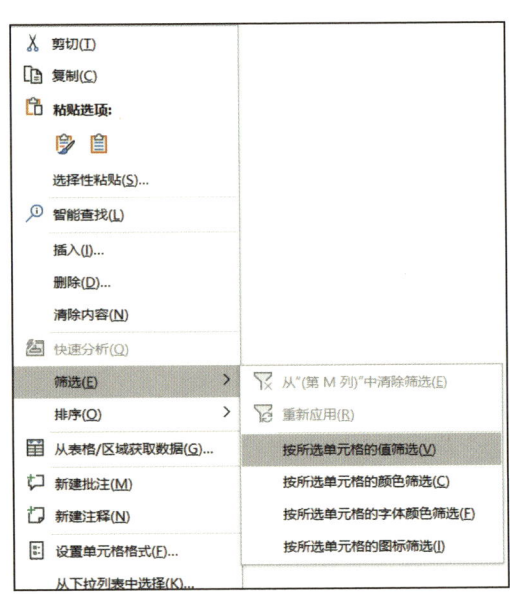

图 3-13　按所选单元格的值筛选

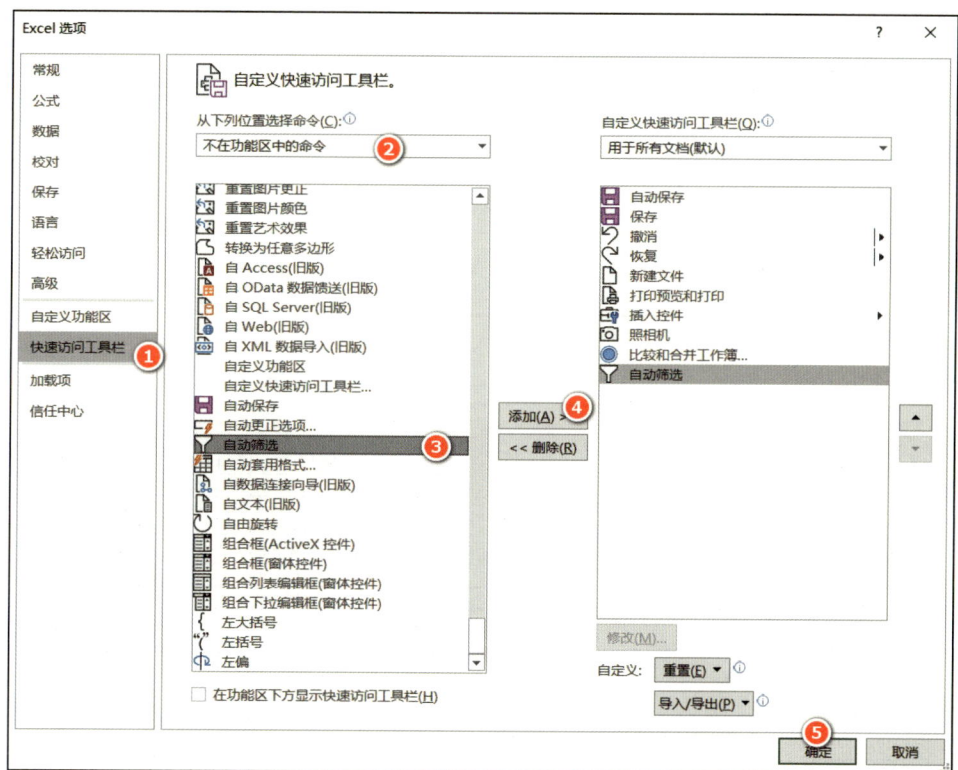

图 3-14 将"自动筛选"按钮添加到快速访问工具栏

Excel 除了直接勾选已有值进行筛选外,还可以使用条件筛选:点击各列字段旁的筛选按钮,Excel 会根据列字段数据的类别(文本、日期、数字以及颜色等),列出相应的筛选条件选项,然后点击相应的选项进入自定义筛选对话框,如图 3-15 所示。

另外,还可以使用自定义筛选功能来进行多条件筛选,这里不详述了。

筛选技巧:

(1)如果要筛选字符串长度为 N 的文本,可在文本筛选器里输入 N 个英文"?"。比如输入"????"则可将长度为 4 的总账科目筛选出来(见图 3-16)。

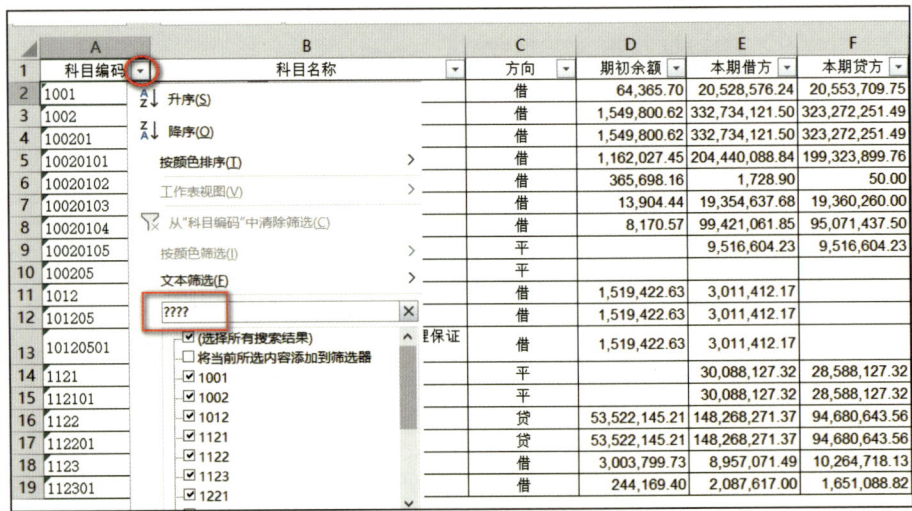

图 3-15　自定义自动筛选方式

图 3-16　按字符个数筛选

（2）如果某列既有文本又有数字，要筛选出文本行，则可在自定义筛选设置"等于 *"；如图 3-15 所示。如果要筛选数字，则可在自定义筛选设置"不等于 *"。

（3）筛选器值列表最多可以达到 10 000 条。如果数据的唯一值超出此范围，只会显示前一万个唯一值，同时会在筛选器底部提示"未显示所有项目"。

（4）如果表格存在多行标题，点击自动筛选时，Excel 默认的字段行可能不正确，比如示例文件"表 3-4　自动筛选"，如果选中表格中的任一单元格，点击自动筛选，Excel 会将第一行（表格标题）作为筛选标志，如图 3-17 所示。如果选定 A3:M23 单元格区域，点击自动筛选，则 Excel 会以第 3 行（季度所在行）为筛选标志。遇到此种情况时，可选择第 4 行整行，再点击"自动筛选"按钮。

	A	B	C	D	E	F	G	H	I	J	K	L	M
1						2021年管理费用统计表							
2	单位名称：	逸凡公司											单位:元
3	部门		一季度			二季度			三季度			四季度	
4			1月	2月	3月	4月	5月	6月	7月	8月	9月	10月	11月	12月
5	部门1		70347.5	97588.2	29332.19	1257.43	20046.08	33119.76	78309.91	37749.08	15244.78	98719.53	948	8401.63
6	部门5		18,779.88	17,436.37	27,471.86	24,153.08	31,581.27	20.37	96,600.05	40,376.63	22,633.94	15,557.98	55,796.39	62,816.65
7	部门6		75594.77	24501.2	26239.83	15976.56	91286.25	51768.53	32702.72	62671.33	10920.49	37817.45	5487.32	23863.8
8		1	53,761.24	51,256.19	76,004.62	66,934.69	74,538.79	87,739.74	75,050.48	42,653.40	27,538.60	20,876.28	32,020.31	38,345.33
9	部门8		47545.16	13174.6	5666.77	62376.17	7697.25	64129.56	19363.32	15723.45	32003.59	14152.56	29347.5	20447.24
10	部门9		49,315.56	65,139.77	49,118.31	20,929.99	87,071.29	66,256.64	57,470.23	9,521.73	66,323.02	89,472.60	32,266.37	32,461.17
11		3	93583.86	26591	77496.9	87282.86	26181.38	38546.28	68959.21	77439.36	71351.6	32476.55	2652.36	51267.9
12	部门3		62,521.17	18,491.27	89,690.15	96,670.68	67,751.60	720.35	52,119.93	6,365.19	92,577.44	23,664.28	25,274.96
13	部门11		86829.28	65176.9	21001.29	42592.02	89230.13	63437.21	86835.29	57517.17	48864.8	77496.7	42033.3	50034.85
14	部门12		37,343.97	34,794.70	19,538.02	32,595.11	49,980.06	27,388.53	96,881.79	93,810.52	86,904.68	11,436.60	80,231.66	94,934.84
15		4	83907.2	7176.97	65862.31	70205.2	80234.77	54641.48	84424.68	38108.95	56943.96	54241.55	13495.5	38942.12
16	部门2		74,117.70	40,908.59	47,313.34	50,819.28	28.38	89,469.67	83,466.66	72,729.97	46,726.09	83,212.13	78,278.23	2,643.54
17	部门5		56483.34	31190	715.97	407.34	52815.1	98684.76	38039.32	56625.26	81217.05	33565.76	98763.7	9621.92
18	部门8		72,355.95	20,006.46	22,116.16	8,553.49	5,063.66	85,668.45	57,194.67	4,062.77	7,466.95	61,784.14	591.09	17,679.33
19	部门2		24616.21	60918.3	83314.49	98185.67	96212.37	78315.85	19209.17	93632.56	18626.97	80048.9	95194	45710.26
20	部门4		25,023.03	55,255.02	64,987.39	13,020.68	32,772.09	33,086.62	51,612.85	16,089.84	88,965.59	31,933.28	7,234.55	11,230.55
21	部门9		56363.08	27475.2	12770.09	84213.3	36972.38	65432.96	75347.93	85407.64	39634.95	96918.07	79654.8	76417.69
22	部门11		37,291.55	56,086.36	76,999.26	75,586.56	95,928.68	18,654.73	44,297.22	35,927.84	5,040.27	24,281.40	98,044.23	32,040.62
23	合计		1,025,780.45	713,167.06	795,638.95	851,760.11	945,391.53	957,081.49	1,085,629.21	892,167.43	732,772.52	956,568.92	775,703.57	642,134.40

图 3-17　自动筛选时筛选标题行不正确

2. 高级筛选

有时我们要设置比较复杂的筛选条件，比如要筛选 A 列与 B 列不相等的记录，这时就可使用高级筛选，如图 3-18 所示。高级筛选主要有以下用途：

- 设置较复杂的条件且可以引用单元格区域的条件。
- 将筛选结果复制到其他位置。将筛选所得的记录复制到其他位置时，可以指定要复制的列。

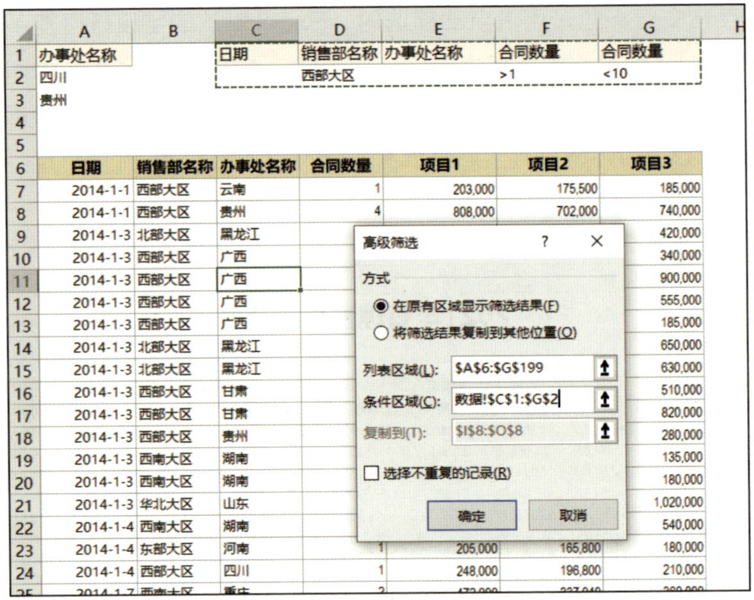

图 3-18 高级筛选对话框

下面以示例文件"表 3-5 高级筛选"为例重点介绍如何使用条件区域进行高级筛选。高级筛选的知识要点如下：

（1）条件区域由待筛选列的列标签和条件组成，与数据区域之间至少留出一个空白行。

图 3-18 中 A1:A3 单元格区域、C1:G2 单元格区域均为高级筛选条件，其中 A1、C1:G1 为列标签，A2:A3、C2:G2 是条件。

条件区域与下面的数据区域 A6:G199 间隔了至少一个空行。

（2）条件区域同行不同列表示"与"的关系，同列不同行表示"或"的关系。

如果要筛选四川办事处和贵州办事处的记录，则条件设置为图 3-18 中 A1:A3 单元格区域；要筛选出西部大区合同数量大于 1 且小于 10 的记录，则条件设置为 C1:G2 单元格区域。

（3）可以将公式的计算结果作为高级筛选的条件使用。

此种情况下，有几点需要特别注意（以图 3-19 的 I1:I2 单元格区域的高级筛选条件为例）。

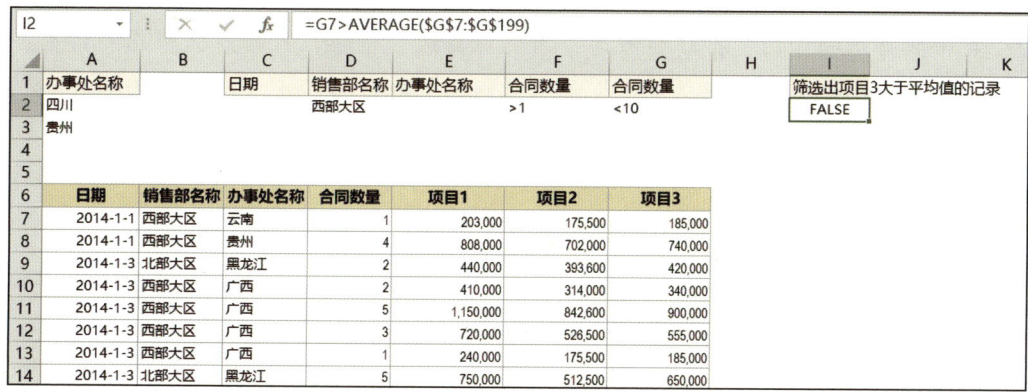

图 3-19　以公式结果作为筛选条件

1）公式的计算结果只能是逻辑值，即 TRUE 或 FALSE。如图 3-19 中的 I2 单元格计算结果为 FALSE。

2）不能将列标签作为条件标签，请将条件标签保留为空，或者保留为不同于列标签的其他文字。如 I1 单元格的内容不能与 A6:G6 单元格中的任何一个相同。

3）用于创建条件的公式必须使用相对引用来引用第一行数据中的对应单元格。如 I2 单元格公式中的 "G7" 就是相对引用。

4）公式中的所有其他引用必须是绝对引用。如 I2 单元格公式中的 $G$7:$G$199 就是绝对引用。

下面举例说明。

假设要筛选 A6:G199 区域中 "项目 3" 大于平均值的记录，筛选结果复制到 I6:L6 单元格以下的区域。筛选后的记录只保留图 3-20 中 I6:L6 单元格区域所示的那些字段。具体操作如下。

Step1：打开示例文件 "表 3-5　高级筛选"，在 I1 单元格输入不是 G 列的列标签的文字（即不能为 "项目 3"），在 I2 单元格输入公式：

=G7>AVERAGE($G$7:$G$199)

Step2：点击数据选项卡的"排序和筛选"组的"高级"按钮，打开高级筛选对话框，分别选择"列表区域""条件区域"以及"复制到"的目标区域，如图3-20所示。然后点击"确定"，即可筛选出"项目3"中大于平均值的记录，且筛选后的记录只列示了"日期""办事处名称""合同数量""项目3"等字段。如果"复制到"单元格区域未指定相关字段，则会将原记录的所有字段都列示出来。

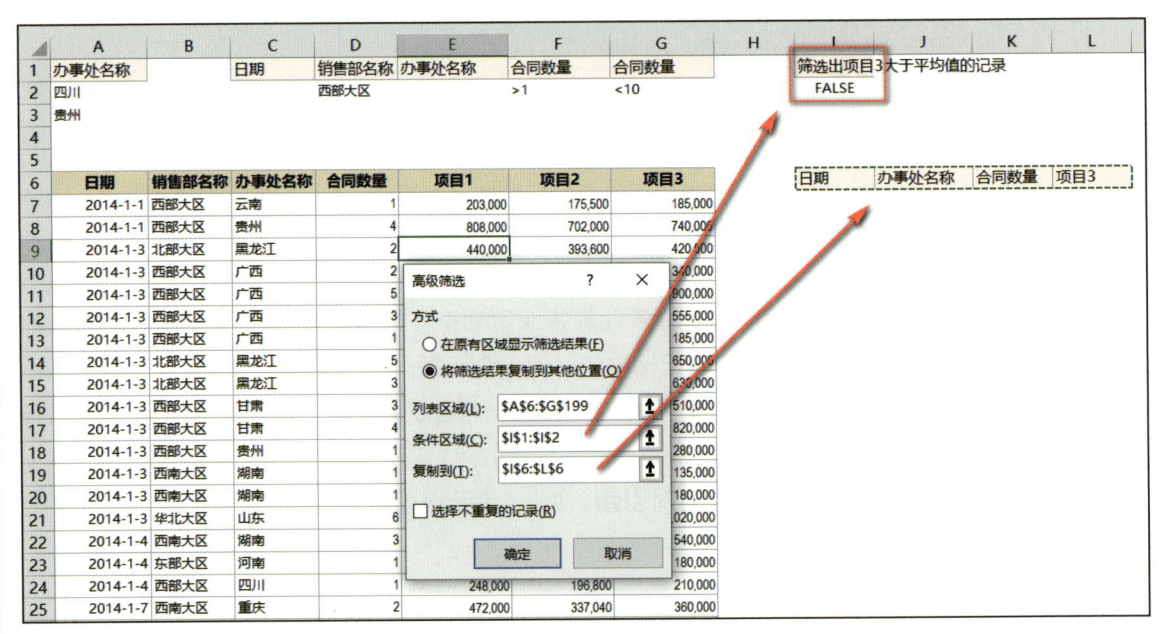

图3-20 "项目3"大于平均值的记录（条件设置）

■ 扩展阅读

有时候，我们需要在不同的筛选结果之间来回切换，如果每次都去重新筛选就比较麻烦，这时我们可以使用自定义视图来切换，关于自定义视图的使用方法及技巧，请在微信公众号"Excel偷懒的技术"主页发送关键词"筛选切换"获取相关内容。

四、定位及其精彩应用

定位功能是非常实用的功能之一,也是选择单元格的常用工具。**查找功能是根据单元格的值和格式进行选择,定位是根据单元格中的属性来选择。**这些属性有:单元格中的值是常量还是公式、是否包含注释、是否是未隐藏的单元格、是否是某公式引用的单元格、是否是某公式的从属单元格。

使用方法:在【开始】选项卡的"编辑"组,点击"查找和选择"下的小三角箭头,再点击"定位条件"即可进入定位条件对话框,也可以使用快捷键【F5】或【Ctrl+G】实现上述操作。定位功能比较丰富,可指定不同的条件,如图 3-21 所示。

下面介绍一下定位条件中主要选项的用途。

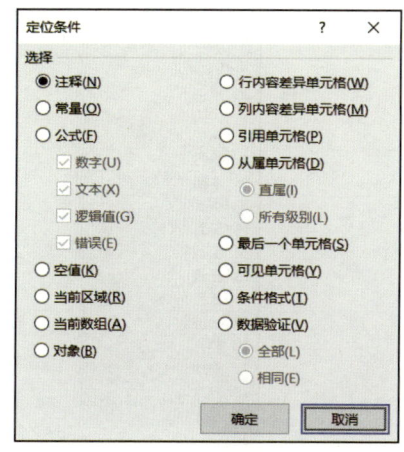

图 3-21 定位条件对话框

1. 注释

选定有注释的单元格。

2. 常量

选定是手工录入值的单元格,也就是非公式单元格。此选项常用于报表翻新,可快速将上月表格中的常量数字删除。实例请参见第二章第三节第一小节"快速删除表格中手工填列的数据而保留公式"的相关示例。

■ 提示:

选择"常量"选项时,还可使用"公式"选项下的各类型常量,如数字、文本、逻辑值、错误等。比如需要只选择示例文件"表 3-6 定位"中"定位-常量"工作表里的文本类的值,则按【F5】键,在定位条件选择"常量","公式"栏只勾选"文本",再点击确定,选择结果如图 3-22 所示。

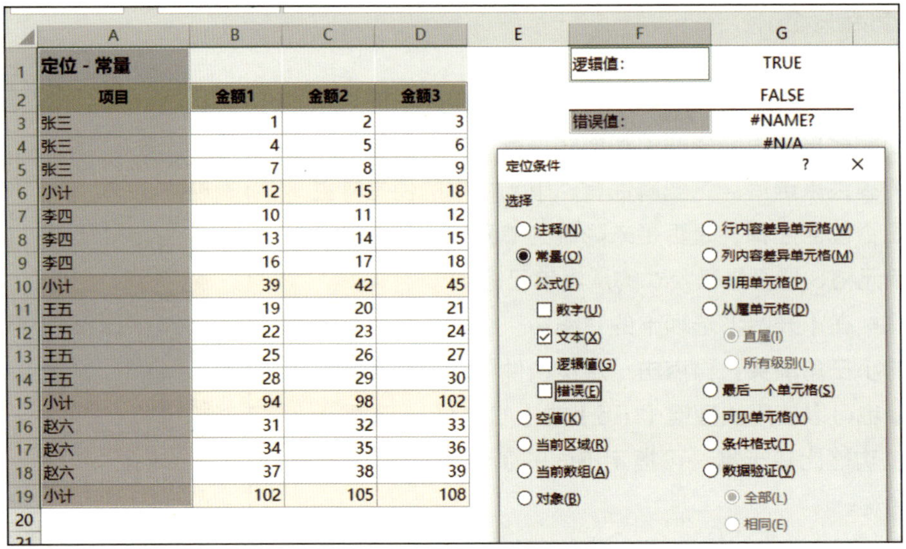

图 3-22 使用定位 - 常量（文本）选择文本类的单元格

3. 公式

与常量选项功能互补，即选定"录入了公式"的单元格，它与常量选项功能一样可以"精确打击"，选择不同类型计算结果的单元格。

4. 空值

选择空白单元格，常用于批量填充，操作示例参见第二章第一节第一小节"表格结构的规范与整理"中的 Step5、Step6。

某些系统导出的表格，其中的空白单元格看起来没有内容，也没有空格，但用"定位 - 空值"无法定位空白单元格。关于其原因和解决办法，请在微信公众号"Excel 偷懒的技术"发送"假空"阅读相关内容。

5. 对象

批量选择表格的对象元素，如图片、插图、图表、控件、形状、文本框以及艺术字等。

6. 行内容差异单元格

所选择的单元格区域内，本行内与活动单元格所在列有差异的，则选定它，快捷键为【Ctrl+\】。常用于比较列与列之间的差异，活动单元格所在列为基准值，其他列与其相比较。

比如，如果用鼠标选定 A3:B16 单元格区域，活动单元格为 A3，则 B 列与 A 列相比较，运用"行内容差异单元格"将选出 B 列中与 A 列值不同的单元格。定位的结果如图 3-23 右半图所示。

如果用鼠标选定 B3:A16 单元格区域，活动单元格为 B3，则 A 列与 B 列相比较，将选出 A 列中与 B 列值不同的单元格。定位的结果如图 3-24 右半图所示。

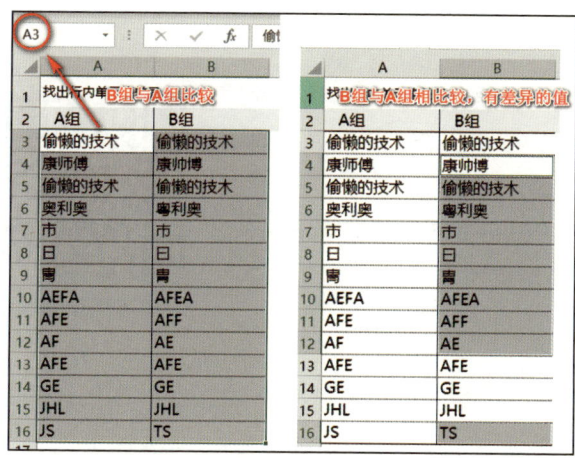
图 3-23　定位 - 行内容差异单元格 1

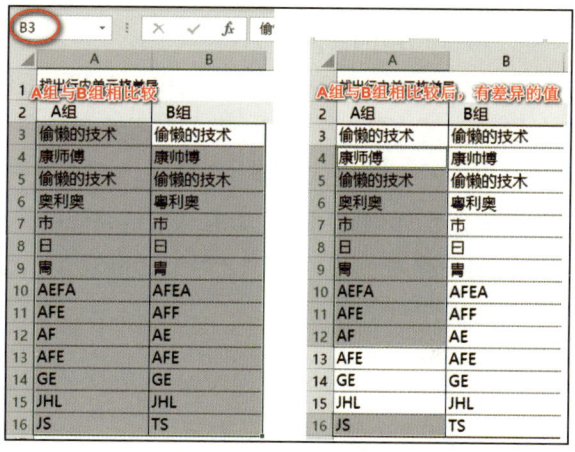
图 3-24　定位 - 行内容差异单元格 2

如果要比较多列，且基准列在中间，只需先选定其他列，最后选择基准列，再按【Ctrl+\】即可。

7. 可见单元格

其作用是选定未隐藏的单元格，快捷键为【Alt+;】。当表格中有些行列被隐藏，只需复制未隐藏的数据时，如果直接选定复制，则隐藏的行列中的数据可能也会复制粘贴过去。此时就是该功能大显身手的时候了。

以上功能选项较简单,并且部分功能在第二章或本章前文已有所应用,不再详细介绍,读者朋友可以打开示例文件"表3-6 定位"自行练习。

五、分列及其精彩应用

分列就是将单元格中的内容按照指定的规则分拆到多列中,同时还可以指定分列后列数据中的格式。**分列主要用于分拆字符串、转换数据格式。其主要有两大作用:分拆、转换格式**。下面举三个例子介绍。

1. 根据指定的分隔符分拆字符串

在示例文件"表3-7 分列"中,A列为ERP系统中导出的物料编码,编码的第三节是产品生产年月,第四节是产品编码,比如A2单元格成本对象代码中的"2012"表示2020年12月,13123是产品编码。

下面演示如何使用分列功能从物料编码中将产品代码和生产日期提取出来,并将日期设置为"2020年12月"的格式,产品代码设置为文本格式(扫描二维码观看操作视频)。

扫码观看操作视频

Step1: 打开示例文件"表3-7 分列",选中A列,点击【数据】选项卡"数据工具"组中的"分列"按钮。打开"文本分列向导"对话框,如图3-25所示。

Step2: Excel会自动判断分列的标准默认为分隔符号,故直接点击"下一步"。

Step3: 将"分隔符号"的"其他"选项勾上,并在输入框里输入英文小数点".",如图3-26所示,然后点击"下一步"。

■ 提示:

- "其他"选项的输入栏内不只可以输入标点符号,也可以输入单个字符,如字母、汉字。
- 对话框中还有一个有用的选项:"连续分隔符号视为单个处理",当数据中存在多个连续符号,但要视为一个来分列时,请将其勾上。

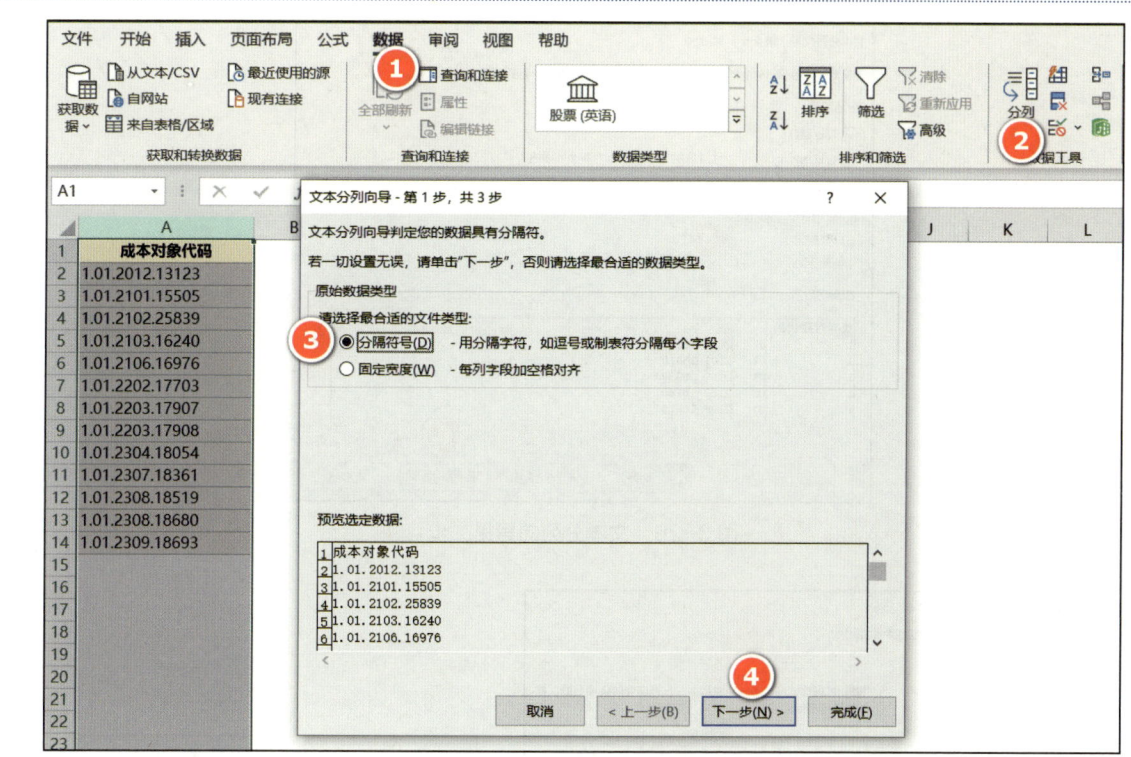

图 3-25 文本分列向导第一步

Step4：如果要保留原数据，可将数据分列到其他列。在目标区域里输入分列后的目标单元格地址，在本示例中目标地址设置为其他列的单元格，如"C1"。然后在数据预览栏内分别选中分列后的数据列，将第一列、第二列设置为"不导入此列"，第三列格式设置为"常规"，第四列设置为"文本"，如图 3-27 所示。

Step5：点击"完成"，完成分列，分列后效果如图 3-28 中的 C 列、D 列所示。

分列后 C 列是 2012、2101 这种数字格式，那如何将其转换为"2020 年 12 月""2021 年 1 月"这种格式呢？

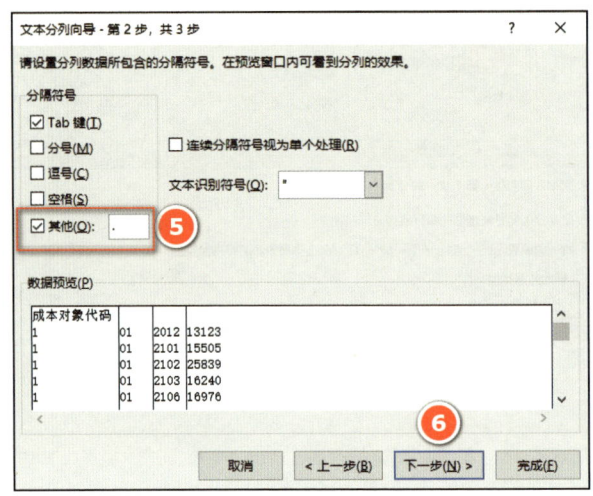

图 3-26 文本分列向导第二步

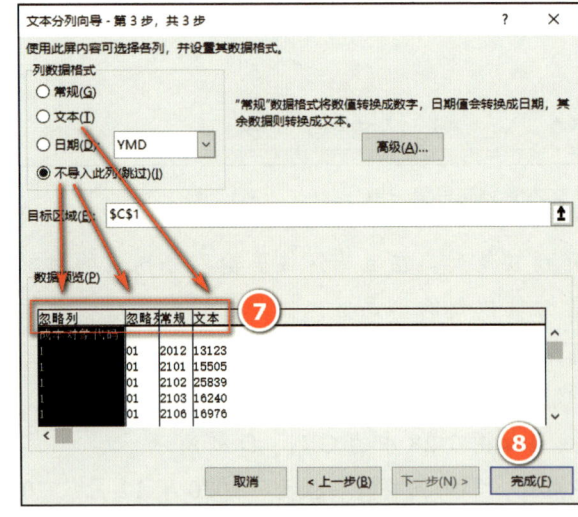

图 3-27 文本分列向导第三步   图 3-28 分列完成后的效果

Step6：选中 C2:C14 单元格区域，点击右键，然后设置单元格格式，在"设置单元格格式"对话窗的"数字"选项卡中选择"自定义"，将自定义格式设置为 ""20"00-00"，如图 3-29 所示。然后点击"确定"退出，此时 C2、C3 单元格分别显示为"2020-12""2021-01"，其余单元格类推。

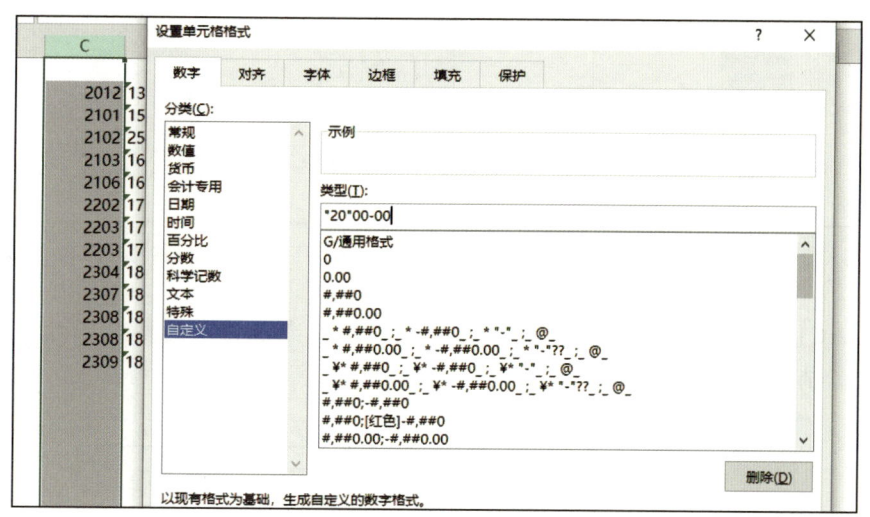

图 3-29　设置自定义格式

Step7：选中 C2:C14 单元格区域，将其复制然后粘贴到 Word 文档或记事本中，所粘贴的内容如图 3-30 所示。

Step8：将 Word 或记事本中的内容复制，再粘回到 C2:C14 单元格区域中，粘贴后结果如图 3-31 所示。

■ 提示：

粘贴后为什么会显示"20441-66"呢？这是因为我们复制的内容为"2020-12""2021-01"，粘贴到 Excel 中后，Excel 会将其默认为日期"2020-12-1""2021-1-1"，在 Excel 中，日期本质上是数字，最早的日期是 1900-1-1，对应的序列值为 1，2020-12-1 对应的序列值则为 44166，而 C2 单元格设置了自定义格式""20"00-00"，故 44166 显示为"20441-66"。

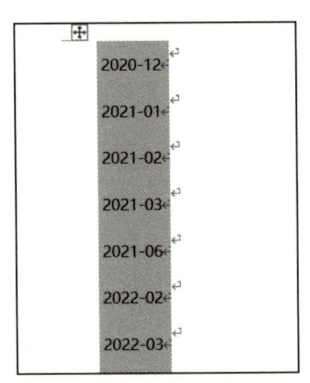

图 3-30 粘贴到 Word 中的值

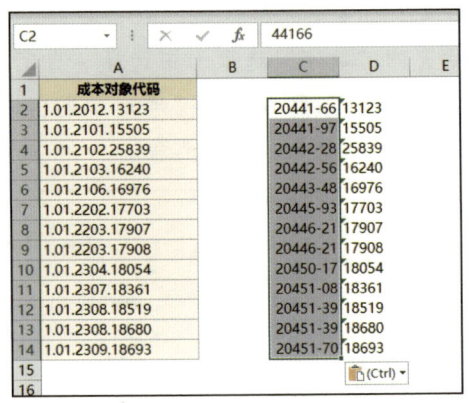

图 3-31 设置剪贴板的打开方式

Step9：将 C2:C14 单元格区域的格式设置为日期"2012年3月"的格式即可。设置方法及设置后的效果如图 3-32 所示。

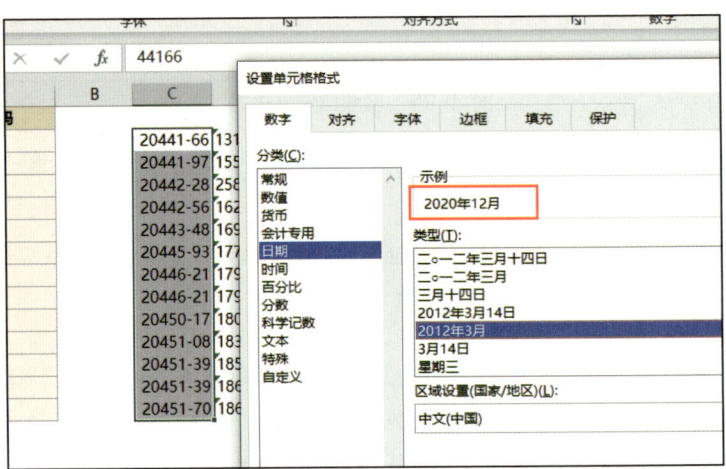

图 3-32 设置日期格式

2. 根据指定宽度分拆字符串

分列功能还可以指定位置来拆分字符串。在上例 Step1 中的第 3 步中，在打开"文本分列向导"对话框后，如果选择"固定宽度"，然后在"数据预览"框中拖动一条线以指出你希望在何处拆分内容，Excel 会根据你指定的位置来拆分列，如图 3-33 所示。如果要取消分列线，只需双击该分列线即可。其他操作相同，在此不赘述了。

3. 转换字符串的格式

在日常操作中，我们可以使用分列的格式设置功能来进行数据格式转换，如文本转换为数字、数字转换为文本、数字转换为日期。由于篇幅所限，不再一一举例，可参见第二章第一节第五小节"不规范文本的整理技巧"中的示例。

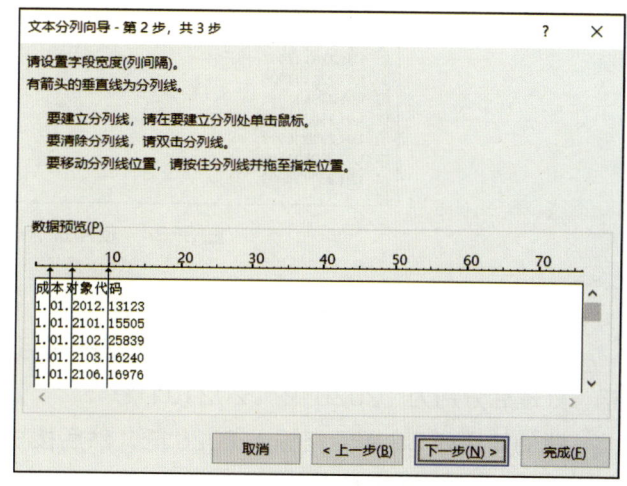

图 3-33　按固定宽度分列

六、快速填充及其精彩应用

从 Excel 2013 版起新增了快速填充功能，只需给出若干结果示例（数据规律比较明显的情况下，一个示例就够了），Excel 就会自动将结果示例和原数据进行对比，**推测**数据处理的模式，然后按照此模式处理数据，并给出结果。**正因为是推测数据处理的模式，而处理模式可能有多种，故给出的结果不一定是我们需要的，因而使用此功能时一定要检查结果是否正确。**

我们以示例文件"表 3-7　分列"提取数据工作表中的成本对象代码为例来介绍快速填充功能。

1. 提取产品编码

打开示例文件"表 3-7　分列"的"数据"工作表，在 B2 单元格输入 A2 单元格中的产品编码 13123，然后点击"数据"选项卡下的数据工具组的"快速填充"按钮（或者直接按快捷键【Ctrl+E】），即可得到 A 列中的产品编码，如图 3-34 右半部分所示。

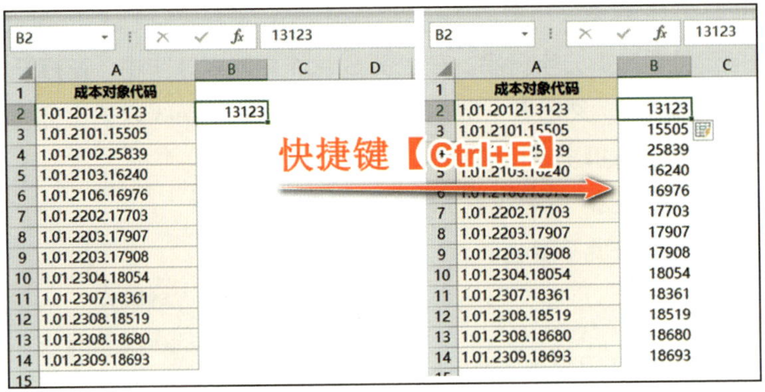

图 3-34　使用快速填充提取产品编码

2. 提取成本对象代码中的年月

先来个简单的案例：提取成本对象代码的年月并在前面添加前缀"20"。例如，A2、A3 单元格，处理后分别为"202012""202101"。

我们如果在 B2 单元格输入 202012，然后按快捷键【Ctrl+E】快速填充，得到的结果是错误的。但是在 B3 单元格输入 202101，再按【Ctrl+E】，得到的结果就是正确的，如图 3-35 所示。

这是因为根据 B2 单元格的示例数据"202012"来推测，Excel 误以为是将 A2 单元格的"2012"前二位进行重复，而不是在"2012"前添加前缀"20"。但是根据 B3 单元格的示例来推测，则不会推测错。

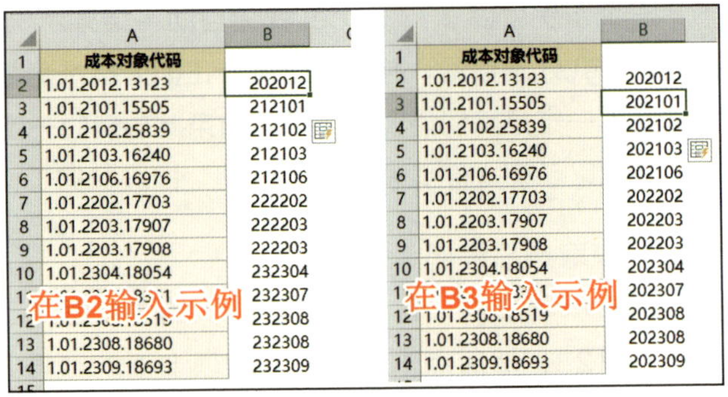

接下来我们使用快速填充将成本对象代码中的"年月"直接转换为"年-月-日"格式，比如，将 A2 单元格中的"2012"转换为"2020-12-01"，将 A3 单元格的"2101"转换为"2021-01-01"。

图 3-35　不同的示例不同的结果

Step1：如图 3-36 所示，先将 B2:B3 单元格设置为自定义格式"yyyy-mm-dd"（此自定义格式代码的含义详见本节"九、自定义格式及其精彩应用"的相关内容）。

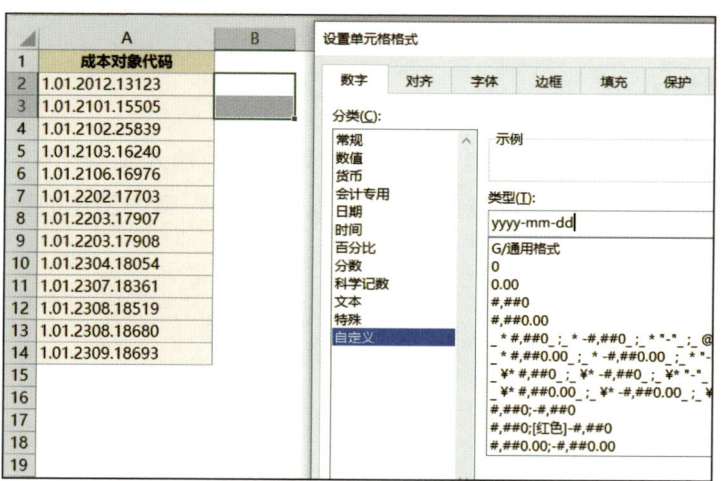

图 3-36　设置转换后的日期格式

Step2：在 B2、B3 单元格分别输入转换后的日期 2020-12-01、2021-01-01，再按快速填充快捷键【Ctrl+E】，即可得到正确的结果（见图 3-37）。

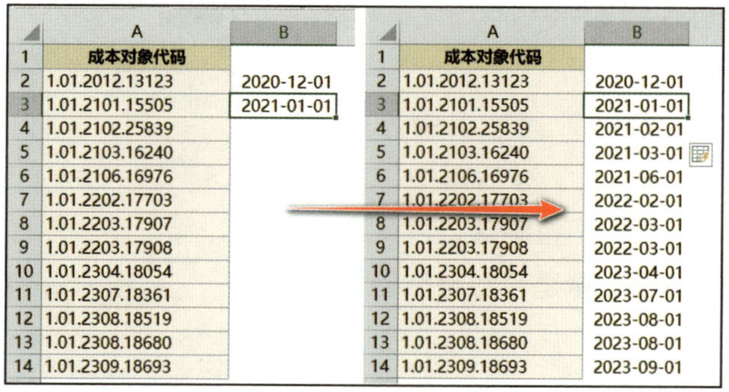

图 3-37　转换后的结果

■ **扩展阅读**

快速填充还可以提取字符串中的数字、合并多列、调换字符串的顺序，更多精彩应用示例，请在微信公众号"Excel偷懒的技术"主页发送关键词"快速填充"获取相关案例。

七、数据验证及其精彩应用

数据验证用于在单元格中选择性输入或限制在单元格中输入某些类型的数据。使用数据验证可以控制用户输入到单元格的数据或值的类型，以保证第一章中所述的数据的"一致性""规范性"。

数据验证有如下功能：

（1）只允许录入符合规则的数据。

（2）选中单元格时自动提示。

（3）录入无效数据时发出警告。

（4）自动切换输入法。

下面主要介绍如何设置规则对录入的数据进行限制。

点击【数据】选项卡的数据工具栏中的"数据验证"按钮，会弹出数据验证对话框，然后在有效性条件设置"允许"的类型，可设置的类型有：任何值、整数、小数、序列、日期、时间、文本长度、自定义。下面主要介绍序列和自定义。

1. 允许输入"序列"中的数据

在【数据】选项卡的"数据工具"组中，单击"数据验证"按钮。在"数据验证"对话框中，单击"设置"选项卡，点击"允许"的下拉箭头，将允许的类型设置为"序列"，根据情况设置是否忽略空值、是否提供下拉箭头。

在"来源"框中输入规定的数据序列，各列表项目之间用英文逗号分隔，如图3-38所示。

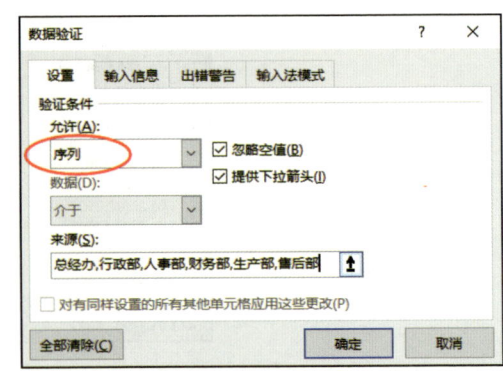

图3-38 设置数据验证（序列）

我们也可以通过引用工作簿中其他位置的单元格区域来创建列表项，比如在来源框中输入 =Sheet2!$A$1:$A$8。

如果希望 Excel 在输入的数据不符合要求时进行提示，那么可以在数据验证对话框的"出错警告"选项进行设置，如图 3-39 所示。

设置好"出错警告"后，如果输入了不符合要求的数据，则会弹出出错警告提示，如图 3-40 所示。

2. 使用自定义规则限制输入的内容

如果限制的规则较复杂，不在功能选项卡直接提供的规则范围内，那就需要通过自定义规则来限制输入的内容。在【数据】选项卡的"数据工具"组中，单击"数据验证"按钮。在"数据验证"对话框中，单击"设置"选项卡。在"允许"框中，选择"自定义"。然后在"公式"框中，输入计算结果为逻辑值（TRUE 或 FALSE）的公式。

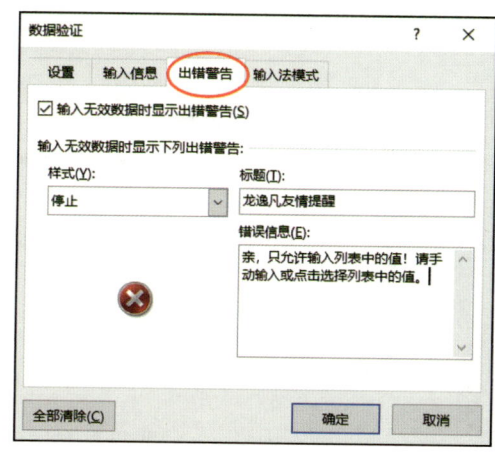

图 3-39　设置出错警告信息

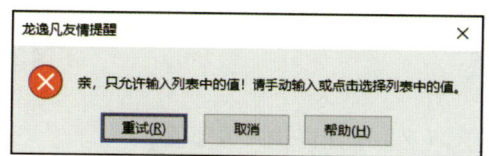

图 3-40　出错提示

为了方便介绍，本部分的例子均假定要设定有效性的单元格区域为 A1:A10，且单元格 A1 处于激活状态，具体操作步骤如图 3-41 所示（部分函数的功能介绍可参见第四章相关内容）。

（1）只允许输入数值或文本。

限定单元格区域只能输入数值，数据验证的公式为：

=ISNUMBER(A1)

限定单元格区域只能输入文本，数据验证的公式为：

=ISTEXT(A1)

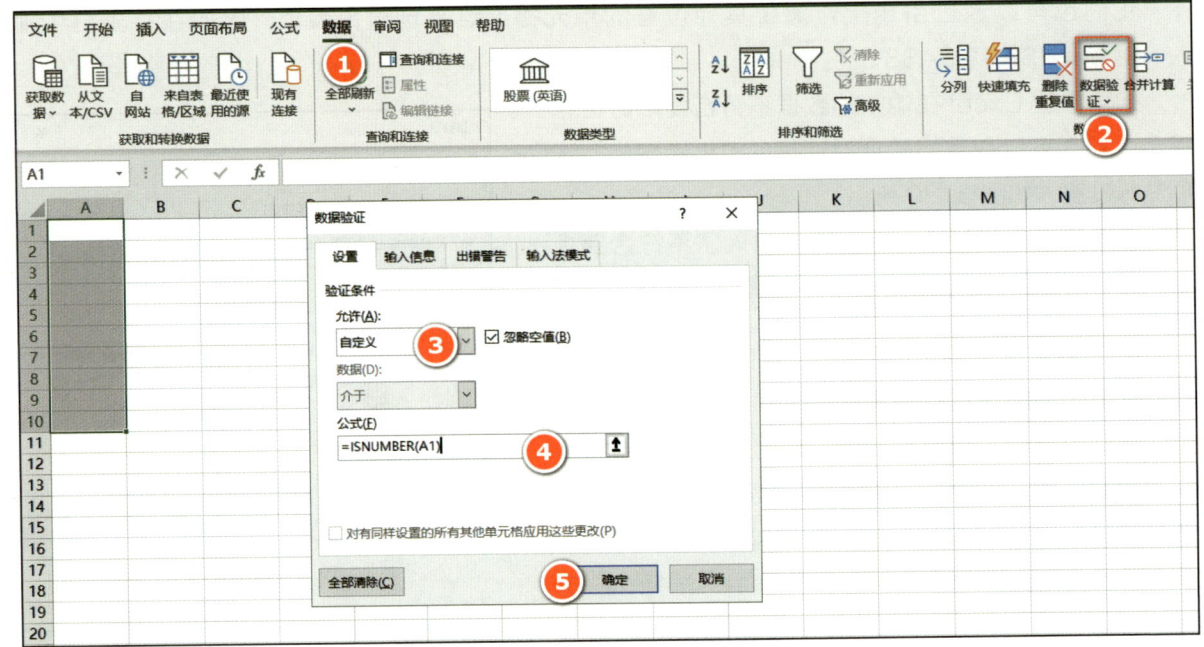

图 3-41　数据验证的操作步骤

（2）不允许输入重复值。

不允许在 A1:A10 区域输入重复值，数据验证的公式为：

=COUNTIF($A$1:$A$10,A1)<2

对上面的公式稍做修改，将有效性条件设定为最多只允许出现两次，则公式为：

=COUNTIF($A$1:$A$10,A1)<3

（3）仅允许输入特定格式的文本。

只允许输入以"罗"开始的文本，则数据验证的公式为：

=LEFT(A1,1)=" 罗 "

只允许输入类似"23-826""ab-cde"的文本，则数据验证的公式为：

=COUNTIF(A1,"??-???")=1

只允许输入以"CQ"或"HN"开头的六个字符的文本，则数据验证公式为：

=OR(AND(LEFT(A1,2)="cq",LEN(A1)=6),AND(LEFT(A1,2)="hn",LEN(A1)=6))

只允许输入包含"龙逸凡"的文本，则数据验证公式为：

=COUNTIF(A1,"* 龙逸凡 *")=1

（4）不允许输入包含空格的文本。

正如第一章所述，如果文本中插入空格，将影响查找功能引用公式的使用，因而有必要对输入的数据进行检验，限制输入包含空格的文本。其数据验证公式为：

=NOT(COUNTIF(A1,"* *")=1)

或者：

=COUNTIF(A1,"* *")=0

（5）按大小顺序输入。

如果希望按升序（从小到大）顺序输入数据（日期或数字），则数据验证公式为：

=MAX($A$1:A1)=A1

限定只能按降序（从大到小）顺序输入数据（日期或数字），则数据验证公式为：

=MIN($A$1:A1)=A1

八、条件格式及其精彩应用

条件格式就是依据事先设定的规则条件，根据单元格的值智能地设置单元格的格式。条件格式的主要用途包括以下几个方面。

（1）突出显示特定数据：如可突出显示排名前10、排名前20%、异常值、包含特定文本的单元格、最高值、最低值等。

（2）对数据进行标识：如对不同范围的数据设置不同的颜色，标识唯一值、重复值。

（3）直观显示数据大小：用数据条的长短、颜色的深浅直观表示数值大小。

（4）显示数据的分布情况：如三色刻度使用三种颜色的渐变来显示数值的高低，以帮助了解数据分布和数据变化。

在Excel中能设置的格式已经不仅仅限于数字、字体、边框、填充等常规的格式，还可设置数据条、色阶、图标集。

在Excel中已经内置了一些条件格式的设置模式，主要有以下几种：

1）基于各自值设置所有单元格的格式。本功能模块可以使用双色刻度、三色刻度、数据条、图标集来设置所有单元格的格式。

2）只为包含单元格值、特定文本、发生日期、空值、无空值、错误、无错误内容的单元格设置格式。

3）仅对排名靠前或靠后的值设置格式。

4）仅对高于或低于平均值的值设置格式。

5）仅对唯一值或重复值设置格式。

6）使用公式进行条件格式设置。

下面主要介绍第一种和最后一种条件格式的设置模式。

1. 基于各自值设置所有单元格的格式

（1）数据条。

数据条可以帮助你查看某个单元格相对于选定区域其他单元格的值。数据条越长，表示值越高；数据条越短，表示值越低，数据值的大小一目了然。

打开示例文件"表3-8 条件格式－数据条"，选定要设置的单元格区域，在【开始】选项卡的"样式"组点击"条件格式"按钮，选择"数据条"就可看到弹出的选项菜单，有渐变填充和实心填充两种，选择单一颜色即可快速设定。如果需要自定义设置，可点击"其他规则"，打开编辑格式规则对话框进行详细设置，详见图 3-42 的第 3～5 步。

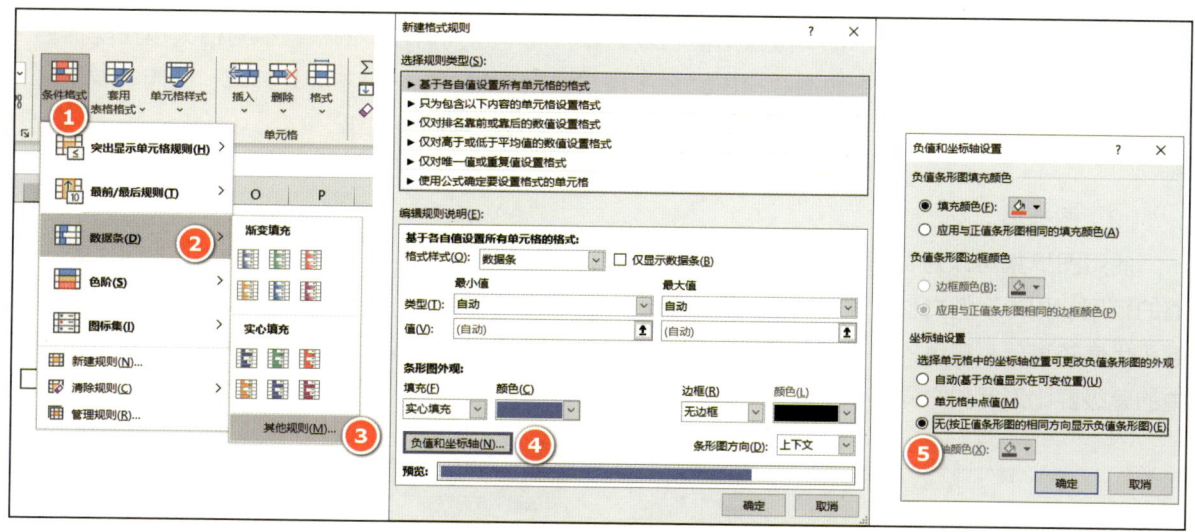

图 3-42　设置条件格式（数据条）

默认的条形图方向是从左到右，坐标轴是基于负值显示在可变位置，条形图可以根据需要设置为从右到左，如图 3-43 中的 C 列所示，也可设置为单元格中点值，如图 3-43 的 G 列所示；或者按正值条形图的方向来显示负值条形图，如图 3-43 的 I 列、K 列所示。

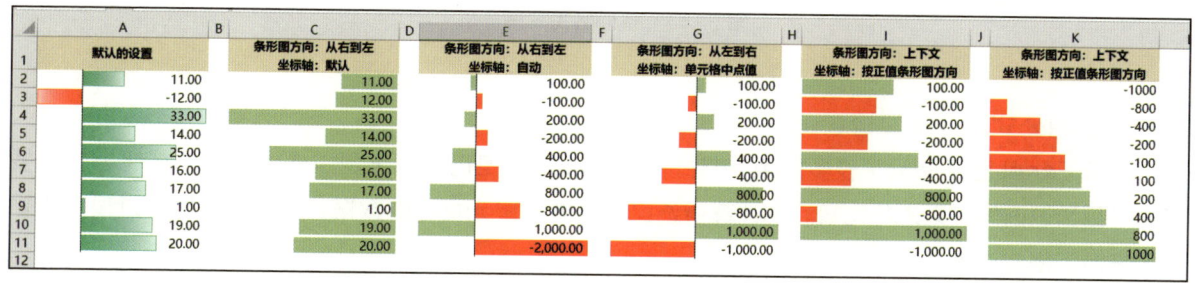

图 3-43　不同的数据条件格式效果对比

■ 注意：

如果条形图的坐标轴按正值条形图的方向来显示负值条形图，Excel 会将负数与正数放在一起考虑数据条的长短，最小的负数条形图长度为零，而不是我们希望的根据绝对值大小在坐标轴左右两侧按比例显示长短，如图 3-43 的 K 列所示。刚接触时这一点不太好理解，因而当有负值时建议不要使用此种设置，数据使用者可能会因为不了解此规则而犯错。

（2）图标集。

使用图标集可以对数据进行注释，并可以按阈值将数据分为 3 ～ 5 个类别。每个图标代表一个值的范围。以（示例文件“表 3-10　条件格式 - 图标集”）为例，在三向箭头图标集中，绿色的上箭头代表较高值，黄色的横向箭头代表中间值，红色的下箭头代表较低值，如图 3-44 所示。图标集中的等级要比形状和方向更便于理解数据的大小分类。

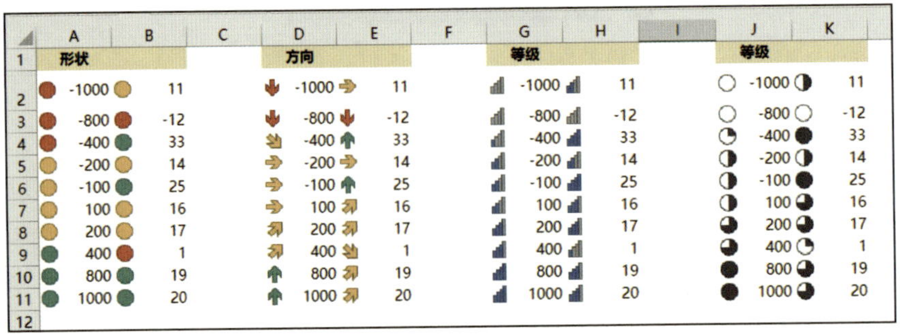

	A	B	C	D	E	F	G	H	I	J	K
1	形状			方向			等级			等级	
2	-1000	11		-1000	11		-1000	11		-1000	11
3	-800	-12		-800	-12		-800	-12		-800	-12
4	-400	33		-400	33		-400	33		-400	33
5	-200	14		-200	14		-200	14		-200	14
6	-100	25		-100	25		-100	25		-100	25
7	100	16		100	16		100	16		100	16
8	200	17		200	17		200	17		200	17
9	400	1		400	1		400	1		400	1
10	800	19		800	19		800	19		800	19
11	1000	20		1000	20		1000	20		1000	20
12											

图 3-44　条件格式 - 图标集

2. 使用公式进行条件格式设置

尽管 Excel 已经提供了较多的条件格式的设置模式，但仍不能满足工作中的需求。比如：需要将值与函数返回的结果进行比较，或计算所选区域之外的单元格中的数据，这时就需要通过设定逻辑公式来指定格式设置条件。

在使用公式进行条件格式设置时，公式需以“ = ”开头，并且结果必须是逻辑值 TRUE（1）或

FALSE（0）。**如果是设置单元格区域的条件格式，还需特别注意公式中的单元格引用类型是否正确，**在下面的示例中如果单元格的引用类型写为 B2 或 $B$2 都会导致错误。现举例说明。

以图 3-45 中的表格为例（见示例文件"表 3-11　条件格式 - 自定义"）。我们想在 A2:B14 单元格区域设置条件格式，使得当 B 列中的绩效得分 ≥ 90 时，Excel 系统可以自动将表格的行设置为红黄色；当绩效得分 <60 分时，将表格的行设置为灰绿色。操作步骤如下。

Step1: 选定 A2:B14 单元格区域（注意活动单元格为 A2）。在【开始】选项卡的"样式"组中，单击"条件格式"旁边的箭头，点击"新建规则"。

Step2: 在弹出的"新建格式规则"对话框中选择"使用公式确定要设置格式的单元格"，在"编辑规则说明"下的"为符合此公式的值设置格式"列表框中，输入公式：

=$B2>=90

单击"格式"以显示"设置单元格格式"对话框。将填充格式设置为红黄色，然后单击"确定"，设置后如图 3-45 所示。

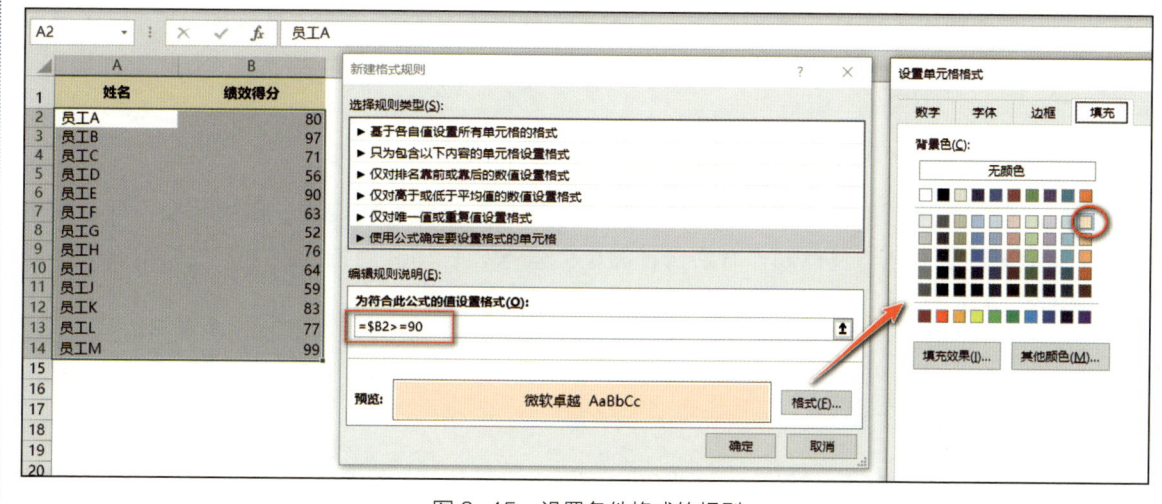

图 3-45　设置条件格式的规则

Step3：在【开始】选项卡的"样式"组中，单击"条件格式"旁边的箭头，点击"新建规则"。按 Step2 的操作设置公式为：=$B2<60，将填充格式设置为灰绿色。点击"确定"退出。设置后 A1:B14 单元格区域格式如图 3-46 的 A 列和 B 列所示。

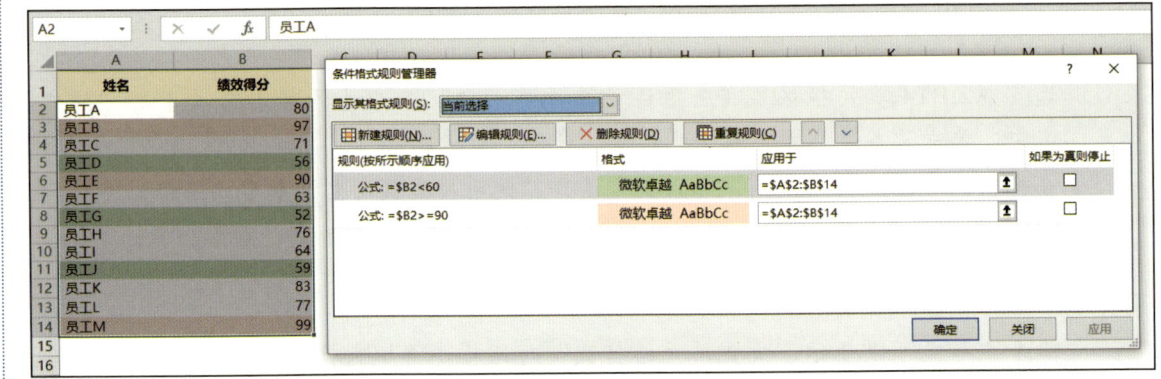

图 3-46　条件格式规则管理器

Step4：如果需要修改规则，则点击"条件格式"旁边的箭头，点击"管理规则"，打开"条件格式管理器"修改（见图 3-46）。

■ 扩展阅读

　　我们还可以使用条件格式制作出这样的报表：用箭头标注同比增减、自由切换不同计量单位、切换报表的背景色，具体制作方法请在微信公众号"Excel 偷懒的技术"主页发送关键词"条件格式"获取。

九、自定义格式及其精彩应用

　　Excel 里的数据分为文本、数值、日期时间（实际上也是数值）等类型，但可以设置的格式却多种多样。Excel 预设了一些常用格式，如文本、数字、百分比、货币、日期、会计专用等，除此之外我们还可以通过自定义来设置单元格格式。需要强调的是：**设置单元格格式只是改变了显示的样式，不能直接改变数据类型和数值本身**。那自定义格式有哪些用途呢？对财务人员来说，最常用的就是数值的缩放和添加前缀和后缀，如 123 456 789.56 元，显示为 12 345.68 万元；输入 1、2、3 就显示为 1 月、2 月、3 月。下面介绍数字格式的自定义功能。

要设置自定义格式，可选中需要设置的单元格点击右键，点击"设置单元格格式"，打开设置单元格格式对话框（快捷键【Ctrl+1】），如图 3-47 所示，然后输入相应的格式代码。

完整的格式代码由四个部分组成，这四个部分的顺序定义了格式中的正数、负数、零和文本。格式代码各部分以英文分号分隔，如图 3-48 所示。

如果只指定两个部分，则第一部分用于表示正数和零，第二部分用于表示负数。

如果只指定一个部分，则该部分可用于所有数字；如果要跳过某一部分，则使用分号代替该部分即可。

我们可以自定义格式代码来定义如何显示数字、日期或时间、货币、百分比或科学计数以及文本或空格等。要自定义格式就必须用到一些特殊符号，下面介绍各种特殊符号在自定义格式中的作用。

1. 特殊符号在自定义格式中的作用

在自定义格式中可以使用多种符号，它们的作用各不相同。在自定义格式中，下面的字符不必用引号括起来：$、-、+、/、( )、:、!、^、&、'（左单引号）、'（右单引号）、~、{ }、=、<、> 和空格符（见表 3-1）。

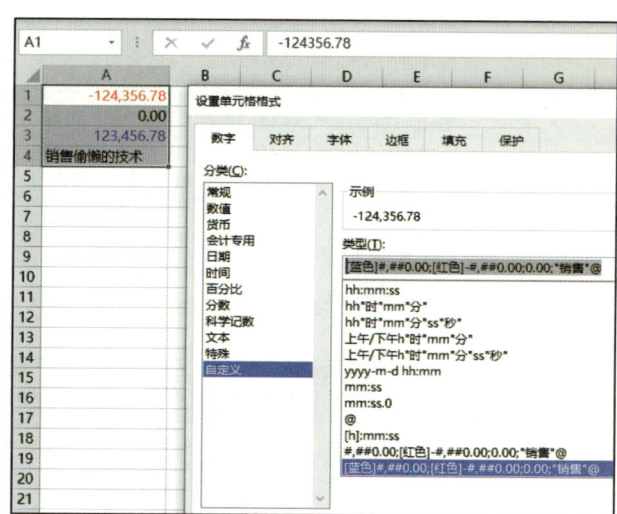

图 3-47　设置自定义格式

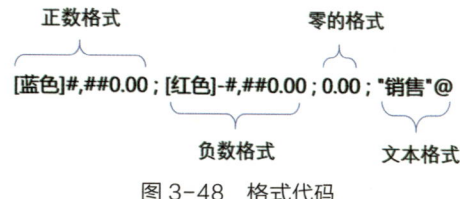

图 3-48　格式代码

表 3-1　符号作用

符号	作用
,	作为千位分隔符或以 1 000 为单位表示数字的数量级
""	强制显示双引号之间的文本
\ 或 !	强制显示紧随其后的下一个字符。和 "" 用途相同，且输入后会自动转变为双引号表达。使用 "\" 会使其后面的文本显示，使用双引号则是强制显示双引号之间的文本；"\" 和 "!" 只能强制令紧跟其后的单个字符显示成文本，而双引号则可以使引号间的多个字符显示为文本
#	只显示有效数字而不显示无效的零
0（零）	如果数字的位数少于格式中的零，则显示无效的零
?	在小数点两边添加无效的零，以便当按固定宽度字体设置格式（例如 Courier New）时，小数点可以对齐，也可以对具有不等长数字的分数使用 "?"
*	可以使星号之后的字符填充整个列宽。例如，格式 "0*A" 的意思是在数字后增加足够的 A 以填充整个单元格，当列宽增加时，它会自动补录 "A" 以塞满单元格
[ ]	中括号在自定义格式中有两个用途：使用颜色代码、使用条件。如自定义格式 "[红色][<=100];[蓝色][>100]" 表示以红色字体显示小于和等于 100 的数字，以蓝色字体显示大于 100 的数字
@	若要在数字格式中加入文本部分，请在要输入文本的地方加入符号 @，自定义格式 "@"万元""，如在单元格输入 123，则显示 "123 万元"

2. 自定义格式举例

图 3-49 是一些自定义格式的例子。

原始数据	自定义格式	显示的值	说明
18699999999	000 0000 0000	186 9999 9999	数字分节显示，中间以空格分隔
123456789	000-000-000	123-456-789	数字分节显示，中间以短杠分隔
123	"盈余"0.00 ;"短缺"0.00	盈余123.00	正负数分别显示
-123	"盈余"0.00 ;"短缺"0.00	短缺123.00	正负数分别显示
123	[红色][<=100];[蓝色][>100]	123	正负数分不同颜色显示
0	[红色][<=100];[蓝色][>100]	0	正负数分不同颜色显示
-123	[红色][<=100];[蓝色][>100]	-123	正负数分不同颜色显示
123	#"万元"	123万元	在数字后显示字符
123	;;;		隐藏数字
123	00000	00123	位数不足，则在数字前加零占位
2021-2-14	期间：yyyy年m月	期间：2021年2月	

图 3-49　自定义格式举例

另外，还可以应用自定义格式对数字进行缩放，具体格式及示例见图 3-50（示例文件 "表 3-12　自定义格式"）。

缩小显示：			
原始数据	自定义格式	显示的值	解释
123,456,789.56	#	123456790	按四舍五入取整显示
123456789.6	0*."0	12345679.0	按十显示
123,456,789.56	0*."00	1234567.90	按百显示
123456789.6	0.00,	123456.79	按千显示
123456789.6	0.000,	123456.790	按千显示
123456789.6	0*."000	123456.790	按千显示
123,456,789.56	0*."0,	12345.7	按万显示
123,456,789.56	0!.0,	12345.7	按万显示
123,456,789.56	#*."#,	12345.7	按万显示
123,456,789.56	0*."0000	12345.6790	按万显示
123,456,789.56	0!.0000	12345.6790	按万显示
123456789.6	0*."00	1234.57	按十万显示
123,456,788.56	0.0,,	123.5	按百万显示
123,456,789.56	0.00,,	123.46	按百万显示
123,456,790.56	0.000,,	123.457	按百万显示
123456789.6	0*."0,,	12.3	按千万显示
123,456,789.56	0*."00,,	1.23	按亿显示
123456789.6	0*."000,,	0.123	按十亿显示
放大显示：			
1234.567	#*"0"	12350	按四舍五入去掉小数后乘以10显示
1234.567	#*"00"	123500	按四舍五入去掉小数后乘以100显示
1234.567	#*"000"	1235000	按四舍五入去掉小数后乘以1000显示

图 3-50　用自定义格式对数字进行缩放

■ **扩展阅读**

关于自定义格式的更多应用案例，请在微信公众号"Excel 偷懒的技术"主页发送关键词"自定义格式"获取。

第二节　掌握快捷键让你练就弹指神功

一堆表格两茫茫，不做完，自难忘。午夜孤灯，无处话凄凉。纵使相逢应不识，愁满面，鬓如霜。

凌晨六点才还乡，家里人，正梳妆。老妈无言，惟有泪千行。料得年年肠断处，明月夜，财务岗。

一、鼠标操作技巧

鼠标操作是现代软件最常规的操作方式。在 Excel 中除了用鼠标点击各功能菜单给 Excel 下达操作指令外，还能用鼠标左键或右键的拖拉实现部分特定功能。有人说"懒人用鼠标，高手用键盘"，让那些高手用键盘去吧，懒人的口号是：要懒就懒到底，能用鼠标的地方就不用键盘。但是，懒也要懒得专业、懒得有技术含量，懒就要懒出境界来。

下面介绍鼠标操作的一些常用技巧。

1. 快速跳转至数据边界

将鼠标移至活动单元格/区域的边缘，鼠标指针变成移动指针时双击鼠标左键即可。这一操作可实现快速跳转至当前区域的最左边，其余类推。

2. 移动单元格

选定要移动的单元格区域，将鼠标指向选定区域的边框，当指针变成移动指针时，将单元格或单元格区域拖到另一个位置。

要复制单元格或单元格区域，请按住【Ctrl】键，同时指向选定区域的边框。当指针变成复制指针时，将单元格或单元格区域拖到另一个位置。

3. 在同一行或列中填充数据

用鼠标左键拖动填充柄经过需要填充数据的单元格，然后释放鼠标按键。

如果复制的数据类型是 Excel 中可扩展的数据序列，如数字、日期或其他自定义填充序列，在复制过程中这些数据将在选定区域中递增而不是原样复制。如果发生了这种情况，请重新选定原始数据，再按住【Ctrl】键，然后拖动填充柄进行复制。

4. 多种方式填充数据

用鼠标右键拖动填充柄经过需要填充数据的单元格，然后释放鼠标按键，在弹出菜单中可以看到有天数、工作日、月、年、等差、等比等多种填充方式。

■ 扩展阅读

我们还可以点击右键拖动鼠标，来改变所选择的单元格范围，具体操作方法请在微信公众号"Excel 偷懒的技术"主页发送关键词"改变选区"获取。

5. 删除单元格内容

选定要删除的单元格区域，用鼠标向左或向上拖动填充柄经过需要删除的单元格，然后释放鼠标按键，即可删除单元格内容。

6. 将单元格区域复制（移动）插入目标区域

选定要复制的单元格区域，右键拖动至目标区域，松开鼠标，在弹出的快捷菜单中选取相应的功能。

7. 设定合适的行高、列宽

如果某单元格未完全显示，双击该列列标题的右边界，可以设置"最适合的列宽"。同理，双击某行行标题的下边界，可以设置"最适合的行高"。

8. 鼠标双击的作用

参见本节后文"鼠标双击技巧总结"。

二、键盘操作技巧

Excel 提供了丰富的快捷键，很多功能都可以用键盘快捷键实现。记住一些常用的快捷键，在操作时将大大提高工作效率。如果要在同事朋友面前显示你的"高大上"，那就多记住一些快捷键吧！当同事把手离开键盘去移动鼠标，还没开始点击时，你就已经直接用键盘搞定了，这才是江湖人称的"无影手"。表 3-2 中是一些 Excel 的常用快捷键。

表 3-2 常用快捷键

快捷键	用途
Ctrl+ 方向键	可以移动到工作表中当前数据区域的边缘
Shift+ 方向键	可以将单元格的选定范围扩大一个单元格、一行或一列
Ctrl+Shift+ 方向键	可以将单元格的选定范围扩展到活动单元格所在列或行中的最后一个非空单元格，或者如果下一个单元格为空，则将选定范围扩展到下一个非空单元格
Home	移到工作表中某一行的开头
Ctrl+Home	可以移到工作表的开头
Ctrl+End	移动到工作表曾经编辑过（即便后来已删除）的最右下角单元格，该单元格位于数据所占用的最右列的最下行中

（续）

快捷键	用途
Ctrl+C	复制选定的单元格。连按两次 Ctrl+C 显示 Office 剪贴板（用于多项复制与粘贴）
Ctrl+V	粘贴复制的单元格
Ctrl+Enter	先选定单元格区域，输入完后按住 Ctrl 回车将当前输入项填充至选定的单元格区域
Ctrl+~	在显示公式和计算结果之间切换
Ctrl+A	选定整张工作表
Ctrl+1	显示"单元格格式"对话框
Ctrl+9	隐藏选中单元格所在行（取消隐藏用 Ctrl+Shift+9）
Ctrl+0	隐藏选中单元格所在列（取消隐藏用 Ctrl+Shift+0）
Ctrl+G	显示"定位"对话框，按 F5 也会显示此对话框
Ctrl+H	显示"查找和替换"对话框，其中的"替换"选项卡处于选中状态
Ctrl+F	显示"查找和替换"对话框，其中的"查找"选项卡处于选中状态
Ctrl+ 空格键	选定整列，如果与输入法切换的快捷键相冲突时，输入法切换优先
Shift+ 空格键	选定整行，此快捷键与全角半角切换的快捷键相冲突时，输入法切换优先
F4	改变引用类型、重复上一次操作
Alt+Enter	在单元格中强制换行
Alt+=	自动求和

■ 扩展阅读

　　快捷键太多记不住？不用怕，实际上都是有规律的，请在微信公众号"Excel 偷懒的技术"主页发送关键词"快捷键"获取相关内容。

三、鼠标键盘联用操作技巧

　　鼠标键盘联用来完成某些功能将大大提高操作效率，下面是一些常用的鼠标键盘联用的操作技巧。

1. 快速选定单元格区域

　　选定单元格（区域）后，按住【Shift】键，将鼠标移至活动单元格（区域）的边框（上下左右），当鼠标指针变成移动指针时，双击鼠标，可快速扩展选定的单元格（区域）至此行（左右）或此列（上下）中最后一个非空值单元格为止。

2. 选取连续单元格区域

先选取单元格区域的起始单元格，再按住【Shift】键，点击目标单元格区域的最后一个单元格，就能选取一个以起始单元格为左上角，最后单元格为右下角的矩形区域。

3. 选取不连续单元格区域

先选中第一个单元格或单元格区域，再按住【Ctrl】键，点击选择其他的单元格或单元格区域。

4. 插入单元格

选择某单元格，按住【Shift】键，向下或向右拖动填充柄，即可在单元格后插入空白单元格。

5. 删除单元格

按住【Shift】键，向上或向左拖动填充柄，可删除单元格，即下边（右边）的单元格上移（左移）。注意与不按【Shift】键反向拖动时的区别。

6. 复制单元格

选定目标单元格区域，将鼠标移到单元格区域的边框，按住【Ctrl】键拖动至目标区域。

7. 调换单元格的顺序

按住【Shift】键，将鼠标移到单元格区域的边缘，当鼠标指针变成移动指针时拖动单元格至目标单元格。

8. 跨工作表移动单元格

将鼠标移到单元格区域的边缘，按住【Alt】键拖动鼠标到目标工作表的标签后至目标区域，释放鼠标。

9. 改变显示比例

按住【Ctrl】键向下或向上拨动鼠标的滚轮，即可改变工作表的显示比例。

10. 以中点为中心向两端延长线段

按住【Ctrl】键拖动线段的端点，可以将某线段向两端延长（以中点为中心向两端延伸）。

11. 绘制正方形、圆形、等边三角形

按住【Shift】键，拖动矩形、椭圆、三角形图形工具可绘制正方形、圆形、等边三角形。

12. 限制对象只在水平垂直方向移动

按住【Shift】拖动图形对象，可将对象限制在水平或垂直方向移动。

四、鼠标双击技巧总结

（1）双击选项对话框的选项快速确认。Excel对话框中的单选选项，可以直接双击鼠标使选择和确认选项同时进行。例如：双击"选择性粘贴"对话框中的某个选项，无须单击"确定"按钮就可以直接执行操作。

（2）双击"格式刷"按钮，格式刷可以反复多次使用，再次单击"格式刷"按钮，或者按Esc键可以取消"格式刷"功能。

（3）双击工作表标签，即可对工作表名称进行"重命名"。

（4）双击单元格，则单元格进入编辑状态。

（5）当相邻列有数据时，双击填充柄可快速往下填充。

（6）双击列标交界处，即可快速将左侧列设置为"最适合的列宽"；同理，可以设置最适合的行高，利用此功能还可以快速显示隐藏的行或列。

（7）双击选定单元格的边缘，可以移动到数据区域的边缘；如果按住【Shift】键再双击，可以快速选定活动单元格区域至此行或此列中下一个空白单元格。

（8）拆分单元格后，双击分割条可取消拆分。

（9）双击标题栏，Excel窗口在最大化和原始状态之间切换。

（10）双击Excel透视表中的数据，可在新的工作表中列出该数据的明细情况。

（11）双击图表的不同区域，如：空白处、坐标轴、图例区、网格线、数据区，均可以设置相应区域的格式。

五、【Shift】键作用总结

在英语中"Shift"单词的本意为转换、移动、转变，在 Excel 中使用【Shift】键就可以实现功能变换。如按住【Shift】键即可输入大写字母，按住【Shift】键拖动单元格区域即可实现单元格区域的互换。

下面对【Shift】键在 Excel 中具有的"特异功能"进行总结。

（1）按住【Ctrl+Shift+方向键】可将选定的区域扩展到当前数据区域与活动单元格同一行或同一列的最后一个非空白单元格。

（2）按住【Shift】键时按【Enter】键，光标移动方向反向。

（3）按住【Shift】键时按【Tab】键，光标移动方向反向。

（4）按住【Shift】键加空格，可选定整行。

（5）按住【Shift】键，双击活动单元格（区域）的边缘快速扩展单元格区域。

（6）按住【Shift】键，向下或向右拖动填充柄可插入单元格。

（7）按住【Shift】键，向上或向左拖动填充柄可删除单元格。

（8）按住【Shift】键，拖动单元格可将单元格（行/列）移动插入到目标单元格（行/列）前。

（9）旋转自选图形时按住【Shift】键限制旋转角度在 15 度。

（10）按住【Shift】键，拖动矩形、椭圆、三角形图形工具可分别绘制正方形、圆形、等边三角形。

（11）按住【Shift】键拖动图形对象，可将对象限制在水平或垂直方向移动。

第三节　掌握数据透视表让你以一当十

清润玉箫闲久。假日稀有，欲知日日加班愁，但问取、楼前柳。

"表弟""表妹"们，当你加班处理数据时，当你埋头填写各种报表时，快抽时间来学习数据透视表吧！数据透视表，学习成本低、操作效率高！"偷懒"神器，你值得拥有！

一、数据透视表的用途

数据透视表是一种交互式报表,它整合了统计函数、分类汇总、排序、筛选的各项功能,不必手工输入函数公式,仅用鼠标拖动组成元素就可快速分析、比较大量数据,让你从纷繁复杂的数据中透视出数据的本质关系,并可快速改变报表的分析视角和结构。它就像一个变形金刚,可快速地变出各种类型的报表。数据透视表还有一个突出的优势:计算速度快。

在需要分析相关汇总数据时,尤其是有大量数据需要统计分析时,通常会用到数据透视表。数据透视表主要有以下几个功能和用途:

(1)通过傻瓜化的鼠标操作,即可统计大量数据。

(2)对数值数据进行分类汇总和整合,按分类和子分类对数据进行汇总,创建自定义计算和公式。

(3)对透视表的分类进行展开或折叠,以查看不同层级的统计结果。

(4)将行移动到列或将列移动到行(或"透视"),以查看源数据的不同汇总。

(5)帮你从不同的角度查看数据,并且对相似数据的数字进行比较。

二、如何创建数据透视表

创建数据透视表的方法有以下三种。

> 方法1:在【插入】选项卡的"表格"组中,单击"数据透视表",或者单击"数据透视表"下方的箭头,再单击"数据透视表"。
>
> 方法2:通过数据透视表向导来创建。透视表向导不在常用功能区中,可将它添加到快速访问工具栏中。具体方法:在Excel选项对话框点击"快速访问工具栏",选择"不在功能区的命令",然后找到"数据透视表和数据透视图向导",点击"添加",然后点击"确定"退出(见图3-51)。

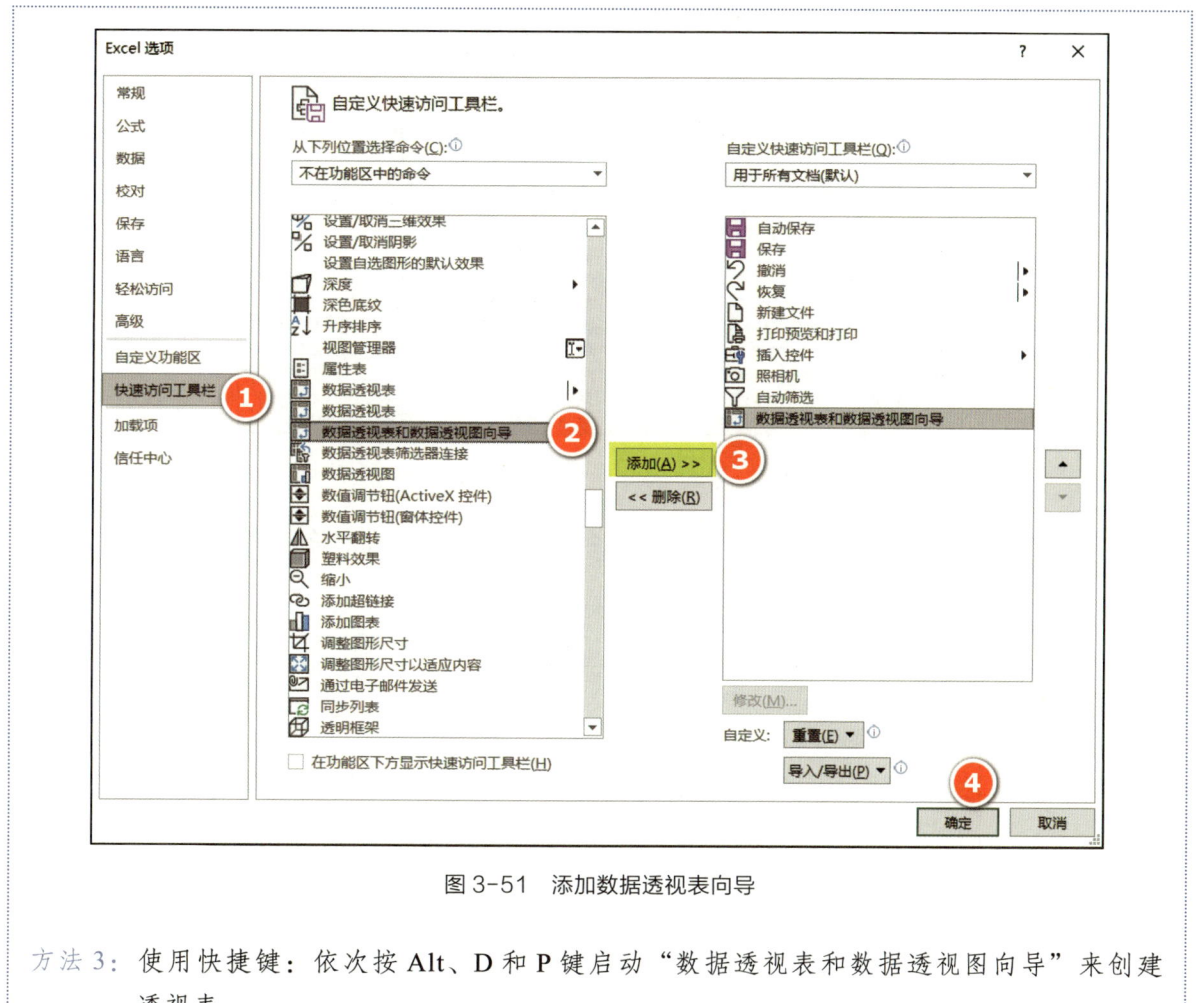

图 3-51　添加数据透视表向导

方法 3：使用快捷键：依次按 Alt、D 和 P 键启动"数据透视表和数据透视图向导"来创建透视表。

图 3-52 是合同台账（见示例文件"表 3-13　数据透视表"），登记了 2020 年、2021 年的合同签订情况。

	订单日期	合同号	片区	产品名称	颜色	付款方式	销售数量	销售金额
13	2020-1-8	20200012	西部	C产品	红	现款	378	289,170.00
14	2020-1-8	20200013	东部	B产品	灰	分期付款	342	304,722.00
15	2020-1-11	20200014	中部	D产品	黑	分期付款	342	288,990.00
16	2020-1-13	20200015	中部	D产品	红	赊销	882	766,458.00
17	2020-1-14	20200016	东部	F产品	红	现款	186	140,802.00
18	2020-1-14	20200017	东部	A产品	灰	现款	354	277,182.00
19	2020-1-15	20200018	中部	B产品	红	现款	126	91,476.00
20	2020-1-15	20200019	南部	C产品	黑	赊销	102	88,638.00
21	2020-1-16	20200020	东部	C产品	灰	分期付款	354	316,122.00
22	2020-1-16	20200021	东部	E产品	灰	现款	186	132,618.00
23	2020-1-17	20200022	中部	C产品	红	现款	126	92,106.00
24	2020-1-17	20200023	南部	D产品	黑	分期付款	594	463,914.00
25	2020-1-18	20200024	北部	E产品	红	现款	270	213,840.00
26	2020-1-18	20200025	西部	D产品	黑	赊销	126	105,714.00
27	2020-1-19	20200026	西部	C产品	黑	现款	594	424,116.00
28	2020-1-20	20200027	南部	A产品	黑	现款	126	93,996.00

图 3-52　合同台账

要求：使用数据透视表对此表格做一个各片区各类产品的合同统计汇总表（见图 3-53）。

	A	B	C	D	E	F	G
1	项目	北部	东部	南部	西部	中部	总计
2	A产品						
3	销售数量	6,912	25,518	8,112	5,892	28,464	74,898
4	销售金额	5,451,978	20,297,202	6,429,894	4,656,366	21,896,052	58,731,492
5	B产品						
6	销售数量	5,664	29,508	8,106	5,118	30,054	78,450
7	销售金额	4,296,228	23,080,824	6,306,600	4,071,054	23,597,436	61,352,142
8	C产品						
9	销售数量	4,668	18,018	8,652	7,326	17,394	56,058
10	销售金额	3,704,112	13,838,988	6,826,140	5,823,912	13,574,670	43,767,822
11	D产品						
12	销售数量	5,862	19,380	14,562	3,918	18,666	62,388
13	销售金额	4,633,242	15,368,646	11,700,312	2,950,632	14,714,988	49,367,820
14	E产品						
15	销售数量	3,396	27,030	7,138	5,046	21,912	64,522
16	销售金额	2,609,316	21,517,050	5,511,162	3,921,366	16,930,692	50,489,586
17	F产品						
18	销售数量	5,868	21,942	9,630	7,350	24,702	69,492
19	销售金额	4,491,882	16,975,476	7,602,426	5,747,910	19,667,598	54,485,292
20	销售数量汇总	32,370	141,396	56,200	34,650	141,192	405,808
21	销售金额汇总	25,186,758	111,078,186	44,376,534	27,171,240	110,381,436	318,194,154

图 3-53　合同统计汇总表

具体操作步骤如下。

> Step1：打开示例文件"表 3-13　数据透视表"，选中"数据"表格数据区域的任一单元格，在【插入】选项卡上的"表格"组中，单击"数据透视表"，或者单击"数据透视表"下方的箭头再单击"数据透视表"，检查一下弹出的"创建数据透视表"对话框中"表/区域"范围是否正确，如图 3-54 所示。
>
>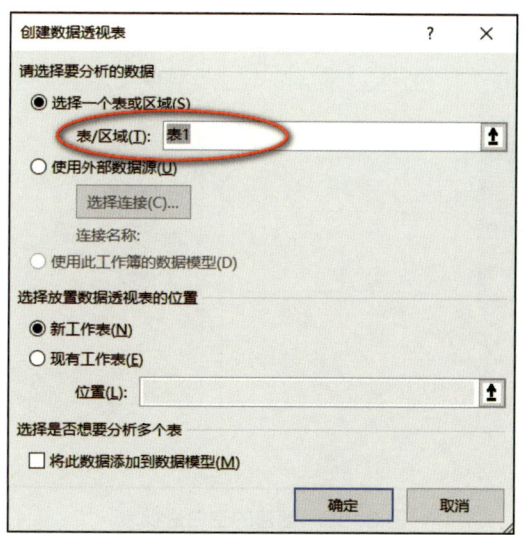
>
> 图 3-54　创建数据透视表
>
> 本示例中由于已将数据表格 A1:H1105 区域设置为表格（"插入"选项卡—表格），故表/区域默认为"表 1"，否则会自动设置为"数据!$A$1:$H$1105"。**将 A1:H1105 区域设置为表格的好处如第一章第三节中"可扩展性原则"所述：当合同台账新增记录时，数据透视表将自动同步更新新增的记录，否则需要手动更改数据透视表的表/区域。**

Step2：放置数据透视表的位置默认为新工作表（可更改为现有工作表，注意不能与源表区域重合），点击"确定"，即可创建一个空的数据透视表，如图3-55所示。

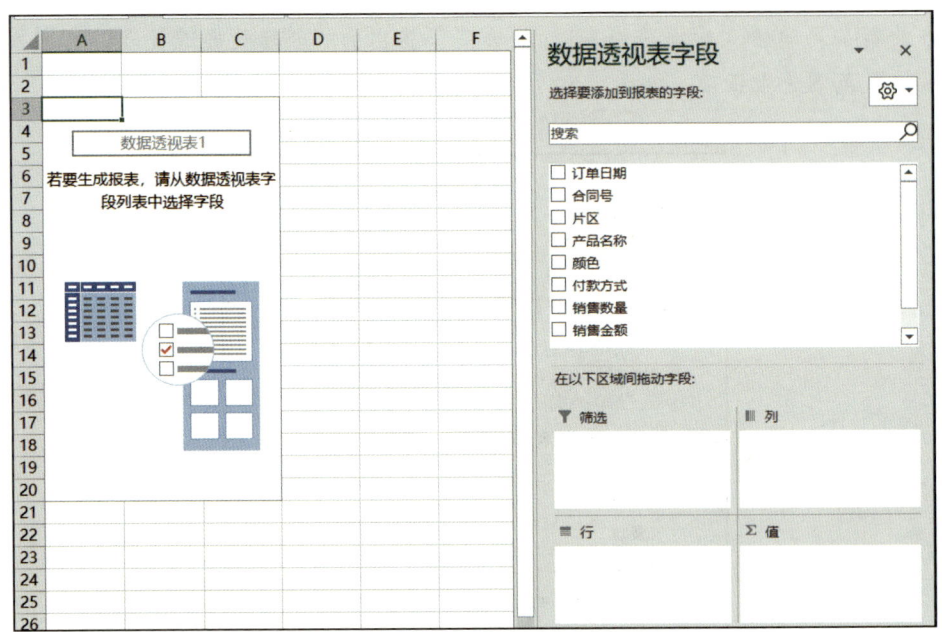

图3-55　创建的空白透视表

Step3：将右边数据透视表字段列表中"片区"字段拖入"列"标签区域，将"产品名称"字段拖入行标签区域，将销售数量、销售金额字段拖入数值区域（当拖入两个计算字段到数值区域后，会在"列"标签区域添加一个"数值"字段。拖入后透视表结构如图3-56所示。

Step4：此表格将求和字段作为列标签来排列，结构不符合我们的要求，故应将"列"标签中的数值字段拖入"行"标签。变更后表格的结构如图3-57所示。

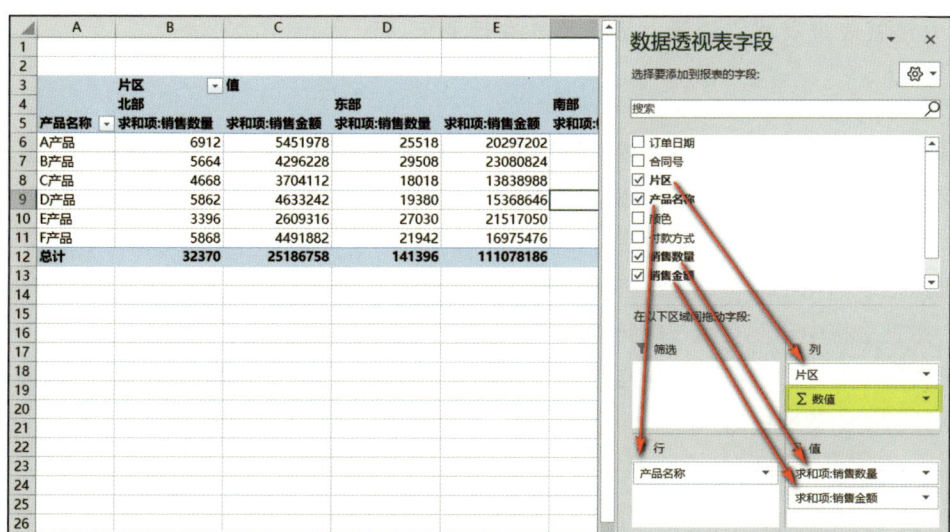

图 3-56 数值在"列"标签

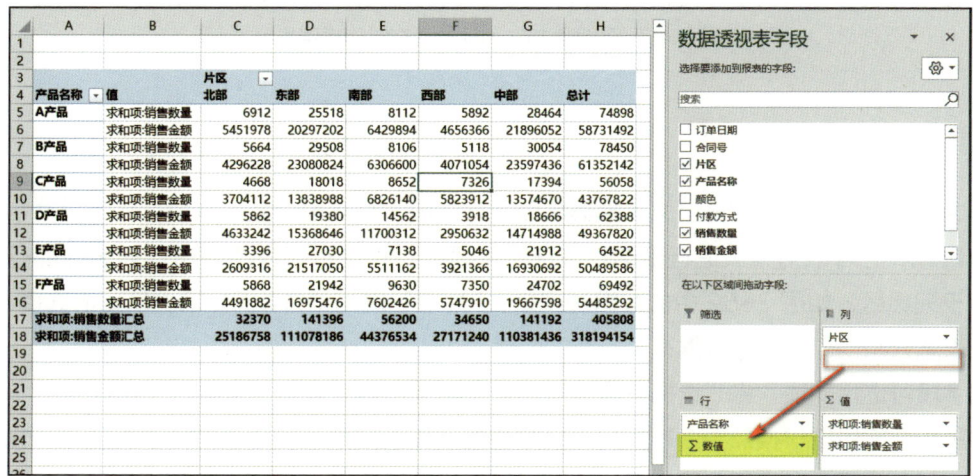

图 3-57 数值在"行"标签

Step5：对透视表进行格式设置，根据需要进行美化。

■ 注意：

数据透视表对数据的规范性要求比较严格，不规范的数据无法使用数据透视表（关于数据的规范性要求请参见本书第一章）。要使用数据透视表至少要做到以下几点。

（1）数据表格的列标题不能为空，否则创建透视表时系统会发出如下提示（见图 3-58）。

（2）数据表格中不能有空行、空列。

（3）数据表格中不能有合并单元格。

如果表格不规范，应整理成标准的清单型表格，整理的具体方法参见本书第二章第一节"不规范表格及数据的整理技巧"。

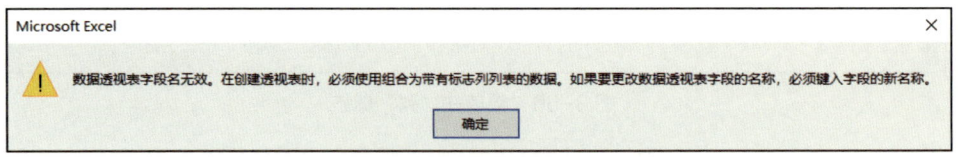

图 3-58　数据表格的列标题为空时的错误提示

三、数据透视表的布局和格式

数据透视表主要由四个部分组成：筛选字段、行字段、列字段、数值字段区域。筛选字段是透视表特有的区域，它可以对报表进行筛选，可选定单项或多项；行字段相当于普通表格的行标题；列字段相当于列标题。如图 3-59 中的数据透视表，"片区"就是筛选字段，B1 单元格选择了"西部"片区，报表就只是西部片区的数据。

筛选字段可选择多项，将"选择多项"勾选上就可选择多个项目（见图 3-60）。

行字段和列字段应根据需要合理排列，以方便阅读和满足报表使用者的需求为原则。尤其是当有多个数值字段时，更应考虑哪种排列更合理，更符合报表使用者的需求。在行标签区域将数值字段放在产品字段之前，就会形成不同的报表结构（见图 3-61）。

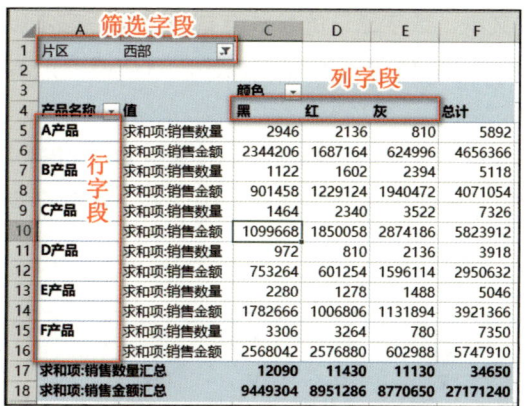
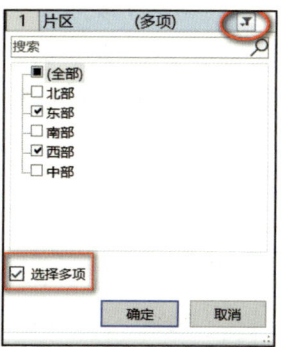

图 3-59　过筛选字段筛选数据　　　　　图 3-60　筛选字段可选择多项

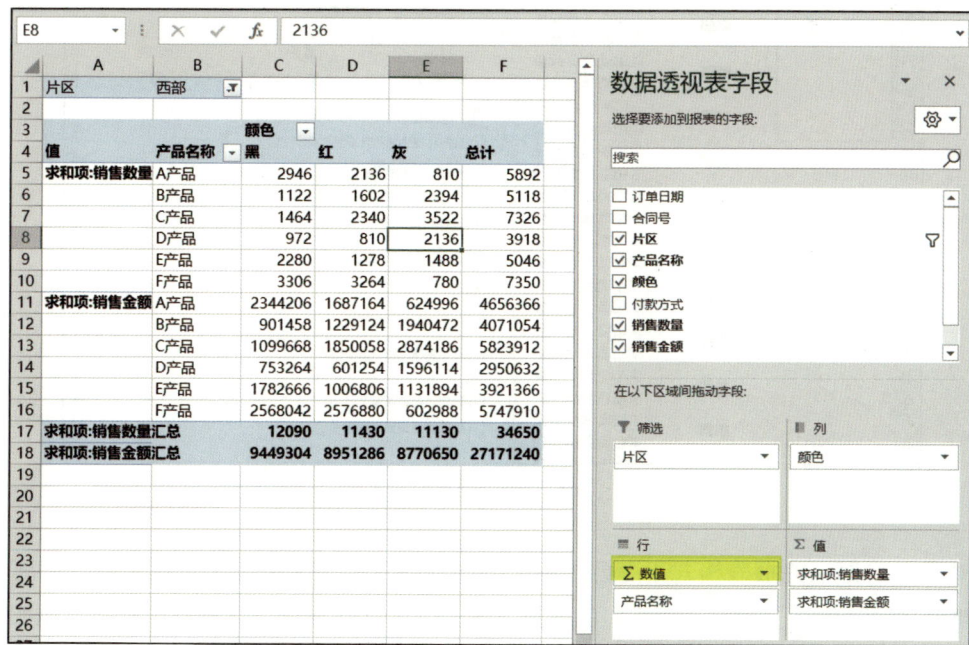

图 3-61　根据自己的需要设置透视报表的布局

数值区域中的字段不限于数字，还可以是文本。数字默认的统计方式为求和，文本默认的统计方式为计数。可以将同一字段拖放到多个数值区域，以便进行不同的统计。具体请参见本节第六小节"数据透视表的显示方式"的举例。

如果习惯于将行标签的单元格进行合并居中排列，可以选择数据透视表，点击右键，点击"数据透视表选项"，在"数据透视表选项"对话框的"布局和格式"选项卡中勾选"合并且居中排列带标签的单元格"，如图 3-62 所示。

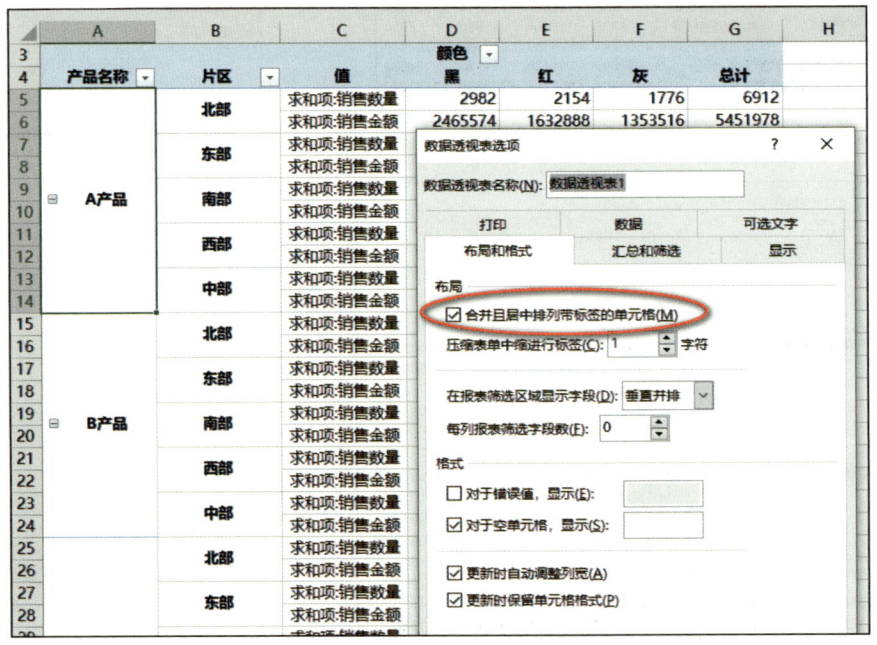

图 3-62　将行标签合并居中

如果对 Excel 默认的报表格式不满意，还可以在数据透视表【设计】选项卡的"布局"组分别进行"分类汇总""总计""布局""空行"的设置，同时能设计数据透视表报表的样式。比如可以将压缩形式的报表转换为表格形式（见图 3-63）。

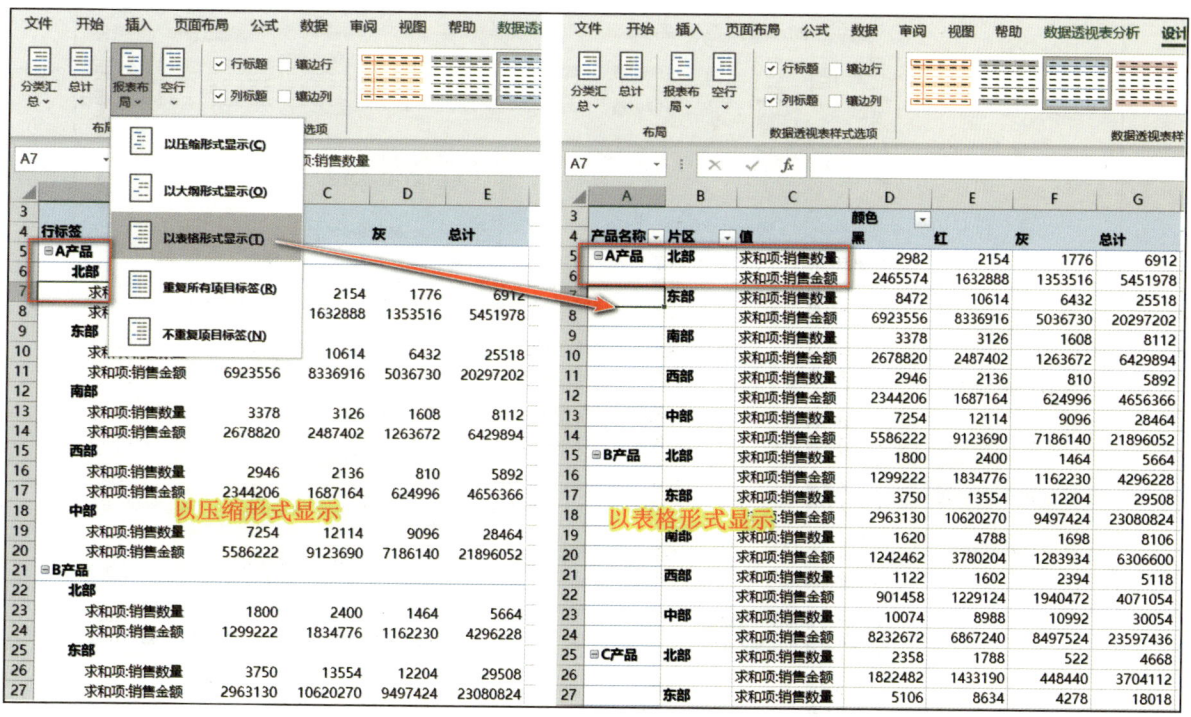

图 3-63 改变透视表的布局

给透视表重复列标签、在每个项目后插入一个空行、在每个组的底部添加分类汇总,则可按图 3-64 中的指示操作。

四、数据透视表的汇总方式

数据透视表默认的汇总方式是求和,如果是文本,则默认为计数。实际上,数据透视表还提供了多项汇总方式:求和、计数、平均值、最大值、最小值、乘积、数值计数、标准偏差、总体标准偏差、方差、总体方差。

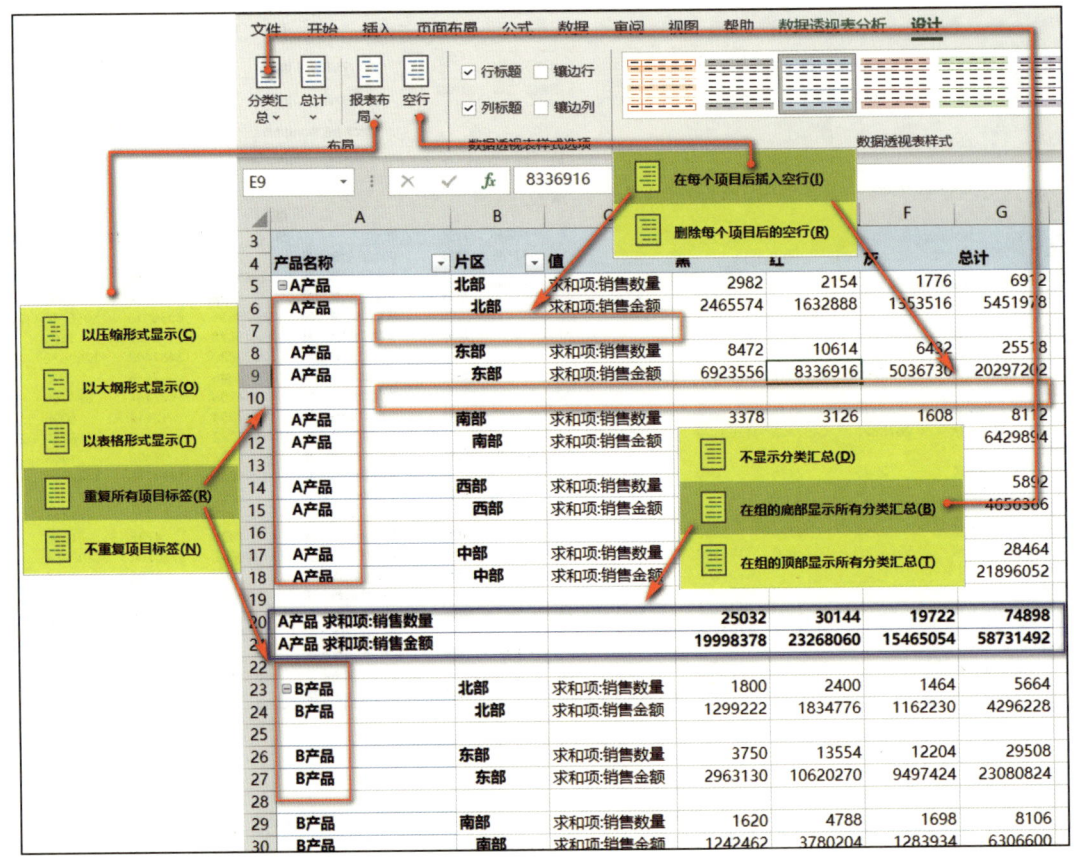

图 3-64 设计数据透视表报表的格式

如果要改变字段的汇总方式,可通过以下三种方法打开"值字段设置"对话框进行设置。

方法 1:选择要改变的字段所在的任一单元格→点击右键→选择"值字段设置"→打开"值字段设置"对话框。

方法 2:选择要改变的字段所在的任一单元格→点击右键→选择"值汇总依据",然后在快捷菜单中选择需要的汇总方式，或点击"其他选项"打开"值字段设置"对话框。如图 3-65 所示。

方法 3：在数据透视导航窗格的"数值"区域点击要改变的字段，在弹出的"值字段设置"对话框的"值汇总方式"选项卡中选择需要的汇总方式，如图 3-66 所示。

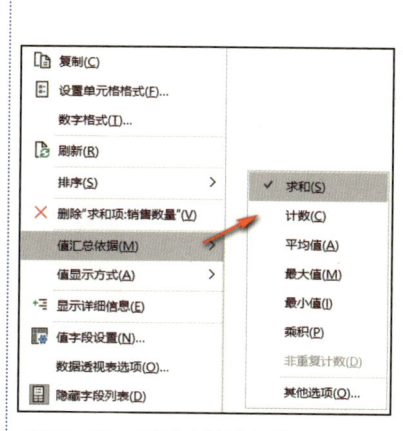

图 3-65　通过右键选择值汇总方式

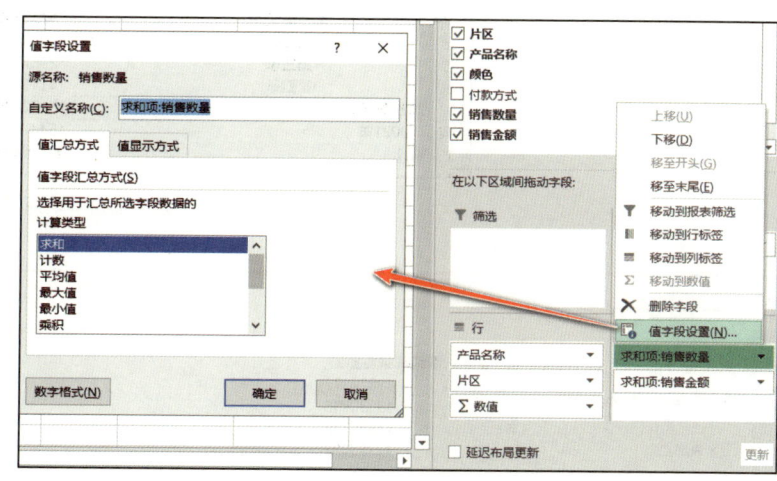

图 3-66　设置字段的汇总方式

五、数据透视表的组合功能：快速编制月报、季报、年报

我们使用数据透视表进行统计分析时，它默认以字段下的每个唯一值作为统计依据。比如：示例文件"表 3-13　数据透视表"中的产品类别、片区类别，如果将订单日期作为行标签（统计依据），则会自动按年、季、月分组。这时我们只需点击年季度前的 + 号，即可展开到下一层级（见图 3-67）(扫描二维码观看操作视频)。

如果不需按季度汇总，将"季度"拖出行标签即可（见图 3-68）。

扫码观看操作视频

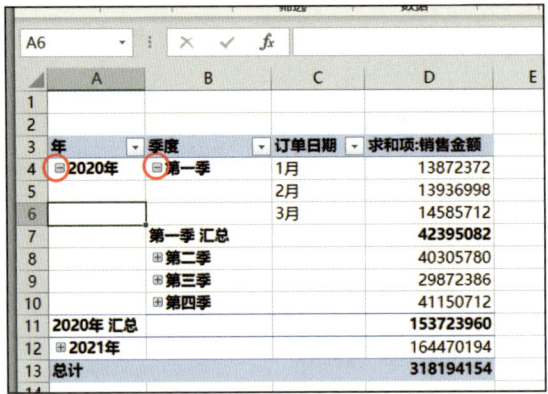

图 3-67 日期会自动组合成年季月

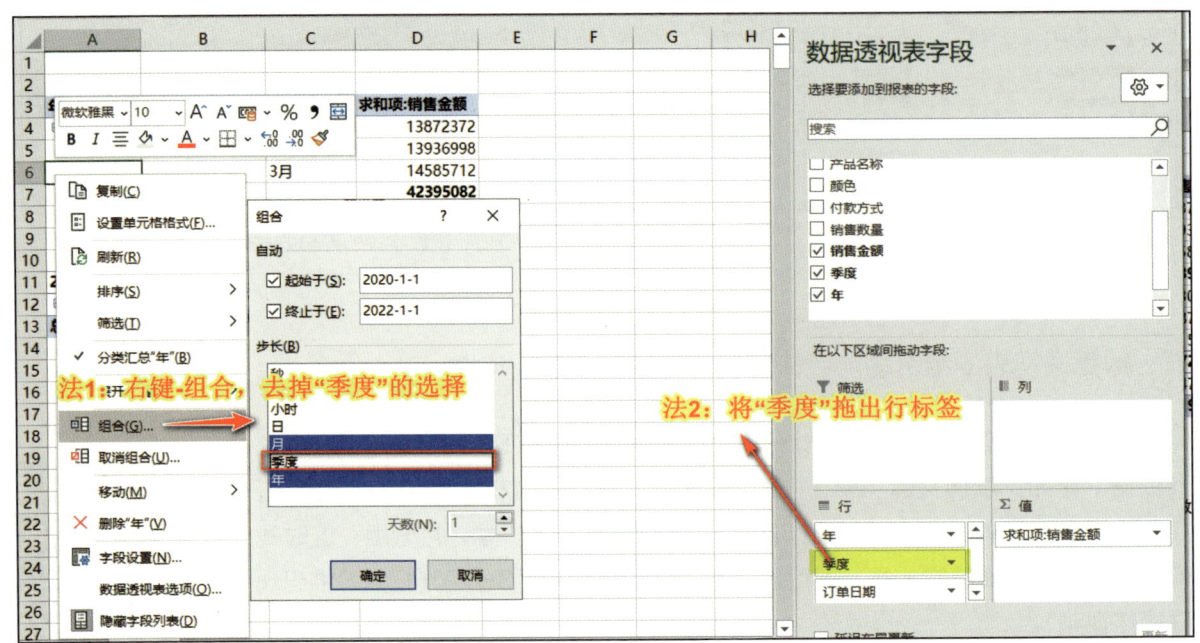

图 3-68 去掉按季度统计

在上一步的基础上，再将字段列表的"产品名称"拖至列标签。至此，就做出了按年、月统计的报表（见图 3-69）。

年	订单日期	A产品	B产品	C产品	D产品	E产品	F产品	总计
⊟2020年	1月	2208474	987258	2228286	3252870	3259308	1936170	13872372
	2月	2923752	3883362	1589994	1464390	1530288	2545212	13936998
	3月	2431482	1918698	1942158	2062236	3706908	2524230	14585712
	4月	2688882	1772532	860340	4544178	1875096	885024	12626052
	5月	3232134	1338048	2249454	1113474	1710972	3136584	12780666
	6月	1309248	3003372	1737366	3854670	510303	4484376	14899062
	7月	1709088	2152896	522648	2128380	1102116	1512162	9127290
	8月	2412444	1537140	1767666	2424018	1502610	1244550	10888428
	9月	1432488	2139930	1351866	1780800	1417908	1733676	9856668
	10月	1139844	3813102	1329696	3132804	3765036	1673826	14854308
	11月	738120	2525226	3020952	930126	2547246	1442346	11204016
	12月	6355350	2797050	1750338	1577082	1326948	1285620	15092388
2020年 汇总		28581306	27868614	20350764	28265030	24254466	24403776	153723960
⊟2021年	1月	5447112	1636314	936516	2560404	3245838	1741332	15567516
	2月	3241908	2815386	1695834	979578	422262	1878270	11033238
	3月	1442856	2218236	1860906	1559142	1431108	3322770	11835018
	4月	1783140	616746	1534296	2284758	2731350	3558450	12508740
	5月	2493762	3610074	2576418	1272168	997740	2594964	13545126
	6月	2013144	3883704	755850	3153210	467496	2957598	13231002
	7月	3465756	3140040	1662630	1059726	2983410	2806542	15118104
	8月	1132860	4415784	2820408	1084998	1972182	5072544	16498776
	9月	1855740	3549420	1859400	2012094	3768780	905430	13950864
	10月	4618722	2003964	3900060	1697154	1951458	2546808	16718166
	11月	845418	2851776	2916738	753912	3813312	1129032	12310188
	12月	1809768	2742084	898002	2685642	2450184	1567776	12153456
2021年 汇总		30150186	33483528	23417058	21102786	26235120	30081516	164470194
总计		58731492	61352142	43767822	49367820	50489586	54485292	318194154

图 3-69　按年月统计产品销售

当然，我们还可按周来统计，假定按周统计是从周一到周日。我们将起始日期改为"2019/12/30"（因为 2019 年 12 月 30 日是周一），利用此方法可统计分析应收账款账龄、司龄（见图 3-70）。

除了 Excel 提供的自动组合功能，还可以手动组合：选定要组合的记录（不是连续区域的字段值也可组合在一起），点击右键，选择"组合"（见图 3-71）。

手动组合的优点是比较灵活，但项目较多时效率较低，并且新增项目时还需要重新组合。解决方案是：可以考虑在数据源添加分组信息的辅助列，将源数据进行分组，然后再对包含辅助列的源数据进行数据透视。

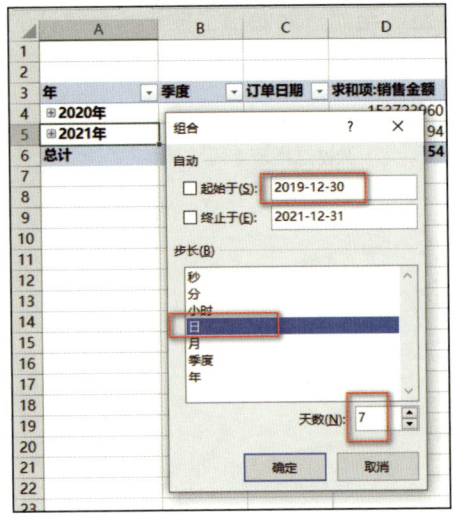
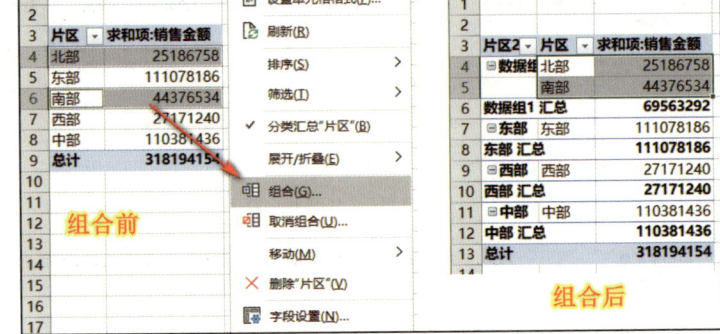

图 3-70　按周组合　　　　　　　　　图 3-71　手动组合

■ 扩展阅读

　　利用此技巧，还可给表格按页添加小计，请在微信公众号"Excel 偷懒的技术"主页发送关键词"分页小计"，获取相关案例。

六、数据透视表的显示方式：进行累计、环比、同比分析

　　数据透视表默认以"无计算"的方式显示。实际上，透视表提供了丰富的计算功能，我们可以通过设置值的显示方式来解决工作中统计报表的大部分计算需求，这些显示方式有：占某对象的百分比计算、与某对象的差异计算、按某字段进行汇总、按某字段汇总的百分比。下面通过介绍如何进行累计、同比、环比分析来讲解透视表的显示方式功能（扫描二维码观看操作视频）。

扫码观看操作视频

1. 利用透视表进行累计求和

累计求和要将各月的数据逐月累加。如果用函数公式来汇总报表则是先计算出各月数据，然后逐月累加。在数据透视表中可以使用"值显示方式"的"按某一字段汇总"功能来实现累计求和。

Step1：打开示例文件"表 3-14 数据透视表 2"，以"数据"表格为数据源，按图 3-72 的布局创建数据透视表，注意：要四次拖动"销售金额"字段到数值区域。

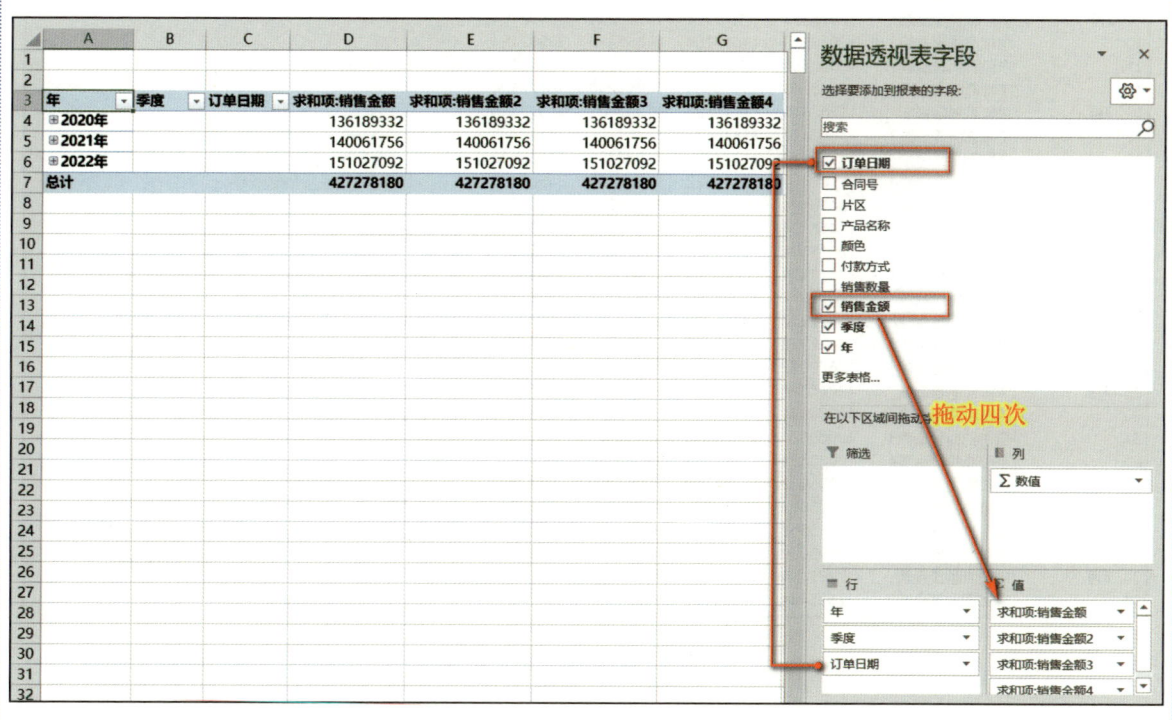

图 3-72 创建数据透视表

Step2：去掉按季度汇总（将字段列表中“季度”前的勾去掉），然后将行标签中的“年”拖至“列”标签，设置后的透视表如图 3-73 所示。

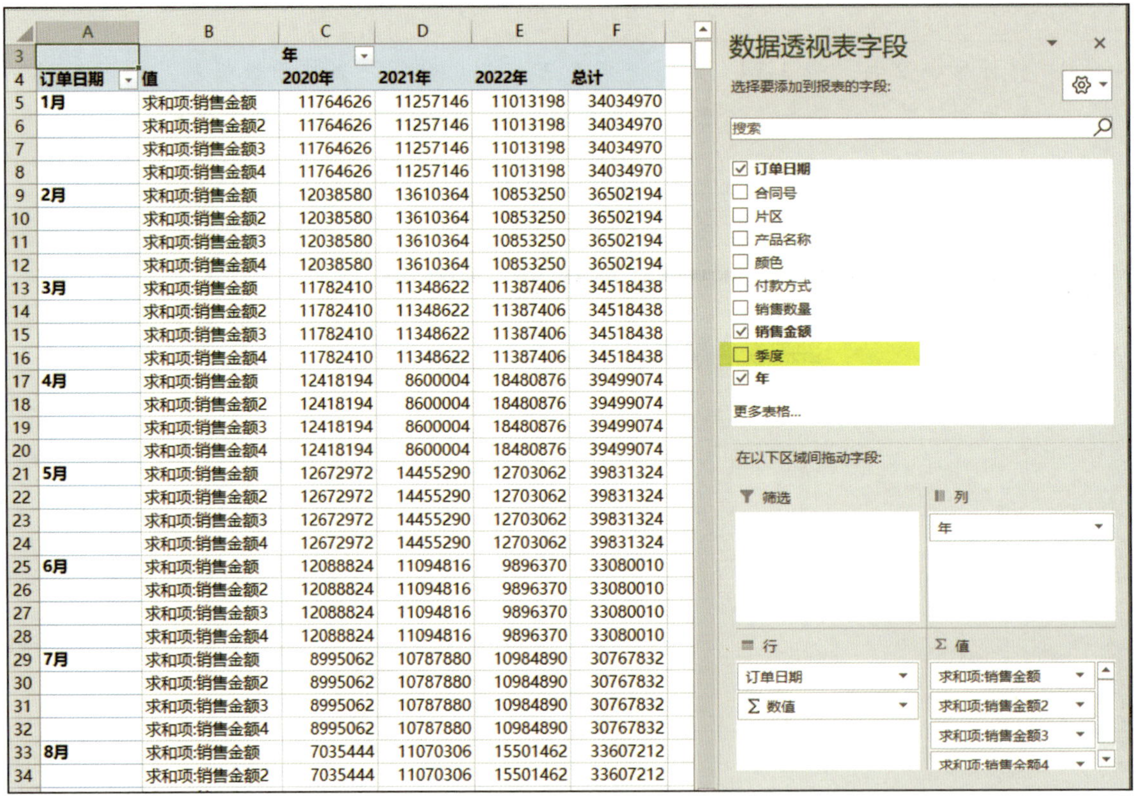

	A	B	C	D	E	F
3			年			
4	订单日期	值	2020年	2021年	2022年	总计
5	1月	求和项:销售金额	11764626	11257146	11013198	34034970
6		求和项:销售金额2	11764626	11257146	11013198	34034970
7		求和项:销售金额3	11764626	11257146	11013198	34034970
8		求和项:销售金额4	11764626	11257146	11013198	34034970
9	2月	求和项:销售金额	12038580	13610364	10853250	36502194
10		求和项:销售金额2	12038580	13610364	10853250	36502194
11		求和项:销售金额3	12038580	13610364	10853250	36502194
12		求和项:销售金额4	12038580	13610364	10853250	36502194
13	3月	求和项:销售金额	11782410	11348622	11387406	34518438
14		求和项:销售金额2	11782410	11348622	11387406	34518438
15		求和项:销售金额3	11782410	11348622	11387406	34518438
16		求和项:销售金额4	11782410	11348622	11387406	34518438
17	4月	求和项:销售金额	12418194	8600004	18480876	39499074
18		求和项:销售金额2	12418194	8600004	18480876	39499074
19		求和项:销售金额3	12418194	8600004	18480876	39499074
20		求和项:销售金额4	12418194	8600004	18480876	39499074
21	5月	求和项:销售金额	12672972	14455290	12703062	39831324
22		求和项:销售金额2	12672972	14455290	12703062	39831324
23		求和项:销售金额3	12672972	14455290	12703062	39831324
24		求和项:销售金额4	12672972	14455290	12703062	39831324
25	6月	求和项:销售金额	12088824	11094816	9896370	33080010
26		求和项:销售金额2	12088824	11094816	9896370	33080010
27		求和项:销售金额3	12088824	11094816	9896370	33080010
28		求和项:销售金额4	12088824	11094816	9896370	33080010
29	7月	求和项:销售金额	8995062	10787880	10984890	30767832
30		求和项:销售金额2	8995062	10787880	10984890	30767832
31		求和项:销售金额3	8995062	10787880	10984890	30767832
32		求和项:销售金额4	8995062	10787880	10984890	30767832
33	8月	求和项:销售金额	7035444	11070306	15501462	33607212
34		求和项:销售金额2	7035444	11070306	15501462	33607212

图 3-73　改变布局后的透视表

Step3：分别将 B 列的“求和项：销售金额”“求和项：销售金额 2”“求和项：销售金额 3”“求和项：销售金额 4”改为“本月销售”“本年累计”“同比增长”“环比增长”。

只需修改其中一个月份的字段名，其他月份的字段名也会自动更改。改变后的数据透视表如图 3-74 所示。

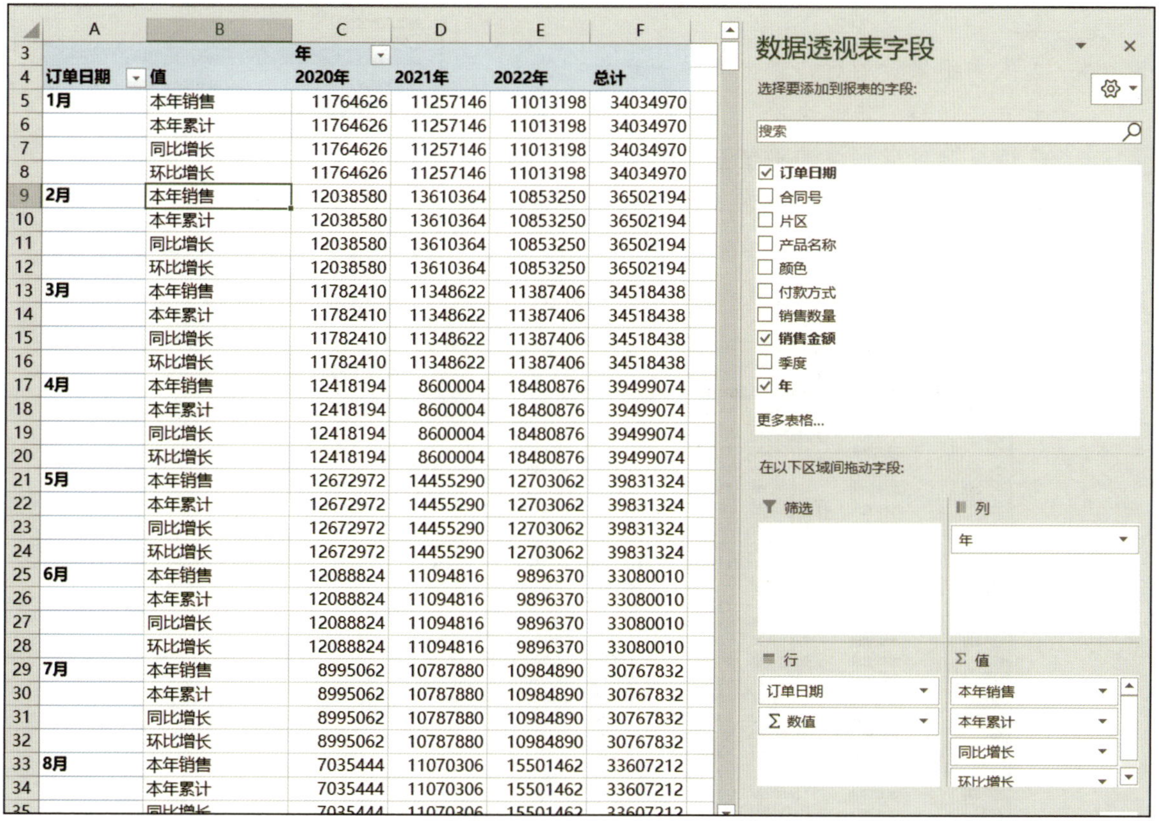

图 3-74 修改数值字段名称

注意：

在数据透视表中，数值字段的名称都类似于"求和项：销售金额"这种格式，无法删除"求

和项:"只保留"销售金额"。因为不允许修改后的字段名与已经存在的字段名重名,我们可以将其改为其他的名字,或在原字段名前插入一个空格。

Step4:选中本年累计的行,点击右键→选择"值显示方式"→"其他选项"→在弹出的"值字段设置"对话框中,将值显示方式设为"按某一字段汇总",基本字段设为"订单日期",然后点击"确定"(见图3-75)。

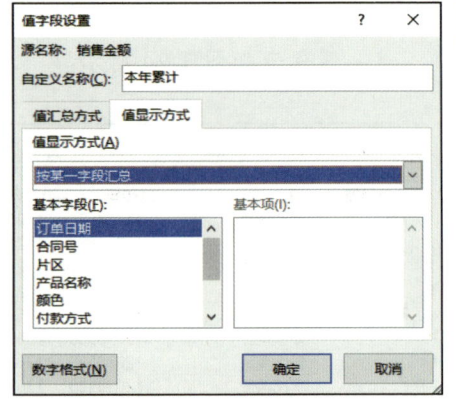

图 3-75 进行本年累计分析

Step5:按以上步骤操作后,透视表如图3-76所示。

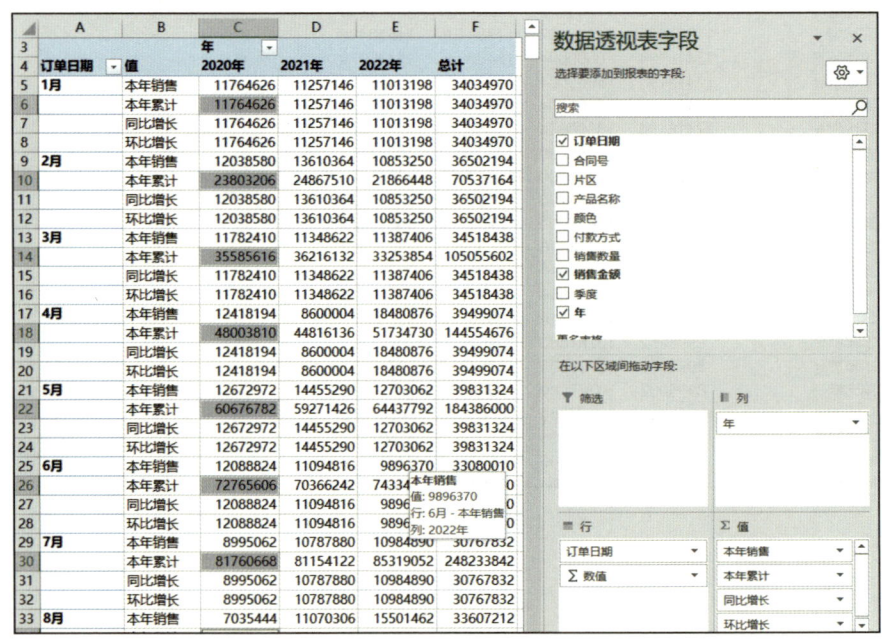

图 3-76 完成本年累计汇总方式设置后的数据透视表

2. 利用透视表进行同比分析

同比分析就是将本月数据与上年同月相比，看其增减值及变动率。假设本案例是进行同比增长率分析，那么可按如下步骤操作。

选择同比增长的行，点击右键→选择"值显示方式"→"其他选项"→在弹出的"值字段设置"对话框中，值显示方式设为"差异百分比"，基本字段设为"年"，基本项设为"（上一个）"，然后点击"确定"，如图 3-77 所示。

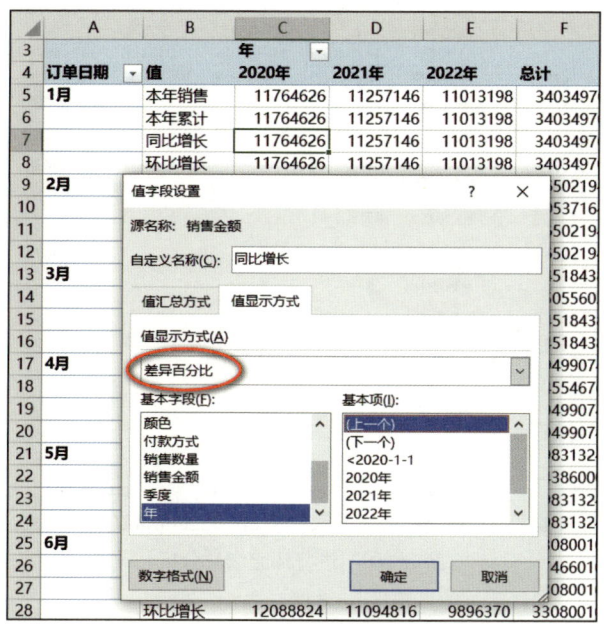

图 3-77　进行同比增长分析

如果不是求增长率，而是求增长额，那么将值显示方式改为"差异"即可，其他操作和设置不变。如果要进行定基分析，则在选择"基本项"时选择某年作为基期即可，比如"2020 年"。

3. 利用透视表进行环比分析

环比分析是将本月数据与上月相比，看其增减值及变动率，具体操作如下。

选择环比增长的行，点击右键→选择"值显示方式"→"其他选项"→在弹出的"值字段设置"对话框中将值显示方式设为"差异百分比"，基本字段设为"订单日期"，基本项设为"（上一个）"，然后点击"确定"，如图3-78所示。

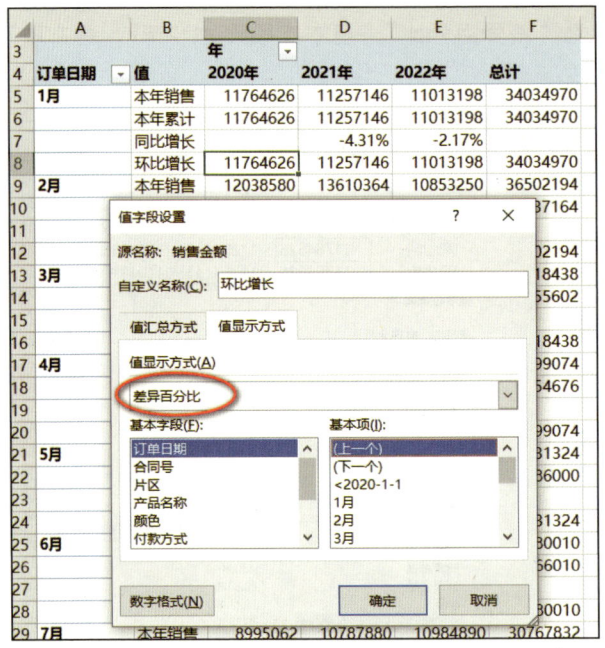

图3-78 进行环比增长分析

七、数据透视表的切片器

切片器实际上就是筛选器，它包含一组按钮，使你能够快速地筛选数据透视表中的数据，而无须打开下拉列表以查找要筛选的项目。它的主要功能就是筛选，只是比筛选更方便、更直观。单击切片器提供的按钮可以筛选数据透视表数据。除了快速筛选之外，切片器还会指示当前筛选状态，从而便于我们轻松、准确地了解已筛选的数据透视表中所显示的内容。创建方法如下。

Step1：单击数据透视表中的任意位置，菜单栏将显示【数据透视表分析】和【设计】选项卡。
Step2：在【选项】选项卡的"筛选"组中，单击"插入切片器"。
Step3：在"插入切片器"对话框中，选中你要为其创建切片器的数据透视表字段的复选框。单击"确定"后将为选中的每一个字段显示一个切片器，如图3-79所示。

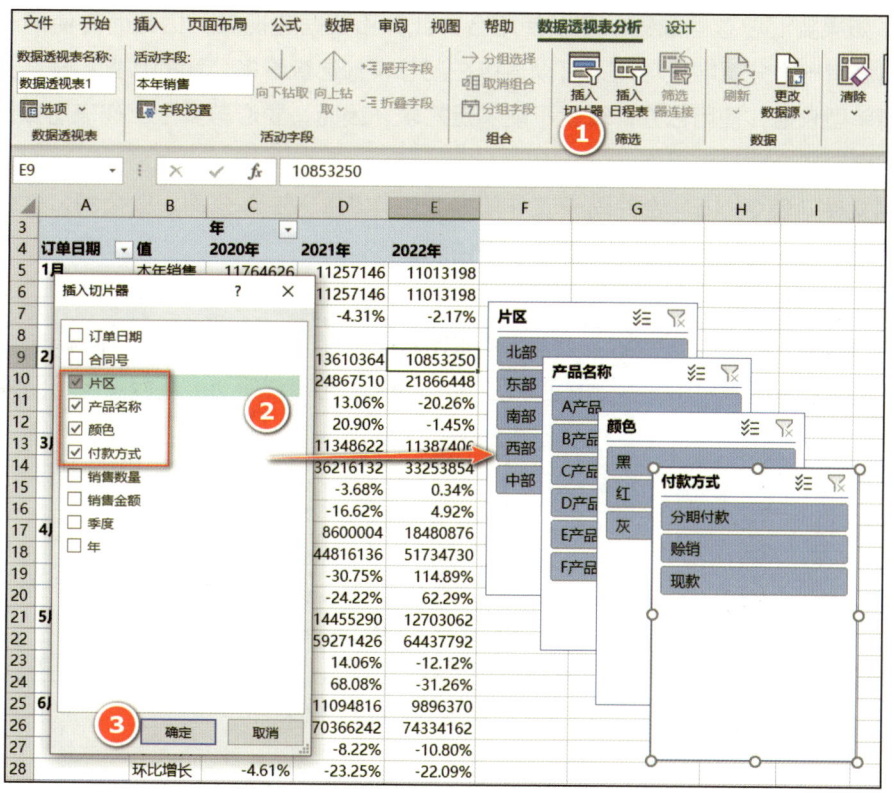

图3-79　建立切片器

Step4：在每个切片器中，单击要筛选的项目。若要选择多个项目，请按住【Ctrl】键，然后单击要筛选的项目。要清除筛选状态，点击切片器右上角带叉的漏斗状清除筛选器按钮即可。

八、利用透视表汇总多个工作表的数据

在第一章中我们介绍过,为了便于统计分析,清单型表格应该在同一张表格中登记,而不能分拆成多张工作表。比如合同登记台账应该在一张工作表中登记,而不是按月、按年、按部门分别在不同的工作表登记。但是一些报表类的表格就需要分表填列,比如各公司的管理费用明细表、各月的销售统计报表等。如果要汇总这些数据,可以使用合并计算和数据透视表,相比而言使用透视表更有优势。因为透视表有一个分页字段功能,可以直接在汇总表筛选查看各公司的数据组成。另外,如果分表填列的是清单型表格,使用合并计算就不能满足需求。因而,要汇总多个工作表时数据透视表更适用。下面以案例形式介绍具体操作。

打开示例文件"表 3-15 合并同一工作簿多张工作表",在 A 公司、B 公司、C 公司的三张工作表中分别登记各公司的销售数据,如图 3-80 所示。

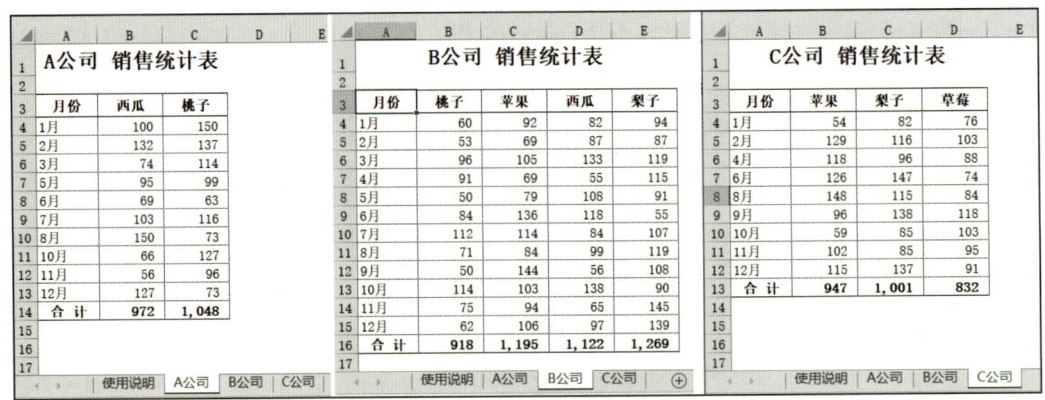

图 3-80 三个公司的销售统计表

■ 扩展阅读

请在微信公众号"Excel 偷懒的技术"主页发送关键词"汇总多表",观看本案例操作视频。

另外,数据透视表可创建多页多重合并计算数据透视表,还可合并多个工作簿多个工作表的数据,由于本书篇幅所限,在此不进行介绍了。

函数集萃

让你的数据分析游刃有余

第四章

大腕（Excel 函数版）认为：一定得选最复杂的函数，请最牛的大师，写最多嵌套的公式！在编辑栏直接写入，公式最少也得四百字符，什么数组呀、多维呀、循环呀……能写的全给他写上，引用要有 INDIRECT，里头要有 ADDRESS，不是 OFFSET 就是 INDEX，你要是直接 VLOOKUP 呀，你都不好意思跟人家说会使用函数。

上面这个从"Excel技巧网_官方微博"摘抄来的段子，只是在开始阅读本章之前的一点开胃菜，供大家轻松乐一乐。在日常工作中，我们千万别像上面段子讲的那样去做。Excel中有四五百个函数，但最常用的函数也就三四十个，掌握了这些函数足以满足工作中百分之七八十的需求。要设计一套功能强大的财务工作表，在表格设计过程中更需要的是思维逻辑和函数的拓展应用能力。即使遇到一些复杂的计算需求，使用已知的常用函数，借用辅助列，一样可以解决问题。为了帮助大家"偷懒"，本章仅对财务工作中常用的函数予以介绍，以期达成用20%的技术搞定80%的工作的目标。

第一节　函数与公式序曲

一、函数长什么样

函数的构成包括函数名称、括号和相关的参数，其模样如图4-1所示。

函数名称 (参数1, 参数2,……, 参数N)

图4-1　函数的模样

需要我们注意的是，函数中的标点符号等，必须为英文模式。

二、参数都接受哪些数据类型

函数中的参数是开放和包容的,以 IF 函数为例,它可以接纳的常见类型如图 4-2 所示。

常见类型	表现形式	示例
文本字符串	需要用引号来表明身份	=IF(G1="A2","A3","A4")
单元格地址引用	本色出演	=IF(G1=A2,A3,A4)
数字或运算	本色出演	=IF(A1=1+1,3,4)
函数	本色出演	=IF(A1=1+1,SUM(A1:A2),3)
定义的名称	本色出演	=定义的名称

图 4-2　参数的常见类型

文本字符串是指输入内容的本身,而单元格地址引用是指输入的单元格地址中存在的内容,示例如图 4-3 所示。

定义的名称,请参见本节"六、定义名称"。

	A	B
1	逸凡公司	
2	公式	结果
3	=A1	逸凡公司
4	="A1"	A1

图 4-3　文本字符串和单元格地址引用

三、公式的实质

如图 4-4 所示,公式的实质其实就是文本字符串、单元格地址引用、函数等单打独斗的个体经过运算符和连接符的组织,形成的一个功能强悍的团队。当你准备录入一个公式时,一定记得要用"="(或者"+")来开头。

单打独斗的个体	经过组织(运算)	功能强悍的团队
文本字符串	运算符	公式
数字		
单元格地址引用		
函数	连接符(&)	
定义的名称等		

图 4-4　公式的实质

四、单元格地址引用的表达

在单元格地址引用中,用":"表示连续的单元格区域,用","表示不相邻的多个单元格(区域),示例如图4-5所示。

写法	引用的范围
A1	A1单元格
A1,B2,C3	A1、B2和C3(共3个)单元格
A1:C3	A1到C3(共9个)单元格组成的区域

图4-5 单元格地址引用的表达

五、运算符的类型和标准写法

公式中常用的运算符和连接符及其标准写法如图4-6所示。

运算符和连接符类型	标准写法
加、减、乘、除	+、-、*、/
X次方、开X次方	^X、^(1/X)
等于、不等于	=、<>
大于、大于等于、小于、小于等于	>、>=、<、<=
连接符	&

图4-6 常用运算符和连接符及其标准写法

在运用公式进行数学运算时,是遵循四则混合运算法则的,所以在编写公式时,还要注意"()"的恰当使用。

连接符的作用是把多个数据无缝衔接起来,效果如图4-7所示。

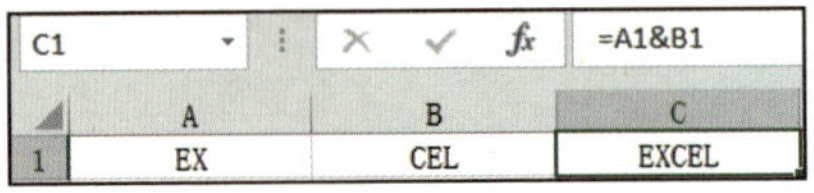

图4-7 连接符功能展示

还需要注意的是,录入公式的单元格不能是文本格式,否则只能显示公式本身(如图4-3的A列所示),而不能执行公式运算。

■ 链接：

关于快速将文本格式调整为常规、日期格式的方法，请参见第二章第一节第四小节"不规范数字的整理技巧"。

六、定义名称

定义名称是将相关信息（文本字符串、单元格区域以及公式等）进行命名，命名后，该名称即等效于对应的相关信息。类似于数学中的"令某个复杂的公式等于A，后续即可用A代表这个复杂的公式"。

我们以示例文件"表4-1 定义名称"中的成本计算单为例，我们选定第一条用于记录成本的D4单元格，然后选择"公式"选项卡，点击"定义的名称"组中的"定义名称"按钮，调出"新建名称"窗口，然后在"名称"栏进行命名（假设为"成本"），在"引用位置"栏录入公式：

=B4*C4

最后点击确定（见图4-8）。

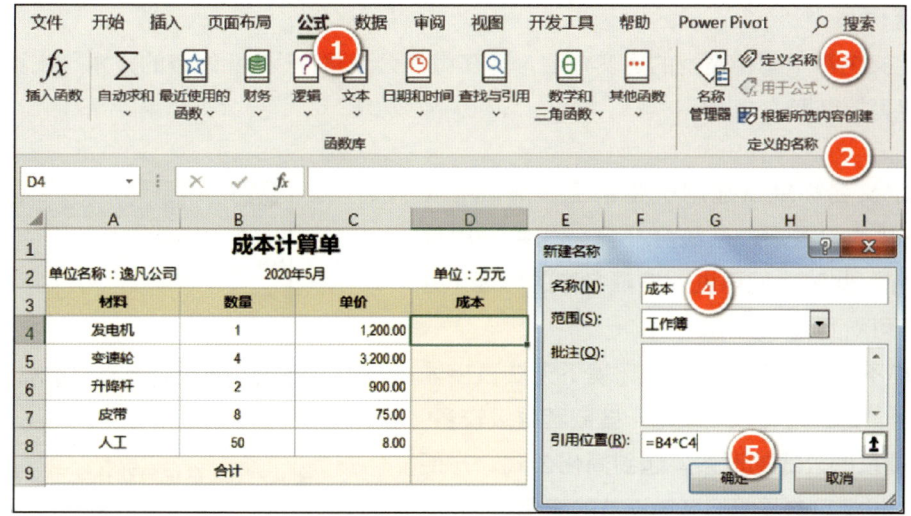

图4-8 定义名称菜单路径

此时，**成本**两字即可代表对应行的数量和单价的乘积，即 D4 单元格公式可写为：

= 成本

执行列填充后，即可完成各材料的成本计算（见图 4-9）。

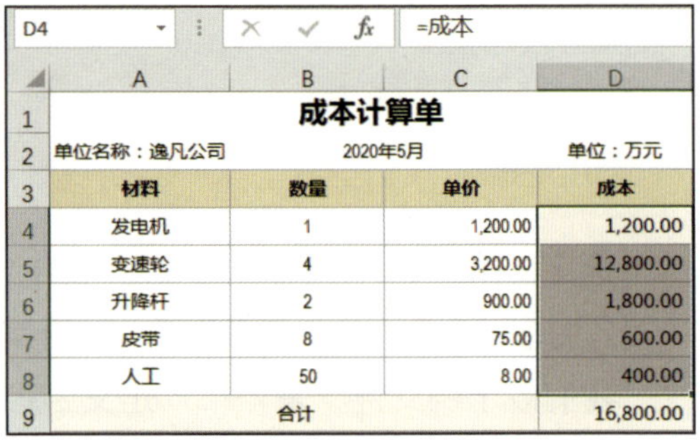

从上面这个案例可以看出：定义名称也会考虑单元格引用模式。其基准单元格就是我们在录入定义名称信息时所选中的那个单元格（例如图 4-8 中的 D4 单元格）。假设我们是在选中 E4 单元格的情况下完成的上述定义名称设置，此时再在 D4 单元格输入"= 成本"，则实际计算的是"A4*B4"，无法得到正确的结果。所以，我们在使用定义名称时，一定要先选定正确的基准单元格，再完成定义名称的相关设置。

图 4-9　使用定义名称录入的公式

■ 扩展阅读：

关于定义名称中引用类型的更多介绍，请在微信公众号"Excel 偷懒的技术"主页发送关键词"引用类型"获取。

此外，定义名称默认适用于整个工作簿，所以在完成图 4-8 的设置后，系统会补全公式中引用单元格的表名称。此时我们再进入编辑名称的界面（见图 4-10）即可看到这个变化。

定义名称不仅可以解决在特定环境下无法直接输入参数的问题，而且还可以在编写一些嵌套层级较多、逻辑结构较复杂的公式的时候，起到简化公式、方便阅读的效果。详情可参见第五章第三节的案例。

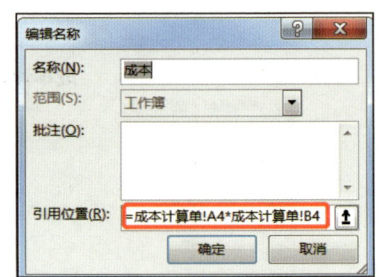

图 4-10　系统自动补全定义名称公式中单元格的表名称

七、判断值隐藏的数字身份

判断值是指一个判断表达式的结果，有正确（TRUE）和错误（FALSE）两种可能。判断值其实还有另外一重隐藏身份——在做四则运算时，它们可以分别当作数字 1 和 0。一般可以通过执行数学运算让它们现身。如图 4-11 所示，C 列是判断数据 1（A 列）和数据 2（B 列）是否相等的判断式，根据判断结果对应给出判断值 TRUE 或者 FALSE，我们在 D 列对 C 列的判断值执行一个数学运算（“ -- ”等效于对数据连续乘以两次负 -，因为 -1*-1=1，故该运算不会改变原数据的值），可看到 TRUE 对应的结果为 1，FALSE 对应的结果为 0。

合理运用判断值的数学身份，将极大丰富我们公式设计的思路。本章第三节 SUMPRODUCT 函数拓展应用部分有相关案例介绍。

D2　=--C2

	A	B	C	D
1	数据1	数据2	判断：数据1=数据2	C列逻辑值的数字身份
2	A	A	TRUE	1
3	A	B	FALSE	0
4	15	13	FALSE	0
5	2020-1-1	2020-1-1	TRUE	1

图 4-11　判断值的数学身份

第二节　逻辑函数

一、IF 函数：条件选择的不二法宝

我们以示例文件“表 4-2　IF、OR 及 AND 函数”为例进行讲解。

提问：已知逸凡公司业绩评价标准为：业绩达成率高于（含）80% 为合格，低于 80% 为不合格。在制作考核评价表（见图 4-12）的业绩评价时，如何编制公式？

二、函数名称及语法格式

IF 函数能根据给定的逻辑判断结果，自动返回指定的值。通俗翻译就是：

如果……就……否则……

	A	B	C	D	E	F	G
1				考核评价表			
2	单位名称：	逸凡公司		2020年度			单位：万元
3	营销人员	目标业绩	实际业绩	业绩达成率	服务评价	业绩评价	综合评价
4	张三	120	95	79.17%	良好		
5	李四	150	168	112.00%	优秀		
6	王五	130	127	97.69%	优秀		
7	赵六	100	106	106.00%	良好		
8	欧阳七	160	150	93.75%	优秀		
9	西门八	120	104	86.67%	不合格		

图 4-12　考核评价表

IF 函数的语法格式为：

=IF(判断表达式 , 判断结果正确 , 判断结果错误)

如果缺少参数 3 且判断表达式错误时，则返回"FALSE"。

日常生活中我们常说的"你去，我就去"，用 IF 函数来表达就是：

=IF(你是不是要去 , 我去 , 我不去)

三、提问解答

根据 IF 函数的技能和语法格式可知，F4 单元格公式可以写为：

=IF(D4>=80%," 合格 "," 不合格 ")

执行列填充后，即可完成任务（见图 4-13）。

如果老板要求将业绩划分为三个评价等级：业绩达成率高于（含）100% 为"优秀"，高于（含）80% 为合格，低于 80% 为不合格，则 F4 单元格公式可以写为：

=IF(D4>=100%," 优秀 ",IF(D4>=80%," 良好 "," 不合格 "))

这个案例中，构成 IF 函数参数 3 的，其本身也是一个独立的 IF 函数。类似这样的 IF 函数多层嵌套时，一定要注意逻辑判断的递进层级与先后顺序，如果上述公式写为 **=IF(D4>=80%," 良好 ", IF(D4>=100%," 优秀 "," 不合格 "))**，由于第一次判断就将是否大于等于 80% 做了切分，只有 D4<80% 时，才会触发参数 3 **"IF(D4>=100%," 优秀 "," 不合格 ")"**，故该公式无法判断达成率是否大于等于 100%。

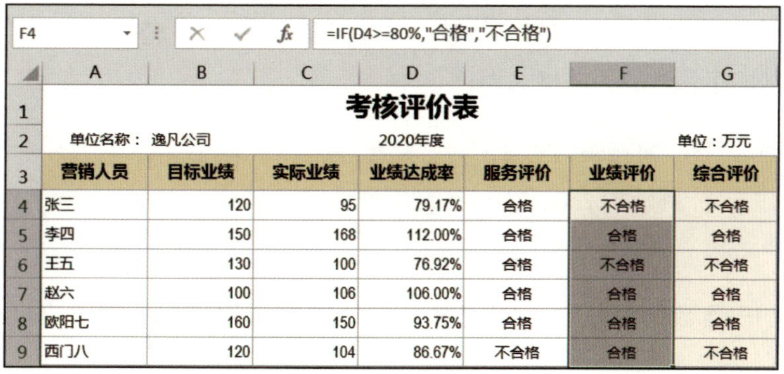

图 4-13　IF 函数业绩评价应用

在编写较复杂的多层函数嵌套公式时，建议先将每个函数的框架建好，再编辑函数各参数的值，否则容易因为层级混淆导致公式出错。例如编写上述公式时，可先编辑：**=IF(D3>=100%," 优良 ", IF(1,2,3))**，然后再将里层的 **"IF(1,2,3)"** 依次修改为 **"D4>=80%"," 良好 "," 不合格 "**，可有效减少出错率，提高公式编写效率。

关于 IF 函数的更多应用，请参见第五章各案例。

四、AND 函数、OR 函数以及 NOT 函数：条件判断的得力助手

提问：接图 4-12 案例，如果逸凡公司综合评价标准为：服务评价和业绩评价均为合格，则综

合评价为合格，否则为不合格。在制作考核评价表的综合评价时，如何编制公式？

1. 函数名称及语法格式

AND 函数、OR 函数和 NOT 函数的作用都是对给定的判断式进行判断。

AND 函数："全票通过"才为真（TRUE），即当参数中的所有值都为真（TRUE）时，它才返回真（TRUE）值。

OR 函数："一票通过"即为真（TRUE），即当参数中任何一个值为真（TRUE）时，它就返回真（TRUE）值。

NOT 函数：用于求反值，即不满足相关条件才返回真（TRUE）值。

AND、OR 和 NOT 函数的语法格式为：

=AND(判断表达式 1, 判断表达式 2,……, 判断表达式 255)
=OR(判断表达式 1, 判断表达式 2,……, 判断表达式 255)
=NOT(判断表达式)

这三个函数是 IF 函数的好搭档，它们联袂表达的基本套路可以用下面几个通俗用语予以说明。

（1）日常用语："你们俩都去，我就去。"用 AND 函数和 IF 函数联袂表达就是：

=IF(AND(你去 , 他去), 我去 , 我不去)

（2）流行语："不管你信不信，反正我是信了。"用 OR 函数和 IF 函数联袂表达就是：

=IF(OR(你相信 , 你不相信), 我相信 ,"")

或者只用一个 IF 函数：

=IF(你相不相信 , 我相信 , 我相信)

（3）谚语："山中无老虎，猴子称霸王。"用 NOT 函数和 IF 函数联袂表达就是：

=IF(NOT(山中有老虎)，猴子称霸王，老虎称霸王)

2. 提问解答

按照新的要求，综合评价如果为“合格”，即必须同时满足服务评价和业绩均价均合格。如果仅派 IF 函数出场，则 G4 单元格公式为：

=IF(E4=" 合格 ",IF(F4=" 合格 "," 合格 "," 不合格 "))

如果 AND 函数前来助阵，则 G4 单元格公式为：

=IF(AND(E4=" 合格 ",F4=" 合格 ")," 合格 "," 不合格 ")

执行列填充后，即可看到正确的评价（见图 4-14）。

G4　=IF(AND(E4="合格",F4="合格"),"合格","不合格")

	A	B	C	D	E	F	G
1				考核评价表			
2	单位名称：逸凡公司			2020年度			单位：万元
3	营销人员	目标业绩	实际业绩	业绩达成率	服务评价	业绩评价	综合评价
4	张三	120	95	79.17%	合格	不合格	不合格
5	李四	150	168	112.00%	合格	合格	合格
6	王五	130	100	76.92%	合格	不合格	不合格
7	赵六	100	106	106.00%	合格	合格	合格
8	欧阳七	160	150	93.75%	合格	合格	合格
9	西门八	120	104	86.67%	不合格	合格	不合格

图 4-14　AND 函数配合 IF 函数示例

假设业绩评价和服务评价都有优秀、良好和不合格三个等级，综合评价的规则如下。

（1）两者均为优秀，则综合评价为优秀。

（2）两者至少有一个为不合格，则综合评价为不合格。

（3）其他为良好。

此时，AND 函数和 OR 联袂助阵，G4 单元格公式为：

=IF(AND(E4="优秀",F4="优秀"),"优秀",IF(OR(E4="不合格",F4="不合格"),"不合格","良好"))

五、IFERROR 函数：清道夫

提问：我们在给各类统计报表预设公式的时候，经常会出现因为各种原因导致公式报错误值的情况，如何将这些错误值调整为空白（或指定的内容）以提高报表的整洁度呢？

1. 函数名称及语法格式

IFERROR 函数的技能是，如果一个表达式报错，则返回指定值，否则仍然返回表达式的结果。其语法格式为：

=IFERROR(公式或表达式 , 参数 1 报错时返回的结果)

2. 提问解答

所以，如果我们担心一个公式可能出现无解报错的情况，并希望当公式无解时输出空白格，那么我们可以给原公式穿上 IFERROR 函数的外套，此时公式可写为：

=IFERROR(原公式 ,"")

第三节　数学与三角函数类

一、SUMIF 函数：专攻单条件求和

SUMIF 函数的示例文件为"表 4-3　SUMIF 函数"（扫描二维码观看操作视频）。

提问 1：如图 4-15a），在销售汇总表中，如何分别统计"北区""南区"和

扫码观看操作视频

某个城市的合计销售额？

	A	B	C	D	E	F	G	H
1	销售汇总表							
2	单位名称：逸凡公司			单位：万元				
3	客户	大区	2019年销售额	2020年销售额		查询与统计		
4	北京A公司	北区	350.00	310.00		1、按大区汇总		
5	北京B公司	北区	127.00	103.00		大区	2019年合计	2020年合计
6	重庆C公司	南区	254.00	180.00		北区		
7	天津D公司	北区	121.00	132.00		南区		
8	成都E公司	南区	108.00	98.00				
9	贵阳F公司	南区	57.00	-		2、按城市汇总（通配符应用）		
10	天津G公司	北区	126.00	130.00		城市	2019年合计	2020年合计
11	重庆H公司	南区	208.00	163.00		重庆		
12	合计		1,351.00	1,116.00				

图 4-15a） 销售汇总表（1）

提问 2：如图 4-15b），在销售汇总表中，如何统计北区 2019 年度销售额？

	A	B	C	D
1	销售汇总表			
2	单位名称：逸凡公司			单位：万元
3	客户	大区	年度	销售额
4	北京A公司	北区	2020	350.00
5			2019	310.00
6	北京B公司	北区	2020	127.00
7			2019	103.00
8	重庆C公司	南区	2020	254.00
9			2019	180.00
10	天津D公司	北区	2020	121.00
11			2019	132.00
12	成都E公司	南区	2020	108.00
13			2019	98.00
14	贵阳F公司	南区	2020	57.00
15			2019	-
16	天津G公司	北区	2020	126.00
17			2019	130.00
18	重庆H公司	南区	2020	208.00
19			2019	163.00
20	北区2019年度销售额合计			

图 4-15b） 销售汇总表（2）

1. 函数名称及语法格式

SUMIF 函数的作用是对满足指定（单一）条件的数据求和。其语法格式为：

=SUMIF(条件区域 , 条件 , 求和区域)

（1）条件参数默认"等于"状态。例如，当需要满足的条件为（等于）北区时，只需要在条件参数输入 " 北区 "。如果指定的条件为不等于、大（小）于、大（小）于等于时，则表达方式为（以不等于为例）："<>"& 条件。如果条件为文本，也可以写为："<> 条件 "。

（2）条件参数支持通配符。表达式为（以 * 为例）：关键词 &"*"。如果关键词为文本，也可以写为：" 关键词 *"。

（3）条件区域和求和区域行列数需保持一致，且遵循序位对应原则。

序位是指某个单元格在相关区域内的位置。序位对应就是指多个单元格在各自相关的区域内的行列位置相同。如图 4-16 所示，区域 1（A2:B4）和区域 2（D4:E6）两个区域中，A2 单元格和 D4 单元格分别在各自区域的第一行第一列，则在这两个区域中，A2 单元格和 D4 单元格序位对应。同理，图 4-16 中两个区域内编号相同的单元格均满足序位对应。

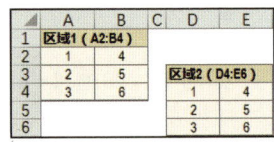

图 4-16 序位对应原则示例

所以，当条件区域里序位为 X 的单元格满足条件时，参与求和的是求和区域内序位同样为 X 的那个单元格的数据。

（4）当条件区域和求和区域相同时，函数可省略求和区域。

2. 提问解答

现在我们再来看一下图 4-15a）中南北分区汇总的汇总公式，根据 SUMIF 的技能及语法格式，我们可知 G6 单元格公式为：

=SUMIF($B$4:$B$11,$F6,C$4:C$11)

G11 单元格公式为：

=SUMIF($A$4:$A$11,$F11&"*",C$4:C$11)

执行对应填充后，可完成对 2019 和 2020 年各数据的计算（见图 4-17）。

G6 =SUMIF($B$4:$B$11,$F6,C$4:C$11)

	A	B	C	D	E	F	G	H
1	销售汇总表							
2	单位名称： 逸凡公司			单位：万元				
3	客户	大区	2019年销售额	2020年销售额		查询与统计		
4	北京A公司	北区	350.00	310.00		1、按大区汇总		
5	北京B公司	北区	127.00	103.00		大区	2019年合计	2020年合计
6	重庆C公司	南区	254.00	180.00		北区	724.00	675.00
7	天津D公司	北区	121.00	132.00		南区	627.00	441.00
8	成都E公司	南区	108.00	98.00				
9	贵阳F公司	南区	57.00	-		2、按城市汇总（通配符应用）		
10	天津G公司	北区	126.00	130.00		城市	2019年合计	2020年合计
11	重庆H公司	南区	208.00	163.00		重庆	462.00	343.00
12	合计		1,351.00	1,116.00				

图 4-17 SUMIF 函数统计南北区合计

根据序位对应原则，提问 1 中统计北区 2019 年度销售金额的公式为：

=SUMIF(B4:B18," 北区 ",D5)

计算结果如图 4-18 所示。

D20 =SUMIF(B4:B18,"北区",D5)

	A	B	C	D
1	销售汇总表			
2	单位名称：逸凡公司			单位：万元
3	客户	大区	年度	销售额
4	北京A公司	北区	2020	350.00
5			2019	310.00
6	北京B公司	北区	2020	127.00
7			2019	103.00
8	重庆C公司	南区	2020	254.00
9			2019	180.00
10	天津D公司	北区	2020	121.00
11			2019	132.00
12	成都E公司	南区	2020	108.00
13			2019	98.00
14	贵阳F公司	南区	2020	57.00
15			2019	-
16	天津G公司	北区	2020	126.00
17			2019	130.00
18	重庆H公司	南区	2020	208.00
19			2019	163.00
20	北区2019年度销售额合计			675.00

图 4-18 SUMIF 函数序位对应原则示例

3. 注意事项

先告诉你一个秘密——在单元格中录入一个长度超过 15 位的数字，无论单元格格式是常规还是数值（会计专用），其超过 15 位的部分，都会显示为 0。只有在单元格为文本的情况下，才能正常显示。

但是，如果把超过 15 位以上的文本型数字做为 SUMIF 函数的参数 1，则系统只会认前面 15 位，15 位之后的均会被视为 0。在图 4-19 的案例中，物料代码长度为 18 位。我们在使用 SUMIF 函数以物料代码作为匹配条件进行求和时，会发现只要前 15 位相同，超过 15 位的部分不管我们写为多少，实际上都不影响计算结果，除非物料代码的总长度不一致（如 E7 和 E10 单元格的代码为 19 位，其求和结果为 0）。

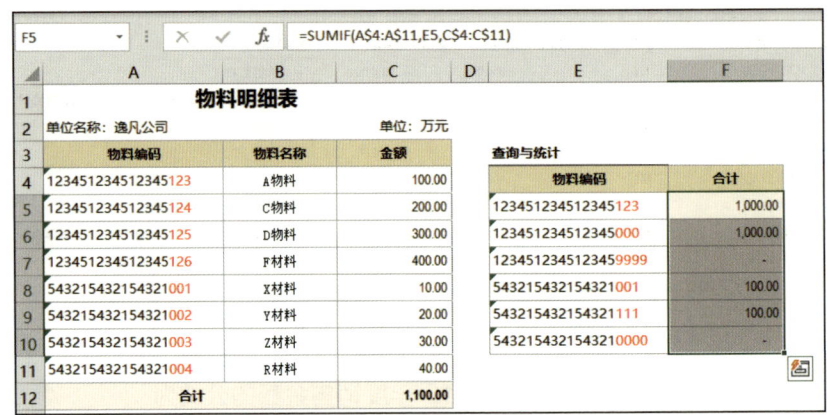

图 4-19　条件为长度超过 15 位的文本型数字时的误读

要规避上述问题，可以在条件后添加 &"*"，F5 单元格的公式如下：

=SUMIF(A$4:A$11,E5&"*",C$4:C$11)

我们还可以使用本节介绍的 SUMPRODUCT 函数解决此问题。

- **扩展阅读**

　　关于 SUMIF 的更多使用技巧及深入讲解，请在微信公众号"Excel 偷懒的技术"主页发送关键词"SUMIF"获取。

二、SUMIFS 函数：SUMIF 函数的加强版

　　SUMIFS 函数的示例文件为"表 4-4　SUMIFS 函数"。

提问：在费用明细表（见图 4-20）中，如何进行以下统计：

（1）指定部门的指定费用（如营销部的业务招待费）总额。

（2）指定期间（如 2020 年 1 月 1 日至 6 月 30 日）的费用总额。

	A	B	C	D	E	F	G	H	I
1			费用明细表						
2	单位名称：	逸凡公司	2020年	单位：万元					
3	日期	部门	费用类别	金额		查询与统计			
4	2020-1-5	营销部	业务招待费	1.30		1、按部门和费用类别统计费用			
5	2020-1-7	市场部	差旅费	0.85		部门	费用类别	合计	
6	2020-2-8	财务部	办公费	0.04		营销部	业务招待费		
7	2020-3-1	市场部	业务招待费	0.12		2、按时间段统计			
8	2020-3-25	营销部	业务招待费	0.14		起始日	截止日	合计	
9	2020-4-20	财务部	办公费	0.60		2020-1-1	2020-6-30		
10	2020-4-25	营销部	差旅费	0.69					
11	2020-5-19	市场部	业务招待费	0.80					
12	2020-6-3	财务部	差旅费	0.34					
13	2020-7-2	营销部	办公费	0.06					
14	2020-8-3	营销部	差旅费	1.00					
15	2020-9-5	市场部	差旅费	0.60					
16	2020-10-5	财务部	业务招待费	0.10					
17	2020-10-20	营销部	办公费	0.30					
18	2020-11-20	市场部	业务招待费	0.30					
19	2020-12-12	营销部	差旅费	1.60					
20	2020-12-24	营销部	业务招待费	0.20					

图 4-20　费用明细表

1. 函数名称及语法格式

SUMIFS 函数的技能是进行多条件求和，其语法格式为：

=SUMIFS(求和区域 , 条件区域 1, 条件 1, 条件区域 2, 条件 2,……, 条件区域 N, 条件 N)

虽然是 SUMIF 函数的升级版，但是 SUMIFS 函数的格式却和 SUMIF 函数有些不同。SUMIFS 函数把求和区域放在了参数 1 的位置，后面的各个条件区域和条件的设置规则与 SUMIF 函数基本一致。条件区域和求和区域同样遵循序位对应原则。

2. 提问解答

我们先来看图 4-20 中需要计算的营销部的业务招待费。这个问题实际上就是对同时满足部门（条件区域1：B4:B20单元格区域）为营销部（条件1：G6单元格），且费用类别（条件区域2：C4:C20单元格区域）为业务招待费（条件2：H6单元格）两个条件的金额合计（求和区域：D4:D20单元格区域）。

这样，我们就可以得出I6单元格的计算公式：

=SUMIFS(D4:D20,B4:B20,G6,C4:C20,H6)

而计算指定期间内的费用合计的条件是同时满足日期（条件区域1和2：A4:A20单元格区域）大于等于2020年1月1日（条件1：">="&G9）且小于等于2020年6月30日（条件2："<="&H9）。

同理，我们就可以得出I9单元格的计算公式：

=SUMIFS(D4:D20,A4:A20,">="&G9,A4:A20,"<="&H9)

计算结果如图4-21所示。

图4-21 SUMIFS函数统计相关费用

3. 注意事项

和 SUMIF 函数一样，当 SUMIFS 函数中的某个条件为长度超过 15 位的文本型数字时，同样会导致函数存在错误风险。

三、SUMPRODUCT 函数：求和计数跨界高手

SUMPRODUCT 函数的示例文件为"表 4-5　SUMPRODUCT 函数"（扫描二维码观看操作视频）。

提问：在 A 产品的成本计算单（见图 4-22）中，如何直接计算该产品的成本合计？

扫码观看操作视频

1. 函数名称及语法格式

Excel 帮助中关于该函数的解释为：在给定的几组数组中，将数组间对应的元素相乘，并返回各乘积之和。直白一点的解释就是：例如数组 1 为 A1:A3 单元格，数组 2 为 B1:B3 单元格，则该函数可以直接计算出 A1*B1+A2*B2+A3*B3 的值。

实际上，我们借助它的特性，还能让其用于多条件求和与计数。其语法格式为：

图 4-22　成本计算单

=SUMPRODUCT(数组区域 1, 数组区域 2, 数组区域 3,……, 数组区域 N)

其中，各数组区域行列数需保持一致，且遵循序位对应原则。

2. 提问解答

现在我们再来看看图 4-22 中需要计算的成本合计。

很明显，合计金额其实就是 C4:C8 单元格与 D4:D8 单元格各同行单元格乘积的和。所以，套用到 SUMPRODUCT 函数的语法格式中，数组区域 1 为 C4:C8 单元格，数组区域 2 为 D4:D8 单元格。这样，C9 单元格的公式就出来了：

=SUMPRODUCT(C4:C8,D4:D8)

计算结果如图 4-23 所示。

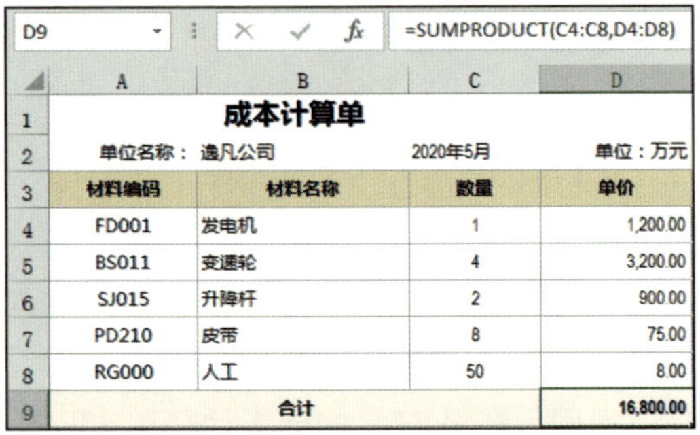

D9 =SUMPRODUCT(C4:C8,D4:D8)

	A	B	C	D
1	成本计算单			
2	单位名称：	逸凡公司	2020年5月	单位：万元
3	材料编码	材料名称	数量	单价
4	FD001	发电机	1	1,200.00
5	BS011	变速轮	4	3,200.00
6	SJ015	升降杆	2	900.00
7	PD210	皮带	8	75.00
8	RG000	人工	50	8.00
9	合计			16,800.00

图 4-23　SUMPRODUCT 函数的对应区域乘积求和应用

3. 拓展应用

SUMPRODUCT 函数可以作为 SUMIFS 的超级替身，可以进行多条件求和与多条件计数。其语法格式如下：

=SUMPRODUCT((条件区域 1= 条件 1)*(条件区域 2= 条件 2)*(……)*(条件区域 N= 条件 N), 求和区域)

=SUMPRODUCT((条件区域 1= 条件 1)*(条件区域 2= 条件 2)*(……)*(条件区域 N= 条件 N))

（1）条件区域和条件组成的条件表达式需要逻辑判断符号连接。在上面第一个语法格式中用的是“=”，实际应用中应根据具体的判断条件进行确认。条件表达式不支持通配符。

（2）所有条件表达式实际上构成的只是函数的一个参数，各表达式之间需要用 * 连接。

我们再回到示例文件“表 4-4　SUMIFS 函数”的案例中，I6 单元格的公式也可以写为：

=SUMPRODUCT((B4:B20=G6)*(C4:C20=H6),D4:D20)

I9 单元格的公式也可以写为：

=SUMPRODUCT((A4:A20>=G9)*(A4:A20<=H9),D4:D20)

如果我们还要统计营销部发生业务招待费的次数，则 I12 单元格公式为：

=SUMPRODUCT((B4:B20=G9)*(C4:C20=H9))

计算结果如图 4-24 所示。

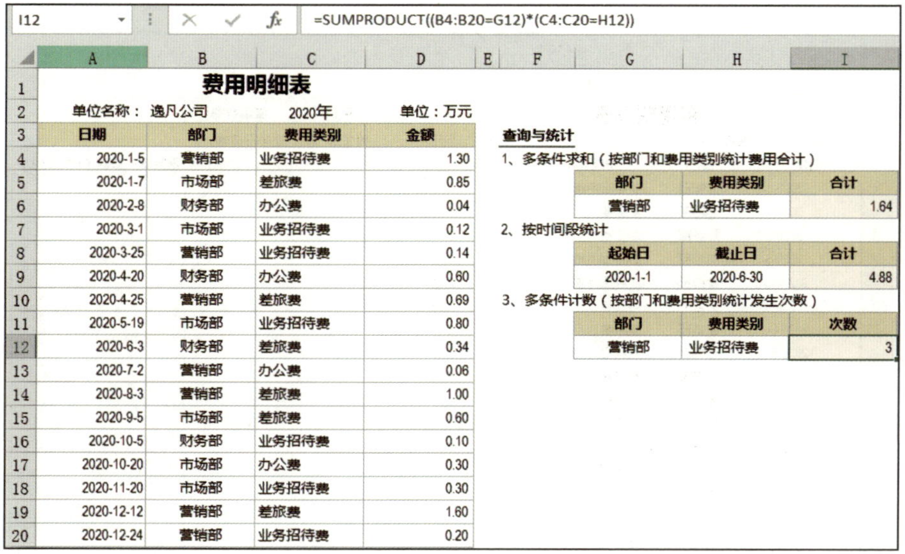
I12　=SUMPRODUCT((B4:B20=G12)*(C4:C20=H12))

费用明细表

单位名称：逸凡公司　2020年　单位：万元

日期	部门	费用类别	金额
2020-1-5	营销部	业务招待费	1.30
2020-1-7	市场部	差旅费	0.85
2020-2-8	财务部	办公费	0.04
2020-3-1	市场部	业务招待费	0.12
2020-3-25	营销部	业务招待费	0.14
2020-4-20	财务部	办公费	0.60
2020-4-25	营销部	差旅费	0.69
2020-5-19	市场部	业务招待费	0.80
2020-6-3	财务部	差旅费	0.34
2020-7-2	营销部	办公费	0.06
2020-8-3	营销部	差旅费	1.00
2020-9-5	市场部	差旅费	0.60
2020-10-5	财务部	业务招待费	0.10
2020-10-20	市场部	办公费	0.30
2020-11-20	市场部	业务招待费	0.30
2020-12-12	营销部	差旅费	1.60
2020-12-24	营销部	业务招待费	0.20

查询与统计

1、多条件求和（按部门和费用类别统计费用合计）

部门	费用类别	合计
营销部	业务招待费	1.64

2、按时间段统计

起始日	截止日	合计
2020-1-1	2020-6-30	4.88

3、多条件计数（按部门和费用类别统计发生次数）

部门	费用类别	次数
营销部	业务招待费	3

图 4-24　SUMPRODUCT 函数的多条件求和与多条件计数应用

SUMPRODUCT 函数之所以还能“兼职”多条件求和、多条件计数，其实是因为利用了我们在本章第一节提到的“判断值隐藏的数学身份”这个原理。

以图 4-24 案例的 I6 单元格多条件求和为例：

组成函数的参数 1 的两部分：(B4:B20=G6) 和 (C4:C20=H6) 分别表示 B4 到 B20 的单元格依次判断是否等于 G6，C4 到 C20 的单元格依次判断是否等于 H6，并将结果对应相乘形成一个新的数据列，最终该数据列再与参数 2 的数据列计算对应乘积之和就是函数的最终计算结果。

根据 TRUE 为 1，FALSE 为 0 的原理，我们可以知道，只要同时满足指定条件的行，其参数

1 的运算结果就等于 1（1*1），否则结果为 0（0*0 或 0*1），再结合 SUMPRODUCT 函数的原理可知，公式最后实际上是将同时满足两个条件的金额乘以 1 再求和，这实际上就是我们要的多条件求和了。上述参数 1 的运算过程如图 4-25 所示。

H4 =F4*G4

	A	B	C	D	F	G	H
1	费用明细表				部门	费用类别	合计
2	单位名称：逸凡公司		2020年	单位：万元	营销部	业务招待费	1.64
3	日期	部门	费用类别	金额	B4:B20=G2	C4:C20=H2	函数第一参数（F列*G列）
4	2020-1-5	营销部	业务招待费	1.30	TRUE	TRUE	1.00
5	2020-1-7	市场部	差旅费	0.85	FALSE	FALSE	-
6	2020-2-8	财务部	办公费	0.04	FALSE	FALSE	-
7	2020-3-1	市场部	业务招待费	0.12	FALSE	TRUE	-
8	2020-3-25	营销部	业务招待费	0.14	TRUE	TRUE	1.00
9	2020-4-20	财务部	办公费	0.60	FALSE	FALSE	-
10	2020-4-25	营销部	差旅费	0.69	TRUE	FALSE	-
11	2020-5-19	市场部	业务招待费	0.80	FALSE	TRUE	-
12	2020-6-3	财务部	差旅费	0.34	FALSE	FALSE	-
13	2020-7-2	营销部	办公费	0.06	TRUE	FALSE	-
14	2020-8-3	营销部	差旅费	1.00	TRUE	FALSE	-
15	2020-9-5	市场部	差旅费	0.60	FALSE	FALSE	-
16	2020-10-5	财务部	业务招待费	0.10	FALSE	TRUE	-
17	2020-10-20	市场部	办公费	0.30	FALSE	FALSE	-
18	2020-11-20	市场部	业务招待费	0.30	FALSE	TRUE	-
19	2020-12-12	营销部	差旅费	1.60	TRUE	FALSE	-
20	2020-12-24	营销部	业务招待费	0.20	TRUE	TRUE	1.00

图 4-25　SUMPRODUCT 函数的多条件求和运算过程

四、ROUND 函数：从根源上控制小数位数

ROUND 函数的示例文件为“表 4-6　ROUND 函数”。

提问：在进项税统计表（见图 4-26）中，D 列是根据“价税合计 /（1+ 税率）* 税率”计算的进项税（已经通过设置单元格格式控制结果为 2 位小数），为什么仍与

D4 =B4/(1+C4)*C4

	A	B	C	D
1	进项税统计表			
2	单位名称：逸凡公司		2020年12月	单位：元
3	发票号	价税合计	税率	进项税
4	961325	16,500.00	6.00%	933.96
5	475874	4,800.00	6.00%	271.70
6	154685	23,200.00	3.00%	675.73
7	245877	11,900.00	6.00%	673.58
8	600565	9,850.00	3.00%	286.89
9		合计		2,841.87

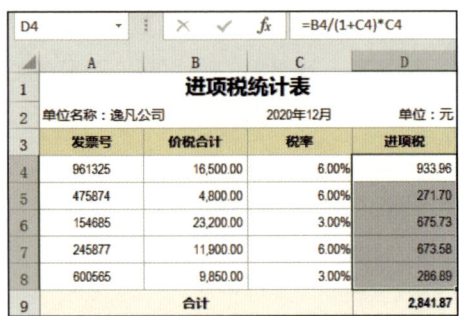

图 4-26　进项税统计表

合计数存在误差（多 0.01）？

1. 函数名称及语法格式

ROUND 函数可将某个数字四舍五入后，进行"斩草除根"式保留。而通过单元格格式设置的小数位数只是"掩耳盗铃"式保留。

如图 4-27 所示，我们在 B2:B4 单元格中分别录入 0.12345，虽然通过单元格格式设置将其小数点控制在 2 位，但是从编辑栏我们可以看到其本质仍然是 0.12345。所以在 B5 单元格对 B2:B4 单元格区域进行求和时参与计算的是 3 个 0.12345，其和为 0.37035。控制小数位数后，显示为 0.37，与单元格看到的数据之和 0.36（=0.12×3）产生了 0.01 的差异。如果要想让数据彻底放弃被舍掉的小数位数，就得用 ROUND 函数。

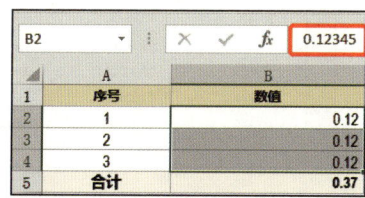

图 4-27　设置小数位数并不能改变其本质

ROUND 函数的语法格式为：

=ROUND(数值 , 小数位数)

2. 提问解答

以"表 4-6　ROUND 函数"中的案例为例子，我们在 E4 单元格为原来计算税额的公式穿一件 ROUND 外套，就可以得到没有误差的合计数了。

=ROUND(B4/(1+C4)*C4,2)

执行列填充后，合计数就不再有误差了（见图 4-28）。

五、INT 函数：整数切割机

INT 函数的示例文件为"表 4-7　INT 函数"。

提问：在双 11 购物清单（见图 4-29）中，可以享受跨店满 300 减 40 的优惠金额是多少？

E4 =ROUND(B4/(1+C4)*C4,2)

	A	B	C	D	E
1	进项税统计表				
2	单位名称：逸凡公司		2020年12月		单位：元
3	发票号	价税合计	税率	进项税	进项税ROUND
4	961325	16,500.00	6.00%	933.96	933.96
5	475874	4,800.00	6.00%	271.70	271.70
6	154685	23,200.00	3.00%	675.73	675.73
7	245877	11,900.00	6.00%	673.58	673.58
8	600565	9,850.00	3.00%	286.89	286.89
9	合计			2,841.87	2,841.86

图 4-28　ROUND 函数完美锁定小数位数

	A	B	C	D	E
1	双11购物清单				
2	单位名称：逸凡公司				单位：元
3	编号	商品名称	单价	数量	价格
4	1	打印机	888.00	1.00	888.00
5	2	黑板	166.00	1.00	166.00
6	3	办公椅	99.00	10.00	990.00
7	4	文件夹	6.00	25.00	150.00
8	5	投影仪	1,666.00	1.00	1,666.00
9	合计				3,860.00
11	跨店满300-40抵减金额				

图 4-29　双 11 购物清单

1. 函数名称及语法格式

INT 函数是一个以只保留数据整数为己任的工具。该函数瞧不起优柔寡断、和稀泥的四舍五入思想，而是采用彪悍的一刀切作风——只要不够整数，通通都会被切割掉。其语法格式为：

=INT(数值)

2. 提问解答

双 11 满减计算逻辑其实就是总金额除以 300 的整数部分，再乘以 40，所以 E11 单元格公式为：

=INT(E9/300)*40

计算结果如图 4-30 所示。

E11 =INT(E9/300)*40

	A	B	C	D	E
1	双11购物清单				
2	单位名称：逸凡公司				单位：元
3	编号	商品名称	单价	数量	价格
4	1	打印机	888.00	1.00	888.00
5	2	黑板	166.00	1.00	166.00
6	3	办公椅	99.00	10.00	990.00
7	4	文件夹	6.00	25.00	150.00
8	5	投影仪	1,666.00	1.00	1,666.00
9	合计				3,860.00
11	跨店满300-40抵减金额				480.00

图 4-30　INT 函数应用

■ 扩展阅读

在零售行业“满 X 减 Y”这种满减的计算方式比较常见，除了用 INT 函数，还有更多的计算方法，请

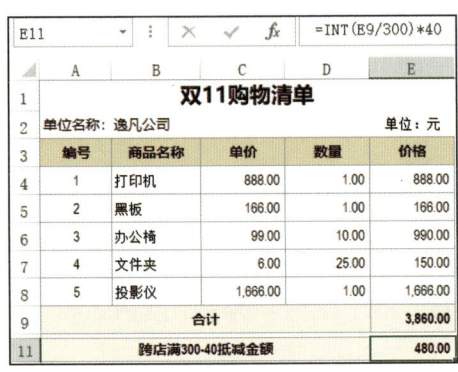

在微信公众号"Excel 偷懒的技术"主页发送关键词"满减"获取。

六、其他常用的数学与三角函数一览

除上文介绍的函数外,还有一些常用的函数(包括三角函数)也非常好用(见图 4-31)。

函数名称及语法格式	作用	示例公式	示例结果
MOD(被除数 , 除数)	计算余数	=MOD(12,5)	2
ABS(数值)	计算绝对值	=ABS(–3)	3

图 4-31　其他常用函数

第四节　日期与时间类

日期与时间类常用函数的示例文件为"表 4-8　日期类常用函数"。

在介绍日期与时间函数前要再次强调的是,只有录入规范的日期格式,才能被相关函数识别。

此外,日期是可以参与运算的,具体包括:

(1)日期加数字 N,得到该日期后 N 天对应的日期。

(2)日期减数字 N,得到该日期前 N 天对应的日期。

(3)日期 A 减日期 B,得到 AB 两个日期的间隔天数。

灵活掌握它们的含义,可以在很多时候帮助我们提高工作效率。

一、日期组成与分解函数

日期组成与分解相关的函数如图 4-32 所示。

函数名称及语法格式	作用	示例公式	示例结果
DATE(年,月,日)	生成一个日期	=DATE(2021,12,31)	2021/12/31
YEAR(日期)	提取一个日期的年份	=YEAR("2021-12-31")	2021
MONTH(日期)	提取一个日期的月份	=MONTH("2021-12-31")	12
DAY(日期)	提取一个日期的日	=DAY("2021-12-31")	31
TODAY()	生成今天的日期	=TODAY()	今天的日期

图 4-32　日期组成与分解常用函数

其中 TODAY 函数不需要参数，生成的"今天"的日期是指系统的当前日期。

二、日期推移函数

日期组成与分解相关的函数如图 4-33 所示。

函数名称及语法格式	作用	示例公式	示例结果
EDATE(日期,推移量)	将日期推移 X 个月	=EDATE("2021-12-1",2)	2022/2/1
EOMONTH(日期,推移量)	生成日期推移 X 个月后的月末日期	=EOMONTH("2021-12-1",2)	2022/2/28

图 4-33　日期推移常用函数

其中，推移量为正数表示往未来推移的月份数，为负数表示往过去推移的月份数。

在第五章的多个案例中，我们将看到日期类函数更多的精彩应用。

第五节　查找与引用类

一、VLOOKUP 函数和 HLOOKUP 函数：关联查找神器

VLOOKUP 函数和 HLOOKUP 函数的示例文件为"表 4-9　VLOOKUP 函数"（扫描二维码观看操作视频）。

扫码观看操作视频

提问：在图 4-34 的中层管理人员信息表（下称"人员信息表"）中，如何完成以下各项任务：

（1）输入职员代码，查找职员姓名和分机号。

（2）输入分机号，查找职员代码和职员姓名。

（3）输入部门和职级，查找职员姓名。

序号	职员代码	职员姓名	部门	职位	分机号
1	A001	郑继克	营销部	经理	3001
2	A002	胡顺其	技术部	经理	3002
3	A003	周克远	财务部	经理	3003
4	A004	罗然	行政部	经理	3004
5	A005	古岳嵩	营销部	副经理	3005
6	A006	余徐金	技术部	副经理	3006
7	A007	李远威	财务部	副经理	3007
8	A008	戴克毅	行政部	副经理	3008

查询与统计

1、常规查询：根据职员代码查询职员姓名及分机号

职员代码	职员姓名	分机号
A005		

2、逆向查询：根据分机号查询职员代码及职员姓名

分机号	职员代码	职员姓名
3005		

3、多条件查询：根据部门及职位查询员工姓名

部门	职位	职员姓名
营销部	副经理	

图 4-34　中层管理人员信息表

1. 函数技能及语法格式

VLOOKUP 函数与 HLOOKUP 函数的拿手绝活是根据指定的查找值（例如员工代码），自动匹配某个单元格区域（例如人员信息表主表部分，即图 4-34 中 A3:F11 单元格区域）中与该查找值关联的信息（例如职员姓名）。

两个函数的区别主要在查找的方向上（VLOOKUP 函数按列纵向查找，HLOOKUP 函数按行横向查找），本节我们以相对常用的 VLOOKUP 函数来进行讲解。

VLOOKUP 函数的语法格式为：

=VLOOKUP(查找值 , 查找范围 , 匹配信息位置 , 查找模式)

其中：

（1）查找值是查找的依据。例如我们要查找职员代码为 A005 对应的职员姓名时，A005 就是查找值。

（2）查找范围的第一列必须为查找值所在列。该范围至少应包含需要匹配的信息。例如，我们在人员信息表中以职员代码为查找值查找职员姓名时，查找范围的首列必须是人员信息表的 B 列（查找值"职员代码"字段所在的列），终点至少应在 C 列（需要查找的"职员姓名"所在的列）。而高度至少应涵盖所有的人员（第 11 行）。原则上查找范围首列的信息应保证**唯一性**。

（3）匹配信息位置是指匹配信息在搜索范围内的相对列次（与表示单元格地址的列序号无关）。例如在人员信息表的 B3:F11 单元格区域中，分机号的位置为 5（而不是整个工作表的第 6 列）。

（4）查找模式分为精确匹配和近似匹配。该参数输入 0 或不输入表示精确匹配，输入 1 为近似匹配。

2. 提问解答

我们先来回答第一个问题。

根据要求，我们知道实际是要查找指定职员代码（查找值）在人员信息表（B4:F11 单元格区域）中对应的职员姓名（第 2 列）和分机号（第 5 列），根据 VLOOKUP 函数的语法格式，我们可知 J4 单元格公式为：

=VLOOKUP(I4,B3:F11,2,0)

K4 单元格公式为：

=VLOOKUP(I4,B3:F11,5,0)

输出结果如图 4-35 所示。

3. 拓展应用

我们再来看第二个问题。此时我们发现，由于查找值所在的字段分机号在需要查找的字段（职员代码、职员姓名）的右侧，无法直接给出一个把查找值字段放在首列的区域。

当遇到这种逆向查找的时候，我们就需要借助数组函数和本章第一节提及的判断值隐藏的数学身份来解决了。

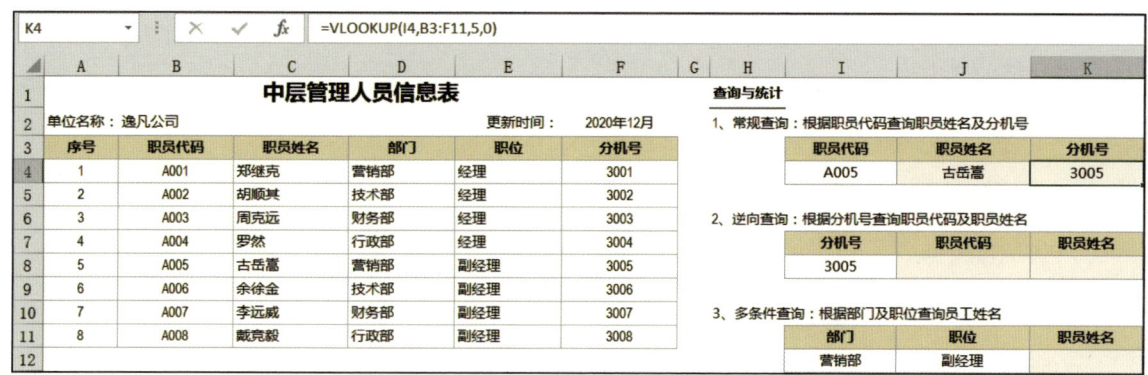

图 4-35 VLOOKUP 常规应用

VLOOKUP 函数逆向查找的语法格式为：

=VLOOKUP(查找值 , IF({1,0}, 查找值字段区域 , 匹配值字段区域), 2, 查找模式)

解决问题的关键点就在于参数 2。现在我们单看参数 2 里的这个公式。

此处，我们是借用了 IF 函数和判断值的数学身份来重新构造了一个数组公式，目的是生成一个虚拟的区域。该公式实际是让 IF 函数依次读取数组中的 1（TRUE）和 0（FALSE）。

根据 IF 函数原理，第一次读取 1 时，生成的区域是查找值字段区域；第二次读取 0 时，生成的区域是匹配值字段区域。故该公式最终生成的是一个以查找值字段为首列，匹配值字段为第二列的区域。相关运算示意图如图 4-36 所示。

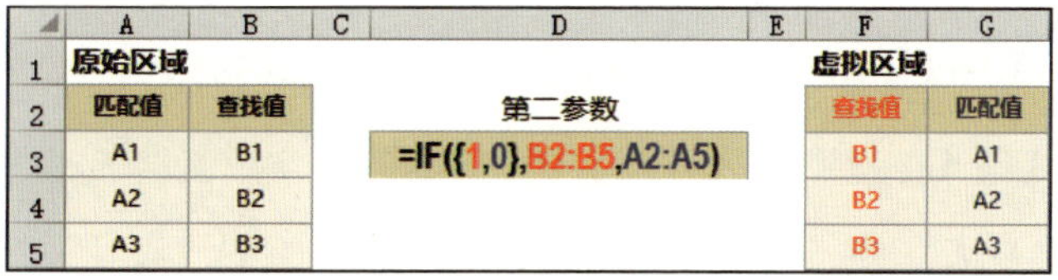

图 4-36 IF 搭配数组函数构建虚拟区域示意图

至此，乾坤大挪移悄然完成。由于参数 2 生成的区域只有 2 列，故参数 3 也就能确定为 2 了。

于是第二个问题迎刃而解。

J8 单元格公式为：

=VLOOKUP(I8,IF({1,0},F4:F11,B4:B11),2,0)

K8 单元格公式为：

=VLOOKUP(I8,IF({1,0},F4:F11,C4:C11),2,0)

输出结果如图 4-37 所示。

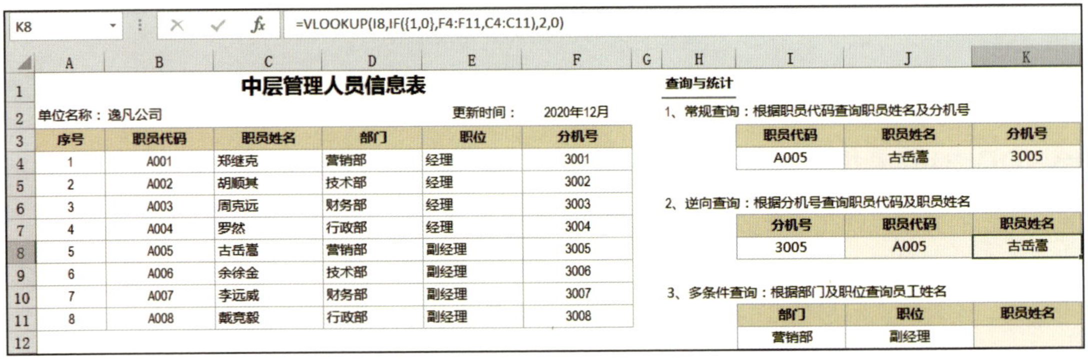

K8 =VLOOKUP(I8,IF({1,0},F4:F11,C4:C11),2,0)

中层管理人员信息表

单位名称：逸凡公司 更新时间： 2020年12月

序号	职员代码	职员姓名	部门	职位	分机号
1	A001	郑继克	营销部	经理	3001
2	A002	胡顺其	技术部	经理	3002
3	A003	周克远	财务部	经理	3003
4	A004	罗然	行政部	经理	3004
5	A005	古岳蒿	营销部	副经理	3005
6	A006	余徐金	技术部	副经理	3006
7	A007	李远威	财务部	副经理	3007
8	A008	戴竞毅	行政部	副经理	3008

查询与统计

1、常规查询：根据职员代码查询职员姓名及分机号

职员代码	职员姓名	分机号
A005	古岳蒿	3005

2、逆向查询：根据分机号查询职员代码及职员姓名

分机号	职员代码	职员姓名
3005	A005	古岳蒿

3、多条件查询：根据部门及职位查询员工姓名

部门	职位	职员姓名
营销部	副经理	

图 4-37 VLOOKUP 函数逆向查找应用

第三个问题是要解决多条件查找，同样我们也要请 IF 函数和数组公式来帮忙，对了，还有连接符。

VLOOKUP 函数多条件（以两个条件为例）查找的语法格式为：

=VLOOKUP(查找值 1& 查找值 2,IF({1,0}, 查找值 1 字段区域 & 查找值 2 字段区域，匹配值字段区域),2, 查找模式)

需要注意的是，运用多条件查找这个数组公式的时候，最后需要在编辑框内选中公式，按【Ctrl+Shift+Enter】进行确认（确认后，整个公式外会生成一个“{}”）。

K12 单元格公式为：

{=VLOOKUP(I12&J12,IF({1,0},D4:D11&E4:E11,C4:C11),2,0)}

输出结果如图 4-38 所示。

K12 | {=VLOOKUP(I12&J12,IF({1,0},D4:D11&E4:E11,C4:C11),2,0)}

中层管理人员信息表

单位名称：逸凡公司　　更新时间：2020年12月

序号	职员代码	职员姓名	部门	职位	分机号
1	A001	郑继克	营销部	经理	3001
2	A002	胡顺其	技术部	经理	3002
3	A003	周克远	财务部	经理	3003
4	A004	罗然	行政部	经理	3004
5	A005	古岳蒿	营销部	副经理	3005
6	A006	余徐金	技术部	副经理	3006
7	A007	李远威	财务部	副经理	3007
8	A008	戴竞毅	行政部	副经理	3008

查询与统计

1、常规查询：根据职员代码查询职员姓名及分机号

职员代码	职员姓名	分机号
A005	古岳蒿	3005

2、逆向查询：根据分机号查询职员代码及职员姓名

分机号	职员代码	职员姓名
3005	A005	古岳蒿

3、多条件查询：根据部门及职位查询员工姓名

部门	职位	职员姓名
营销部	副经理	古岳蒿

图 4-38　VLOOKUP 函数多条件查找应用

二、INDEX 函数：坐标追踪仪

INDEX 函数的示例文件为“表 4-10　INDEX 和 MATCH 函数”。

提问：在图 4-39 的会议座次表中，如何实现输入座位号（排 / 号）查找对应的职员姓名？

会议坐次表

排/号	1号	2号	3号	4号
1排	张三	李四	王五	赵六
2排	周七	郑八	欧阳九	司马十
3排	郑继克	胡顺其	周克远	罗然
4排	古岳蒿	余徐金	李远威	戴竞毅
5排	列席代表1	列席代表2	列席代表3	列席代表4

查询与统计

1、使用INDEX函数：根据排号查询对应职员姓名

排	号	职员姓名
3	4	

2、使用MATCH函数：查询职员罗然的座位是几排几号

职员姓名	排	号
罗然		

图 4-39　会议座次表

1. 函数技能及语法格式

INDEX 函数的技能是给出指定的表格区域（例如图 4-39　会议座次表的 B3:E7 单元格区域）及二维坐标（第几排、第几号），返回相关单元格的信息（是谁）。该函数有数组形式和引用表单两种模式，本文介绍常用的数组形式。

INDEX 函数的语法格式为：

=INDEX(查找区域 , 行次 , 列次)

其中，参数 2“行次”和参数 3“列次”是指在参数 1 中的第几行、第几列，而不是单元格本身的行号列号。如果查找区域为单行或单列，则可以省去参数 2 或参数 3。

2. 提问解答

根据 INDEX 函数语法格式，我们可知图 4-39 中 J4 单元格公式为：

=INDEX(B3:E7,H4,I4)

输出结果如图 4-40 所示。

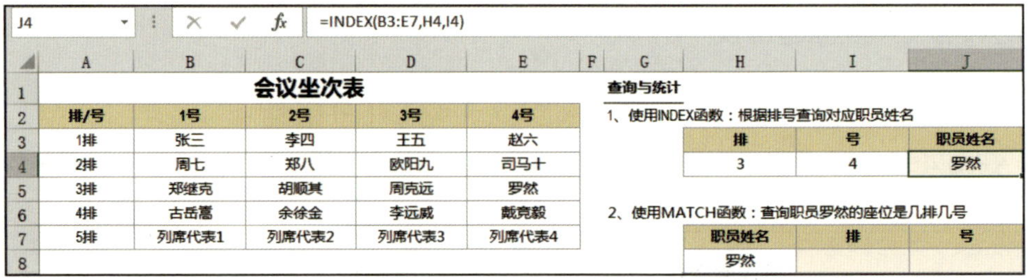
J4　=INDEX(B3:E7,H4,I4)

会议坐次表

排/号	1号	2号	3号	4号
1排	张三	李四	王五	赵六
2排	周七	郑八	欧阳九	司马十
3排	郑继克	胡顺其	周克远	罗然
4排	古岳蒿	余徐金	李远威	戴竞毅
5排	列席代表1	列席代表2	列席代表3	列席代表4

查询与统计

1、使用INDEX函数：根据排号查询对应职员姓名

排	号	职员姓名
3	4	罗然

2、使用MATCH函数：查询职员罗然的座位是几排几号

职员姓名	排	号
罗然		

图 4-40　INDEX 函数应用

三、MATCH 函数：位次反馈仪

MATCH 函数的示例文件为“表 4-10　INDEX 和 MATCH 函数”。

提问：在图 4-39 的会议座次表中，如何得到指定职员的座位序号？

1. 函数技能及语法格式

MATCH 函数相对于 INDEX 函数而言是反其道而行之，它主要反馈的是某个查找值在用户指定的区域内第一次出现时对应的顺序。其语法格式为：

=MATCH(查找值 , 查找区域 , 查找模式)

其中：

（1）由于 MATCH 函数只返回一个顺序（而不是二维坐标），所以数据所在的查询区域只能为连续的单行或者连续的单列。

（2）查找模式为三种，参数分别为 -1、0、1（若空缺，则默认为 1）。具体含义如图 4-41 所示。

查找模式	查找内容	区域内数据的排序要求
1（默认）	查找小于等于查找值的最大值	升序
0	查找等于查找值的第一个值	任意
-1	查找大于等于查找值的最小值	降序

图 4-41　MATCH 函数的三种查找模式

2. 提问解答

根据 MATCH 函数的语法格式，我们可知图 4-39 中 I8 单元格公式为：

=MATCH(H8,E3:E7,0)

J8 单元格公式为：

=MATCH(H8,B5:E5,0)

输出结果如图 4-42 所示。

在实际应用中，INDEX 函数和 MATCH 函数经常联袂出场，可参见第五章第二节长期待摊费用月度查询表相关公式设计。

J8 =MATCH(H8,B5:E5,0)

会议坐次表

排/号	1号	2号	3号	4号
1排	张三	李四	王五	赵六
2排	周七	郑八	欧阳九	司马十
3排	郑继克	胡顺其	周克远	罗然
4排	古岳蕾	余徐金	李远威	戴竞毅
5排	列席代表1	列席代表2	列席代表3	列席代表4

查询与统计

1、使用INDEX函数：根据排号查询对应职员姓名

排	号	职员姓名
3	4	罗然

2、使用MATCH函数：查询职员罗然的座位是几排几号

职员姓名	排	号
罗然	3	4

图 4-42　MATCH 函数应用

四、OFFSET 函数：偏移追踪器

OFFSET 函数的示例文件为“表 4-11　OFFSET 函数”（扫描二维码观看操作视频）。

扫码观看操作视频

提问：在图 4-43 的工时汇总表中，如何查找或统计以下信息：

（1）根据指定月份和工种，查找对应工时。

（2）根据指定月份，统计截至当月的全年累计工时。

工时汇总表

编制单位：逸凡公司　　2021年

工种/月份	1	2	3	4	......
电工	120	130	110	150	......
钣金工	80	95	75	100	......
油漆工	60	65	55	50	......
装配工	90	100	95	110	......
合计	**350**	**390**	**335**	**410**	

查询与统计

1、请根据指定的月份和工种，查找对应的工时。

月份	工种	工时
3	钣金工	

2、请根据指定的月份，统计当月工时合计

月份	全年累计工时
3	

图 4-43　工时汇总表

1. 函数技能及语法格式

OFFSET 函数可以追踪以某单元格为原点，向上（下）左（右）移动任意单位后所对应的单元格

或单元格区域的信息。我们可以理解为它能找出"教室里坐在小明（原点）后面第三排（行移动）再往左数第二个（列移动）的同学，以及他的若干邻座都是谁（最终查找的区域）"。

OFFSET 函数的语法格式为：

=OFFSET(原点 , 行移动 , 列移动 , 查找结果行数 , 查找结果列数)

其中：

（1）行移动为正时，表示向下移动；为负时，表示向上移动。

（2）列移动为正时，表示向右移动；为负时，表示向左移动。

（3）参数 4 和参数 5 实际是指定的最终查找区域（含起点单元格）的大小（几行几列）。默认值均为 1。需要注意的是，参数 4 和参数 5 同样可以为负数（但是不能为 0）。参数 4 为负数，表示以起点为基准往上取行；参数 5 为负数，表示以起点为基准往左取列。

OFFSET 函数运算的动态示例可通过图 4-44 和图 4-45 表示。

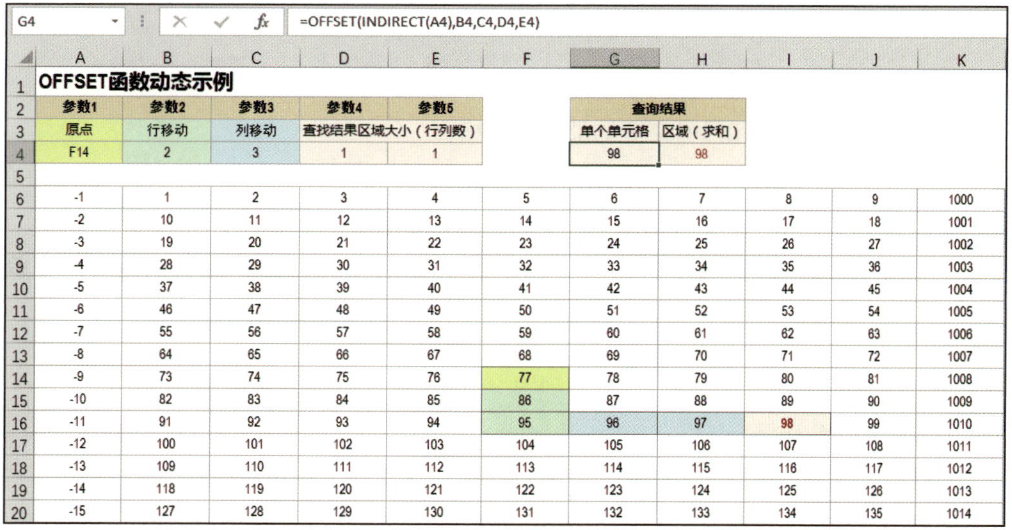

图 4-44　查找结果为单个单元格示意图 1

	A	B	C	D	E	F	G	H	I	J	K
1	OFFSET函数动态示例										
2	参数1	参数2	参数3	参数4	参数5		查询结果				
3	原点	行移动	列移动	查找结果区域大小（行列数）			单个单元格	区域（求和）			
4	F14	2	3	4	3		#SPILL!	4942			
5											
6	-1	1	2	3	4	5	6	7	8	9	1000
7	-2	10	11	12	13	14	15	16	17	18	1001
8	-3	19	20	21	22	23	24	25	26	27	1002
9	-4	28	29	30	31	32	33	34	35	36	1003
10	-5	37	38	39	40	41	42	43	44	45	1004
11	-6	46	47	48	49	50	51	52	53	54	1005
12	-7	55	56	57	58	59	60	61	62	63	1006
13	-8	64	65	66	67	68	69	70	71	72	1007
14	-9	73	74	75	76	77	78	79	80	81	1008
15	-10	82	83	84	85	86	87	88	89	90	1009
16	-11	91	92	93	94	95	96	97	98	99	1010
17	-12	100	101	102	103	104	105	106	107	108	1011
18	-13	109	110	111	112	113	114	115	116	117	1012
19	-14	118	119	120	121	122	123	124	125	126	1013
20	-15	127	128	129	130	131	132	133	134	135	1014

图 4-45　查找结果为单个单元格示意图 2

2. 提问解答

第一个问题是要锁定工种和月份交汇的那个单元格。

在图 4-43 中，如果我们以 A3 单元格为原点，那么每个工种所在的行次，正好就是原点往下移动这个工种在工种序列（A4:A7 单元格区域）中的位置，这个值可以用 MATCH 函数取得。

而月份对应的列次，正好是原点往右移动该月份数所在的列。于是我们可知 K4 单元格公式为：

=OFFSET(A3,MATCH(J4,A4:A7,0),I4,1,1)

输出结果如图 4-46 所示。

第二个问题是要统计截至指定月份的全年累计工时，这实际上是对合计行（第 8 行）从 1 月起至指定月份的区域进行求和。换言之，我们需要用 OFFSET 函数找到一个起点为 B8 单元格，1 行 × 列的区域，再对这个区域求和。

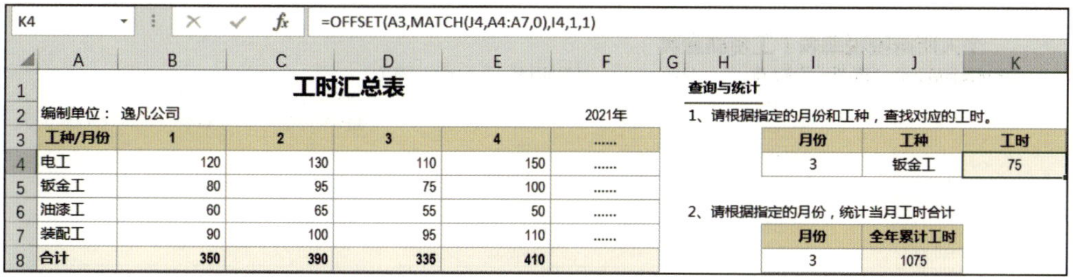

图 4-46 OFFSET 函数查找单个单元格应用

假设我们就以 A8 单元格为原点，则可知原点到起点无须偏移调整（即原点移动 0 行 0 列），而 × 刚好就是指定的月份。这样，可得 J8 单元格的公式：

=SUM(OFFSET(B8,0,0,1,I8))

输出结果如图 4-47 所示。

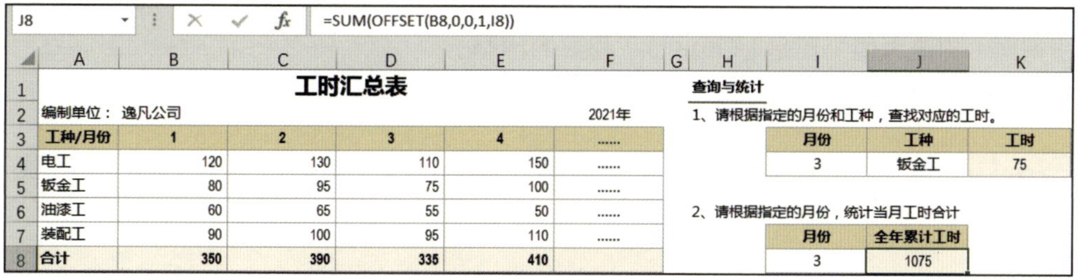

图 4-47 OFFSET 函数查找单元格区域应用

五、LOOKUP 函数：查找函数界鬼才

LOOKUP 函数的示例文件为"表 4-12 LOOKUP 函数"（扫描二维码观看操作视频）。

提问：在图 4-48 的个人所得税税率表中，如何查找指定应纳税所得额对应的税率、速算扣除数？

扫码观看操作视频

	A	B	C	D	E	F	G	H	I	J	K
1		个人所得税税率表（工资薪金类）					查询与统计				
2	级次	应纳税所得额下限	应纳税所得额上限	税率	速算扣除数		根据应纳税所得查询对应的税率和扣除数				
3	1	-	36,000.00	3%	-			应纳税所得额	税率	速算扣除数	应缴个税
4	2	36,000.00	144,000.00	10%	2,520.00			150,000.00			
5	3	144,000.00	300,000.00	20%	16,920.00						
6	4	300,000.00	420,000.00	25%	31,920.00						
7	5	420,000.00	660,000.00	30%	52,920.00						
8	6	660,000.00	960,000.00	35%	85,920.00						
9	7	960,000.00	9.00E+307	45%	181,920.00						

图 4-48 个人所得税税率表

1. 函数技能及语法格式

LOOKUP 函数有点类似我们前面提到的 VLOOUP 函数。它查找的是指定查找区域（例如应纳税所得额下限）中最后一个小于等于查找值（应纳税所得）的最大值对应的匹配信息（例如税率）。

所谓的"最后一个"，是指如果满足条件的值有多个时，则返回最后一个。而"小于等于查找值（应纳税所得额）的最大值"正是 LOOKUP 函数的精髓。

LOOKUP 函数的语法格式为：

=LOOKUP(查找值 , 查找区域 , 匹配区域)

其中：

（1）查找区域必须按升序排列，否则也会被视为已按升序排列。

（2）查找区域和匹配区域行列数应保持一致，且应遵循序位对应原则（参见本章第三节 SUMIF 函数部分）。

2. 提问解答

回到图 4-48 中，很显然，查找值就是我们输入的应纳税所得额（H5 单元格），查找区域是应纳税所得额下限（B3:B9 单元格区域），匹配区域依次为税率（D3:D9 单元格区域）和速算扣除数（E3:E9 单元格区域）。据此，I5 单元格公式为：

=LOOKUP(H5,B3:B9,D3:D9)

J5 单元格公式为：

=LOOKUP(H5,B3:B9,E3:E9)

K5 单元格公式为：

=H5*I5-J5

输出结果如图 4-49 所示。

图 4-49　LOOKUP 函数应用

LOOKUP 函数是依据二分法原理进行查找的，据此 LOOKUP 函数还能衍生出多种实用的查找功能，可谓是查找函数界的鬼才，由于篇幅所限，这里就不展开了。

■ 扩展阅读

关于 LOOKUP 查找原理和精彩应用案例，请在微信公众号"Excel 偷懒的技术"主页发送关键词"LOOKUP 应用"获取。

六、XLOOKUP 函数：新生代查找神器

XLOOKUP 函数的示例文件为"表 4-13　XLOOKUP 函数"（扫描二维码观看操作视频）。

扫码观看操作视频

提问：

（1）本节第一部分拓展应用中 VLOOKUP 逆向查找、多条件查找的数组公式太烦琐（图 4-37、图 4-38），是否有更简单的方法？

（2）在图 4-50 的价格记录表中，如何查找指定材料名称对应的最新单价（指定材料的最后一条记录对应的单价）？

	A	B	C	D	E	F	G	H
1		价格记录表				查询与统计		
2	单位名称：逸凡公司			单位：元		根据录入的材料名称，查找其最新单价。		
3	序号	报价日期	材料名称	单价			材料名称	最新单价
4	1	2021年12月5日	材料A	100.00			材料A	
5	2	2021年12月5日	材料B	85.00				
6	3	2021年12月7日	材料C	50.00				
7	4	2022年6月5日	材料A	120.00				
8	5	2022年7月31日	材料B	90.00				
9	6	2022年8月5日	材料C	58.00				
10	7	2023年1月1日	材料A	115.00				
11	8	2023年1月5日	材料C	60.00				

图 4-50　价格记录表

1. 函数技能及语法格式

XLOOKUP 函数是 Excel 365 版本中新增加的函数，它可以看成是 VLOOKUP、HLOOKUP 以及 LOOKUP 函数的混合加强版。甚至一些需要 INDEX、MATCH 和 OFFSET 组团才能完成的任务，它都可以凭借一己之力独立搞定。其语法格式为：

=XLOOKUP(查找值 , 查找区域 , 匹配区域 , 查找无结果返回值 , 匹配模式 , 搜索模式)

其中：

（1）该公式前三个参数的使用方法和 LOOKUP 函数基本一致。但是较之于 LOOKUP 函数来说，XLOOKUP 的优点包括：

- 查找区域不需要按升序排列（也不会被默认为按升序排列）。
- 查找区域和匹配区域仍需要遵循序位对应原则。但是两者的行列数**不需要完全**保持一致。如果查找区域为列，则两者只需要行数相同即可；如果查找区域为行，则两者只需要列数相同即可。

我们注意到，XLOOKUP 函数并没有像 VLOOKUP 函数的参数 3 那样的指定查找结果在查找区域内第几列的参数。这是因为，XLOOKUP 函数的查找结果**可以是一个区域的内容**，而不像 VLOOKUP 函数和 LOOKUP 函数那样，仅仅只能查找一个单元格的结果。其运算结果如图 4-51 所示。

	A	B	C	D	E	F
1	查找区域	非匹配区域	匹配区域	匹配区域	匹配区域	非匹配区域
2	非查找值					
3	非查找值					
4	查找值		公式运算结果			
5	非查找值					
6	非查找值					
7	非查找值					
8	非查找值					
9	非查找值					

图 4-51　XLOOKUP 函数运算结果

在图 4-51 中，查找区域是 A2:A9 单元格区域（按列查找），匹配区域为 C2:E9 单元格区域。两者只满足了行数相同。假设查找的值在 A4 单元格，则最后查找的结果就是 A4 单元格所在行对应的匹配区域部分（C4:E4 单元格区域）。由于 Excel 365 公式的运算结果有自动扩展显示的功能，公式运算结果并不会在录入公式的单元格显示报错，而是会以录入公式单元格为原点，直接生成一个 1 行 3 列的运算结果。

（2）查找无结果返回值是指在查找区域内找不到满足条件的内容时返回的信息。

（3）匹配模式和搜索模式都是指定相应参数来实现不同的功能，其规则如图 4-52 所示。

参数值	匹配模式	搜索模式
0	（默认）精确查找	
-1	精确查找或小于查找值的最大值	从最后一项往第一项搜索
1	精确查找或大于查找值的最小值	（默认）从第一项往最后一项搜索
2	通配符查找	二进制文件搜索（升序排序）
-2		二进制文件搜索（降序排序）

图 4-52　XLOOKUP 函数匹配模式和搜索模式设置规则

虽然前文提到 XLOOKUP 函数前三个参数的运算原理基本和 LOOKUP 一致，但是如果用 XLOOKUP 函数去查找一个区间值对应的范围（例如 LOOKUP 案例中的查询个人所得税），就必须要参数 5（匹配模式）。图 4-48 案例中 I5 单元格公式可写为：

=XLOOKUP(H5,B3:B9,D3:D9,0,-1)

输出结果如图 4-53 所示。

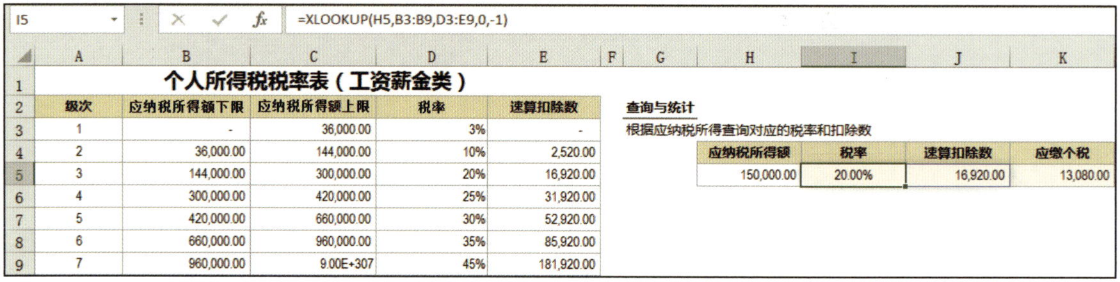

I5 | =XLOOKUP(H5,B3:B9,D3:E9,0,-1)

个人所得税税率表（工资薪金类）

级次	应纳税所得额下限	应纳税所得额上限	税率	速算扣除数
1	-	36,000.00	3%	-
2	36,000.00	144,000.00	10%	2,520.00
3	144,000.00	300,000.00	20%	16,920.00
4	300,000.00	420,000.00	25%	31,920.00
5	420,000.00	660,000.00	30%	52,920.00
6	660,000.00	960,000.00	35%	85,920.00
7	960,000.00	9.00E+307	45%	181,920.00

查询与统计

根据应纳税所得查询对应的税率和扣除数

应纳税所得额	税率	速算扣除数	应缴个税
150,000.00	20.00%	16,920.00	13,080.00

图 4-53　XLOOKUP 函数查找区域对应值应用

由于该公式的查找区域涵盖了税率和速算扣除数两个字段的区域，所以可以直接完成税率和速算扣除数的查找，无须再单独给 I8 单元格设置公式了。

2. 提问解答

根据 XLOOKUP 函数的语法格式，图 4-37 中 J8 单元格的公式可写为：

=XLOOKUP(I8,F4:F11,B4:C11)

输出结果如图 4-54 所示。

解决多条件查找，我们同样借助连接符来完成即可，K12 单元格公式为：

=XLOOKUP(I12&J12,D4:D11&E4:E11,C4:C11)

输出结果如图 4-55 所示。

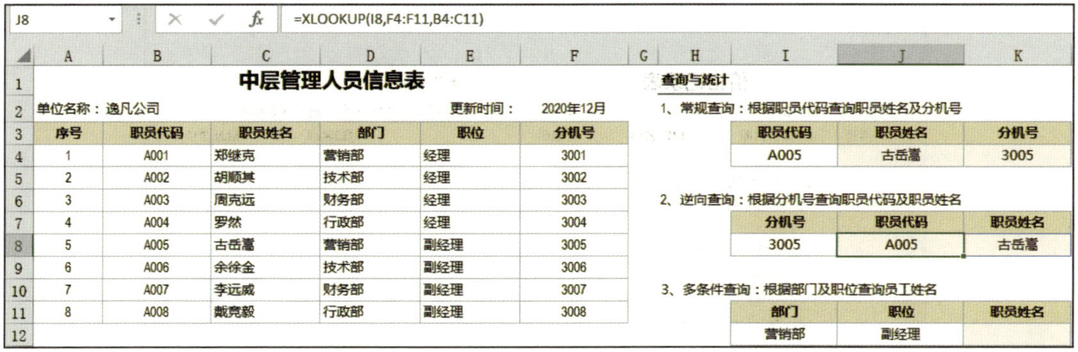
J8　=XLOOKUP(I8,F4:F11,B4:C11)

中层管理人员信息表

单位名称：逸凡公司　　更新时间：2020年12月

序号	职员代码	职员姓名	部门	职位	分机号
1	A001	郑继克	营销部	经理	3001
2	A002	胡顺其	技术部	经理	3002
3	A003	周克远	财务部	经理	3003
4	A004	罗然	行政部	经理	3004
5	A005	古岳蔼	营销部	副经理	3005
6	A006	余徐金	技术部	副经理	3006
7	A007	李远威	财务部	副经理	3007
8	A008	戴竞毅	行政部	副经理	3008

查询与统计

1、常规查询：根据职员代码查询职员姓名及分机号

职员代码	职员姓名	分机号
A005	古岳蔼	3005

2、逆向查询：根据分机号查询职员代码及职员姓名

分机号	职员代码	职员姓名
3005	A005	古岳蔼

3、多条件查询：根据部门及职位查询员工姓名

部门	职位	职员姓名
营销部	副经理	

图 4-54　XLOOKUP 函数实现 VLOOKUP 逆向查找应用

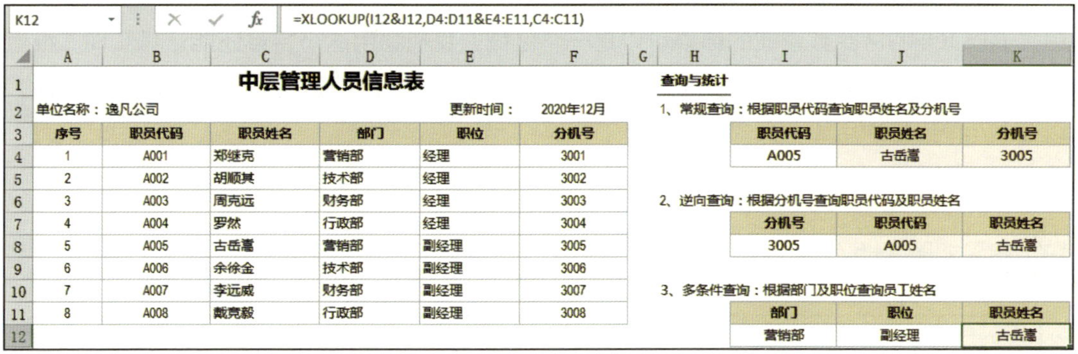
K12　=XLOOKUP(I12&J12,D4:D11&E4:E11,C4:C11)

中层管理人员信息表

单位名称：逸凡公司　　更新时间：2020年12月

序号	职员代码	职员姓名	部门	职位	分机号
1	A001	郑继克	营销部	经理	3001
2	A002	胡顺其	技术部	经理	3002
3	A003	周克远	财务部	经理	3003
4	A004	罗然	行政部	经理	3004
5	A005	古岳蔼	营销部	副经理	3005
6	A006	余徐金	技术部	副经理	3006
7	A007	李远威	财务部	副经理	3007
8	A008	戴竞毅	行政部	副经理	3008

查询与统计

1、常规查询：根据职员代码查询职员姓名及分机号

职员代码	职员姓名	分机号
A005	古岳蔼	3005

2、逆向查询：根据分机号查询职员代码及职员姓名

分机号	职员代码	职员姓名
3005	A005	古岳蔼

3、多条件查询：根据部门及职位查询员工姓名

部门	职位	职员姓名
营销部	副经理	古岳蔼

图 4-55　XLOOKUP 函数实现 VLOOKUP 多条件查找应用

提问二中查找指定材料的最新单价，其实就是找指定材料的最后一条记录（从后往前的第一条记录）。而 XLOOUKUP 函数中的参数 6 正好能解决这个问题。

H6 单元格公式为：

=XLOOKUP(G4,C4:C11,D4:D11,0,0,-1)

输出结果如图 4-56 所示。

H4 =XLOOKUP(G4,C4:C11,D4:D11,0,0,-1)

价格记录表

单位名称：逸凡公司　单位：元

序号	报价日期	材料名称	单价
1	2021年12月5日	材料A	100.00
2	2021年12月5日	材料B	85.00
3	2021年12月7日	材料C	50.00
4	2022年6月5日	材料A	120.00
5	2022年7月31日	材料B	90.00
6	2022年8月5日	材料C	58.00
7	2023年1月1日	材料A	115.00
8	2023年1月5日	材料C	60.00

查询与统计

根据录入的材料名称，查找其最新单价。

材料名称	最新单价
材料A	115.00

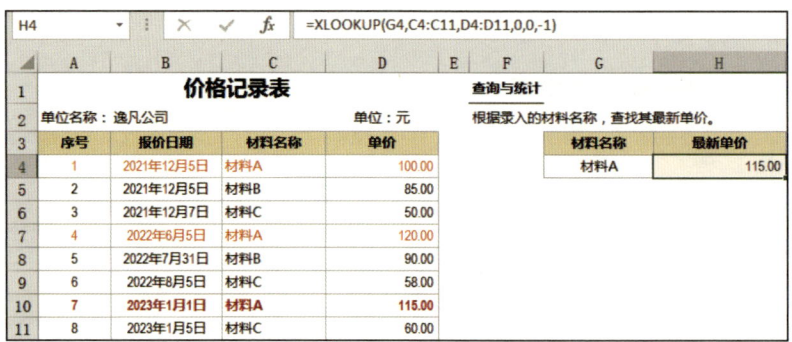

图 4-56　XLOOKUP 函数查找满足条件的最后一条记录应用

3. 拓展应用

由于 XLOOKUP 函数查找的结果可以是一个区域，我们利用这个特点还能让其实现二维查找的功能。例如，我们在 OFFSET 函数工时汇总表案例（图 4-43）中查询指定月份及指定工种的工时，也可以在 K4 单元格中用如下公式实现：

=XLOOKUP(J4,A4:A7,XLOOKUP(I4,B3:F3,B4:F7),0)

输出结果如图 4-57 所示。

K4 =XLOOKUP(J4,A4:A7,XLOOKUP(I4,B3:F3,B4:F7),0)

工时汇总表

编制单位：逸凡公司　2021年

工种/月份	1	2	3	4	......
电工	120	130	110	150	......
钣金工	80	95	75	100	......
油漆工	60	65	55	50	......
装配工	90	100	95	110	......
合计	350	390	335	410	

查询与统计

1、请根据指定的月份和工种，查找对应的工时。

月份	工种	工时
3	钣金工	75

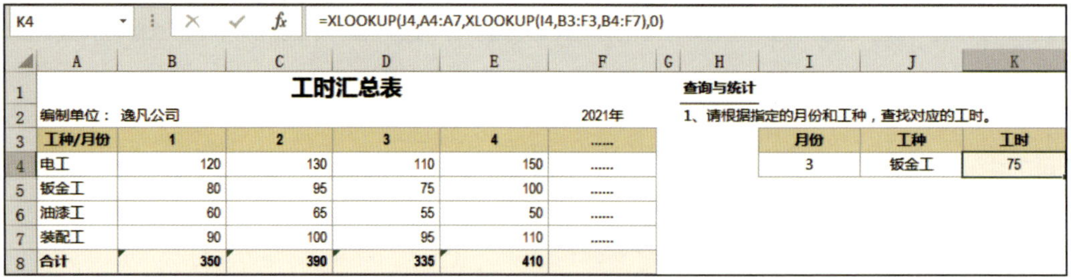

图 4-57　XLOOKUP 函数二维查找应用

公式中参数 3：XLOOKUP(I4,B3:F3,B4:F7) 生成的正是指定月份列对应的各工种的工时

(D4:D7 单元格区域），再配合前两个参数，即可锁定最终的结果。上述公式还可以写为：

=XLOOKUP(I4,B3:F3,XLOOKUP(J4,A4:A7,B4:F7),0)

■ 扩展阅读

关于 XLOOKUP 的更多使用技巧及精彩应用案例，请在微信公众号"Excel 偷懒的技术"主页发送关键词"XLOOKUP"获取。

七、FILTER 函数：称手的筛选器

FILTER 函数的示例文件为"表 4-14　FILTER 函数（365 新增）"（扫描二维码观看操作视频）。

提问：在图 4-58 的费用明细表中，如何将满足条件的明细在指定位置单独列示？

扫码观看操作视频

图 4-58　费用明细表

1. 函数技能及语法格式

FILTER 函数是 Excel 365 版本中新增加的函数，其用途有点类似于"数据"选项卡下的筛选功能。两者的区别主要是：

（1）当数据变化时，使用筛选功能，筛选结果不能随之变化，而使用 FILTER 函数"筛选"的结果可以随之变化。

（2）筛选功能是通过隐藏行的方式对不满足条件的记录进行过滤（筛选结果会出现行号不连续的情况），FILTER 函数是直接把满足条件的记录在指定的位置上依次读取（筛选结果行号连续）。

FILTER 函数的语法格式为：

=FILTER（数据源区域，筛选条件表达式，筛选无结果时的返回值）

其中：

（1）数据源区域是指待筛选的数据表的范围。该范围选定的字段与筛选结果展示的字段一致。

（2）筛选条件表达式的格式如下：

（筛选字段 1 区域 = 条件 1）*（筛选字段 2 区域 = 条件 2）*……*（筛选字段 N 区域 = 条件 N）

需要注意的是：数据源区域和筛选字段区域可以不包含字段名所在的行，但是两者选定的行数必须一致。例如：数据源区域是从字段名所在行至最后一条数据，则筛选字段区域也须是从字段名所在行至最后一条数据。

（3）筛选无结果返回值是当没有满足筛选条件的记录时返回的结果。该结果只在录入公式的单元格显示。

2. 提问解答

根据 FILTER 函数的语法格式，图 4-59 中 F9 单元格的公式为：

=FILTER(A4:D20,(B4:B20=G6)*(C4:C20=H6),0)

输出结果如图 4-59 所示。

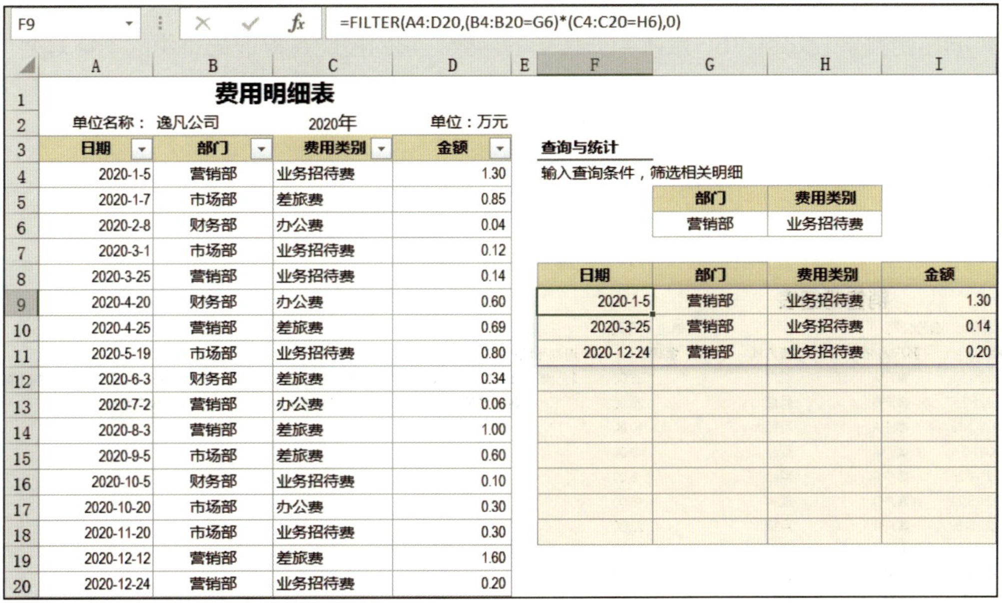

F9　=FILTER(A4:D20,(B4:B20=G6)*(C4:C20=H6),0)

费用明细表

单位名称：逸凡公司　2020年　单位：万元

日期	部门	费用类别	金额
2020-1-5	营销部	业务招待费	1.30
2020-1-7	市场部	差旅费	0.85
2020-2-8	财务部	办公费	0.04
2020-3-1	市场部	业务招待费	0.12
2020-3-25	营销部	业务招待费	0.14
2020-4-20	财务部	办公费	0.60
2020-4-25	营销部	差旅费	0.69
2020-5-19	市场部	业务招待费	0.80
2020-6-3	财务部	差旅费	0.34
2020-7-2	营销部	办公费	0.06
2020-8-3	营销部	差旅费	1.00
2020-9-5	市场部	差旅费	0.60
2020-10-5	财务部	业务招待费	0.10
2020-10-20	市场部	办公费	0.30
2020-11-20	市场部	业务招待费	0.30
2020-12-12	营销部	差旅费	1.60
2020-12-24	营销部	业务招待费	0.20

查询与统计

输入查询条件，筛选相关明细

部门	费用类别
营销部	业务招待费

日期	部门	费用类别	金额
2020-1-5	营销部	业务招待费	1.30
2020-3-25	营销部	业务招待费	0.14
2020-12-24	营销部	业务招待费	0.20

图 4-59　FILTER 函数应用

■ **扩展阅读**

关于 FILTER 的更多使用技巧及精彩应用案例，请在微信公众号“ Excel 偷懒的技术”主页发送关键词“Filter”获取。

八、UNIQUE 函数：唯一值萃取机

UNIQUE 函数的示例文件为“表 4-15　UNIQUE 函数（365 新增）”。

提问：在图 4-60 的销售明细表中，如何提取“客户 + 结算方式”组合的各种情形以及只有一

次交易记录的客户名单？

1. 函数技能及语法格式

UNIQUE 函数是 Excel 365 版本中新增加的函数，它的技能是提取记录中的不重复值。其语法格式为：

=UNIQUE(提取值区域 , 查重方向 , 提取模式)

	A	B	C	D	E	F	G	H	I	J	K
1			销售明细表								
2	单位名称：	逸凡公司			单位：万元						
3	日期	客户名称	结算方式	金额		查询与统计					
4	2021-1-5	客户A	现付	25.00		1、请列出"客户+结算方式"组合的各种情形。			2、请列出只有一次交易记录的客户名单。		
5	2021-2-7	客户B	月结	28.00		客户名单	结算方式		客户名单		
6	2021-2-18	客户A	月结	10.00							
7	2021-3-1	客户A	现付	9.00							
8	2021-4-25	客户C	月结	6.00							
9	2021-5-20	客户D	现付	15.00							
10	2021-6-25	客户B	月结	22.00							
11	2021-7-19	客户E	月结	11.00							
12	2021-8-3	客户D	现付	18.00							
13	2021-9-2	客户F	现付	26.00							
14	2021-10-3	客户D	现付	35.00							
15	2021-11-6	客户B	月结	35.00							
16	2021-12-26	客户A	月结	35.00							

图 4-60　销售明细表

其中：

（1）提取值区域是指待提取内容的范围。该范围选定的字段与提取结果展示的字段一致。

（2）查重方向包含**以行为单位**判断重复项（按行提取唯一值）和**以列为单位**判断重复项（按列提取唯一值）。

（3）提取模式分为：提取唯一值列表、提取只出现了一次的列表。

查重方向和提取模式都是通过录入参数来进行功能选择，其规则如图 4-61 所示。

参数	为 0 时	为 1 时
参数 2	按行提取唯一值（默认）	按列提取唯一值
参数 3	提取所有内容的唯一值（默认）	仅提取无重复记录的值

图 4-61　UNIQUE 函数查重方向和提取模式设置规则

2. 提问解答

回到我们的问题上，第一个需求是以客户名称和结算方式作为查重依据的，从表格结构看这是一个按行查重并提取所有不重复值的情形，所以 F6 单元格的公式为：

=UNIQUE(B4:C16)

输出结果如图 4-62 所示。

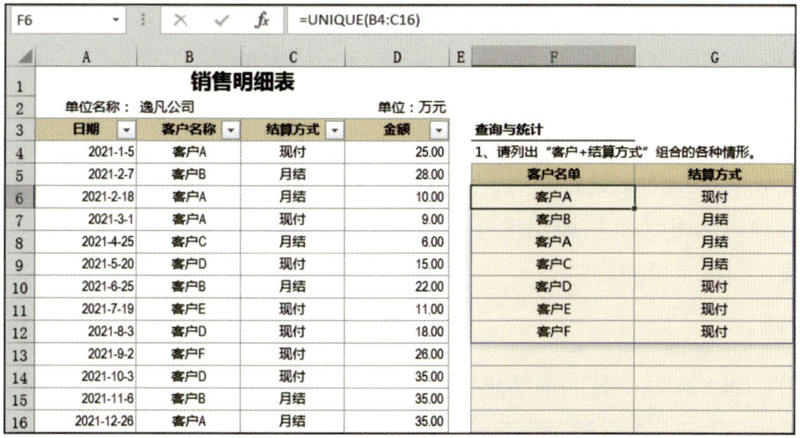

图 4-62　UNIQUE 函数按行提取不重复值应用

第二个需求是提取只有一次交易记录的客户，我们需要设置函数的参数 3。I6 单元格的公式为：

=UNIQUE(B4:B16,0,1)

输出结果如图 4-63 所示。

图 4-63 UNIQUE 函数按行提取唯一值应用

九、ROW 函数和 COLUMN 函数：行列坐标记录仪

1. 函数技能

ROW 函数与 COLUMN 函数分别用于查找指定单元格的行与列的序号。和 INDEX 函数中锁定坐标不同的是，该序号为 Excel 的原始序号，与相关查询范围无关。查找列号时，返回的信息并非行坐标对应的字母，而是字母的顺序。

2. 语法格式

ROW 函数和 COLUMN 函数的语法格式如图 4-64 所示。

函数名称	参数 1	示例	结果
ROW	（单元格）	=ROW(B7)	7
COLUMN	（单元格）	=COLUMN(B7)	2

图 4-64 ROW 函数和 COLUMN 函数的语法格式

其中：

（1）当参数为单元格区域时，会生成该区域行号（或列号）组成的序列。

（2）若参数空缺，则默认返回公式所在单元格的行号（或列号）。

第六节　文本类

一、LEFT、RIGHT 函数：截取器函数

常用的文本截取函数如图 4-65 所示。

假设示例公式中的 A1 单元格内容为身份证号码：510202202112312345

函数名称及语法格式	作用	示例公式	示例结果
LEFT(字符串 , 截取位数)	从左截取指定位数字符	=LEFT(A1,4)	5102
RIGHT(字符串 , 截取位数)	从右截取指定位数字符	=RIGHT(A1,4)	2345
MID(字符串 , 截取起点 , 截取位数)	从指定位置开始截取指定位数字符	=MID(A1,7,8)	20211231

图 4-65　文本截取函数

其中：MID 函数中的截取起点是指需要截取的第一个字符是该字符串**左起**的第几位。

如果我们希望从图 4-65 案例中提取的生日信息显示为"2021 年 12 月 31 日"的效果，则要借助"焊接工""&"了。公式为：

=MID(A1,7,4)&" 年 "&MID(A1,11,2)&" 月 "&MID(A1,13,2)&" 日 "

二、LEN 函数和 LENB 函数：求字符串（字节）长度

1. 函数技能及语法格式

LEN 函数能准确反馈出一个文本字符串的长度，而 LENB 函数则被用于统计一个文本字符串字节的长度。

一般来说，空格、数字、字母以及字母输入模式下的标点，一个字符就是一个字节。而对于汉字以及汉字输入模式下的标点（以下统称为汉字型字符）来说，一个字符则包含了两个字节。省略号（……）和破折号（——）等占用两个字符位置的汉语标点的字节数则为 4。

LEN 函数和 LENB 函数的语法格式及示例如图 4-66 所示。

函数名称	参数1	示例	结果
LEN	（字符串）	=LEN("宝马X5")	4
LENB	（字符串）	=LENB("宝马X5")	6

图 4-66　LEN 函数和 LENB 函数的语法格式

2. 拓展应用

有时，直接用 LEFT 函数（RIGHT 函数）很难直接从字符串中截取我们想要的信息，这个时候 LEN 函数和 LENB 往往可以雪中送炭。

图 4-67 是逸凡公司的固定资产目录（对应示例文件"表 4-16　LEN 函数和 LENB 函数"），其中项目信息的构成为 6 位数字代码加固定资产名称。现在我们需要提取固定资产的名称，很显然只靠 LEFT 函数或 RIGHT 函数是搞不定的，而且代码和名称之间没有固定的分隔符，也无法使用替换功能批量解决。但是我们可以看出，代码部分是很有规律的——它们的长度一致。我们让 LEN 函数也参与进来，这样就好办了。

我们借用数学中逆运算的原理衍生可知，对于图 4-67：

项目的总长度 − 代码长度（6）= 固定资产名称的长度（靠右）

所以，C4 单元格的公式为：

=RIGHT(A4,LEN(A4)-6)

执行列填充后，即可完成固定资产名称的剥离（见图 4-68）。

图 4-67　固定资产目录

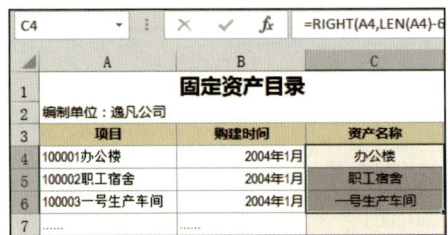

图 4-68　LEN 函数配合 RIGHT 函数实施字符串截取

三、FIND 函数：字符位置探查器

函数技能及语法格式

FIND 函数的技能是查找某个字符串（区分大小写）在另外一个字符串中出现的位置。其语法格式为：

=FIND(待查找的字符串 , 另外一个字符串 , 起始位置)

其中：

（1）起始位置是指从参数 2 的第几位字符开始查找。该参数空缺时，默认为 1。

示例：=FIND("456","123456")，其结果为：4。
　　　=FIND("456","123456",4)，其结果为：4，而不是 1。

查找起始位置为 4，表示从"123456"的第 4 位（字符"4"）开始查找，但是查找的结果仍然是字符串"456"在字符串"123456"中第一次出现的位置（4），而不是在字符串"456"中第一次出现的位置（1）。

=FIND("456","123456",5)，其结果为：#VALUE!。

查找起始位置为 5 时，则表示从"123456"的第 5 位（字符"5"）开始查找，此时相当于从字符串"56"中查找字符串"456"第一次出现的位置（无），返回为 #VALUE!。

（2）待查找字符串在被查找字符串中多次出现时，函数仅返回满足查找条件的第一个位置。

示例：=FIND("2","123234")，其结果为：2。
　　　=FIND("2","123234",3)，其结果为：4。

查找起始位置为 3 时，则表示从"123456"的第 3 位开始查找，此时相当于在字符串"3234"中查找字符串"2"第一次出现的位置（4）。

第七节 统计类

一、COUNT 家族：计数器世家

COUNT 家族主要致力于计数事业，其成员如图 4-69 所示。

函数名称及语法格式	作用
COUNT(区域 1, 区域 2,……, 区域 255)	统计指定的区域中数字型单元格的数量
COUNTA(区域 1, 区域 2,……, 区域 255)	统计指定的区域中非空值单元格的数量
COUNTBLANK(区域 1, 区域 2,……, 区域 255)	统计指定的区域中空值单元格的数量
COUNTIF(条件区域 , 条件)	统计满足单个条件的单元格数量
COUNTIFS(条件区域 1, 条件 1, 条件区域 2, 条件 2,……)	统计满足多个条件的单元格数量

图 4-69　COUNT 家族函数

需要特别注意的是，COUNTA 函数和 COUNTBLANK 函数对单元格是否为空值的理解是不一样的。

COUNTA 函数以编辑栏的内容为准，COUNTBLANK 函数则以单元格显示的内容为准。

如图 4-70 所示，A1 单元格的公式为：=""。

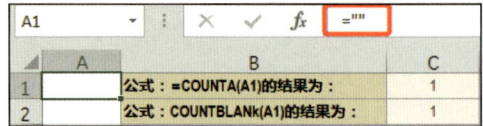

图 4-70　COUNTA 函数和 COUNTBLANK 函数对空值的理解

COUNTA 函数看到 A1 单元格的编辑栏有内容，所以认为其不是空值。
COUNTBLANK 函数看到 A1 单元格显示的是空格，故认定其为空值。

所以，分别用 COUNTA 函数和 COUNTBLANK 函数统计 A1 单元格时，结果均为 1。

COUNTIF 函数和 COUNIFS 函数的条件设置规则，可参照本章第三节 SUMIF 函数和 SUMIFS 函数的有关内容。我们在第三节的第三小节讲解的多条件求和案例（图 4-24），也可以用 COUNTIFS 函数来完成，此时 I12 单元格公式为：

=COUNTIFS(B4:B20,G12,C4:C20,H12)

输出结果如图 4-71 所示。

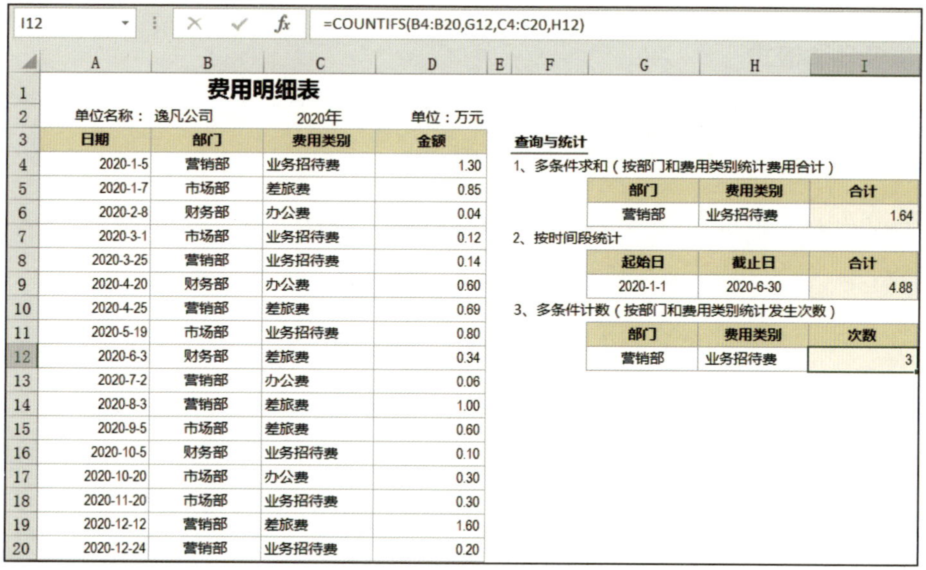
I12　=COUNTIFS(B4:B20,G12,C4:C20,H12)

费用明细表

单位名称：逸凡公司　2020年　单位：万元

日期	部门	费用类别	金额
2020-1-5	营销部	业务招待费	1.30
2020-1-7	市场部	差旅费	0.85
2020-2-8	财务部	办公费	0.04
2020-3-1	市场部	业务招待费	0.12
2020-3-25	营销部	业务招待费	0.14
2020-4-20	财务部	办公费	0.60
2020-4-25	营销部	差旅费	0.69
2020-5-19	市场部	业务招待费	0.80
2020-6-3	财务部	差旅费	0.34
2020-7-2	营销部	办公费	0.06
2020-8-3	营销部	差旅费	1.00
2020-9-5	市场部	差旅费	0.60
2020-10-5	财务部	业务招待费	0.10
2020-10-20	市场部	办公费	0.30
2020-11-20	市场部	业务招待费	0.30
2020-12-12	营销部	差旅费	1.60
2020-12-24	营销部	业务招待费	0.20

查询与统计

1、多条件求和（按部门和费用类别统计费用合计）

部门	费用类别	合计
营销部	业务招待费	1.64

2、按时间段统计

起始日	截止日	合计
2020-1-1	2020-6-30	4.88

3、多条件计数（按部门和费用类别统计发生次数）

部门	费用类别	次数
营销部	业务招待费	3

图 4-71　COUNTIFS 函数应用

二、MAX、MIN 函数：极值函数

极值函数用于查找指定区域的极大值（MAX 函数）和极小值（MIN 函数），详情如图 4-72 所示。

函数名称及语法格式	作用	示例公式	示例结果
MAX(区域 1, 区域 2,……, 区域 255)	统计指定区域内最大值	=MAX(A1:A3)	11
MIN(区域 1, 区域 2,……, 区域 255)	统计指定区域内最小值	=MIN(A1:A3)	5
备注:假设示例公式中区域的值为:A1 单元格 =10,A2 单元格 =5,A3 单元格 =11			

图 4-72 极值函数

三、AVERAGE 函数:算术平均值计算器

函数技能及语法格式

AVERAGE 函数用于计算一组数据的算术平均值。其语法格式为:

=AVERAGE(数据 1, 数据 2,……, 数据 255)

示例:假设 A1:A4 单元格中的数分别为 1 ~ 4。在另一单元格输入:

=AVERAGE(A1:A4,5),结果为 3 (即计算 1、2、3、4、5 的平均数)。

中 篇

实践，在这里深入

第五章

实战演习
让你的表格设计更上层楼

在对 Excel 的心法、素养、技巧以及常用函数等内容有了一定的了解后，我们就可以进入实战演练环节了。本章我们将以三个各具特点的常用财务工作表的设计示例为依托，对工作表的构建理念、编制方式以及函数的综合应用等内容进行全方位展示。

第一节　账龄统计表：IF 函数经典应用示例

账龄不仅是分析各类应收应付款项的重要依据，更是各类应收（预付）类科目计提坏账的主要参照标准之一。账龄的理论虽然简单，但是在实际工作中，特别是在样本量较大的情况下，统计各核算项目的账龄就会变成一项枯燥又耗时的工程。

本节中，我们以逸凡公司 2021 年 12 月 31 日的应收账款为例，讨论如何用 Excel 来设计一套提升账龄统计工作效率的"账龄统计表"（案例表格参见示例文件"表 5-1　账龄统计表"）。

一、基本框架与功能展示

1. 基本框架

"账龄统计表"由基础数据表（简称数据表，见图 5-1）、账龄分布表（简称分布表，见图 5-2）和坏账计提表（简称计提表，见图 5-3）构成。

	A	B	C	D	E	F
1				基础数据表		
2	单位名称：	逸凡公司	会计科目：	应收账款	基准日：	2021-12-31
3	客户名称	坏账计提性质	基准日余额	1年以内借方累计发生额	1-2年借方累计发生额	2-3年借方累计发生额
4	力量实业	无风险	1,100.00	1,200.00	1,100.00	1,500.00
5	拼搏机械	正常风险组合	800.00	700.00	600.00	1,000.00
6	新路工业	正常风险组合	500.00	200.00	-	600.00
7	未明制造	正常风险组合	1,600.00	600.00	500.00	400.00
8	来奥电器	全额计提	500.00	-	-	-
9						
10						
11		合计	4,500.00	2,700.00	2,200.00	3,500.00

图 5-1　基础数据表

图 5-2 账龄分布表（自动生成）

图 5-3 坏账计提表（设置参数后自动生成）

在数据表录入数据时，客户名称和基准日余额一般可以从财务核算系统中引出相关辅助科目余额表后直接粘贴。近三个账龄期间的数据则可以在引出相关报表后，通过 VLOOKUP 函数进行引用。

注：本案例统计基准日为 2021 年 12 月 31 日，故 1 年以内借方累计发生额是指 2021 年的借方累计发生额，以此类推。

2. 功能展示

我们要实现的功能是： 只需要在基础表中录入核算项目名称、坏账计提性质（简称计提性质）、基准日余额和近三个账龄期间内各期借方累计发生额（注意：若是用于应付账款等负债类科目账龄统计，则此处应为贷方累计发生额），在计提表中手工设置各类计提性质对应的坏账计提比率和前期已计提坏账金额，以下三个项目就可以自动呈现：

（1）分布表将自动统计各核算项目的账龄分布。

（2）计提表将自动汇总（计算）：①各类计提性质的科目余额、账龄分布、坏账计提金额；②（计算）累计应计提的坏账金额和本期应计提的坏账金额。

（3）必要的逻辑校验。

二、基本前提及假设

1."先欠先还"假设

在会计实务中，为了简化统计过程，大多采用"先欠先还"的原则进行账龄统计。归纳起来，表现为以下几点：

（1）收款首先冲销账龄最长的款项。

（2）同一账龄期间内红字冲销的累计发生额不超过当期蓝字累计发生额的部分，视为对当期数据的调整。

（3）同一账龄期间内红字冲销的累计发生额超过当期蓝字累计发生额的部分，视为冲销最早账龄期间金额。

2.非负数假设

同一账龄期间内，贷方累计发生额（若是用于应付账款等负债类科目账龄统计，则此处应为借方累计发生额）不得为负数。

由于贷方核算款项回收一般在公司日常债权核对、资金核对等内部控制活动的监管下，因而不会出现需要回冲的情况。即使出现因挂账串户需要红字回冲的情况，也极少出现同一账龄期间内贷方累计发生额为负数的情况，故"账龄统计表"不对因此造成的特殊情况进行识别。如果确实出现此种情况，则需要通过手工单独调整。

3. 四期账龄假设

本案例中设计的"账龄统计表"采用的是目前最常见的四期账龄设置,即:1年以内、1～2年、2～3年和3年以上。如果实际工作中账龄分布有其他方式的,可参照本案例原理进行对应取数。

4. 单独计提模式下,只考虑全额计提

单独计提一般用于一些特殊性质的应收账款。如某债务人确实山穷水尽,按照谨慎性原则,应该根据评估的无法回收的比例计提坏账。所以该类应收账款的计提比率与账龄没有相关性,为简化处理,本案例中针对此类计提性质只考虑全额计提。

三、注意事项

1. 充分考虑科目重分类

如果某客户基准日余额为负数,则该核算项目的余额应在财务报表中重分类为"预收款项"项目列报,并在预收账款的"账龄统计表"中予以反映(其他科目也有类似的重分类规则,在此不赘述了)。故无论是何种科目的账龄统计,基准日余额均不得为负数。

2. 及时排除无效数据

由于只有基准日余额大于0的项目才列入统计,所以从财务记账系统引出基准日余额表后,应首先删除余额小于等于0的项目,再将相关数据粘贴到基础信息表。这样不仅可以使基础信息表中记录的信息具有高度实用性,而且能杜绝大量无效数据影响整套"账龄统计表"的运算效率。因此,处理无效数据应趁早。

3. 高度警惕重名现象

前面我们提到过,在数据表中录入信息时,一般需要通过VLOOKUP函数引入最近三个账龄期间的借方累计发生额。由于使用VLOOKUP函数进行数据匹配时要求索引信息的唯一性,所以我们需要考虑重名问题(特别是统计职员往来款账龄,存在同名的概率比买彩票中500万大多了)。

4. 使用数据有效性限制信息填写

在很多表格中，总有那么几个手工填写的参数具有较强的限定性，实际上像是在做选择题而非填空题。例如数据表中的计提性质，就只允许填写规定的三种性质之一。如果不用数据有效性加以限制，就很容易出现同物不同名，进而影响数据统计的情况。

四、知识点储备

在阅读本节下面的内容前，请各位读者朋友首先确认大脑中已经基本储备了图 5-4 中的相关知识点。

类别	分类	知识点
函数	逻辑	IF函数
	查找与引用	VLOOKUP函数
	数学与三角函数	SUM函数、SUMIF函数及ROUND函数
	统计	MIN
运算符	连接符	&
功能	数据验证	序列
其他	单元格引用	绝对引用、相对引用及混合引用

图 5-4　本节知识点储备

五、主要信息的公式设计方法

在对"账龄统计表"的框架、功能和相关注意事项有了大致的认识后，我们就以逸凡公司应收账款的案例来讨论"账龄统计表"的设计。

【案例 5-1】

逸凡公司 2021 年 12 月 31 日应收账款科目经整理后的基础数据表如图 5-5 所示。其中，力量实业为逸凡公司全资子公司，坏账计提性质为"无风险"，无须计提坏账，而来奥电器已经陷入财务困境多年，将全额计提坏账。假设逸凡公司当前坏账准备科目余额为贷方 200 元。

	A	B	C	D	E
1	应收账款明细账（简化整理）				
2	单位名称：逸凡公司	会计科目：应收账款		基准日：2021-12-31	
3	客户名称	年份	借方累计	贷方累计	余额
4	力量实业	2018			
5	力量实业	2019	1,500.00	1,200.00	300.00
6	力量实业	2020	1,100.00	1,000.00	400.00
7	力量实业	2021	1,200.00	500.00	1,100.00
8					
9	客户名称	年度	借方累计	贷方累计	余额
10	拼搏机械	2018			
11	拼搏机械	2019	1,000.00	800.00	200.00
12	拼搏机械	2020	600.00	500.00	300.00
13	拼搏机械	2021	700.00	200.00	800.00
14					
15	客户名称	年度	借方累计	贷方累计	余额
16	新路工业	2018			
17	新路工业	2019	600.00		600.00
18	新路工业	2020		300.00	300.00
19	新路工业	2021	200.00		500.00
20					
21	客户名称	年度	借方累计	贷方累计	余额
22	未明制造	2018			1,200.00
23	未明制造	2019	400.00	100.00	1,500.00
24	未明制造	2020	500.00	200.00	1,800.00
25	未明制造	2021	600.00	800.00	1,600.00
26					
27	客户名称	年度	借方累计	贷方累计	余额
28	来奥电器	2018			3,000.00
29	来奥电器	2019		1,000.00	2,000.00
30	来奥电器	2020		1,500.00	500.00
31	来奥电器	2021			500.00

图 5-5 应收账款基础信息

据此，在数据表中录入的信息如前文图 5-1 所示。

结合"账龄统计表"结构，相关设计方法如下。

1. 分布表公式设计方法

（1）核算项目等同步信息（A4:C14 单元格区域）的公式设计。

分布表的客户名称、坏账计提性质及基准日余额信息与数据表的同名字段是同步的。但需要提醒的是，当被关联的单元格为空白时，主单元格中将显示数字 0。为了使主单元格也为空白，我们需要通过 IF 函数和"＝"实施信息的同步关联。故 A4 单元格的公式为：

=IF(数据表 !A4="","", 数据表 !A4)

然后将上述公式填充至 A4:C14 单元格区域即可。

（2）账龄 1 年以内金额分布（D4:D14 单元格区域）的公式设计。

Step1：金额为 0 的情况。

由于账龄分布中不可能存在负数，且根据"先欠先还"的原则可知，账龄 1 年以内分布的金额其最小值为 0，最大值为 1 年以内借方累计发生额。

如果 1 年以内借方累计发生额小于等于 0，则账龄 1 年以内分布的金额只能为 0。当然，如果客户名称为空白时，此处也应以空白示人。

D4 单元格的第一步公式为：

=IF(A4="","",IF(数据表 !C4<=0,0, 进入第二步))

Step2：金额大于 0 的情况。

针对资产类科目，我们知道有一个永恒不变的公式：

期末余额 = 期初余额 + 本期借方累计发生额 − 本期贷方累计发生额

对其实施变形，得出变形 1 号公式：

期末余额 − 本期借方累计发生额 = 期初余额 − 本期贷方累计发生额

我们再把变形 1 号公式中的参数替换为"账龄统计表"中的相关参数，则得出变形 2 号公式：

基准日余额 −1 年以内借方累计发生额 = 期初余额 −1 年以内贷方累计发生额

再结合"先欠先还"原则，我们可知：

如果基准日余额小于 1 年以内借方累计发生额，则上述变形 2 号公式的两边均为负数。此时可知：期初余额小于 1 年以内收回的欠款。这说明在最近一年（2021 年）收取的还款大于期初（2020 年年末）余额，即 2021 年已经收回 2020 年年末的全部欠款。在这种情况下，账龄 1 年以内分布的金额，就等于基准日余额。

如果基准日余额大于 1 年以内借方累计发生额，则上述变形 2 号公式的两边均为正数。此时可知：期初余额大于 1 年以内收回的欠款。这说明在最近一年（2021 年）收取的还款小于期初（2020 年年末）余额，即 2021 年尚未收回 2020 年年末的全部欠款。由于老前辈的欠款都尚未全部收回，所以作为晚辈的 1 年以内借方累计发生额肯定是尚未得到清偿的。在这种情况下，账龄 1 年以内的金额就等于 1 年以内借方累计发生额。

综合上述分析可知：账龄 1 年以内分布的金额，为基准日余额与 1 年以内借方累计发生额中的较小者。

D4 单元格的第二步公式为：

=MIN(C4, 数据表 !D4)

将上述两个步骤的公式合并，就可得出 D4 单元格的完整公式。

D4 单元格的完整公式为：

=IF(A4="","",IF(数据表 !D4<=0,0,MIN(C4, 数据表 !D4)))

执行列填充后，即可完成账龄 1 年以内金额分布的公式设置（见图 5-6）。

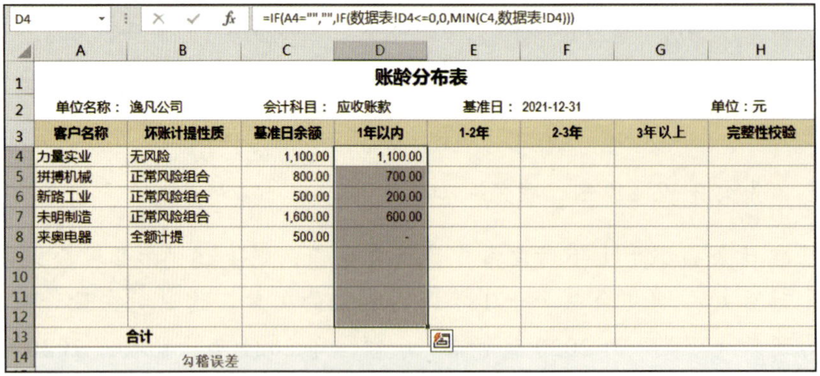
D4 =IF(A4="","",IF(数据表!D4<=0,0,MIN(C4,数据表!D4)))

	A	B	C	D	E	F	G	H
1	账龄分布表							
2	单位名称：逸凡公司		会计科目：应收账款		基准日：2021-12-31			单位：元
3	客户名称	坏账计提性质	基准日余额	1年以内	1-2年	2-3年	3年以上	完整性校验
4	力量实业	无风险	1,100.00	1,100.00				
5	拼搏机械	正常风险组合	800.00	700.00				
6	新路工业	正常风险组合	500.00	200.00				
7	未明制造	正常风险组合	1,600.00	600.00				
8	来奥电器	全额计提	500.00	-				
9								
10								
11								
12								
13		合计						
14		勾稽误差						

图 5-6　账龄 1 年以内金额分布公式

（3）账龄 1～2 年金额分布（E4:E14 单元格区域）的公式设计。

Step1：金额为 0 的情况。

与账龄 1 年以内的分析同理，账龄 1～2 年的金额最小值为 0，最大值为 1～2 年内的借方累计发生额。故如果 1～2 年内的借方累计发生额小于等于 0，则账龄 1～2 年的金额也为 0。

E4 单元格的第一步公式为：

=IF(A4="","",IF(数据表 !E4<=0,0, 进入第二步))

Step2：金额大于 0 的情况。

在"先欠先还"原则下，如果统计基准日余额扣除账龄 1 年以内分布的金额后剩余的金额大于 0 且小于 1～2 年内的借方累计发生额，则说明 1～2 年的借方累计发生额已经被部分清偿。既然晚辈的欠款都开始清偿了，由此可知账龄 2 年以上的老前辈已经全部实现回款。在这种情况下，账龄 1～2 年的金额，就将等于统计基准日余额扣除账龄 1 年以内分布的金额后剩余的金额。

如果统计基准日余额扣除账龄 1 年以内的金额后剩余的金额大于 1～2 年内的借方累计发生额，则其差额必将归属于账龄 2 年以上的老前辈。由于老前辈都还没收回全额欠款，那作为晚辈的 1～2 年内的借方累计发生额肯定还没开始被清偿（除非 1～2 年内借方累计发生额小于等于 0，但是该情况已经在第一步被拦截，不可能发生了）。在这种情况下，账龄 1～2 年的金额，就将是其最大值——1～2 年内的借方累计发生额。

综合上述分析可知，账龄 1～2 年的金额，为待分配余额（C4-D4）与 1～2 年内的借方累计发生额中的较小者。

E4 单元格的第二步公式为：

=MIN(C4-D4, 数据表 !E4)

将上述两个步骤的公式合并，就可得出 E4单元格的完整公式：

=IF(A4="","",IF(数据表 !E4<=0,0,MIN(C4-D4, 数据表 !E4)))

执行列填充后，即可完成账龄 1 ～ 2 年金额分布的公式设计（如图 5-7）。

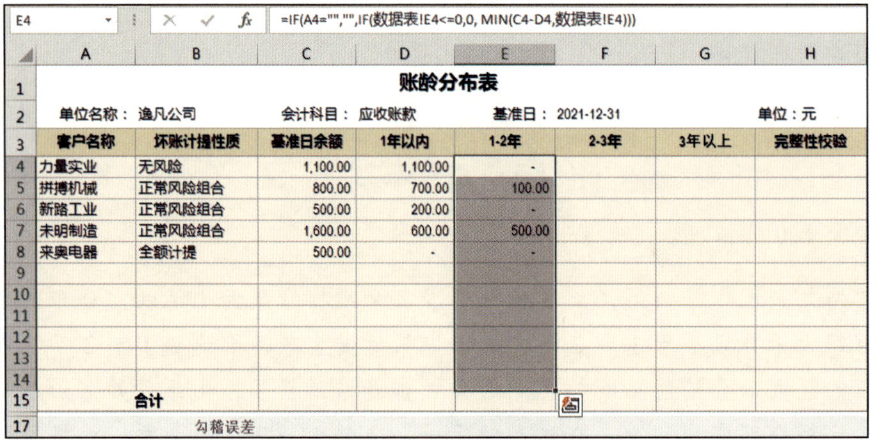
E4 =IF(A4="","",IF(数据表!E4<=0,0, MIN(C4-D4,数据表!E4)))

账龄分布表

单位名称：逸凡公司　会计科目：应收账款　基准日：2021-12-31　单位：元

客户名称	坏账计提性质	基准日余额	1年以内	1-2年	2-3年	3年以上	完整性校验
力量实业	无风险	1,100.00	1,100.00	-			
拼搏机械	正常风险组合	800.00	700.00	100.00			
新路工业	正常风险组合	500.00	200.00	-			
未明制造	正常风险组合	1,600.00	600.00	500.00			
来奥电器	全额计提	500.00	-	-			
	合计						
	勾稽误差						

图 5-7　账龄 1 ～ 2 年以内金额分布公式

（4）账龄 2 ～ 3 年金额分布（F4:F14 单元格区域）的公式设计。

在对 1 年以内和 1 ～ 2 年两个账龄的金额分配进行分析后，我们会发现账龄 2 ～ 3 年金额分布的公式在逻辑上也是一脉相传，只是在考虑统计基准日余额的扣除数时，需要扣除前两个账龄期已经分配的金额。

F4 单元格的公式为：

=IF(A4="","",IF(数据表 !F4<=0,0,MIN(C4-D4-E4, 数据表 !F4)))

执行列填充后，即可完成账龄 2 ～ 3 年金额分布的公式设计（如图 5-8）。

（5）账龄 3 年以上（G4:G14 单元格区域）的公式设计。

账龄 3 年以上的公式，我们就不用折腾啦，可以直接用倒算的方式进行处理了。如果实际工作中仍然需要继续拆分，也可参照前三档账龄的分析思路设计公式。

图 5-8　账龄 2-3 年以内金额分布公式

G4 单元格的公式：

=IF(A4="","",C4-SUM(D4:F4))

不难看出，只要有了清晰的逻辑思路，看似复杂账龄分布公式几乎凭借 IF 函数的一己之力就可以实现。

2. 计提表公式设计方法

（1）账龄分布金额汇总（C4:G4、C7:G7 以及 C10:G10 单元格区域）的公式设计。

三类计提性质与对应统计基准日余额及账龄的统计，自然是通过 SUMIF 函数完成的。

C4 单元格的公式为：

=SUMIF(分布表 !$B$4:$B$14,$A4, 分布表 !C$4:C$14)

虽然三类计提性质被分成了三个不同的单元格区域，但是它们保持了完全相同的"户型"。所以我们仍然可以以 C4 单元格为起点执行区域填充（复制 C4:G4 单元格区域然后将其粘贴在 C7:G7 单元格区域和 C10:G10 单元格区域）。但需要大家明白的是，能实现区域填充，还要得益于计提表和分布表保持了相同的结构。如果我们在设计分布表时，将计提性质放在基准日余额和账龄分布之间

（B 列和 C 列互换），而在计提表中却将基准日余额和账龄分布连在一起，那么我们将无法通过 C4 单元格执行快捷的区域填充。

这个事实告诉我们，Excel 公式填充具有强烈的方位感，需要我们在布局时让各工作表尽量保持好队形。

执行区域填充后，即可完成各类计提性质账龄分布金额汇总（如图 5-9）。

	A	B	C	D	E	F	G	H
1	坏账计提表							
2	单位名称：	逸凡公司		会计科目：	应收账款	基准日：	2021-12-31	单位：元
3	坏账计提性质	计提比例	基准日余额	1年以内	1-2年	2-3年	3年以上	完整性校验
4	无风险	科目余额	1,100.00	1,100.00	-	-	-	
5		坏账计提比率（%）		0%	0%	0%	0%	
6		计提金额						
7	正常风险组合	科目余额	2,900.00	1,500.00	600.00	700.00	100.00	
8		坏账计提比率（%）		1%	3%	10%	20%	
9		计提金额						
10	全额计提	科目余额	500.00	-	-	-	500.00	
11		坏账计提比率（%）		100%	100%	100%	100%	
12		计提金额						
13	科目余额合计							
14	坏账计提							
15		累计已计提：	200.00			本期计提：		

图 5-9　各类坏账计提性质金额

（2）本期计提金额。

坏账计提的各种计算，就是一些简单的数学运算了。

D6 单元格的公式为：

=D4*D5

在 D6:G6、D9:G9 以及 D12:G12 单元格区域执行区域填充后，即可实现各计提性质在不同账龄下的计提坏账金额计算。

C6 单元格公式为：

=SUM(D6:G6)

在 C9 和 C12 单元格执行填充后，即可实现各计提性质计提坏账金额的合计。

最后别忘了本期计提坏账金额的计算。

G15 单元格的公式为：

=C14-C15

六、逻辑校验信息的公式设计方法

逻辑关系是检验各类财务报表中财务数据正确性的最基本的标准。给每一张财务工作表设置必要的逻辑校验，不仅是一种职业素养的体现，也是一种提高纠错效率的科学方式。

针对"账龄统计表"，我们还要关注以下情况。

1. 账龄分布总额与基准日余额的匹配

校验账龄分布总额与基准日余额是否匹配，其实就是校验其账龄分布的完整性。两者应遵守的逻辑关系是：

各账龄期间分布金额之和 = 基准日余额

假设我们规定，当校验通过时显示"OK"，校验出错时显示"偏差 X"（X 为偏差的金额）。

分布表中 H4 单元格的公式为：

=IF(A4="","",IF(ROUND(C4-SUM(D4:G4),2)=0,"OK"," 偏差 "&ROUND(C4-SUM(D4:G4),2)))

列填充后，即可完成账龄分布的完整性校验设置（见图 5-10）。此外，在计提表中，也可以参照该方式设置账龄分布总额与基准日余额校验。

2. 是否存在非法数据

非法数据，是指不符合"账龄统计表"规则或假设前提的数据。下列情况就是需要我们严格进行防范的：

（1）基准日余额小于 0。

（2）账龄分布金额小于 0。

这次我们要报警的对象不再是数据之间的匹配，而是要揪出不该出现的负数。

换一个说法，不允许出现负数的本质就是：在相关数据区域内，最小的数只能是 0。所以 MIN 函数压轴出场了。假设我们把非法数据校验放在分布表的第 17 行。

图 5-10 账龄分布的完整性校验

C17 单元格的公式为：

=IF(MIN(C4:C14)<0," 有负数！","OK")

执行行填充后，一旦有负数混入阵中，就会显示"有负数！"的提示了（见图 5-11）。然后，我们就可以按图索骥找到对应的列字段，通过筛选功能，将"非法入境者"一网打尽了。

图 5-11 非法数据校验

第二节 长期资产摊销统计表：待摊资产的智能化管理示例

长期资产（固定资产、无形资产以及长期待摊费用等）的摊销，在会计学理论中是一个很简单的问题。但是在实务工作中，如果没有一个顺手的统计工具，就很容易出现各种计量差错。例如新增加的资产忘记摊销，已经摊销完毕的资产还在继续摊销以及摊销尾数余留（超支）等。

本节中，我们以逸凡公司长期待摊费用为例，讨论如何用 Excel 来设计一套自动统计摊销数据的"长期资产摊销统计表"（简称"摊销统计表"）。（案例表格参见示例文件"表5-2 长期资产摊销统计表"。）

一、基本框架与功能展示

1. 基本框架

"摊销统计表"由长期待摊费用摊销表（简称"摊销表"，见图5-12）和长期摊销费用月度查询表（简称"统计表"，见图5-13）构成。

	A	B	C	D	E	F	G	H	I	J	K	L	M	N	O	T	U	V
1									长期待摊费用摊销表									
2	单位名称：	逸凡公司												会计年度：	2021			单位：元
3	资产编号	资产名称	费用类型	部门	资产原值	摊销期数	摊销起始期间	摊销结束期间	月摊销额	以前年度累计摊销	2021年1月	2021年2月	2021年3月	2021年4月	……	2021年10月	2021年11月	2021年12月
4	1-001	车间装修	制造费用	生产部	50,000.00	24	2018年1月	2019年12月	2,083.33	50,000.00	-	-	-	-	……	-	-	-
5	2-001	网络建设	销售费用	营销部	98,750.00	36	2018年11月	2021年10月	2,743.06	71,319.56	2,743.06	2,743.06	2,743.06	2,743.06	……	2,742.90	-	-
6	1-002	实验室装修	研发支出	技术部	65,000.00	48	2020年2月	2024年1月	1,354.17	14,895.87	1,354.17	1,354.17	1,354.17	1,354.17	……	1,354.17	1,354.17	1,354.17
7	3-001	生产线保养	制造费用	生产部	79,500.00	60	2020年11月	2025年10月	1,325.00	2,650.00	1,325.00	1,325.00	1,325.00	1,325.00	……	1,325.00	1,325.00	1,325.00
8	1-003	宿舍改造	管理费用	行政部	100,000.00	72	2021年5月	2027年4月	1,388.89	-					……	1,388.89	1,388.89	1,388.89
9																		
10															……			
11															……			
12															……			
13																		
14		原值/摊销合计			393,250.00					138,865.43	5,422.23	5,422.23	5,422.23	5,422.23		6,810.96	4,068.06	4,068.06
15																		
16									资产账面价值	148,962.34	143,540.11	138,117.88	132,695.65		191,829.09	187,761.03	183,692.97

图5-12 长期待摊费用摊销表（摊销表）

统计表用于查询某个核算期间各项资产当月摊销额、累计摊销额以及账面价值等信息。由于其显示的信息针对性更强，所以该表非常适合作为查询期间摊销记账凭证的附件。

	A	B	C	D	E	F	G	H
1				长期待摊费用月度查询表				
2	单位名称：	逸凡公司		核算期间：	2021年6月			单位：元
3	资产编号	资产名称	费用类型	部门	资产原值	本期摊销	累计摊销	账面价值
4	1-001	车间装修	制造费用	生产部	50,000.00	-	50,000.00	-
5	2-001	网络建设	销售费用	营销部	98,750.00	2,743.06	87,777.92	10,972.08
6	1-002	实验室装修	研发支出	技术部	65,000.00	1,354.17	23,020.89	41,979.11
7	3-001	生产线保养	制造费用	生产部	79,500.00	1,325.00	10,600.00	68,900.00
8	1-003	宿舍改建	管理费用	行政部	100,000.00	1,388.89	2,777.78	97,222.22
9							-	
10							-	
11							-	
12							-	
13							-	
14		合计			393,250.00	6,811.12	174,176.59	219,073.41
16		勾稽误差				-		
18				长期待摊费用月度费用归集表				
19	序号	费用类型	部门	资产数量	资产原值	本期摊销	累计摊销	账面价值
20	1	管理费用	行政部	1	100,000.00	1,388.89	2,777.78	97,222.22
21	2	销售费用	营销部	1	98,750.00	2,743.06	87,777.92	10,972.08
22	3	研发支出	技术部	1	65,000.00	1,354.17	23,020.89	41,979.11
23	4	制造费用	生产部	2	129,500.00	1,325.00	60,600.00	68,900.00
24		合计		5	393,250.00	6,811.12	174,176.59	219,073.41

图 5-13 长期摊销费用月度查询表（统计表）

2. 功能展示

我们要实现的功能是： 只需要在摊销表中手工录入必要的基础信息（统计年度、资产名称、费用类型、资产原值、摊销期限和摊销起始期间），在统计表中输入需要查询的核算期间，就可以实现：

（1）自动计算统计年度各项资产的月摊销额、资产摊销的结束期间。

（2）自动计算统计年度各期间的摊销额并在摊销末期考虑四舍五入的偏差调整。

（3）自动计算统计年度每个期间的长期资产科目账面价值，摊销额按费用类别汇总。

（4）用户录入待查询期间后，自动统计该期间内每项资产的当期摊销额、累计摊销额和账面价值。

（5）必要的逻辑校验。

二、基本前提及假设

1. 直线法摊销且不考虑残值

本小节中的案例采用使用范围最广的直线法摊销且不考虑残值。实务工作中如果存在残值的，可参照本案例思路进行适当调整。

2. 资产入账当月开始摊销

考虑到绝大多数财务系统都有固定资产模块，本案例主要适用于长期待摊费用和无形资产。所以在摊销思路上，采用与之匹配的入账当月开始摊销的方法。

3. 适用周期为一年

为避免跨度过大，本案例设计的"摊销统计表"适用周期为一个自然年度，跨年需结转。在实际工作中，可根据个人习惯对适用周期进行调整。

本表版式设计适用于预期长期资产项目较多的情况。如果预期长期资产项目较少，摊销表应该采用纵向排版设计，以方便阅读。

三、注意事项

由于日期型格式都是以"年月日"进行反映的（即使你把显示格式设置为"年月"，但是其实质还是"年月日"）。如图 5-14 所示，我们在 A1 单元格输入"2020 年 7 月 6 日"，虽然通过设置使得单元格显示的是"2020 年 7 月"，但是从编辑栏中，我们可以看到其真实面目实际上仍然是"2020-7-6"。

图 5-14　日期单元格的真相

为了统一相关计算口径，在摊销表的使用过程中，需要规定：凡是只需要保留年月的日期型单元格，均记为 Y 年 M 月 1 日。实际操作时，只需要输入 Y 年 M 月，按【Enter】即可。

四、知识点装备

在阅读本节下面的内容前，请各位读者朋友首先确认大脑中是否已经基本储备了图 5-15 中的相关知识点。

类别	分类	知识点
函数	逻辑	IF函数、AND函数及OR函数
	日期与时间	DATE函数、EDATE函数、YEAR函数及MONTH函数
	查找与引用	OFFSET函数、MATCH函数
	数学与三角函数	SUM函数、SUMIF函数和ROUND函数
	统计	MIN函数
运算符	连接符	&
功能	查找与替换	查找与替换
其他	单元格引用	绝对引用、相对引用及混合引用

图 5-15　本节知识点装备

五、主要信息的公式设计方法

在对"摊销统计表"的框架和相关知识点有了基本的认识后，我们来通过逸凡公司 2021 年长期待摊费用的案例讨论一下"摊销统计表"的设计。

【案例 5-2】

逸凡公司的长期待摊费用信息如图 5-16 所示。

资产编号	资产名称	费用类型	部门	资产原值（元）	摊销期数	入账期间
1-001	车间装修	制造费用	生产部	50,000.00	24	2018 年 1 月
2-001	网络建设	销售费用	营销部	98,750.00	36	2018 年 11 月
1-002	实验室装修	研发支出	技术部	65,000.00	48	2020 年 2 月
3-001	生产线保养	制造费用	生产部	79,500.00	60	2020 年 11 月
1-003	宿舍改建	管理费用	行政部	100,000.00	72	2021 年 5 月

图 5-16　长期待摊费用信息

结合"摊销统计表"结构，将其拆分为"摊销表"和"统计表"两部分进行设计，表格及数据见示例文件"表 5-2　长期资产摊销统计表"。相关设计方法如下。

1. "摊销表"公式设计方法

（1）期间信息（K3:V3 单元格区域）。

期间信息是根据指定的年度（N2 单元格）来构造一个 1～12 月的日期序列。这里我们自然会想到 DATE 函数。由于我们已经约定所有日期均指定为当月 1 日，所以在年、月、日这三个参数中，就剩下如何设置月份了。

由于月份是一个间隔为 1 的连续序列，于是我们就可以利用列号来计算。我们已知 1 月是从 K 列开始，而 K 列的列号为 11，所以可知，用列号减去 10，就可以得到该列对应的月份数。这样，K3 单元格公式就可以写为：

=DATE($N2,COLUMN()-10,1)

执行行填充后即可得各期期间信息（见图 5-17）。

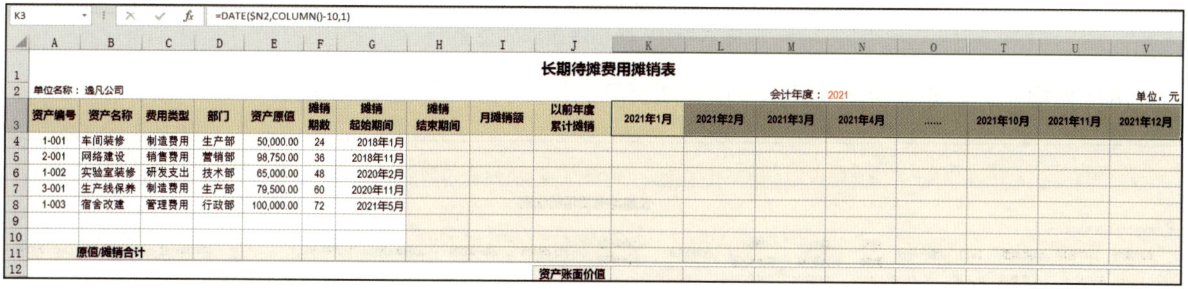

图 5-17　期间信息公式

（2）摊销结束期间（H4：H13 单元格区域）。

摊销结束期间是指某项资产摊销的最后一期的期间。该数据由摊销起始期间加上摊销期限计算而成。同时我们需要考虑信息缺失的情况：如果摊销期数或摊销起始期间为空，则摊销结束期间也为空。据此，H4 单元格的公式为：

=IF(OR(F4="",G4=""),"",EDATE(G4,F4-1))

执行列填充后，即可自动计算生成匹配的摊销结束期间了（见图 5-18）。

（3）月摊销额（I4:I13 单元格区域）。

月摊销额的公式没有什么难度，只是需要用 ROUND 函数将摊销额保留到 2 位小数，以免引起累计尾数误差。I4 单元格的公式为：

=IF(F4="","",ROUND(E4/F4,2))

H4 =IF(OR(F4="",G4=""),"",EDATE(G4,F4-1))

长期待摊费用摊销表

单位名称：逸凡公司　　会计年度：2021　　单位：元

资产编号	资产名称	费用类型	部门	资产原值	摊销期数	摊销起始期间	摊销结束期间	月摊销额	以前年度累计摊销	2021年1月	2021年2月	2021年3月	2021年4月	......	2021年10月	2021年11月	2021年12月
1-001	车间装修	制造费用	生产部	50,000.00	24	2018年1月	2019年12月							......			
2-001	网络建设	销售费用	营销部	98,750.00	36	2018年11月	2021年10月							......			
1-002	实验室装修	研发支出	技术部	65,000.00	48	2020年2月	2024年1月							......			
3-001	生产线保养	制造费用	生产部	79,500.00	60	2020年11月	2025年10月							......			
1-003	宿舍改建	管理费用	行政部	100,000.00	72	2021年5月	2027年4月							......			
														......			
														......			
														......			
														......			
														......			
	原值/摊销合计													......			
									资产账面价值					......			

图 5-18　摊销结束期间公式

执行列填充后，即可自动计算出该项长期资产的月摊销额（见图 5-19）。

I4 =IF(F4="","",ROUND(E4/F4,2))

长期待摊费用摊销表

单位名称：逸凡公司　　会计年度：2021　　单位：元

资产编号	资产名称	费用类型	部门	资产原值	摊销期数	摊销起始期间	摊销结束期间	月摊销额	以前年度累计摊销	2021年1月	2021年2月	2021年3月	2021年4月	......	2021年10月	2021年11月	2021年12月
1-001	车间装修	制造费用	生产部	50,000.00	24	2018年1月	2019年12月	2,083.33						......			
2-001	网络建设	销售费用	营销部	98,750.00	36	2018年11月	2021年10月	2,743.06						......			
1-002	实验室装修	研发支出	技术部	65,000.00	48	2020年2月	2024年1月	1,354.17						......			
3-001	生产线保养	制造费用	生产部	79,500.00	60	2020年11月	2025年10月	1,325.00						......			
1-003	宿舍改建	管理费用	行政部	100,000.00	72	2021年5月	2027年4月	1,388.89						......			
														......			
														......			
														......			
														......			
														......			
	原值/摊销合计													......			
									资产账面价值					......			

图 5-19　月摊销额公式

（4）以往年度累计摊销（J4:J13 单元格区域）。

以往年度累计摊销是指在本年度（N2 单元格）之前已经累计摊销的金额。这里面我们需要考虑四种情况（见图 5-20，以第一项资产为例）:

情形	判断逻辑	公式表达	金额
信息缺失	摊销起始期间缺失	G4=""	0
本年才开始摊销	摊销起始期间在本年	G4>=K$3	0
本年前已经完成摊销	摊销截止期间在本年之前	H4<K$3	资产原值（E4单元格）
其他情形	除以上情形外的其他情形	IF函数参数3	月摊销额（I4单元格）*累计摊销期数

图 5-20　以往年度累计摊销的四种情况

从上图我们可以看出，前三种情形相对比较简单。在最后一种情形下，计算以前年度累计摊销的关键点是找出以前年度累计摊销期数。即本年度 1 月和该资产摊销起始期间间隔的月份数。

由于 1 年等于 12 个月，所以我们可以推理出日期 A 和日期 B 的间隔月份的逻辑（假设日期 A> 日期 B）：

=（A 的年数 –B 的年数）*12+A 的月数 –B 的月数

在本案例中，由于 N2 单元格正好是本年年份，所以我们把公式转换为：

=（N$2-YEAR(G4))*12+1-MONTH(G4)

同时我们还需要注意：累计摊销期数不能大于该资产的摊销期数（F4 单元格）。所以我们还需要在 F4 单元格和上述公式计算的结果两者之间取较小值。

由此我们得出 J4 单元格公式：

=IF(OR(E4="",G4>=K$3),0,IF(H4<K3,E4,MIN((N$2-YEAR(G4))*12+1-MONTH(G4),F4)*I4))

执行列填充后即可获取以前年度累计摊销金额（见图 5-21）。

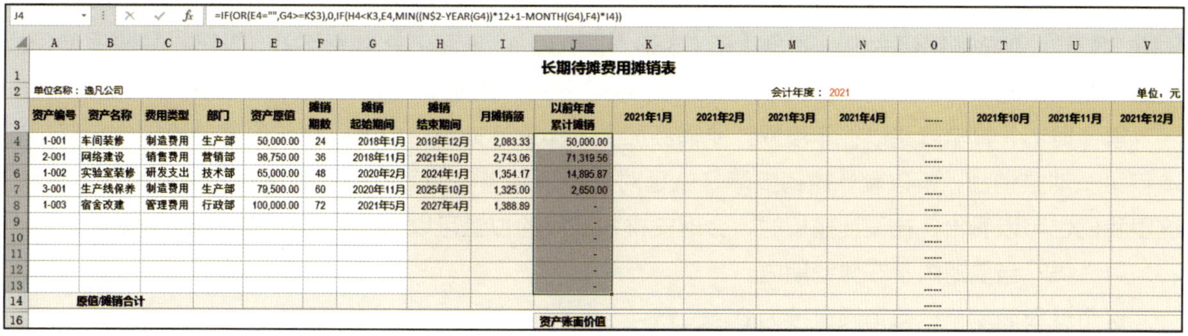

J4　=IF(OR(E4="",G4>=K$3),0,IF(H4<K3,E4,MIN((N$2-YEAR(G4))*12+1-MONTH(G4),F4)*I4))

长期待摊费用摊销表

单位名称：逸凡公司　　会计年度：2021　　单位：元

资产编号	资产名称	费用类型	部门	资产原值	摊销期数	摊销起始期间	摊销结束期间	月摊销额	以前年度累计摊销	2021年1月	2021年2月	2021年3月	2021年4月	......	2021年10月	2021年11月	2021年12月
1-001	车间装修	制造费用	生产部	50,000.00	24	2018年1月	2019年12月	2,083.33	50,000.00					......			
2-001	网络建设	销售费用	营销部	98,750.00	36	2018年11月	2021年10月	2,743.06	71,319.56					......			
1-002	实验室装修	研发支出	技术部	65,000.00	48	2020年2月	2024年1月	1,354.17	14,895.87					......			
3-001	生产线保养	制造费用	生产部	79,500.00	60	2020年11月	2025年10月	1,325.00	2,650.00					......			
1-003	宿舍改建	管理费用	行政部	100,000.00	72	2021年5月	2027年4月	1,388.89	-					......			
									-					......			
									-					......			
									-					......			
									-					......			
									-					......			
	原值/摊销合计													......			
									资产账面价值					......			

图 5-21　以前年度累计摊销公式

（5）期间摊销额（L4:W13 单元格区域）。

从现在开始，我们将进行稍微复杂一点的各期间摊销额计算公式的设计。

我们首先来分析相关逻辑关系：对于一项长期资产来说，每一个期间（以第一条记录在2021年1月为例，下同）有三种情况（见图5-22）。

情形	判断逻辑	公式表达	金额
当前期间在摊销期内（但不是最后一期）	当前期间在摊销起始期间（含）和摊销结束期间（不含）之间	AND($G4<=K$3,$H4>K$3)	月摊销额（$I4）
当前期间是摊销结束期间	当前期间等于摊销结束期间	$H4=K$3	资产原值（$E4）–累计摊销额
当前期间不在摊销期内	除以上情形外的其他情形	IF函数参数3	0

图5-22　长期资产在每个期间的三种情况

从图5-22中可以看出，三种情况其实主要分两大类：

第一类：当前期间在摊销期内。

在摊销期内，摊销额理论上就是我们前面计算的月摊销额。但是考虑到一般情况下长期资产总额并不是摊销期限的整数倍，所以月摊销额实际上是一个保留两位小数的四舍五入近似值。所以，在摊销的最后一期需要用倒算的方式（资产原值 - 累计摊销）来考虑对尾数的处理。

例如，某长期资产原值10 000元，摊销期限30个月，计算出来的月摊销额为333.33元。但是，这个333.33元只是第1期～第29期的摊销额。最后一期（第30期）的摊销额如果仍然是333.33元，则总摊销额为9 999.90元（333.33×30），账面上就会留下0.10元的尾数误差。故最后一期的摊销额计算公式应为：10 000-333.33×29=333.43（元）。

累计摊销，其实就是以往年度累计摊销额加上本年累计摊销。由于以往年度累计摊销字段紧挨着本年第一期摊销额，所以累计摊销实际是就是对从J列到当前期间前一期列次对应单元格区域求和。这里我们也可以看出，在设计模板时，合理安排各字段的位置可以为公式编写带来极大的便利。

第二类：当前期内不在摊销期内。

这个就很简单了，摊销额直接为0。

根据上述的逻辑分析，我们就可以得出K4单元格公式：

=IF(AND($G4<=K$3,$H4>K$3),$I4,IF($H4=K$3,ROUND($E4-SUM($J4:J4),2),0))

执行区域填充后，即可完成各月摊销额的计算（见图5-23）。

K4 =IF(AND($G4<=K$3,$H4>K$3),$I4,IF($H4=K$3,ROUND($E4-SUM($J4:J4),2),0))

长期待摊费用摊销表

单位名称：逸凡公司　　会计年度：2021　　单位：元

资产编号	资产名称	费用类型	部门	资产原值	摊销期数	摊销起始期间	摊销结束期间	月摊销额	以前年度累计摊销	2021年1月	2021年2月	2021年3月	2021年4月	……	2021年10月	2021年11月	2021年12月
1-001	车间装修	制造费用	生产部	50,000.00	24	2018年1月	2019年12月	2,083.33	50,000.00	-	-	-	-	……	-	-	-
2-001	网络建设	销售费用	营销部	98,750.00	36	2018年11月	2021年10月	2,743.06	71,319.56	2,743.06	2,743.06	2,743.06	2,743.06	……	2,742.90	-	-
1-002	实验室装修	研发支出	技术部	65,000.00	48	2020年2月	2024年1月	1,354.17	14,895.87	1,354.17	1,354.17	1,354.17	1,354.17	……	1,354.17	1,354.17	1,354.17
3-001	生产线保养	制造费用	生产部	79,500.00	60	2020年11月	2025年10月	1,325.00	2,650.00	1,325.00	1,325.00	1,325.00	1,325.00	……	1,325.00	1,325.00	1,325.00
1-003	宿舍改建	管理费用	行政部	100,000.00	72	2021年5月	2027年4月	1,388.89	-	-	-	-	-	……	1,388.89	1,388.89	1,388.89
									-					……			
									-					……			
									-					……			
									-					……			
									-					……			
	原值/摊销合计													……			
									资产账面价值					……			

图 5-23　各月摊销额公式

这里我们来回顾一下我们之前约定的一个问题——输入相关日期时，需要统一年月日中“日”参数的问题。这是因为在进行日期的大小（前后）判断时，是以“年月日”组团的方式比较的。而在本统计表中，只需要对“年月”进行识别。如果不对日期参数进行统一，则极有可能出现判断错误的情况。

例如：在计算各月摊销额的公式逻辑中，2021 年 5 月和 2021 年 5 月本应该是相等的，但是如果一个日期实质为 2021 年 5 月 1 日，另外一个日期实质为 2021 年 5 月 5 日，则 Excel 会判断为前者小于后者，从而严重影响公式运算。

（6）资产原值、各期摊销额合计（E14 单元格、I14 单元格及 J14:V14 单元格区域）。

直接用 SUM 函数完成，这里不再赘述。

（7）各期账面价值合计（K16:V16 单元格区域）。

资产摊销后的账面价值是除摊销额外最重要的一个指标。它不仅能揭示资产当前的参考剩余价值，而且我们也需要用它与财务账上的账面价值进行核对，以确保当期摊销核算的正确性。

我们知道在不考虑减值的情况下：

账面价值 = 资产原值 − 累计摊销

也许有性急的读者朋友此时会抢着说：“这个简单，某月的账面价值不就是资产原值的合计减去以往年度累计摊销合计，再减去本年截至当月的摊销合计嘛。”其实不然。

这是因为，这个思路忽略了长期资产项目会不断增加的情况。新增的资产会引起资产原值合计的增加，但是新增前的累计摊销额不会增加。于是新增资产之前月份的账面价值，就会悄悄虚增。所以，这事儿还真没那么简单。

合理的逻辑应该是：

某月账面价值 = 某月当期**已经存在**的资产的原值合计 – 某月当期**已经存在**的价值的累计摊销额

那么，如何界定"某月当期已经存在"？毫无疑问，可以用摊销起始日期（G4 单元格）是否小于等于当前摊销期间（K3 单元格）来判断。

找到了计算的逻辑，我们就可以解决各期资产账面价值合计的问题了。K16 单元格公式为：

=SUMIF($G$4:$G$13,"<="&K3,$E4)-SUM($J4:K13)

执行行填充后，即可完成相关计算（见图 5-24）。

图 5-24 各月账面价值公式

2. 统计表公式设计方法

前面的摊销表是以全局展现的形式传递相关信息的，但是有时我们需要过滤掉不需要的信息，只对指定查询期间的信息做针对性更强的列示。比如，我们在制作各期资产摊销凭证的附件时，就只需要一个当期摊销信息的统计表。下面，我们将移师统计表继续讨论相关公式的设计。

（1）基础信息（A4:E13 单元格区域）的公式设计。

资产基础信息我们可以直接使用"＝"将序号、资产名称、费用类型和资产原值四项固定信息进行同步关联。但是需要注意规避两个问题：

1）如果摊销表对应单元格为空，则同步为空（如果直接用“=”关联一个空单元格，会返回 0）。

2）表中不能出现查询期间尚未开始摊销的资产——否则，就成穿越剧了。

据此 A4 单元格的公式为：

=IF(OR(摊销表 !A4="",$E$2< 摊销表 !$G4),"", 摊销表 !A4)

执行区域填充后，即可完成相关信息的同步（见图 5-25）。

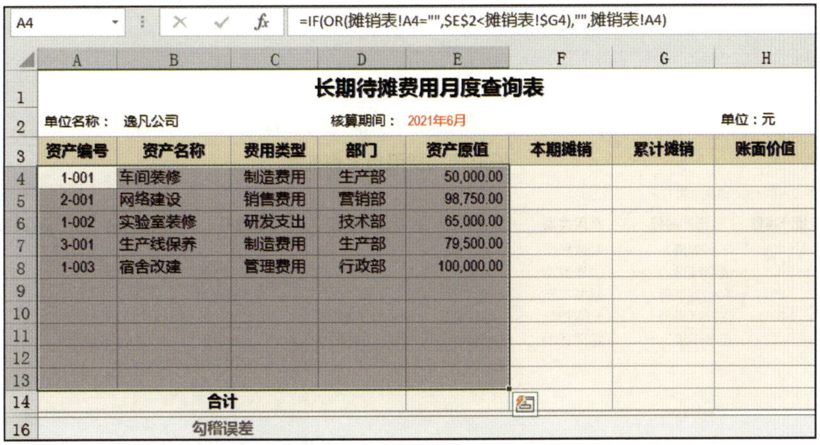

长期待摊费用月度查询表							
单位名称：	逸凡公司		核算期间：	2021年6月			单位：元
资产编号	资产名称	费用类型	部门	资产原值	本期摊销	累计摊销	账面价值
1-001	车间装修	制造费用	生产部	50,000.00			
2-001	网络建设	销售费用	营销部	98,750.00			
1-002	实验室装修	研发支出	技术部	65,000.00			
3-001	生产线保养	制造费用	生产部	79,500.00			
1-003	宿舍改建	管理费用	行政部	100,000.00			
合计							
勾稽误差							

图 5-25 同步基础信息公式

其中，资产原值（E4:E13 单元格区域）的数据格式建议通过右键菜单“设置单元格格式”调整为“会计专用”格式，以确保数据规范性。

（2）本期摊销（F4:F13 单元格区域）的公式设计。

本期摊销额公式设计的关键，是要根据资产编号（A4 单元格）与核算期间（E2 单元格）两个维度，在摊销表的各期摊销金额区域（K4:V13 单元格区域）锁定对应的数值。

从各期摊销金额区域结构不难看出，假设我们以摊销表 J3 单元格为原点，某项资产在某期间对应的摊销额可以表示为从原点下移 X 行，再右移 Y 列对应的那个单元格。而这正是 OFFSET 函数的拿手好戏。

其中：X 为相关资产编号在摊销表中资产编号序列（摊销表 A4:A13 单元格区域）中的序位（MATCH 函数的专长），Y 为核算期间的月份。这样 OFFSET 函数的五个参数全部就位，F4 单元格公式为：

=OFFSET(摊销表 !$J$3,MATCH($A4, 摊销表 !$A$4:$A$13,0),MONTH($E$2),1,1)

为避免预留行因无法查找相关信息出现报错，我们再用 IFERROR 函数进行报错转空格的处理。

=IFERROR(OFFSET(摊销表 !$J$3,MATCH($A4, 摊销表 !$A$4:$A$13,0),MONTH($E$2),1,1),"")

执行列填充后，即可完成本期摊销额的生成（见图 5-26）。

F4 =IFERROR(OFFSET(摊销表!$J$3,MATCH($A4,摊销表!$A$4:$A$13,0),MONTH($E$2),1,1),"")

	A	B	C	D	E	F	G	H
1	长期待摊费用月度查询表							
2	单位名称：	逸凡公司		核算期间：	2021年6月			单位：元
3	资产编号	资产名称	费用类型	部门	资产原值	本期摊销	累计摊销	账面价值
4	1-001	车间装修	制造费用	生产部	50,000.00	-		
5	2-001	网络建设	销售费用	营销部	98,750.00	2,743.06		
6	1-002	实验室装修	研发支出	技术部	65,000.00	1,354.17		
7	3-001	生产线保养	制造费用	生产部	79,500.00	1,325.00		
8	1-003	宿舍改建	管理费用	行政部	100,000.00	1,388.89		
9								
10							-	
11							-	
12							-	
13							-	
14		合计					-	-
16		勾稽误差						

图 5-26　本期摊销公式

（3）累计摊销（G4:G13 单元格区域）的公式设计。

累计摊销实际上就是以往年度摊销额加上本年度 1 月至查询期间的累计摊销额。结合摊销表结构，也可以表述为，对从 J 列到核算期间对应月份列的单行区域求和。

于是，我们可以参照摊销额公式的原理，得出 G4 单元格公式：

=SUM(OFFSET(摊销表 !J4,0,0,1,MATCH(E$2, 摊销表 !J$3:V$3,0)))

执行列填充后，即可生成累计摊销额数据（见图 5-27）。

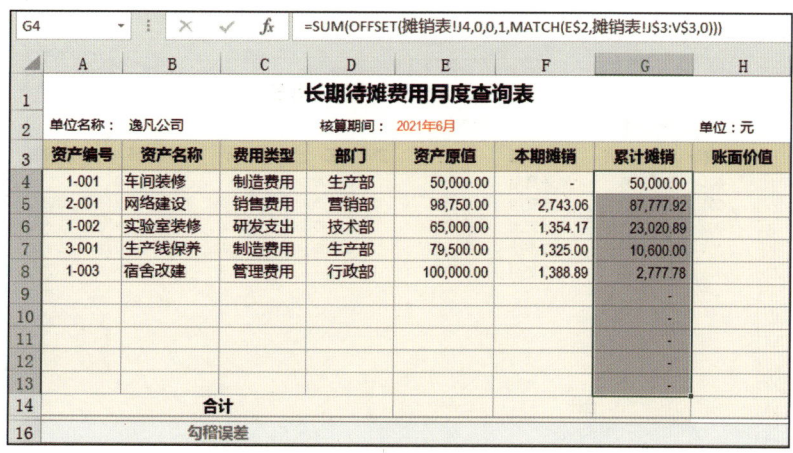

图 5-27 累计摊销公式

（4）账面价值（H4:H13 单元格区域）的公式设计。

账面价值直接等于资产原值减去累计摊销，当然，我们也要考虑到预留行可能带来的报错处理。H4 单元格的公式为：

=IFERROR(E4-G4,"")

执行列填充后，即可得到各项资产在查询期间的账面价值（见图 5-28）。

（5）各项信息合计（E14:H14 单元格区域）的公式设计。

直接交给 SUM 函数解决即可。E14 单元格的公式为：

=SUM(E4:E13)

执行行填充后即可完成各项合计计算。

（6）按费用类别和部门汇总资产数量（D20:D23 单元格区域）的公式设计。

这是一个典型的多条件计数工作，我们直接使用 COUNIFS 函数解决。D20 单元格的公式为：

=COUNTIFS($C$4:$C$13,B20,$D$4:$D$13,C20)

执行区域填充后，即可统计出满足条件的资产数量（见图 5-29）。

H4				fx	=IFERROR(E4-G4,"")		
A	B	C	D	E	F	G	H

长期待摊费用月度查询表

单位名称：	逸凡公司		核算期间：	2021年6月			单位：元
资产编号	资产名称	费用类型	部门	资产原值	本期摊销	累计摊销	账面价值
1-001	车间装修	制造费用	生产部	50,000.00	-	50,000.00	-
2-001	网络建设	销售费用	营销部	98,750.00	2,743.06	87,777.92	10,972.08
1-002	实验室装修	研发支出	技术部	65,000.00	1,354.17	23,020.89	41,979.11
3-001	生产线保养	制造费用	生产部	79,500.00	1,325.00	10,600.00	68,900.00
1-003	宿舍改建	管理费用	行政部	100,000.00	1,388.89	2,777.78	97,222.22
							-
		合计					
	勾稽误差						

图 5-28 账面价值公式

D20				fx	=COUNTIFS($C$4:$C$13,B20,$D$4:$D$13,C20)		
A	B	C	D	E	F	G	H

长期待摊费用月度查询表

单位名称：	逸凡公司		核算期间：	2021年6月			单位：元
资产编号	资产名称	费用类型	部门	资产原值	本期摊销	累计摊销	账面价值
1-001	车间装修	制造费用	生产部	50,000.00	-	50,000.00	-
2-001	网络建设	销售费用	营销部	98,750.00	2,743.06	87,777.92	10,972.08
1-002	实验室装修	研发支出	技术部	65,000.00	1,354.17	23,020.89	41,979.11
3-001	生产线保养	制造费用	生产部	79,500.00	1,325.00	10,600.00	68,900.00
1-003	宿舍改建	管理费用	行政部	100,000.00	1,388.89	2,777.78	97,222.22
							-
		合计		393,250.00	6,811.22	174,176.59	219,073.41
	勾稽误差						

长期待摊费用月度费用归集表

序号	费用类型	部门	资产数量	资产原值	本期摊销	累计摊销	账面价值
1	管理费用	行政部	1				
2	销售费用	营销部	1				
3	研发支出	技术部	1				
4	制造费用	生产部	2				
	合计						

图 5-29 资产数量汇总公式

（7）按费用类别和部门汇总资产相关金额（E20:H23 单元格区域）的公式设计。

由于是汇总金额，所以我们这次是解决的多条件求和问题。E20 单元格公式为：

=SUMIFS(E$4:E$13,$C$4:$C$13,$B20,$D$4:$D$13,$C20)

执行区域填充后，即可获取各项汇总数据（见图 5-30）。最后，还是用 SUM 函数完成各项参数合计计算，在此不再赘述了。

图 5-30　资产各项金额汇总公式

六、逻辑校验信息的公式设计方法

本小节案例，我们选取示例文件"表 5-3　长期资产摊销统计表"中"统计表"的相关合计数进行说明。

（1）资产原值合计勾稽误差（E16 单元格）的公式设计。

资产原值合计勾稽误差即判断统计表 E14 单元格和摊销表资产原值合计之间的差额。但是摊销表只能计算在当前核算期间（统计表 E2 单元格）已经存在的资产。据此，E16 单元格公式为：

=SUMIF(摊销表 !G4:G13,"<="&E2, 摊销表 !E4:E13)-E14

（2）本期摊销勾稽误差（F16 单元格）的公式设计。

本期摊销合计数误差勾稽即判断统计表 F14 单元格和摊销表对应核算期间摊销额合计（摊销表 K14:V14 单元格区域中匹配）之间的差额。我们以摊销表 J14 单元格为原点，对应的摊销额合计实际就是从原点移动 0 行 X 列后的那个单元格。而 X 正是核算期间对应的月份数。所以 F16 单元格公式为：

=OFFSET(摊销表 !J14,0,MONTH(E2),1,1)-F14

（3）累计摊销合计勾稽误差（G16 单元格）的公式设计。

累计摊销合计勾稽误差的公式原理和本期摊销合计相似，只不过累计摊销最后是要查找一个区域（摊销表 J14:X14 行单元格区域，X 为摊销表中当前核算期间对应的列号）并求和。所以 G16 单元格公式为：

=SUM(OFFSET(摊销表 !J14,0,0,1,MONTH(E2)+1))-G14

（4）账面价值合计勾稽误差（H16 单元格）的公式设计。

账面价值合计勾稽误差的公式原理和本期摊销合计一致，只不过对应的数据调整为摊销表第 16 行，所以 H16 单元格公式为：

=OFFSET(摊销表 !J16,0,MONTH(E2),1,1)-H14

第三节　贷款管理台账：贷款本息管理工具

在具有一定规模的企业中，除了会计核算和财务管理以外，融资管理也是一项严谨而重要的工作。特别是融资批量较大的时候，不同授信期限、不同融资额度、不同还款到期日以及到期应付金额等信息的整理与统计，往往弄得资金管理人员疲于奔命。

本节中，我们以逸凡公司贷款管理工作为例，讨论如何用 Excel 来设计一套“贷款管理台账”（案例表格参见示例文件“表 5-3　贷款管理台账”）。

一、基本框架与功能展示

1. 基本框架

贷款管理台账（简称“台账”）框架如图 5-31 所示。

	A	B	C	D	E	F	G	H	I	J	K	L	M	N	O	P	Q	R	S
1	贷款管理台账																		
2	编制单位：	逸凡公司																	
3	当前日期	当前贷款总额	本月待付本息	次月待付本息	查询天数	30天内待付本息													
4	2021-7-6	24,200,000.00	4,584,624.86	7,813,103.50	30	5,888,137.75													
6	贷款合同号	金融机构	贷款本金	年利率	结息周期	贷款起始日	期限（月）	贷款到期日	本月应付本息	本月应付利息	本月结息日付息	本月到期日付息	次月应付本息	次月应付利息	次月结息日付息	次月到期日付息	30天内本息到期提示	30天本金到期提示	30天内利息到期提示
7	DK0001	中国银行A支行	2,000,000.00	6.05%	月	2020-1-6	12	2021-1-5	-	-	-	-	-	-	-	-			
8	DK0002	中国银行A支行	1,300,000.00	6.08%	季	2020-7-7	12	2021-7-6	1,303,512.89	3,512.89	-	3,512.89	-	-	-	-	Yes	Yes	Yes
9	DK0003	建设银行B支行	1,000,000.00	6.05%	季	2020-7-17	12	2021-7-16	1,004,369.44	4,369.44	-	4,369.44	-	-	-	-	Yes	Yes	Yes
10	DK0004	建设银行B支行	3,500,000.00	6.09%	月	2020-7-22	12	2021-7-21	3,518,354.58	18,354.58	17,762.50	592.08	-	-	-	-	Yes	Yes	Yes
11	DK0005	中国银行A支行	4,700,000.00	6.05%	季	2020-8-19	12	2021-8-18	-	-	-	-	4,746,601.81	46,601.81	-	46,601.81			
12	DK0006	工商银行A支行	3,000,000.00	6.09%	月	2020-8-26	12	2021-8-25	15,225.00	15,225.00	15,225.00	-	3,018,270.00	18,270.00	15,732.50	2,537.50	Yes		Yes
13	DK0002	工商银行A支行	5,500,000.00	6.03%	月	2021-3-29	12	2022-3-28	27,637.50	27,637.50	27,637.50	-	28,558.75	28,558.75	28,558.75	-	Yes		Yes
14	DK0003	工商银行A支行	1,500,000.00	6.00%	月	2021-4-2	6	2021-10-1	7,500.00	7,500.00	7,500.00	-	7,750.00	7,750.00	7,750.00	-	Yes		Yes
15	DK0004	中国银行A支行	2,300,000.00	6.02%	月	2021-5-28	12	2022-5-27	11,538.33	11,538.33	11,538.33	-	11,922.94	11,922.94	11,922.94	-	Yes		Yes
16	DK0005	中国银行A支行	2,700,000.00	6.06%	季	2021-6-9	12	2022-6-8	-	-	-	-	-	-	-	-			
17	......								-	-	-	-	-	-	-	-			

图 5-31　贷款管理台账

2. 功能展示

我们要实现的功能是：只需要在台账中录入每笔贷款的基础信息（A ～ G 列）就可以实现：

（1）自动生成每笔贷款的到期日。

（2）自动生成本月和次月到期应付本息金额。

（3）用户录入自定义期间后（不大于 30 天），自动提示未来该天数内将要到期应付的本息总额，并对相应明细记录予以标识。

二、基本前提及假设

1. 贷款期限以月为单位

一般情况下，金融机构为企业提供的授信期限及融资期限均以整月（或可折算为整月）为单位进行计算，例如半年（6个月）、一年（12个月）等。但是也有个别以天（无法折算为整月）计算的情况，例如100天等。本案例仅考虑相关期限可以以月为单位进行计算的情况。

2. 贷款本金在到期日一次性偿还

在贷款本金的归还问题上，对于大多数企业和金融机构来说，都还是习惯采用到期日一次性偿还的方式。故本节内容就不考虑提前偿还、分期偿还、展期偿还、无力偿还甚至耍赖不还等非主流的情况了。

3. 利息仅考虑月结和季结

月度结息和季度结息是目前最广泛采用的结息方式。为避免讨论的事项过于繁杂，本案例内容只考虑上述两类结息方式。当贷款期限小于3个月时，只能采用月度结息方式。

4. 计息结息规则

（1）月度结息付息：每月21日为结息付息日。

即上月22日（或贷款起始日）至本月21日的贷款利息，在本月21日结算支付，以此类推。

（2）季度结息付息，每季度末月21日为结息付息日。

即上季度末月22日（或贷款起始日）至本季度末月21日的贷款利息，在本季度末月21日结算支付，以此类推。

（3）贷款到期当日，结算并支付尚未支付的利息和本金。

（4）计算日利息时，全年按360天计算。

（5）整个贷款期间计息采用算头不算尾原则。

即贷款起始日当日计息，贷款到期日当期不计息。

三、注意事项

为了便于后续拓展及查询工作，在手工录入相关参数时应注意保持名称的统一（例如"金融机构"中涉及某银行名称时，应统一名称规格，避免同一个金融机构出现多种名称）。

在本章第一节中，我们曾经提到过用数据有效性中的序列设置来杜绝"同物不同名"情况的发生。比如结息周期就可以限定只能录入"月度"和"季度"。金融机构信息录入也可参照该方法执行。

四、知识点储备

在阅读本小节下面的内容前，请各位读者朋友首先确认大脑中是否已经基本储备了图 5-32 中的相关知识点。

类别	分类	知识点
函数	逻辑	IF函数、AND函数及OR函数
	日期与时间	TODAY函数、DATE函数、EDATE函数、EOMONTH函数、YEAR函数及MONTH函数
	数学与三角函数	SUM函数、SUMIF函数、SUMIFS函数、MOD函数及ROUND函数
	统计	MAX函数
运算符	连接符	&
功能	定义名称	定义名称
其他	单元格引用	绝对引用、相对引用及混合引用

图 5-32　本节知识点储备

五、主要信息的公式设计方法

在对"贷款管理台账"的框架、功能和相关注意事项有了大致的认识后，我们来通过逸凡公司贷款的案例讨论一下"贷款管理台账"的设计。

【案例 5-3】

逸凡公司截至 2021 年 7 月 6 日贷款情况如图 5-33 所示（单位：元）：

贷款合同号	金融机构	贷款本金	年利率	结息周期	贷款起始日	期限（月）
DK0001	中国银行A支行	2,000,000.00	6.05%	月	2020-1-6	12
DK0002	中国银行A支行	1,300,000.00	6.08%	季	2020-7-7	12
DK0003	建设银行B支行	1,000,000.00	6.05%	季	2020-7-17	12
DK0004	建设银行B支行	3,500,000.00	6.09%	月	2020-7-21	12
DK0005	中国银行A支行	4,700,000.00	6.05%	季	2020-8-19	12
DK0006	工商银行A支行	3,000,000.00	6.09%	月	2020-8-26	12
DK0002	工商银行A支行	5,500,000.00	6.03%	月	2021-3-29	12
DK0003	工商银行A支行	1,500,000.00	6.00%	月	2021-4-2	6
DK0004	中国银行A支行	2,300,000.00	6.02%	月	2021-5-28	12
DK0005	中国银行A支行	2,700,000.00	6.06%	季	2021-6-9	12

图 5-33　逸凡公司贷款信息

需要强调的是，本案例除了讨论相关函数的应用外，还将特别分享定义名称的使用。如果你目前对定义名称功能还没有准确的理解，还请先移步至第四章第一节了解相关知识点。

1. 主表信息公式设计方法

在探讨各项信息公式设计方法之前，我们先来尝试写一个定义名称。

为了确保每笔贷款信息填写完整，我们约定，如果基础信息（A～G 列）出现任意一个空格（即空值单元格数量大于 0），则相关数据就显示为空值。用公式表达就是（以第一条贷款记录为例，下同）：

=IF(COUNTBLANK($A7:$G7)>0,"")

现在，我们将公式中判断是否有任意空格的部分进行定义名称，详情如图 5-34 所示。

定义的名称	基准单元格	公式
基础信息缺失	第 7 行任意单元格	=COUNTBLANK($A7:$G7)>0

图 5-34 定义基础信息缺失

此后，我们即可用"基础信息缺失"来代替对应的公式了。

（1）贷款到期日（H7:H17 单元格区域）的公式设计。

贷款到期日是根据贷款起始日往后推移期限指定的月份生成的，所以 H7 单元格的公式为：

=IF(基础信息缺失 ,"",EDATE(F7,G7))

执行列填充后即可完成（见图 5-35）。

（2）本月应付本息及相关信息（I7:L17 单元格区域）的公式设计。

我们首先梳理一下本月应付本息及相关信息的思路。

根据贷款的规则可知，应付的项目包括本金和利息，而利息又根据支付时点分为结息日付息和到期日付息。它们之间的逻辑如图 5-36 所示。

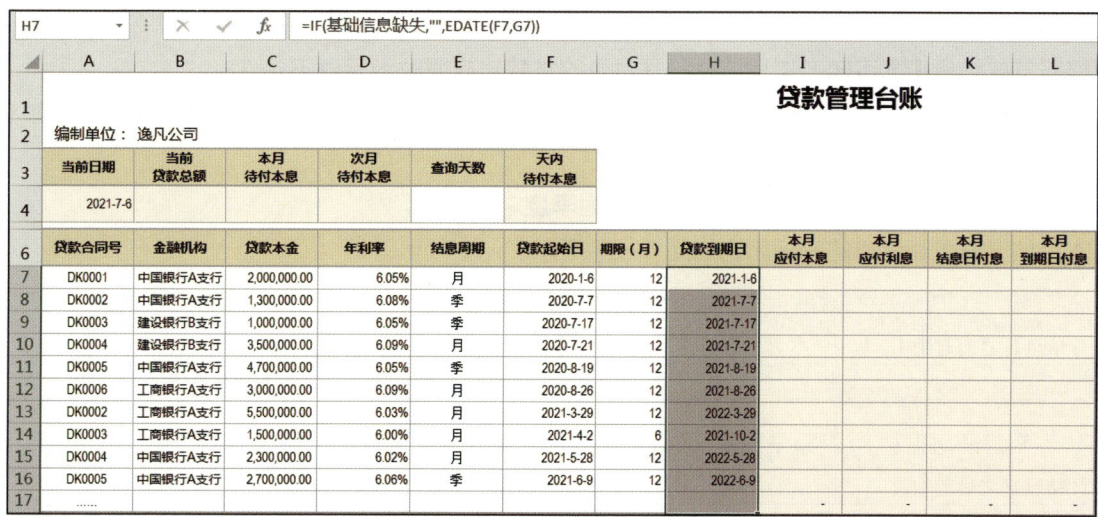

图 5-35　贷款到期日公式

应付项目	支付时点	条件	付多少
利息（结息日支付）	本月结息日【1】	本月结息日需付息【2】	日利息【3】*本月结息日结息天数【4】
利息（到期日支付）	贷款到期日（H列）	本月到期【5】	日利息【3】*本月到期日结息天数【6】
本金		本月到期【5】	贷款本金（C列）

图 5-36　贷款本息支付分析

注：图中及下文带【】的参数，均表示定义的名称，【】内数字为下文定义名称列表中的索引号，（）内字母为该信息在台账中的列号。

不难看出，只要我们能确定图 5-36 中带【】的每个项目的公式，所有问题就都迎刃而解了。

1）本月结息日【1】。

在基本前提与假设部分我们已经明确，每月的结息日是当月 21 日，也就是"今天"所在月份的 21 日，故**本月结息日【1】**的公式为：

=DATE(YEAR($A$4),MONTH($A$4),21)

2)本月结息日需付息【2】。

根据贷款结息规则可知,本月结息日需付息的贷款,应同时满足以下条件:

① 贷款起始日早于本月结息日且贷款到期日晚于本月结息日(否则本月结息日这天贷款都还不存在或已经完结,自然无须付息)。

② 贷款结息周期如果是季度,则本月必须为季度末。

本月结息日是否付息的分析思路如图 5-37 所示。

贷款起始日(F 列)	贷款到期日(H 列)	结息周期(E 列)	月度属性	是否付息
本月结息日之前起始【7】	本月结息日之后到期【8】	月	任意	Y
		季	本月季度末【9】	Y
			本月非季度末	N
	本月结息日之前到期			N
本月结息日之后起始				N

图 5-37 本月结息日是否付息分析

故**本月结息日需付息【2】**的公式可写为:

=AND(本月结息日之前起始 , 本月结息日之后到期 ,OR($E7=" 月 ", 本月季度末))

同理,只要我们继续确定图 5-37 中带【】的每个项目的公式,本月应付本息的相关公式即可完成。

3)本月结息日之前起始【7】和本月结息日之后到期【8】。

这两个项目就是用前面我们已经完成的**本月结息日【1】**和贷款起始日、贷款到期日比大小。据此可得:

本月结息日之前起始【7】的公式为:

=$F7<= 本月结息日

由于前面我们假设贷款起始当日就要计息,所以上述公式的逻辑为"<="。

本月结息日之后到期【8】的公式为:

=$H7> 本月结息日

如果到期日恰好是结息日,则统一归类为到期日付息,所以上述公式的逻辑为">"即可。

4）本月季度末【9】。

判断某月是否为季度末，就是看该月月份数能否被 3 整除，所以**本月季度末【9】**的公式为：

=MOD(MONTH($A$4),3)=0

至此，**本月结息日需付息【2】**公式中的组件全部完成。

5）日利息【3】。

日利息就是一个简单的数学运算了，直接上公式：

=$C7*$D7/360

6）本月结息日结息天数【4】。

首先，**本月结息日需付息【2】**为"是"的情况下，我们才需要考虑结息天数。

其次，结息天数是指本月计息起始日（含）到本月结息日（含）这一期间的天数，如图 5-38 所示。

本月结息日付息情况	结息天数
本月结息日需付息【2】	本月结息日【1】－本月计息起始日【10】+1
本月结息日无须付息	0

图 5-38　本月结息日结息天数分析

所以**本月结息日结息天数【4】**的公式为：

=IF(本月结息日需付息，本月结息日 － 本月计息起始日 +1,0)

公式中**本月结息日需付息【2】**和**本月结息日【1】**前面已经完成公式，故我们只需要解决**本月计息起始日【10】**的公式。

7）本月计息起始日【10】。

由于结息周期分为月度和季度两种情况，所以我们再把指标拆分为**本月按月计息起始日【11】**和**本月按季计息起始日【12】**。这样我们可以先把**本月计息起始日【10】**公式写为：

=IF($E7="月",本月按月计息起始日，本月按季计息起始日)

8）本月按月计息起始日【11】和本月按季计息起始日【12】。

根据贷款计息结息规则可知：计息起始日是上期结息日次日和贷款起始日的较晚者。而上期结息日又根据结息周期来区别对待：

① 按月结息。

按月结息模式下的上期结息日次日，就是本月结息日次日往前推移 1 个月，即：

=EDATE(本月结息日 +1,-1)

② 按季结息。

按季结息模式下的上期结息日次日，就是本月之前最后一个季度末月的结息日次日。所以这里往前推移的月份数，需要根据当前月份的情况来匹配。

因为季度末月的特征是其月份数能被 3 整除，所以，当前月份数除以 3 的余数，刚好就是应该往前推移的月份数。如果当前月份本身也是季度末月（月份数除以 3 余数为 0），则需要往前推移 3 个月，据此我们得到按季计息模式下寻找上期结息日次日的公式：

=EDATE(本月结息日 +1,-IF(本月季度末 ,3,MOD(MONTH($A$4),3)))

所以，**本月按月计息起始日【11】**的公式为：

=MAX(EDATE(本月结息日 +1,-1),$F7)

本月按季计息起始日【12】的公式为：

=MAX(EDATE(本月结息日 +1,-IF(本月季度末 ,3,MOD(MONTH($A$4),3))),$F7)

至此，我们的**本月计息起始日【10】**以及**本月结息日结息天数【4】**的各"零件"也全部完成。

9）本月到期【5】。

判断某笔贷款是否本月到期，就是看其到期日年月是否与当前年月一致，所以公式可以写为：

=AND(YEAR($H7)=YEAR($A$4),MONTH($H7)=MONTH($A$4))

10）本月到期日结息天数【6】。

和本月到期日结息天数一样，我们只有在**本月到期【5】**为"是"的情况下，才需要计算结息天数。除此之外，我们还需要看本月结息日是否需要付息。

如果本月结息日需付息，则说明贷款到期日在本月结息日之后，所以结息天数就等于**本月结息日**

【1】次日至贷款到期日（不含）的天数。

如果本月结息日无须付息，结息天数就等于**本月计息起始日【10】**次日至贷款到期日（不含）的天数。

上述分析思路如图 5-39 所示。

到期日	本月结息日付息	结息天数
本月到期【5】	本月结息日需付息【2】	贷款到期日（H 列）- 本月结息日【1】
	本月结息日不需要付息	贷款到期日（H 列）- 本月计息起始日【10】
非本月到期	任意	0

图 5-39　本月到期日结息天数分析

由于各组件的公式我们均已取得，**本月到期日结息天数【6】**的公式便可直接写成：

=IF(本月到期 ,IF(本月结息日需付息 ,$H7- 本月结息日 ,$H7- 本月计息起始日),0)

至此，本月应付本息及相关信息所有公式我们均已完成定义名称的公式设置（见图 5-40）。

索引号	定义的名称	基准单元格	公式
1	本月结息日	任意单元格	=DATE(YEAR($A$4),MONTH($A$4),21)
2	本月结息日需付息	第 7 行任意单元格	=AND(本月结息日之前起始 , 本月结息日之后到期 ,OR($E7=" 月 ", 本月季度末))
3	日利息	任意单元格	=$C7*$D7/360
4	本月结息日结息天数	任意单元格	=IF(本月结息日需付息 , 本月结息日 – 本月计息起始日 +1,0)
5	本月到期	第 7 行任意单元格	=AND(YEAR($H7)=YEAR($A$4),MONTH($H7)=MONTH($A$4))
6	本月到期日结息天数	第 7 行任意单元格	=IF(本月到期 ,IF(本月结息日需付息 ,$H7- 本月结息日 ,$H7- 本月计息起始日),0)
7	本月结息日之前起始	第 7 行任意单元格	=$F7<= 本月结息日
8	本月结息日之后到期	第 7 行任意单元格	=$H7> 本月结息日
9	本月季度末	任意单元格	=MOD(MONTH($A$4),3)=0
10	本月计息起始日	第 7 行任意单元格	=IF($E7=" 月 ", 本月按月计息起始日 , 本月按季计息起始日)
11	本月按月计息起始日	第 7 行任意单元格	=MAX(EDATE(本月结息日 +1,–1),$F7)
12	本月按季计息起始日	第 7 行任意单元格	=MAX(EDATE(本月结息日 +1,–IF(本月季度末 ,3,MOD(MONTH($A$4),3))),$F7)

图 5-40　本月应付本息相关组件定义名称

最后,本月应付本息的相关公式如图 5-41 所示。

项目	录入公式位置	公式
本月应付本息	I7 单元格	=IF(基础信息缺失,0,IF(本月到期,C7+J7,J7))
本月应付利息	J7 单元格	=K7+L7
本月结息日付息	K7 单元格	=IF(基础信息缺失,0,日利息*本月结息日结息天数)
本月到期日付息	L7 单元格	=IF(基础信息缺失,0,日利息*本月到期日结息天数)

图 5-41 本月应付本息各项公式一览表

执行列填充后,即可完成所有贷款记录信息填充。其中,本月到期日付息公式效果如图 5-42 所示。

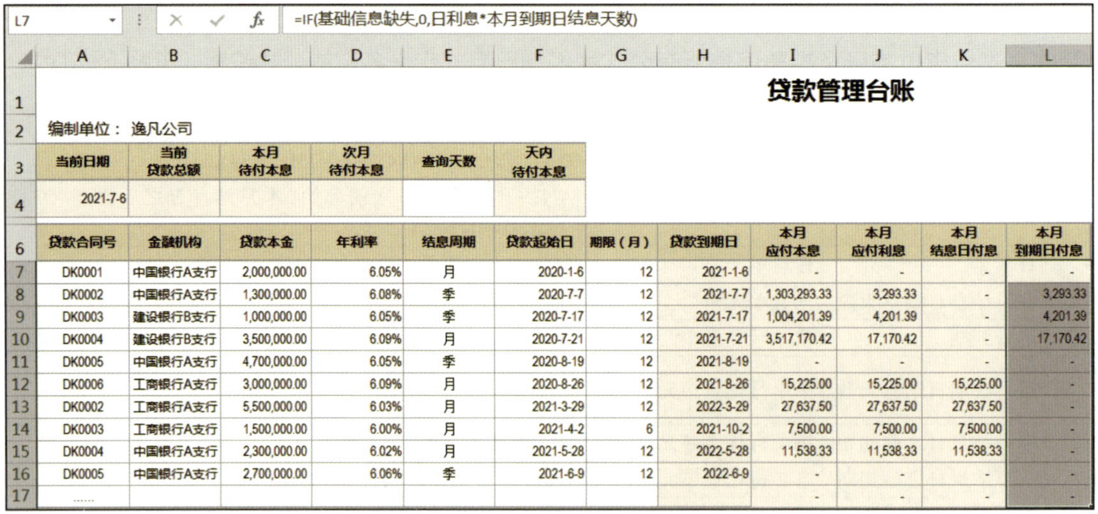

图 5-42 本月到期日付息公式

(3)次月应付本息及相关信息(M7:P17 单元格区域)的公式设计。

次月应付本息的思路与本月完全一致,只是需要注意月份的相应递延即可,各组件定义名称列表如图 5-43 所示。

索引号	定义的名称	基准单元格	公式
13	次月结息日	任意单元格	=EDATE(本月结息日 ,1)
14	次月结息日需付息	第 7 行任意单元格	=AND(次月结息日之后到期 , 次月结息日之前起始 ,OR($E7=" 月 ", 次月季度末))
15	次月结息日结息天数	任意单元格	=IF(次月结息日需付息 , 次月结息日 – 次月计息起始日 +1,0)
16	次月到期	任意单元格	=AND(YEAR($H7)=YEAR(次月结息日),MONTH($H7)=MONTH(次月结息日))
17	次月到期日结息天数	第 7 行任意单元格	=IF(次月到期 ,IF(次月结息日需付息 ,$H7– 次月结息日 ,$H7– 次月计息起始日),0)
18	次月结息日之前起始	第 7 行任意单元格	=$F7<= 次月结息日
19	次月结息日之后到期	第 7 行任意单元格	=$H7> 次月结息日
20	次月季度末	第 7 行任意单元格	=MOD(MONTH(次月结息日),3)=0
21	次月计息起始日	任意单元格	=IF($E7=" 月 ", 次月按月计息起始日 , 次月按季计息起始日)
22	次月按月计息起始日	第 7 行任意单元格	=MAX(本月结息日 +1,$F7)
23	次月按季计息起始日	第 7 行任意单元格	=MAX(EDATE(次月结息日 +1,–IF(次月季度末 ,3,MOD(MONTH(次月结息日),3))),$F7)

图 5-43　次月应付本息相关组件定义名称

次月应付本息各信息的公式如图 5-44 所示。

项目	录入公式位置	公式
次月应付本息	M7 单元格	=IF(基础信息缺失 ,0,IF(次月到期 ,C7+N7,N7))
次月应付利息	N7 单元格	=O7+P7
次月结息日付息	O7 单元格	=IF(基础信息缺失 ,0, 日利息 * 次月结息日结息天数)
次月到期日付息	P7 单元格	=IF(基础信息缺失 ,0, 日利息 * 次月到期日结息天数)

图 5-44　次月应付本息各项公式一览表

执行列填充后，即可完成所有贷款记录信息填充。其中，次月到期日付息公式效果如图 5-45 所示。

贷款合同号	金融机构	贷款本金	年利率	结息周期	贷款起始日	期限(月)	贷款到期日	本月应付本息	本月应付利息	本月结息日付息	本月到期日付息	次月应付本息	次月应付利息	次月结息日付息	次月到期日付息
DK0001	中国银行A支行	2,000,000.00	6.05%	月	2020-1-6	12	2021-1-6	-	-	-	-	-	-	-	-
DK0002	中国银行A支行	1,300,000.00	6.08%	季	2020-7-7	12	2021-7-7	1,303,293.33	3,293.33	-	3,293.33	-	-	-	-
DK0003	建设银行B支行	1,000,000.00	6.05%	月	2020-7-17	12	2021-7-17	1,004,201.39	4,201.39	-	4,201.39	-	-	-	-
DK0004	建设银行B支行	3,500,000.00	6.09%	月	2020-7-21	12	2021-7-21	3,517,170.42	17,170.42	-	17,170.42	-	-	-	-
DK0005	中国银行A支行	4,700,000.00	6.05%	季	2020-8-19	12	2021-8-19	-	-	-	-	4,745,811.94	45,811.94	-	45,811.94
DK0006	工商银行A支行	3,000,000.00	6.09%	月	2020-8-26	12	2021-8-26	15,225.00	15,225.00	15,225.00	-	3,018,270.00	18,270.00	15,732.50	2,537.50
DK0002	工商银行A支行	5,500,000.00	6.03%	月	2021-3-29	12	2022-3-29	27,637.50	27,637.50	27,637.50	-	28,558.75	28,558.75	28,558.75	-
DK0003	工商银行A支行	1,500,000.00	6.00%	月	2021-4-2	6	2021-10-2	7,500.00	7,500.00	7,500.00	-	7,750.00	7,750.00	7,750.00	-
DK0004	中国银行A支行	2,300,000.00	6.02%	月	2021-5-28	12	2022-5-28	11,538.33	11,538.33	11,538.33	-	11,922.94	11,922.94	11,922.94	-
DK0005	中国银行A支行	2,700,000.00	6.06%	季	2021-6-9	12	2022-6-9	-	-	-	-	-	-	-	-

图 5-45　次月到期日付息公式

2. 查询统计功能的公式设计方法

（1）当前贷款总额（B4 单元格）的公式设计。

当前贷款总额就是到期日不早于"今天"的本金之和。这是一个单条件求和问题，我们直接用 SUMIF 函数即可完成公式：

=SUMIF(H7:H17,">="&A4,C7:C17)，

如果不想把"今天"到期的金额包含在内，只需把上述公式中的" >= "改为" > "即可，下同。

（2）本月待付本息（C4 单元格）的公式设计。

设计本月待付本息需要我们再回归到定义名称模式，先按逻辑写出公式：

= 本月待付本金 + 本月待付利息

1）本月待付本金【24】的公式设计。

本月待付本金和当前贷款总额的原理基本相似，只是要多加一个条件——贷款到期日不超过本月最后一日，这就变成了一个多条件求和的问题，用 SUMIFS 即可写出公式：

=SUMIFS($C$7:$C$17,$H$7:$H$17,">="&$A$4,$H$7:$H$17,"<="&EOMONTH($A$4,0))

2）本月待付利息【25】的公式设计。

本月待付利息要分两部分来考虑。

① 本月结息日待付付息。

由于本月结息日付息有独立的字段（K 列），所以也只需要加上一个本月结息日不早于"今天"的条件，即可求和。

=IF($A$4<= 本月结息日 ,SUM($K$7:$K$17,0))

② 本月到期日待付利息。

由于本月到期日付息也有独立的字段（L 列），所以只需要加上一个到日期不早于"今天"的条件即可求和，公式如下：

=SUMIF($H$7:$H$17,">="&$A$4,$L$7:$L$17)

将上述两部分相加，即可得到本月待付利息的公式：

=IF($A$4<= 本月结息日 ,SUM($K$7:$K$17,0))+SUMIF($H$7:$H$17,">="&$A$4,$L$7:$L$17)

本月待付本息相关组件的定义名称列表如图 5-46 所示。

索引号	定义的名称	基准单元格	公式
24	本月待付本金	任意单元格	=SUMIFS($C$7:$C$17,$H$7:$H$17,">="&$A$4,$H$7:$H$17,"<="&EOMONTH($A$4,0))
25	本月待付利息	任意单元格	=IF($A$4<= 本月结息日 ,SUM($K$7:$K$17,0))+SUMIF($H$7:$H$17,">="&$A$4,$L$7:$L$17)

图 5-46 本月待付本息相关组件的定义名称

本月待付本息公式效果如图 5-47 所示。

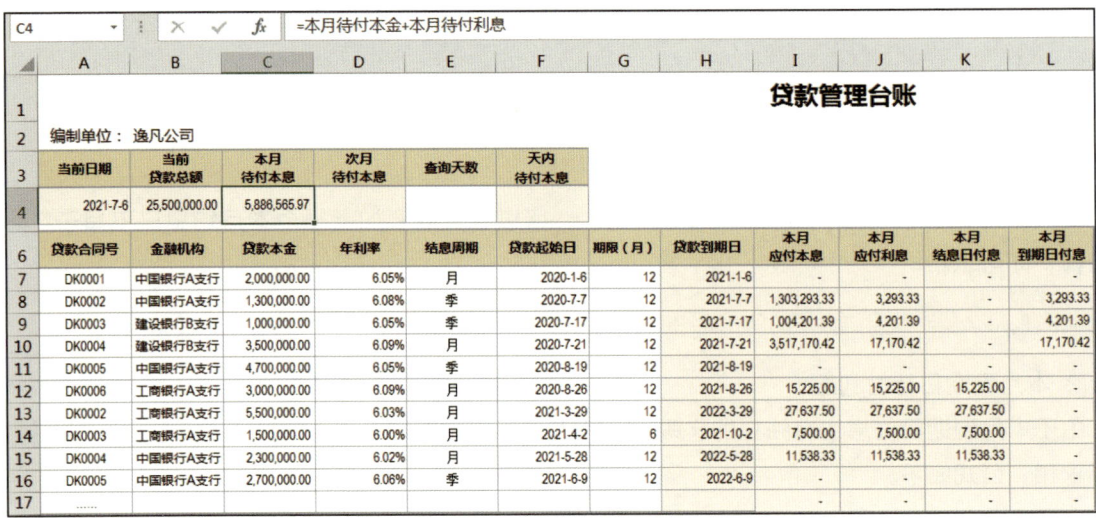

图 5-47 本月待付本息公式

（3）次月待付本息（D4 单元格）的公式设计。

次月待付本息不需要考虑和"今天"的比较，所以直接求和相关单元格区域即可完成。

=SUM(M7:M17)

（4）X 天内待付本息（F4 单元格）的公式设计。

X 天内待付本息本质上是本月待付本息的延伸，两者的区别是：本月待付本息的取数区间是"今天"到本月最后一天，而 X 天内待付本息的取数区间是"今天"到 X 天后对应的那一天。

我们还是先进行拆分，X 天内待付本息的公式可以写成：

=X 天内到期本金 +X 天内结息日付息 +X 天内到期日付息

1）X 天内到期本金【26】的公式设计。

参照本月待付本金可知公式为：

=SUMIFS($C$7:$C$17,$H$7:$H$17,">="&$A$4,$H$7:$H$17,"<="&($A$4+$E$4))

2）X 天内结息日付息【27】的公式设计。

① 我们先分析本月结息日付息。

如果本月结息日介于今天和"今天"加 X 天之间，则本月结息日金额应纳入计算。即：

=IF(AND(本月结息日 >=$A$4, 本月结息日 <=($A$4+$E$4)),SUM($K$7:$K$17),0)

② 再来看次月结息日付息。

如果次月结息日不晚于"今天"加 X 天，则次月结息日金额应纳入计算。即：

=IF(次月结息日 <=($A$4+$E$4),SUM($O$7:$O$17),0)

将上述两项相加，即可得 X 天内结息日付息金额。

=IF(AND(本月结息日 >=$A$4, 本月结息日 <=($A$4+$E$4)),SUM($K$7:$K$17),0)+IF(次月结息日 <=($A$4+$E$4),SUM($O$7:$O$17),0)

3）X 天内到期日付息【28】的公式设计。

X 天内到日期付息逻辑则是对到期日介于"今天"和"今天"加 X 天之间的贷款的到期日付息进行求和，我们就直接上完整公式：

=SUMIFS($L$7:$L$17,$H$7:$H$17,">="&$A$4,$H$7:$H$17,"<="&($A$4+$E$4))+SUMIFS($P$7:$P$17,$H$7:$H$17,"<="&($A$4+$E$4))

X 天内待付本息相关组件的定义名称列表如图 5-48 所示。

索引号	定义的名称	基准单元格	公式
26	X 天内到期本金	任意单元格	=SUMIFS($C$7:$C$17,$H$7:$H$17,">="&$A$4,$H$7:$H$17,"<="&($A$4+$E$4))
27	X 天内结息日付息	任意单元格	=IF(AND(本月结息日 >=$A$4, 本月结息日 <=($A$4+$E$4)),SUM($K$7:$K$17),0)+IF(次月结息日 <=($A$4+$E$4),SUM($O$7:$O$17),0)
28	X 天内到期日付息	任意单元格	=SUMIFS($L$7:$L$17,$H$7:$H$17,">="&$A$4,$H$7:$H$17,"<="&($A$4+$E$4))+SUMIFS($P$7:$P$17,$H$7:$H$17,"<="&($A$4+$E$4))

图 5-48　X 天内待付本息相关组件定义名称

X 天内待付本息公式效果如图 5-49 所示。

贷款合同号	金融机构	贷款本金	年利率	结息周期	贷款起始日	期限（月）	贷款到期日	本月应付本息	本月应付利息	本月结息日付息	本月到期日付息
DK0001	中国银行A支行	2,000,000.00	6.05%	月	2020-1-6	12	2021-1-6	-	-	-	-
DK0002	中国银行A支行	1,300,000.00	6.08%	季	2020-7-7	12	2021-7-7	1,303,293.33	3,293.33	-	3,293.33
DK0003	建设银行B支行	1,000,000.00	6.05%	季	2020-7-17	12	2021-7-17	1,004,201.39	4,201.39	-	4,201.39
DK0004	建设银行B支行	3,500,000.00	6.09%	月	2020-7-21	12	2021-7-21	3,517,170.42	17,170.42	-	17,170.42
DK0005	中国银行A支行	4,700,000.00	6.05%	季	2020-8-19	12	2021-8-19	-	-	-	-
DK0006	工商银行A支行	3,000,000.00	6.09%	月	2020-8-26	12	2021-8-26	15,225.00	15,225.00	15,225.00	-
DK0002	工商银行A支行	5,500,000.00	6.03%	月	2021-3-29	12	2022-3-29	27,637.50	27,637.50	27,637.50	-
DK0003	工商银行A支行	1,500,000.00	6.00%	月	2021-4-2	6	2021-10-2	7,500.00	7,500.00	7,500.00	-
DK0004	中国银行A支行	2,300,000.00	6.02%	月	2021-5-28	12	2022-5-28	11,538.33	11,538.33	11,538.33	-
DK0005	中国银行A支行	2,700,000.00	6.06%	季	2021-6-9	12	2022-6-9				

图 5-49　X 天内待付本息公式

（5）X 天内待付本息到期提示的公式设计。

为了快速找到 X 天内到期本息的贷款，我们用 "Yes" 进行提示标记。

1）X 天内本息到期提示（Q7:Q17 单元格区域）的公式设计。

本金或利息只要有一个在 X 天内到期，就需要提示，所以 Q7 单元格公式为：

=IF(OR(R7="YES",S7="YES"),"Yes","")

2）X 天内本金到期提示（R7:R17 单元格区域）的公式设计。

贷款到期日只要在指定日期范围内，就 "Yes" 了。R7 单元格公式为：

=IF(AND(H7>=$A$4,H7<=$A$4+$E$4),"Yes","")

3）X 天内利息到期提示（S7:S17 单元格区域）的公式设计。

当出现图 5-50 中的三种情况之一时，就会触发 X 天内利息到期提示。

序号	情形描述	公式表达式
1	X 天内本金到期提示为"Yes"（因为到期日必定会付息）	R7="Yes"
2	本月结息日在 X 天内，且需付息	AND(K7>0, 本月结息日 >$A$4, 本月结息日 <=$A$4+$E$4)
3	次月结息日在 X 天内，且需付息	AND(O7>0, 次月结息日 <=$A$4+$E$4))

图 5-50　X 天内待付利息到期提示逻辑分析

据此可知 S7 单元格公式为：

=IF(OR(R7="Yes",AND(K7>0, 本月结息日 >$A$4, 本月结息日 <=$A$4+$E$4),AND(O7>0, 次月结息日 <=$A$4+$E$4)),"Yes","")

执行列填充后，即可完成到期提示公式（见图 5-51）。

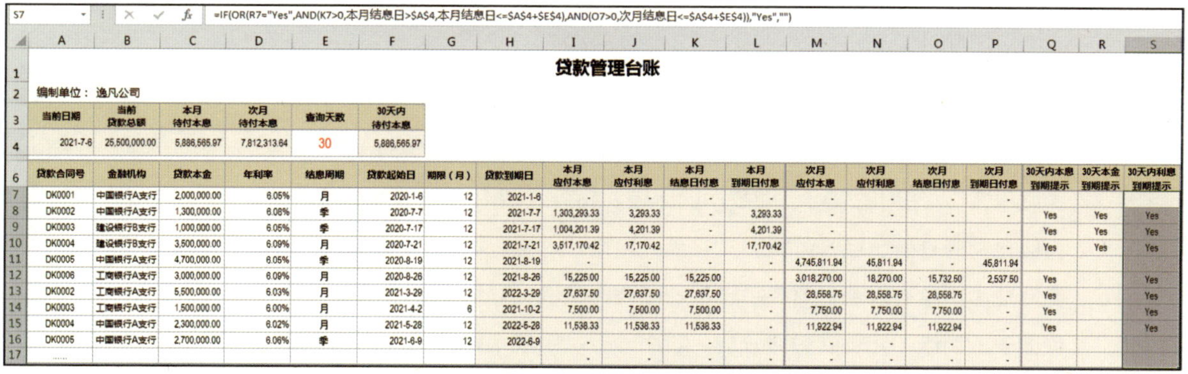

图 5-51　X 天内待付利息到期提示公式

同理，我们也可以把图 5-50 中序号 2 和 3 的公式定义名称以简化最终公式，有兴趣的朋友不妨一试。

因篇幅所限，本章"第四节　费用分析报表""第五节　营运周报表：集团快速汇总下属公司报表示例"移至本书微信公众号，请在微信公众号"Excel 偷懒的技术"主页发送关键词"四五节"获取。

第六章 图表制作

让你的财务分析图文并茂

　　Excel 图表是将数据可视化，更直观地展现数据。人们常说"一图胜千言"，使用图表可以使数据的比较、趋势或结构组成一目了然，可以让财务分析、经营分析图文并茂，更直观、更有说服力，也显得更专业。本章将以著名财经杂志上的图表为实例，介绍财务分析中各种图表的制作，如发展趋势分析、对比分析、组成结构分析、达成及进度分析、影响因素分析、本量利分析等。掌握了本章的图表，可满足财务分析的大部分图表制作需求。在日常工作中，可以本章示例为模板，直接改造成所需的图表，提高图表制作的效率。

第一节 图表的基础知识

一、图表的类型

图表是数据表格的另一种表现形式。与表格相比，它一目了然，更直观、更有助于理解数据之间的关系，比如大小对比、结构组成、变化趋势。如果是为了表达项目数据之间的关系，那么图表就是不二之选。要准确地表达这些关系，就要选用正确的图表类型。在 Excel 中，常见的图表类型有：柱形图、条形图、折线图、饼图、圆环图、散点图、面积图、曲面图、股价图、雷达图，前六种最为常见，如图 6-1 所示。当然，我们也可将其中的一些图表组合起来，比如将柱形图、折线图组合，将散点图与柱形图、条形图组合等。

柱形图： 由根据行或列数据绘制的柱状体组成，可用于表达项目之间的大小比较，或表达一系列时间内的数据变化。

条形图： 与柱形图类似，可用于表达项目之间的大小比较，但不适合用于一系列时间内的数据变化。

折线图： 折线图可以显示随时间而变化的一系列数据，因此适用于反映一段时间的数据变化趋势。

饼图、圆环图： 饼图和圆环图都可用于显示一个数据系列中各项目的相对比例大小，以及该项目占各项总和的比例。

散点图： 散点图显示若干数据系列中各数值之间的关系，或者将两组数字绘制为 XY 坐标的一个系列。散点图通常用于显示和比较数值。在图表制作实践中，经常用散点图的误差线来实现辅助线的添加，详见后文所举的实例。

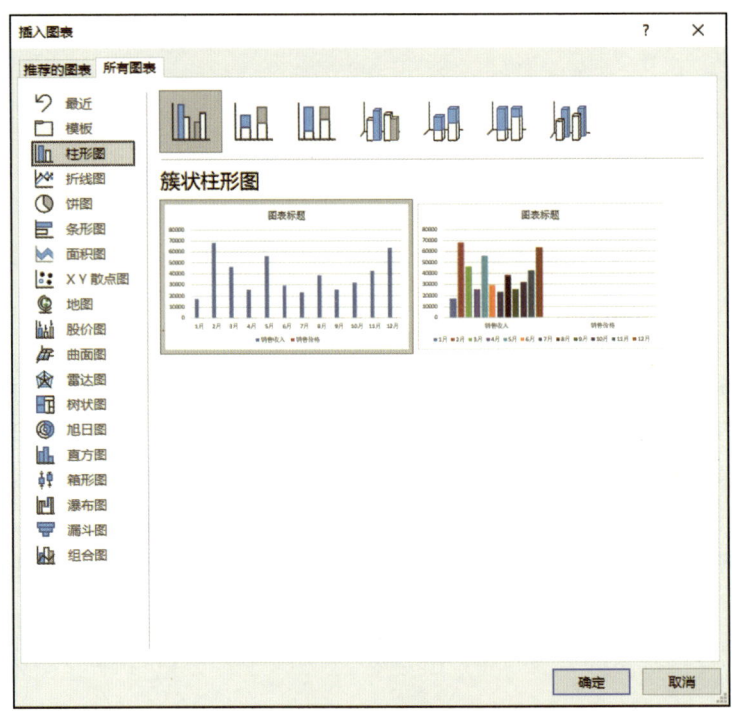

图 6-1　图表类型

二、认识图表组成元素

　　一般的图表由图表标题、图例、绘图区、数据系列、垂直（值）轴、水平（类别）轴、数据标签、网格线等元素组成。如果是组合图表，还有次坐标轴，如图 6-2（相应示例文件为"表 6-1 认识图表"）所示。当然，不同类型的图表有特定的元素，如涨跌柱线、误差线等只在部分图表中适用。

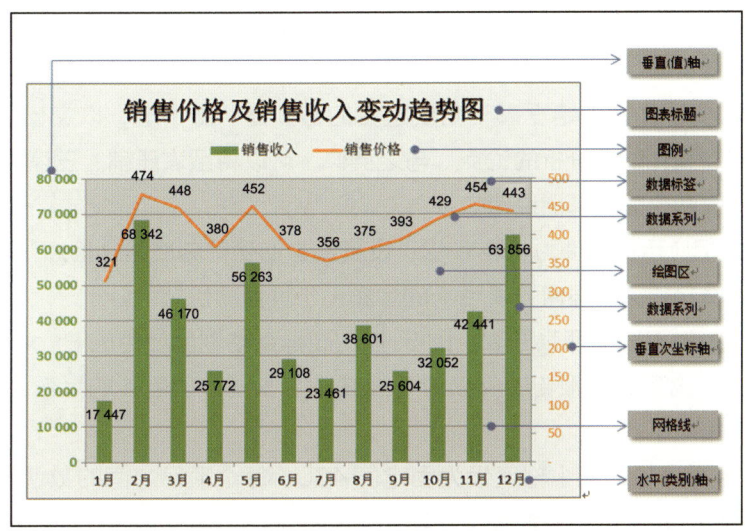

图 6-2　认识 Excel 图表的组成元素

以上元素均可根据需要进行相关的格式设置，具体方法为：选定该元素后，点击右键，然后点击"设置 XX 格式"，当然也可根据需要将其删除。比如图 6-3 这张《经济学人》杂志（2013.2）的图表就将垂直（值）轴、垂直次坐标设置为无色透明，只留下刻度，也没有添加数据标签，同时将图例删除，用文本框取而代之进行标注。

三、财务分析图表实战经验

（1）善用辅助表格来简化图表的制作。辅助表格就是将原数据表进行转换或添加相应的辅助数据，来简化图表的制作。这一思想也是第二章第六节中提到的"使

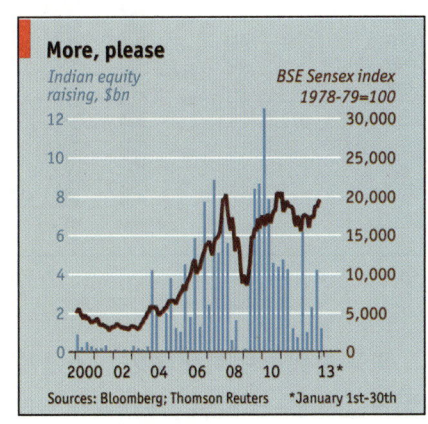

图 6-3　《经济学人》杂志（2013.2）的图表

用辅助列"思想的延续。一些图表如果不使用辅助行/列就很难绘制出来，比如本章第二节的价差量差分析图、影响因素分析图、材料进销存对比图等。

（2）可以根据需要适当地设定垂直轴刻度适合的最大值、最小值，以突出或弱化数据的变化、对比，让图表来证明、强化财务分析的论点。与之类似，可以将图表压扁、压缩，以突出或弱化数据的变化和对比。以下面两个图表举例说明。

使用图 6-4 中（相应示例文件为"表 6-2　设置适当的坐标刻度强化论点"）的数据进行数据分析，假设财务分析人员希望突出强调"项目 4 的金额小于其他项目"。

如果使用柱形图绘制下面的两张图表，图 6-4 左图垂直轴刻度使用的 Excel 默认的设置，各项目间的对比并不明显，财务分析报告的阅读者可能并不会赞同"项目 4 的金额小于其他项目"的论点，会认为它们看上去差不多。

但图 6-4 右图将垂直轴的最小刻度设为固定值 400，每个项目之间的数值大小立马显现出来。图中数值大小对比鲜明，用这张图更能突出"项目 4 的金额小于其他项目"的论点。

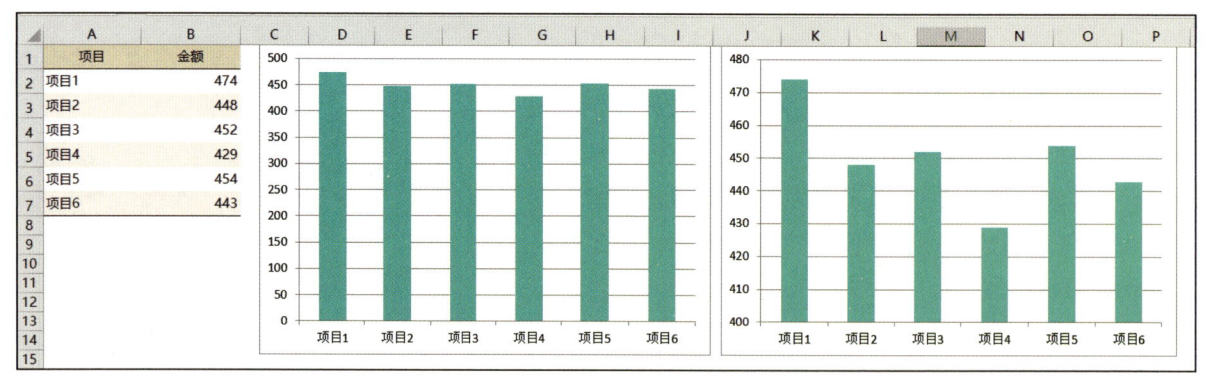

图 6-4　设置坐标轴刻度强化论点

再来看另一组对比图表，还是使用图 6-4 表格中的数据，三张图的垂直轴最小刻度均为 300，但为什么图 6-5 下图的波动变化不明显，而右图的波动变化强烈？这是因为图 6-5 下图被压扁，视觉上弱化了数值的变动，而图 6-5 右图被压缩进一步强化了数值的变动。

图 6-5　压扁或压缩图表会改变对数值波动的认知

需要提醒的是：以上技巧应使用有度，过度使用就是哗众取宠、欺骗愚弄大家了。我们来看一下 Foxnews 网站的一张图片（见图 6-6）。

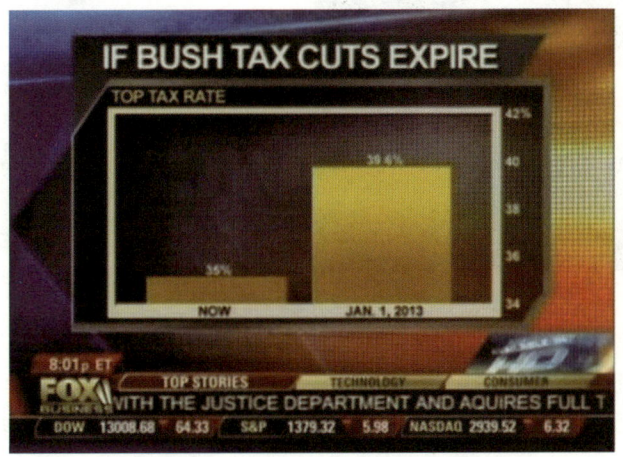

图 6-6　技巧使用过度的案例

这张图分别比较布什减税政策到期前后的最高税率，39.6%和35%不到5个百分点的差异，却被弄成了6：1，这个技巧的使用显然有点过度了。

（3）图表的网格线应细、颜色应淡，有时甚至可以取消。垂直（值）轴可以取消，只标注刻度，如果有数据标签，也可以不要垂直（值）轴。

（4）图表应尽量简化，在不影响阅读和理解的前提下，能删除的图表元素尽量删除。图表可适当地美化，但注意不能美化过度，要避免花哨，以突出数据本身，而不是图表。因而不必使用图片来美化图表，除非更有助于理解数据的本质。

（5）如非必要，尽量不要使用立体图，因为立体图设置不当可能会给人视觉上的错觉，引发读者对数据的误读，除非你是有意识地要达到这种效果。我们来看看"乔帮主"的案例，图6-7左图中的立体饼图中"苹果"19.5%的市场占有率看起来比"其他"21.2%的还要大。但是如果换成右边的普通饼图就不会有此问题。

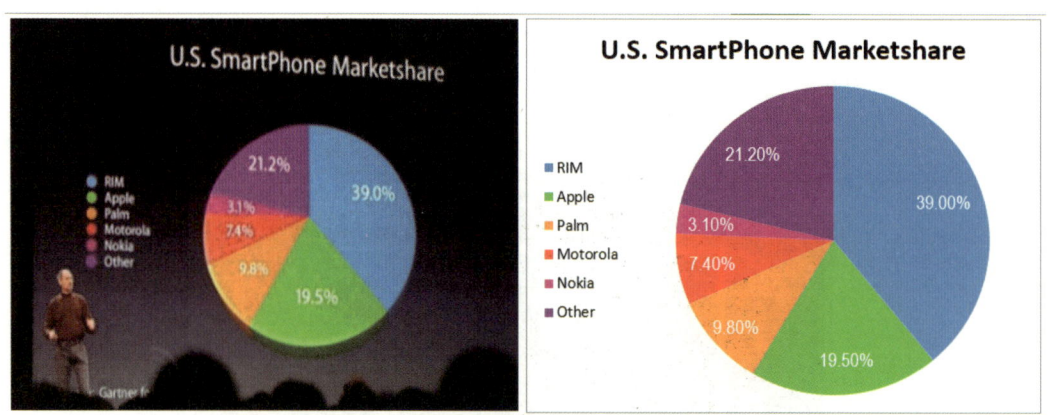

图6-7 造成视觉误差的立体饼图

普通饼图与立体饼图的比较可参见示例文件"表6-3 普通饼图不会给人视觉误差"。

（6）如果各项目间不是为了比较或突出特定项目，那么数据系列的颜色可采用同一颜色。比如各项目的销售收入可以使用同一颜色，不必使用不同颜色。

（7）为了便于阅读，可以考虑直接标注折线图的各条折线，从而将注意力集中在比较图形上。如本章第二节对比分析经典图表中所举例的《财富》杂志的"多年份双项目对比分析"图表（见图6-38）。

（8）如果要强调位次，那么柱形图、条形图最好按大小顺序进行排列，这样可以让各项目的大小比较更直观，而且视觉效果也更美观。

（9）当需要多维度分析或展示数据时，应尽量使用动态图表，以简化图表的制作，也更方便展示，示例请参见本章第三节。

（10）系列数据差异较大时，应该使用次坐标。如本节前文中图6-2中销售价格与销售收入数据差异太大，如果使用同一垂直坐标，将无法看出销售价格的变化趋势，使用次坐标可圆满地解决此问题。

第二节　财务分析经典图表

一、发展趋势分析经典图表

发展趋势分析是指通过比较企业连续几期的财务经营数据或财务比率，来了解企业财务状况变化的趋势。一方面看数据增减变化是否异常，以发现存在的问题；另一方面用来预测企业未来的财务状况，以判断企业的发展前景。在财务分析中经常要用到趋势分析，如本年度各月的销售数量、销售收入、销售毛利率、管理费用率等。此类图表一般使用折线图，也可以使用柱状图。一般来说，比率和价格类的指标使用折线图更适合。

1. 带平均线的价格走势图

带平均线的价格走势图如图6-8所示。

先打开本章示例文件"表6-4　价格趋势分析（折线图）"，按以下步骤操作（扫描二维码观看操作视频）。

扫码观看操作视频

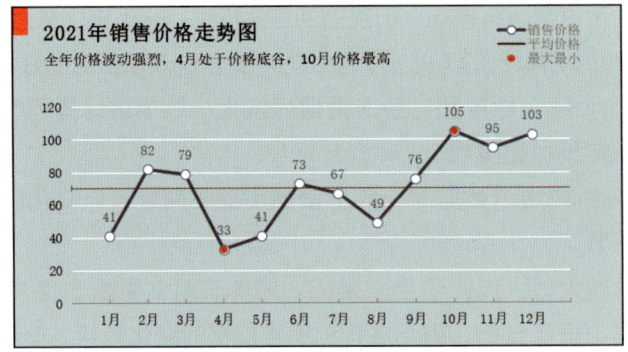

图 6-8 带平均线的价格走势图

Step1：选择 A1:D13 单元格区域，点击【插入】选项卡→【图表】组→折线图→折线图（见图 6-9）。

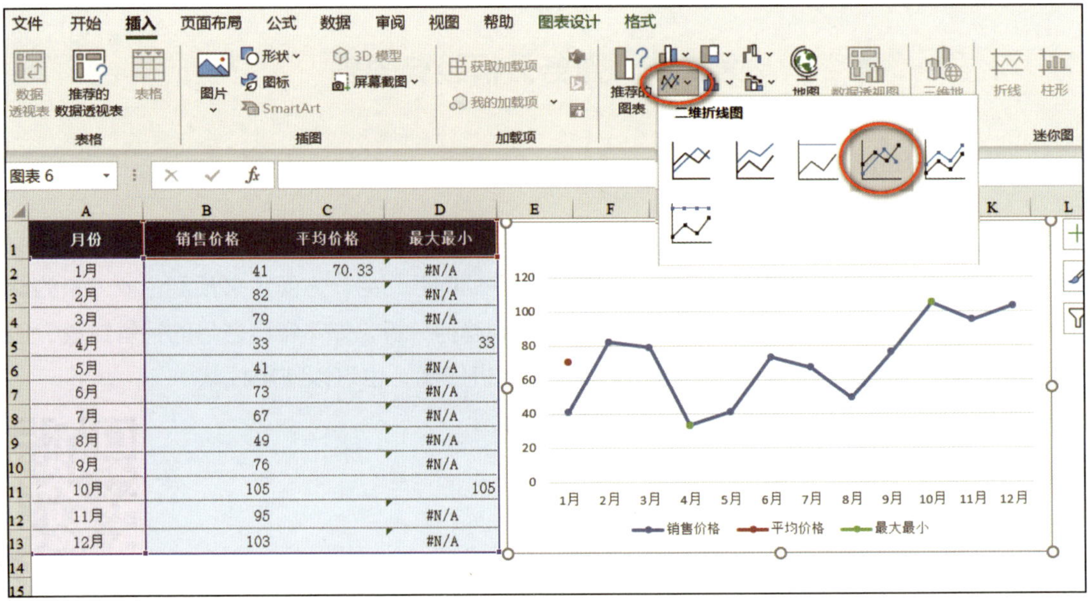

图 6-9 插入折线图

Step2：选中图表中的任一数据系列→右键→更改系列图表类型。将"平均价格"数据系列改为"散点图"，并将右边"次坐标轴"的勾去掉（见图6-10）。

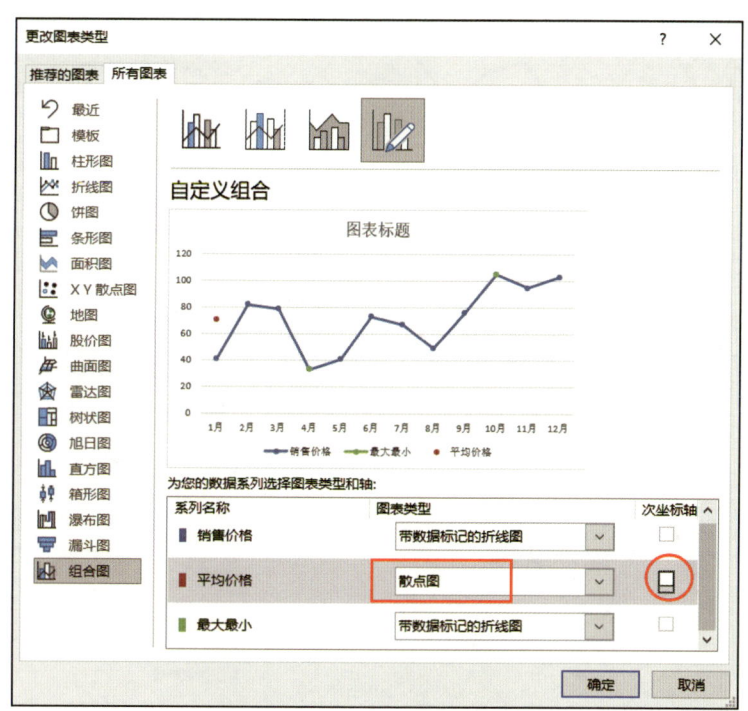

图6-10　将平均价格改为散点图

Step3：选中"平均价格"数据系列，点击图表旁的"+"号，勾选"误差线—标准误差"（见图6-11）。

Step4：双击"平均价格"数据系列的误差线，在右侧设置误差线格式菜单中，勾选"正偏差""无线端"，"误差量"勾选固定值，并设置为12（见图6-12）。

设置后效果如图6-13所示。

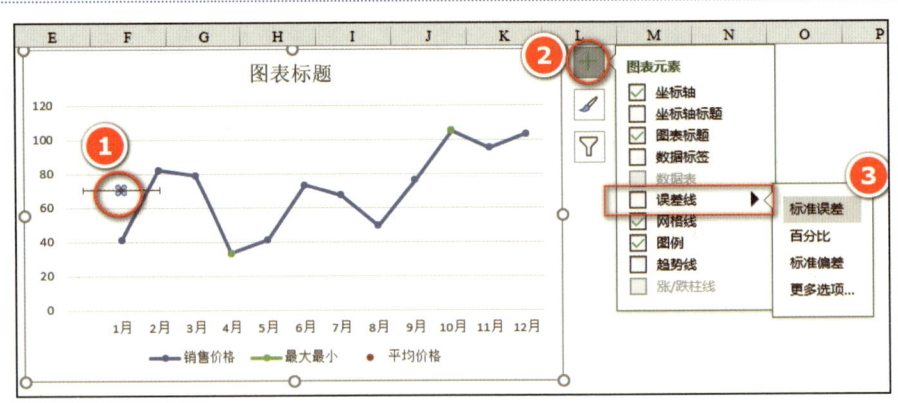

图 6-11 添加误差线

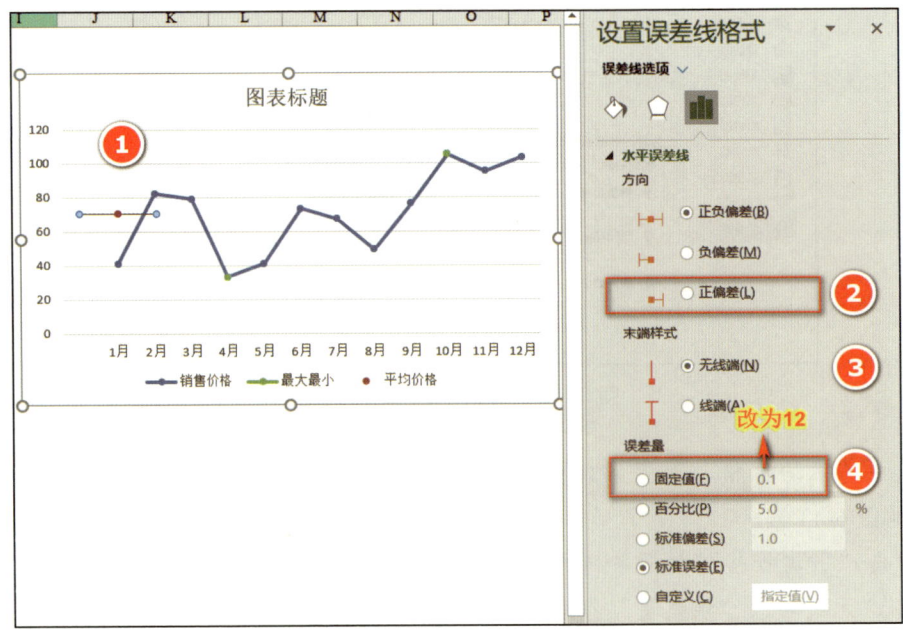

图 6-12 设置误差线

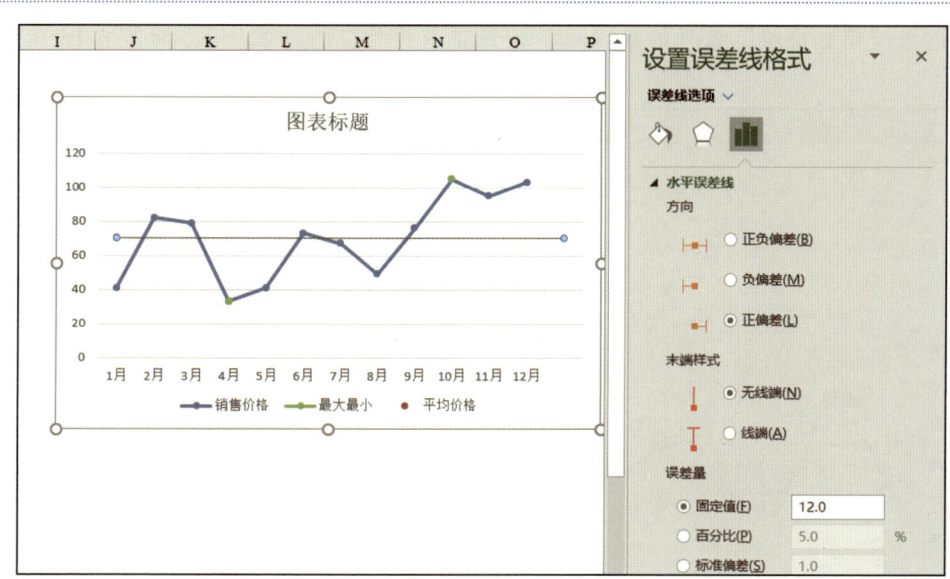

图 6-13 设置误差线后

Step5：单击图表的"销售价格"系列→点击右键或右侧的加号→添加数据标签（见图 6-14）。

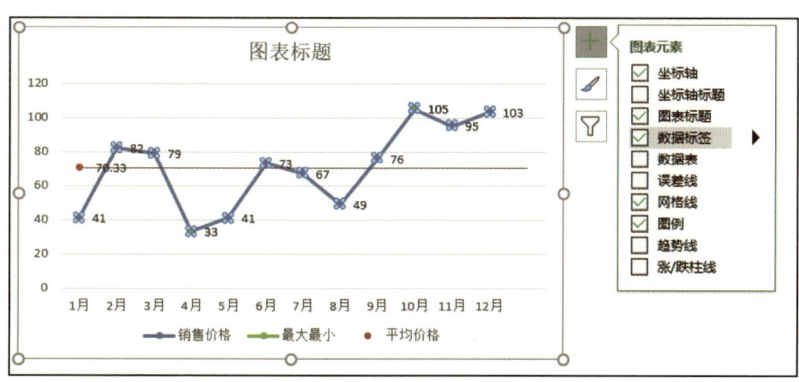

图 6-14 添加数据标签

Step6：选中"销售价格"系列的数据标签，设置数据标签为"靠上"，如图 6-15 所示。

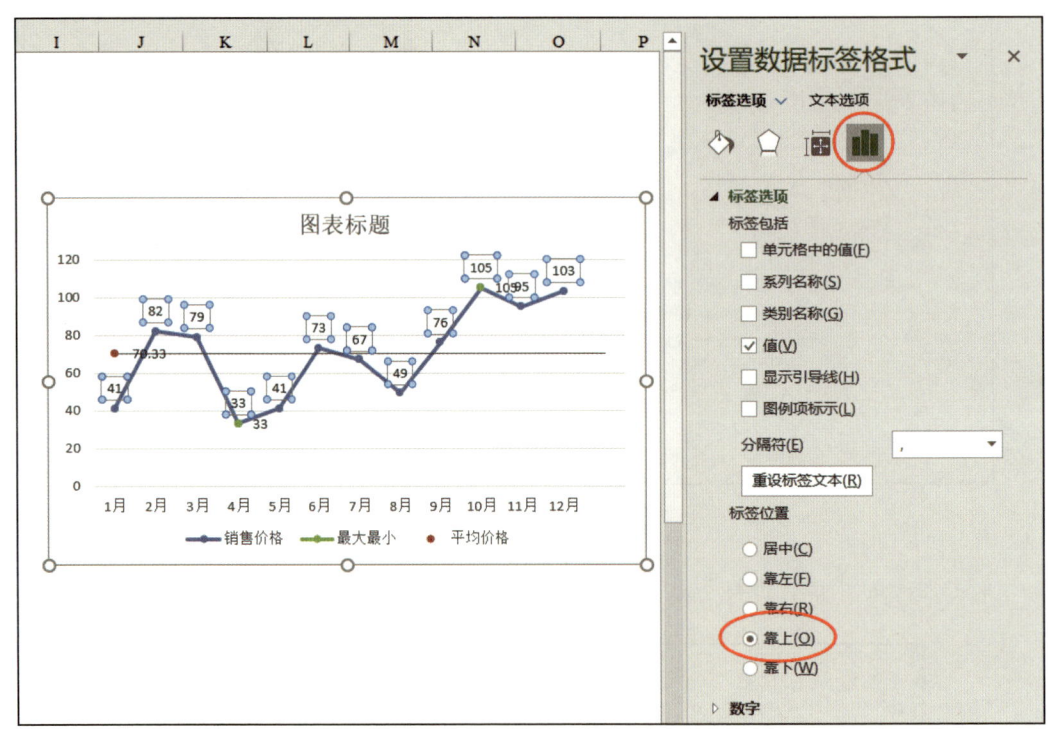

图 6-15　设置数据标签的位置

到此为止，一个简单的销售价格变动趋势图就已经创建成功。剩下的工作就是美化了。

Step7：选中"销售价格"数据系列→点击右键→设置数据系列格式→点击"填充与线条"选项下的"标记"，将标记设置为内置的圆形，大小为 7，填充色选为白色（见图 6-16）。

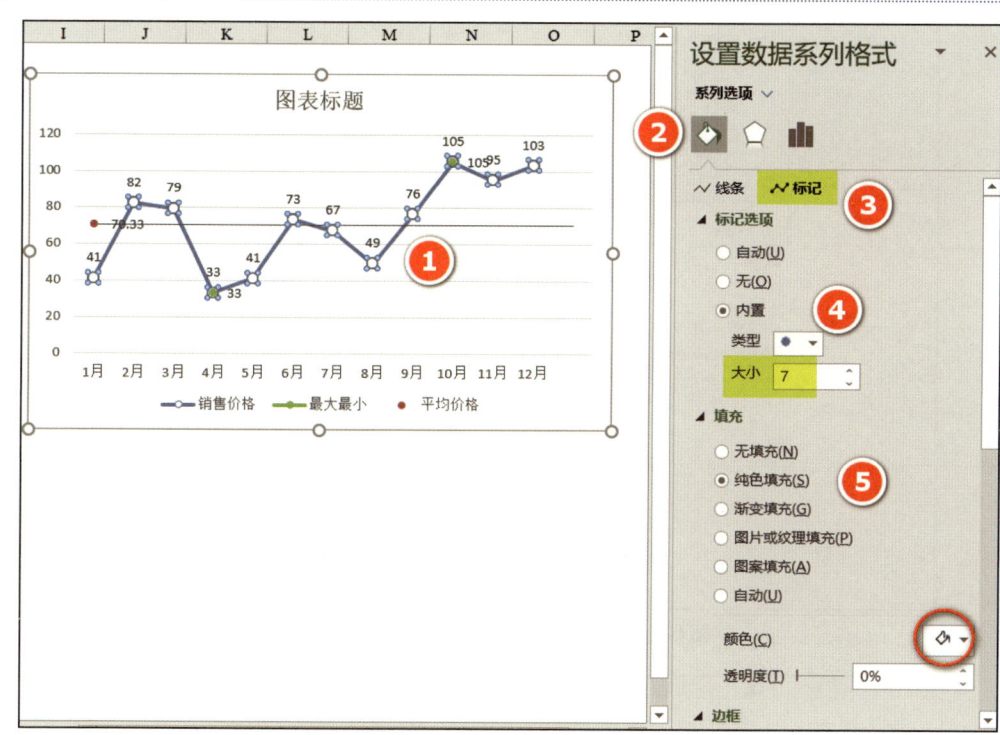

图 6-16 设置数据系列格式

Step8：同样的操作，将平均价格的数据标记设置为无；选中"最大最小"数据系列，将数据标记设置为红色的圆形（见图 6-17）。

Step9：点击选中网格线，将其设置为 1 磅，颜色为白色（见图 6-18）。

Step10：点击选择图表的图表区→点击右键→点击"设置图表区格式"→在"填充"选项卡设置为"纯色填充"，颜色为淡蓝色。设置后（见图 6-19）。

Step11：双击图例，将其设置为右上，并将"显示图例，但不与图表重叠"前的对勾去掉，然后将图例缩小到合适的大小（见图 6-20）。

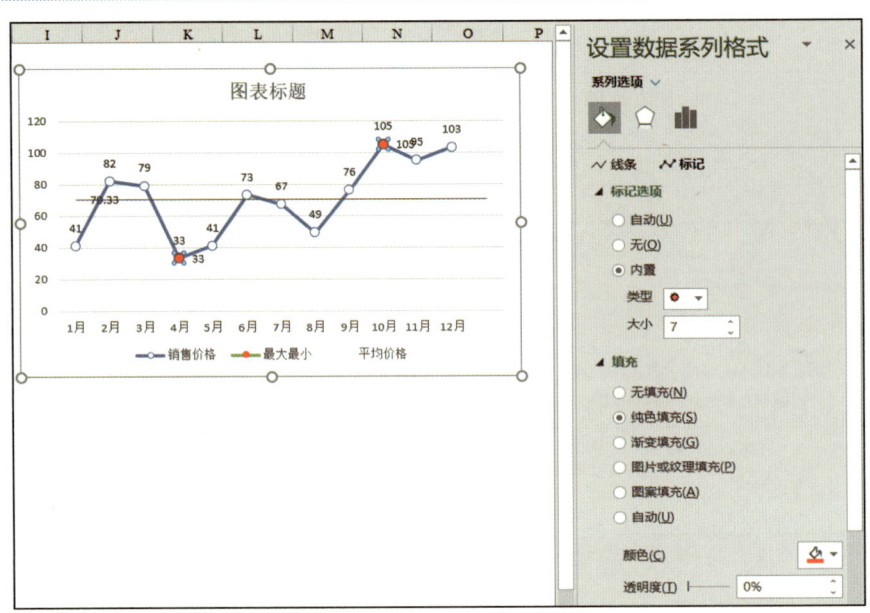

图 6-17 设置最大最小数据系列的格式

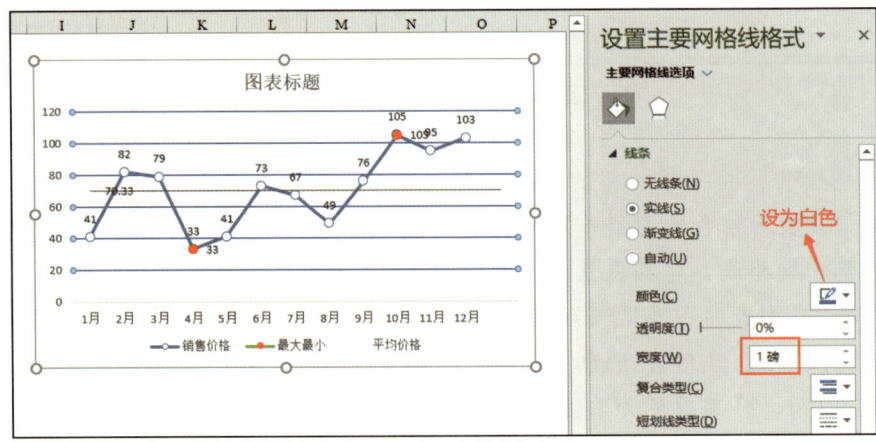

图 6-18 设置网格线

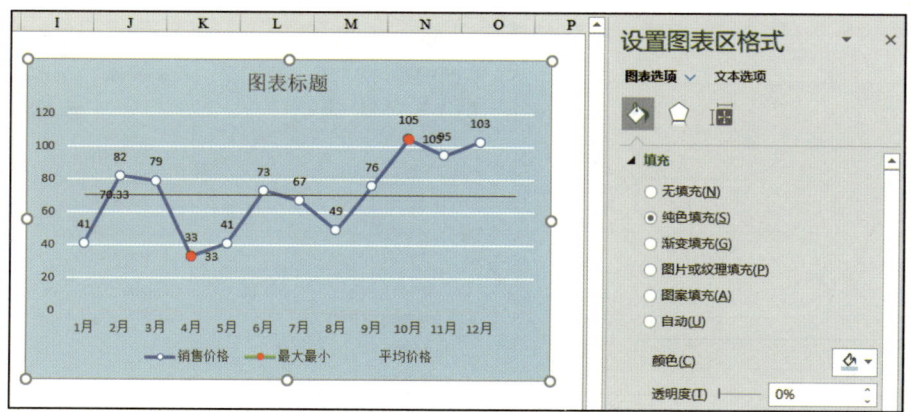

图 6-19　将图表设置为淡蓝色

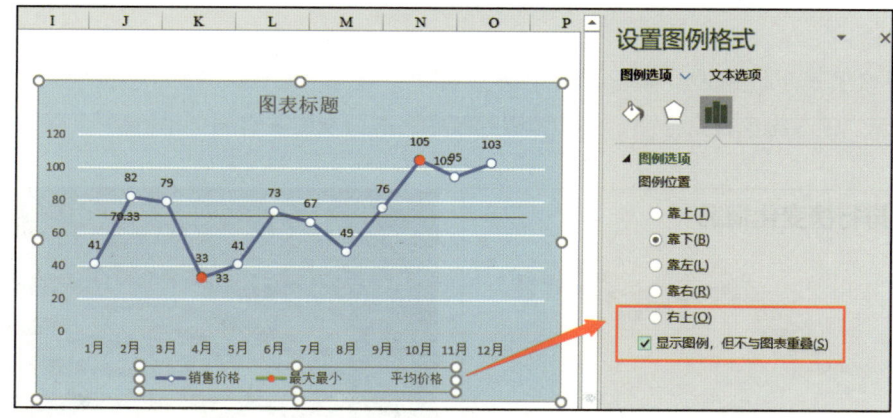

图 6-20　设置图例的位置

Step12：选中水平（类别）轴，设置线条为黑色。刻度线选择"内部"（见图 6-21）。

Step13：在【图表工具】的【布局】选项卡的"标签"组分别将图表标题设置为"图表上方"，插入文本框，输入解释性文字，再将图表标题、图例、文本框的位置调整为靠左对齐，设置后效果如前文图 6-8 所示。

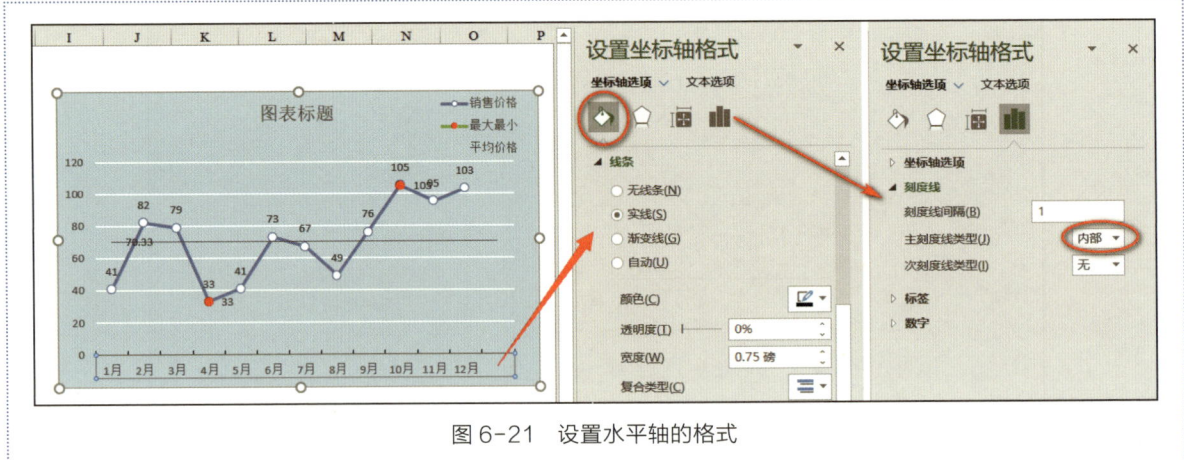

图 6-21 设置水平轴的格式

■ **扩展阅读**

折线图除了表示价格波动情况，在财务分析中，还常用于表示排行榜变化，如图 6-22、图 6-23 所示。请在微信公众号"Excel 偷懒的技术"主页发送关键词"排行榜"，获取制作步骤。

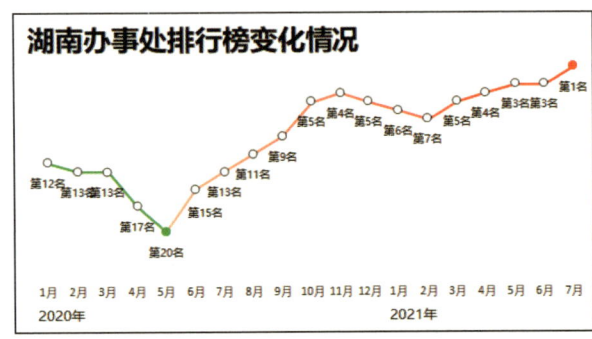

图 6-22　颜色渐变的排行榜波动图

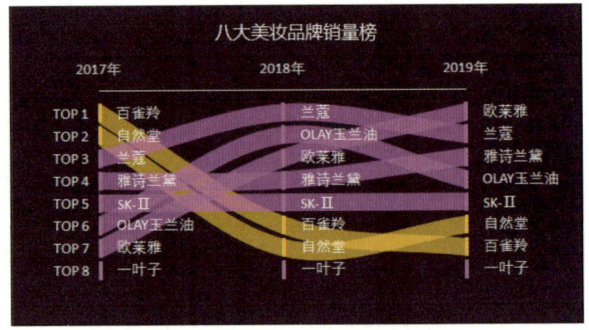

图 6-23　八大美妆销量榜

2. 带平均线的销售收入走势图

我们还可以通过柱形图来反映数据随时间变动的发展趋势，如图 6-24 所示。其制作方法除了在

Step1 选择图形时改为选择柱形图中的"簇状柱形图"外，其他步骤与带平均线的价格走势图的完全一样，在此不赘述了。

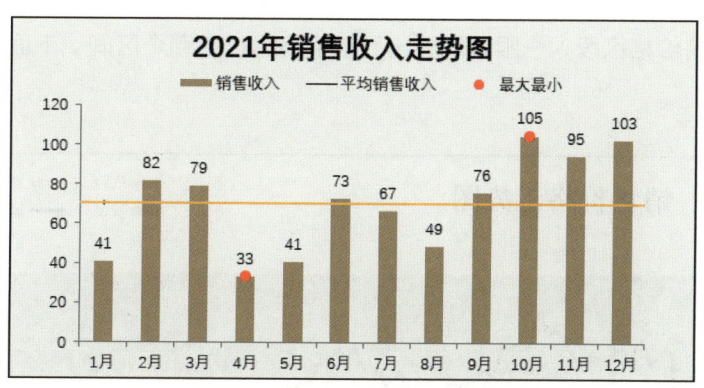

图6-24　带平均线的销售收入走势图

■ **扩展阅读**

　　一些商业杂志上的平均线放在柱形图后面，如图6-25所示。这个又是如何做到的呢？请在微信公众号"Excel偷懒的技术"主页发送关键词"平均线在后"，获取详细制作步骤。

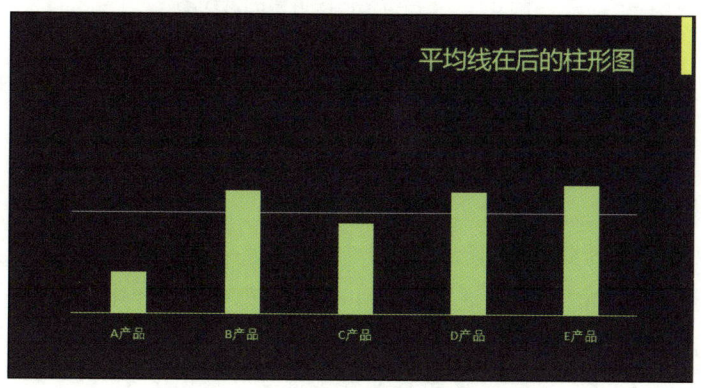

图6-25　平均线在后的柱形图

3. 带价格区段背景的走势图

价格走势图能直观地反映时间和价格两个因素，让图表使用者一眼就能看出价格的整体趋势，还能预测最近的价格走势和范围。除了这些作用，有时还能反映价格运行在哪个区间。比如图 6-26，走势图带有价格区段，一眼就能看出目前价格运行在哪个区间。下面介绍此图的具体制作方法。

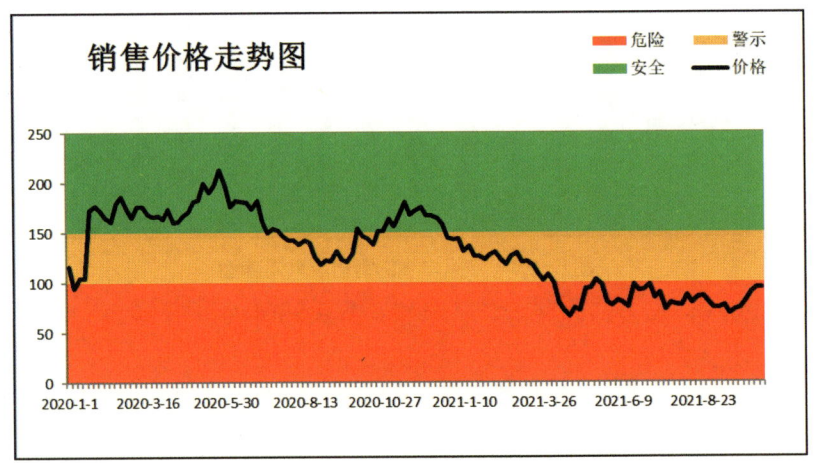

图 6-26 带价格区段背景的折线图

此图中价格划分为三个区间：100 以下为危险，100～150 为警示，150 以上为安全。我们介绍两种绘制方法：

（1）背景图法。

> Step1：打开示例文件"表 6-5 带背景的价格走势图"，选中 A1:B133，插入折线图（见图 6-27）。
>
> Step2：制作背景图片。100 以下为危险，100～150 为警示，150 以上为安全。我们用五行来制作背景图片，将第一二行设置为绿色，第三行设置为黄色，第四五行设置为红色。然后选中 A1:E5 复制，将背景粘贴为图片（见图 6-28）。

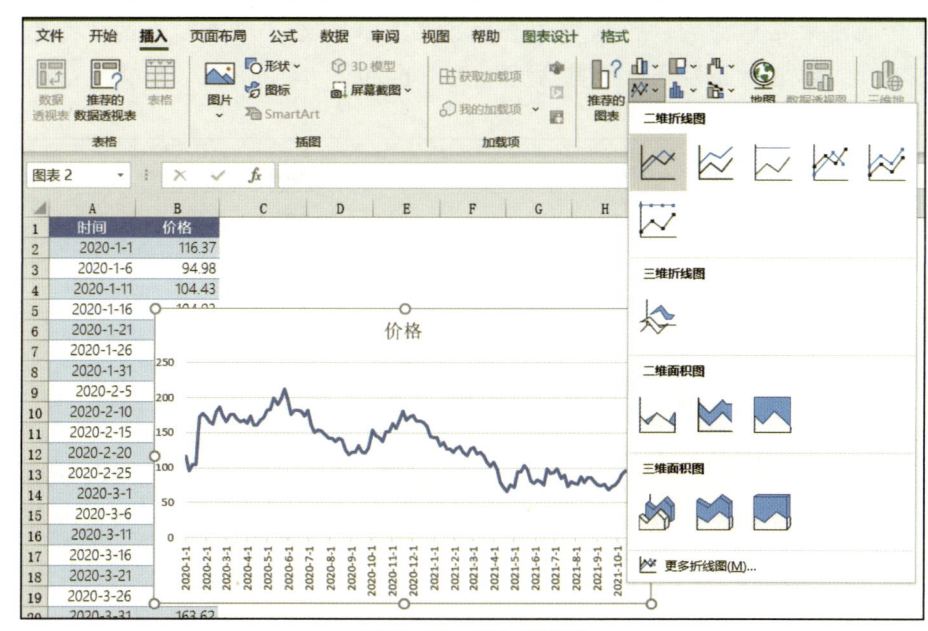

图 6-27　插入折线图

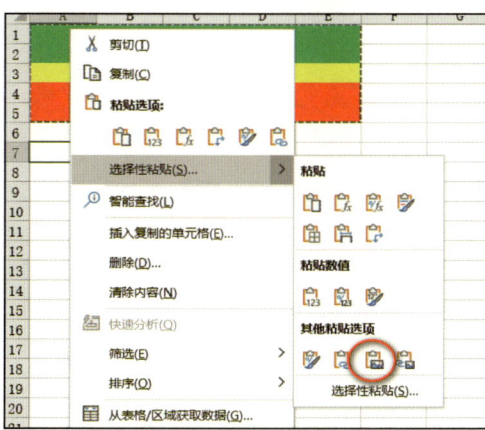

图 6-28　粘贴为图片

Step3：再复制刚才粘贴的图片，选中图表的绘图区，勾选"填充"下的"图片或纹理填充"，点击"图片源"来自"剪贴板"（见图6-29）。

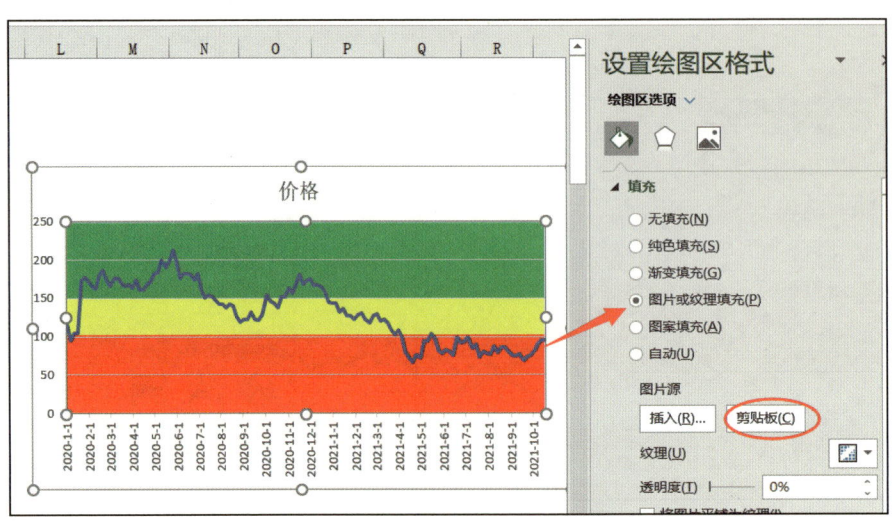

图6-29 填充图片来自剪贴板

然后再对其进行美化即可。

（2）辅助列法。

可以使用堆积柱形图来绘制价格区间背景，因而需要添加辅助列。

Step1：打开示例文件"表6-5 带背景的价格走势图"，添加辅助列C列、D列、E列，分别为危险、警示、安全，如图6-30所示。

Step2：为了能在添加新的数据行时图表自动将新数据包含进去，可以将数据区域转化为表格。

Step3：点击刚才创建的"表格"的任一单元格→点击【插入】选项卡图表组的柱形图中的堆积柱形图→创建堆积柱形图，如图6-31所示。

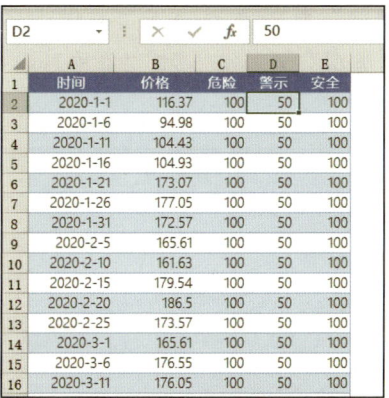

图 6-30 添加辅助列

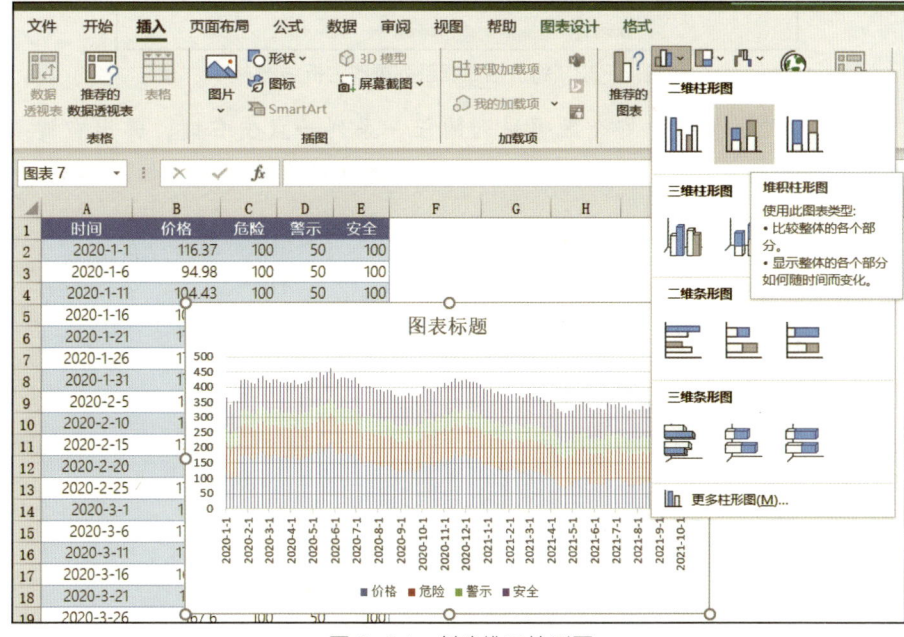

图 6-31 创建堆积柱形图

Step4：点击选择最底层的"价格"数据系列→点击右键，弹出右键菜单→点击"更改图表类型"→在"更改图表类型"对话框，将"价格"数据系列设置为"折线图"。更改后的图片如图6-32所示。

图6-32　将价格数据系列更改为折线图

Step5：点击选择危险、警示、安全数据系列的任一系列→点击右键，弹出右键菜单→点击"设置数据系列格式"，将数据系列的分类间距设置为无间距，如图6-33所示。

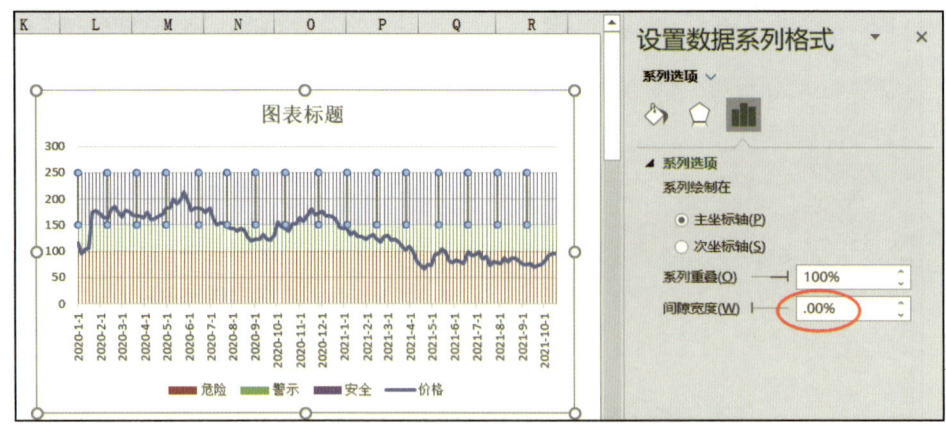

图6-33　将堆积柱形图数据系列的分类间距设置为零

此时图表看起来没有任何变化，这是因为图表的水平（类别）轴为日期数据，这些日期是不连续的，因此绘制的堆积柱形图也是不连续的。我们需要改变一下 X 轴的设置。

Step6：双击水平（类别）轴，在右侧弹出的"设置坐标轴格式"对话框中将坐标轴更改为"文本坐标轴"，如图 6-34 所示。

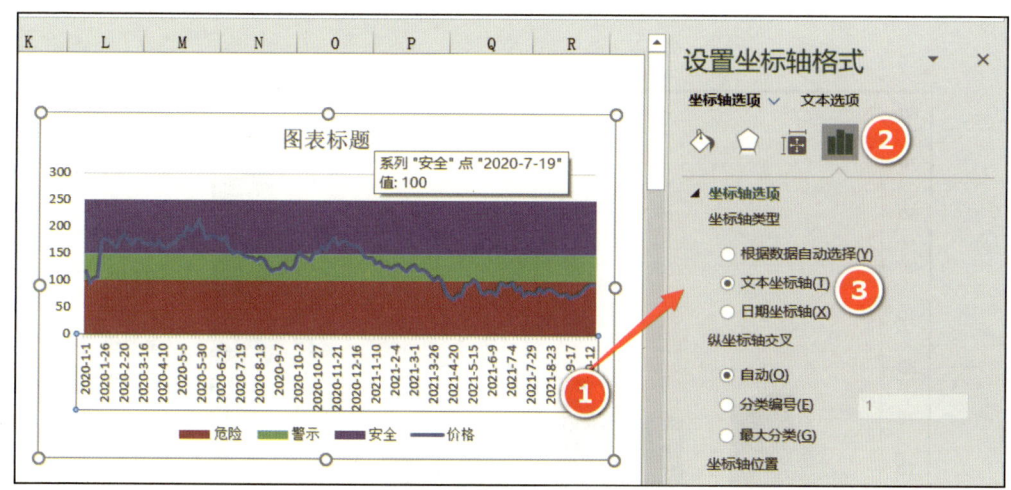

图 6-34　将坐标轴更改为"文本坐标轴"

Step7：按照个人偏好进行美化，美化后的图表如前文图 6-26 所示。

二、对比分析经典图表

俗话说：有对比才有鉴别。财务分析也是如此，企业财务指标体系中的各种指标，都要通过对比才能发现问题。对比分析法是财务分析的基本方法之一，是通过将某项财务指标与性质相同的指标评价标准进行对比，揭示企业财务状况、经营情况和现金流量情况的一种分析方法。要对比就要有标准，有了标准就有参照物，才能发现财务指标的好坏。一般来说，对比分析的参照标准有三个方面。

期间比较：与上期、去年同期实际数据相比较。

实体比较：与同行业先进企业或行业平均数比较。

口径比较：与计划或预算数据相比较。

在做对比分析时，一般使用柱形图或条形图来比较数据，图 6-35 就是比较同一商品各年的对比分析图。

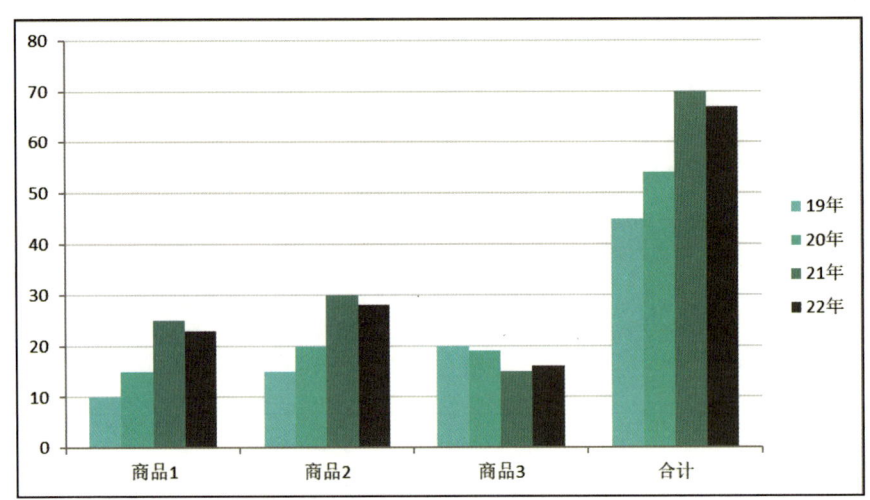

图 6-35　多项目多年份的对比分析图

1. 多项目多年份的对比分析图

> Step1：打开示例文件"表 6-6　多项目多年份对比分析（柱形图）"，选中 A1:E5 单元格区域。点击【插入】选项卡图表组的"柱形图"按钮，选择"簇状柱形图"，即可创建柱形图（见图 6-36）。

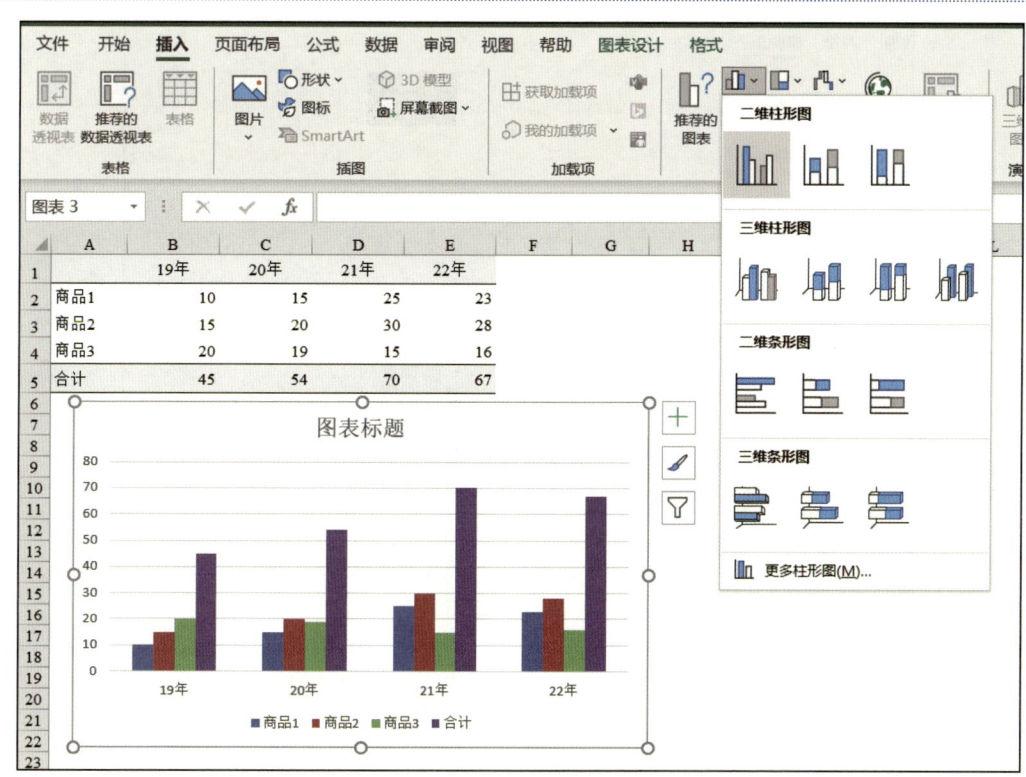

图 6-36 创建簇状柱形图

创建图表后，我们发现：图表是将各年不同商品的数据作为一簇，这不符合我们的要求，需要变换一下。

Step2：选中图表，点击图表工具【设计】选项卡中数据组的"切换行/列"，即可将图表设置为我们需要的样式（见图 6-37）。

Step3：然后根据自己的偏好，对图表进行美化。

条形图的制作方法和此一样，只是在第一步时选择条形图，不再详述。

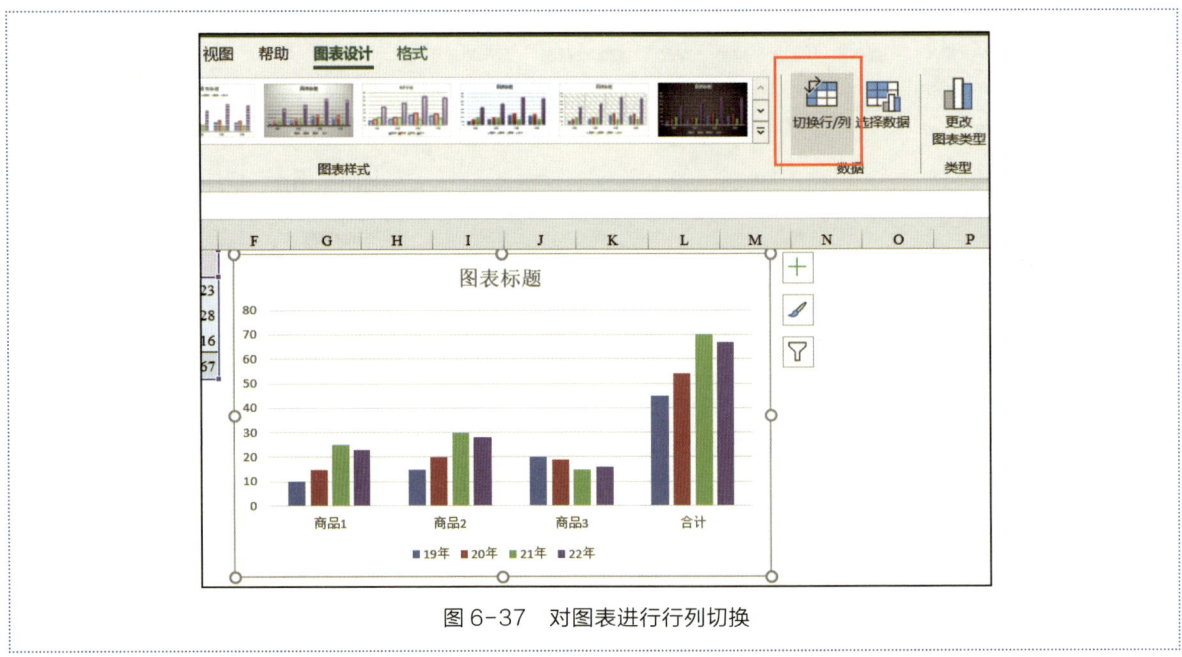

图 6-37 对图表进行行列切换

2. 多年份双项目对比分析（柱中柱）

多项目多年份的对比分析图中所用方法制作的图表太普通，我们可以通过一定的变换制作出如《财富》杂志这样颇具"商务范儿"的柱形对比图（见图 6-38）。

此图表一般叫作温度计图，还可用于预算完成情况分析。下面我们介绍其制作方法：

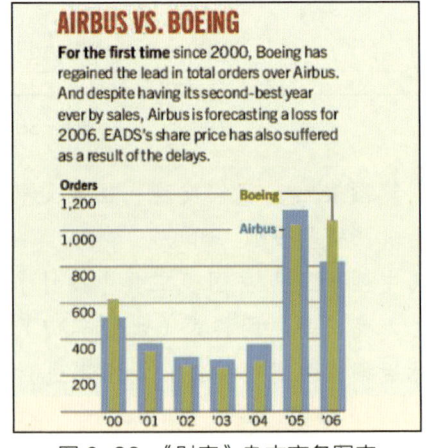

图 6-38 《财富》杂志商务图表

Step1: 打开示例文件"表6-7 多年份双项目对比分析(柱中柱)",选中A1:C8单元格区域,创建簇状柱形图(见图6-39)。

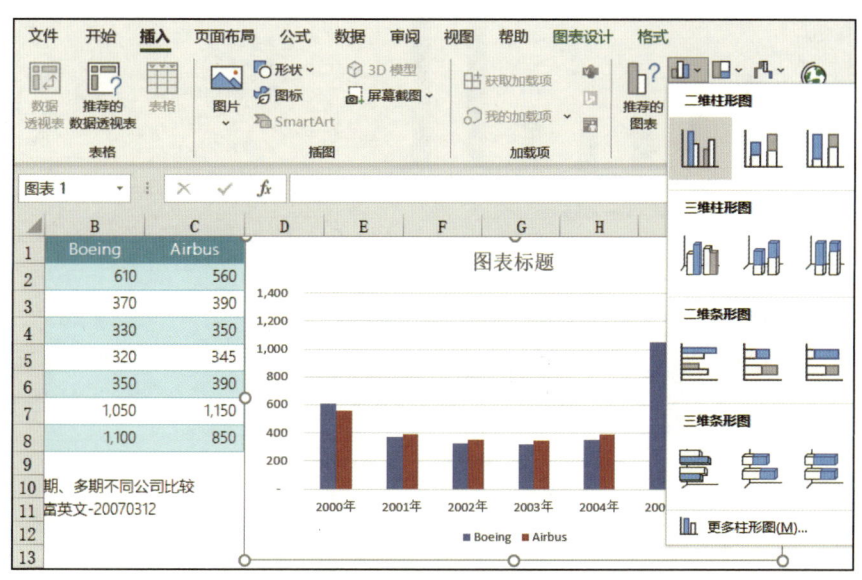

图6-39 创建簇状柱形图

Step2: 选中Boeing系列,点击右键→设置数据系列格式,设为次坐标轴,间隙宽度设置为200%(见图6-40)。

Step3: 选中Airbus系列,参照Step3设置数据系列格式,将分类间距设置为60%,但Airbus系列是绘制在主坐标轴上的,绘制后图表如图6-41所示。由于Boeing系列已设置为次坐标,**次坐标的图表一般在前面**,会挡住Airbus系列,可按图6-41所示的方法选取。

Step4: 双击左边的垂直(值)轴→打开设置坐标轴格式对话框→在"坐标轴选项"将最大值设置为固定1200(目的是为了与次坐标轴的最大值一样)。把"线条颜色"设置为无线条,关闭对话框(见图6-42)。

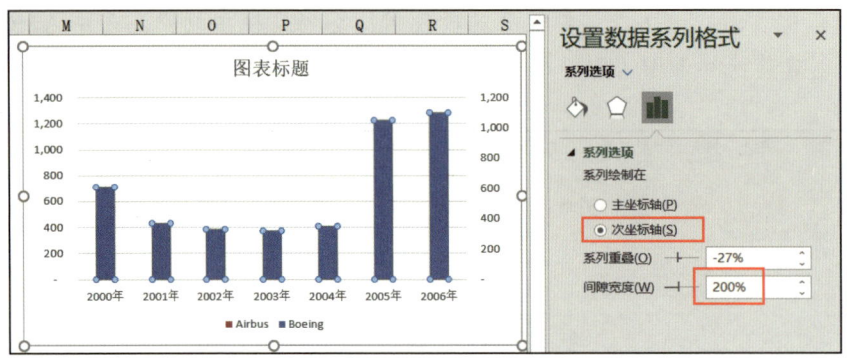

图 6-40 设置数据系列格式

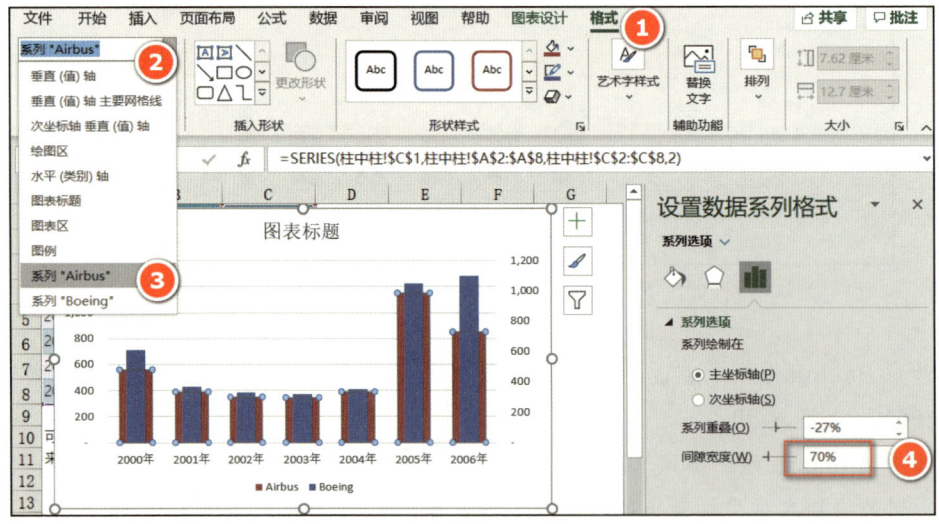

图 6-41 设置 Airbus 的间隙宽度

Step5：选中右边的次坐标轴垂直（值）轴，按【Delete】键将其删除。

Step6：将图表区拉高，再将绘图区压缩变矮，修改图表标题，插入文本框，输入相应文字，即可制作出与《财富杂志》原图表相似度 90% 以上的图表（见图 6-43）。

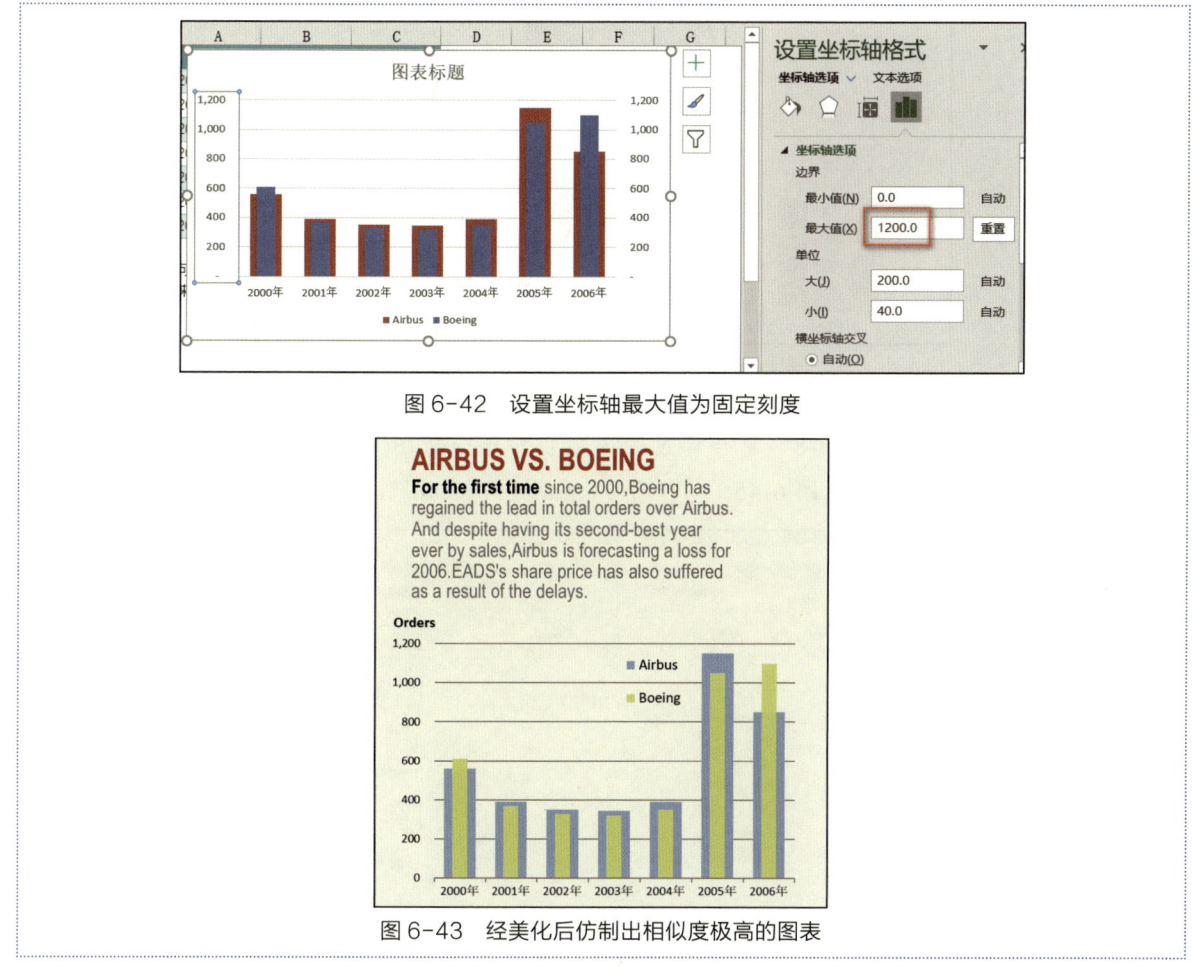

图 6-42　设置坐标轴最大值为固定刻度

图 6-43　经美化后仿制出相似度极高的图表

3. 带合计数的多项目对比分析图

在多项目多年份的对比分析图中，我们可以看到合计数簇的柱形图明显高于其他簇。如果年份比较多，合计数远远高于各明细项目，那么此图表就会看不出明细项目间的差异，失去对比的意义，那有没有解决的办法呢？我们可以使用次坐标轴来解决此问题。制作后效果如图 6-44 所示。

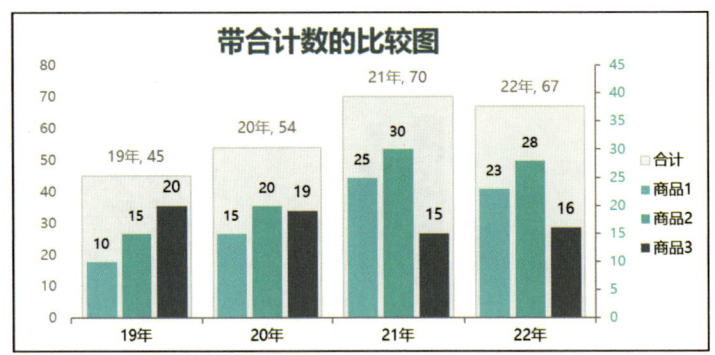

图 6-44 带合计数的多项目对比分析图

Step1：打开示例文件"表 6-8　带合计数的多项目对比分析图"，选中 A1:E5 单元格区域，创建簇状柱形图（见图 6-45）。

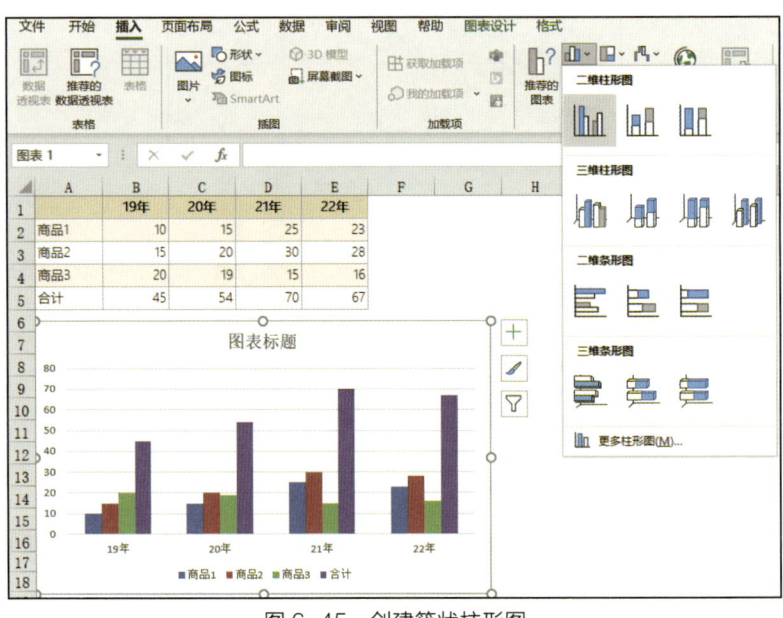

图 6-45　创建簇状柱形图

Step2：选中合计系列→点击右键→设置数据系列格式，将"合计"数据系列设置为绘制在次坐标，分类间距设置为 40%（见图 6-46），填充色设置为纯色填充，透明度为 50%（见图 6-47）。

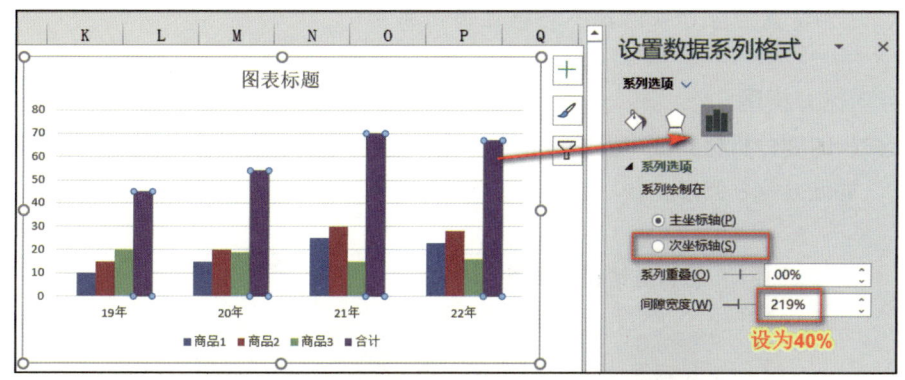

图 6-46 设置数据系列格式（分类间距、次坐标）

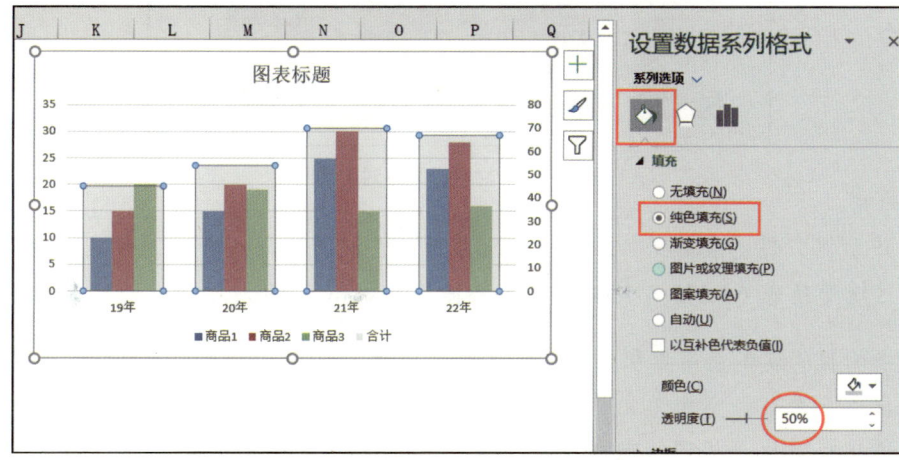

图 6-47 设置数据系列格式（填充色）

Step3：按个人偏好进行美化设置。

使用以上步骤制作的图表，由于合计系列在前面，挡住了其他系列（且在这种情况下无法点选其他系列），需要将其透明度设置为 50% 左右，才能看到其他各商品系列。我们可以将商品 1、商品 2、商品 3 设置为绘制在次坐标，将合计设置为主坐标，这样设置后合计系列就不会挡住商品系列。

4. 进销存对比分析图

在做存货分析时要分析材料或产品的进销存，为了直观地展示进销存情况，可以使用堆积柱形图来制作分析图，如图 6-48 所示。

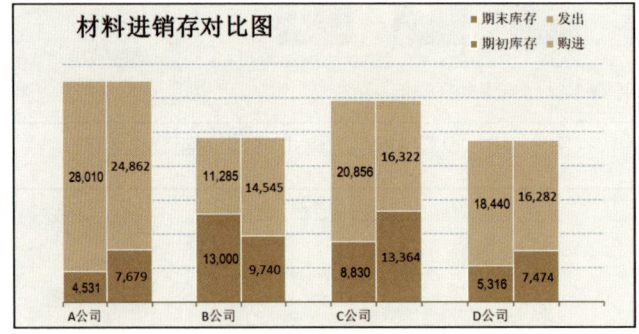

图 6-48　材料进销存对比图

Step1：打开示例文件"表 6-9　进销存对比分析（柱形图）"，先将进销存表格 A7:E11 单元格区域变换成 A1:M5 单元格样式，具体格式如图 6-49 所示。

变换的目的就是使用堆积柱形图，每个公司都有三列：期初库存＋购进、期末库存＋发出、空白列。空白单元格没有数据，在绘制图形时不会有柱形图。利用此特性制作进销存对比分析图，期初库存＋购进＝期末库存＋发出，两柱形长度相等，期初与期末库存、购进与发出正好两两对比。

Step2：选中 A1:M5，插入堆积柱形图（见图 6-50）。

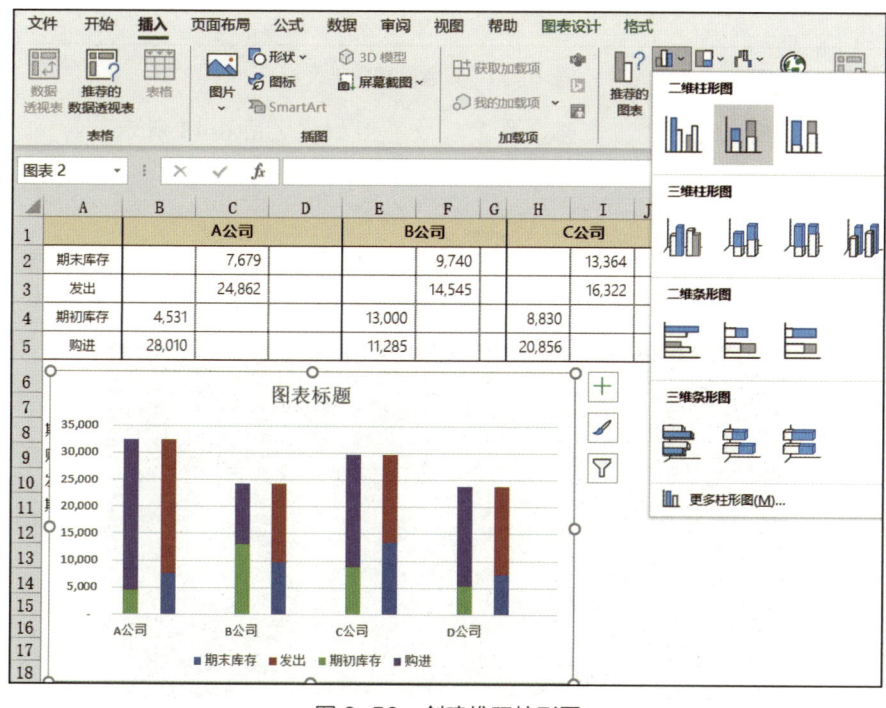

图 6-49 建立辅助表格

图 6-50 创建堆积柱形图

Step3：将数据系列的间隙宽度设置为 0，如图 6-51 所示。

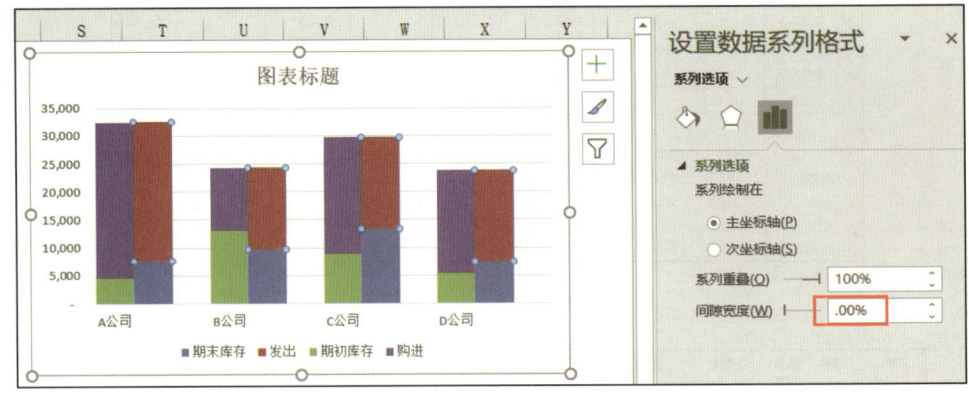

图 6-51　设置间隙宽度

Step4：根据个人的偏好进行美化设置。美化后效果图如前文图 6-48 所示。

■ 扩展阅读

如果要对存货的最高最低及当前进行对比，还可以用折线图绘制，如图 6-52 所示。请在微信公众号"Excel 偷懒的技术"主页发送关键词"最高最低"，获取详细制作步骤。

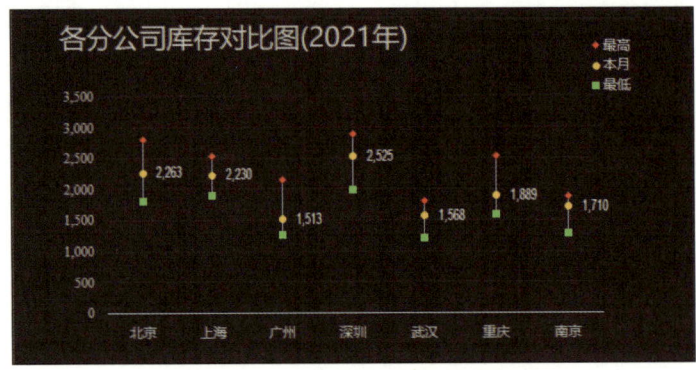

图 6-52　呈现最高最低及当前库存

5. 使用滑珠图进行对比分析

我们在对比分析数据时，除了可以用柱形图、条形图进行对比外，还可以使用条形图与散点组合绘制出的滑珠图进行比较，以替代簇状柱形图。滑珠图用圆点在同一条形图上的不同位置表示数字的大小，它比簇状柱形图更简洁、更美观。我们来看著名商业杂志《经济学人》（2013.6.1～2013.6.7）的一张滑珠图，如图6-53所示。

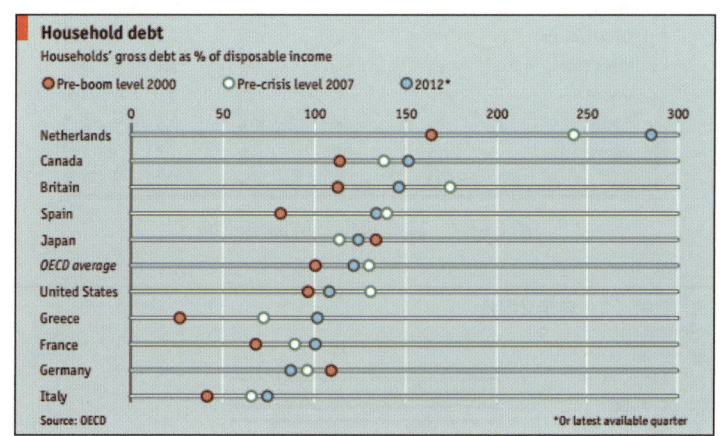

图6-53 滑珠图

制作步骤如下（扫描二维码观看操作视频）：

Step1：如示例文件"表6-10 使用滑珠图进行对比分析"所示，创建数据表格，增加顶端列和Y轴列，F列Y轴值用于各系列散点图的Y轴坐标，保证各散点图刚好绘制在条形图上。如图6-54所示。

Step2：创建图表。选中A1:E12单元格区域，【插入】→【条形图】→【簇状条形图】。

Step3：选中Pre-boom level 2000系列→右键→更改系列图表类型，将Pre-boom level 2000系列、Pre-crisis level 2007系列、2012系列三个系列改为散点图，如图6-55所示。

扫码观看操作视频

	A	B	C	D	E	F
1		Pre-boom level 2000	Pre-crisis level 2007	2012*	顶端	y轴
2	Nethlands	160	240	280	300	10.5
3	Canada	110	138	150	300	9.5
4	Britain	110	175	145	300	8.5
5	Spain	80	138	130	300	7.5
6	Japan	135	115	125	300	6.5
7	OECD overage	100	130	120	300	5.5
8	United States	95	130	108	300	4.5
9	Greece	25	75	102	300	3.5
10	France	65	90	100	300	2.5
11	Germany	108	97	88	300	1.5
12	Italy	43	65	75	300	0.5

图 6-54　建立表格及辅助单元格

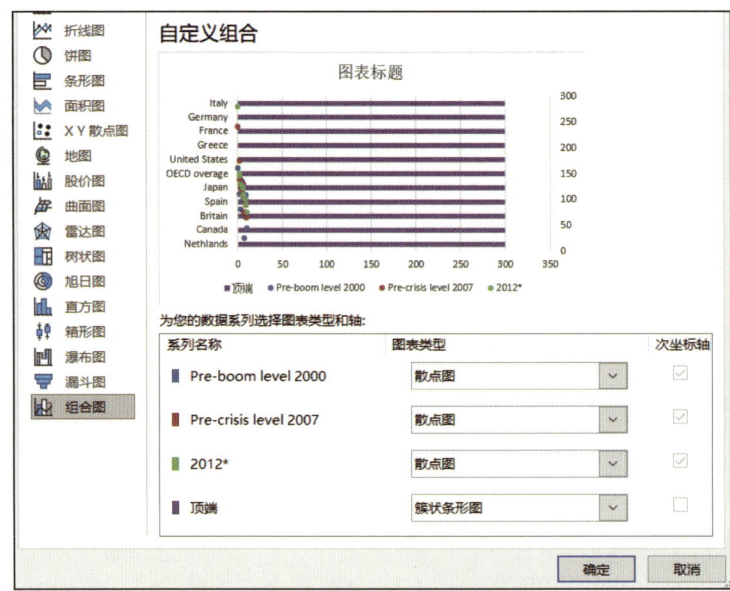

图 6-55　将数据系列更改为散点图

Step4：选中图表→点击【图表设计】选项卡→【选择数据】，在【选择数据源】对话框选择 Pre-boom level 2000 系列，点击"编辑"。在弹出的"编辑数据系列"对话框中，设置 Pre-boom level 2000 系列的 X 轴和 Y 轴的坐标（见图 6-56）。同样的操作，设置 Pre-crisis level 2007 系列的 X 轴和 Y 轴的坐标。

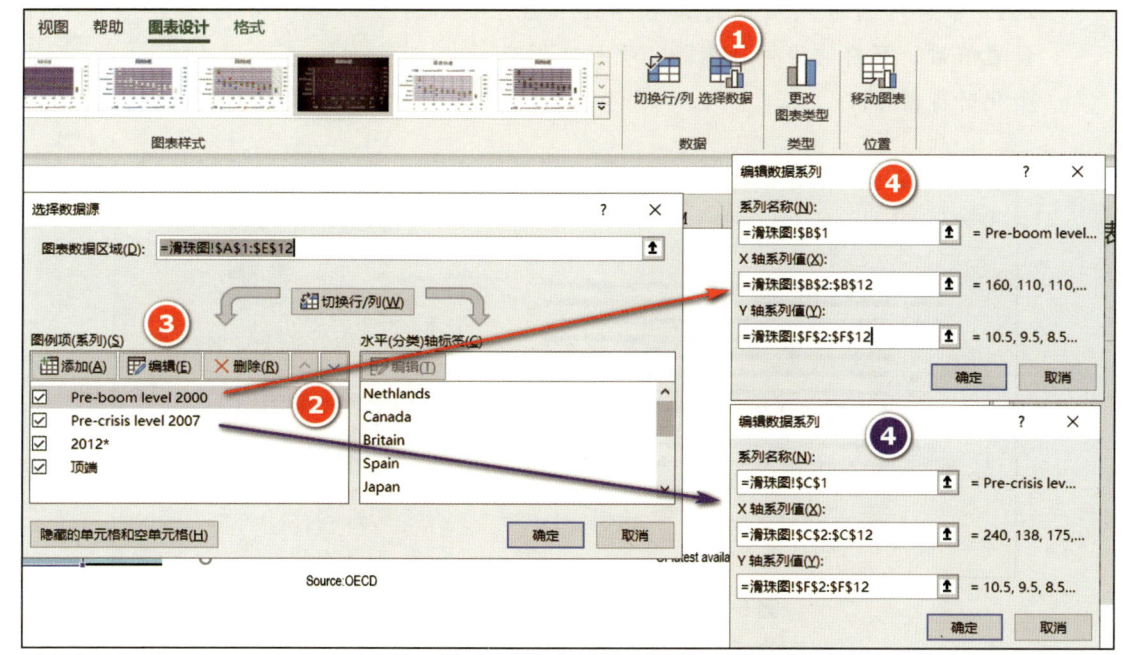

图 6-56　设置数据系列的 X 轴和 Y 轴的值

按图 6-57 设置 2012 系列的 X 轴和 Y 轴的坐标。

💡▪ **注意：**
　　Y 轴坐标均为"= 滑珠图 !$F$2:$F$12"。设置完后，按"确定"键退出"选择数据源"对话框。

Step5：选择图表右边的次坐标轴，单击右键→设置坐标轴格式，将最小值设置为固定值 0，最大值设置为固定值 11（见图 6-58）。目的是让 Pre-boom level 2000、Pre-crisis level 2007、2012 等系列的散点值刚好落在条形图上。设置好后，可将次坐标轴删除，也可在图表美化时再删除。

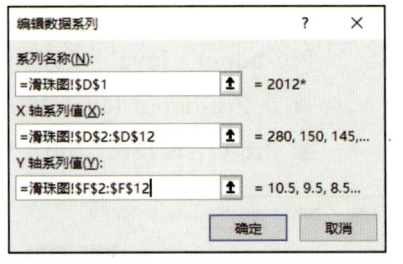

图 6-57 设置 2012 系列的 X 轴和 Y 轴的值

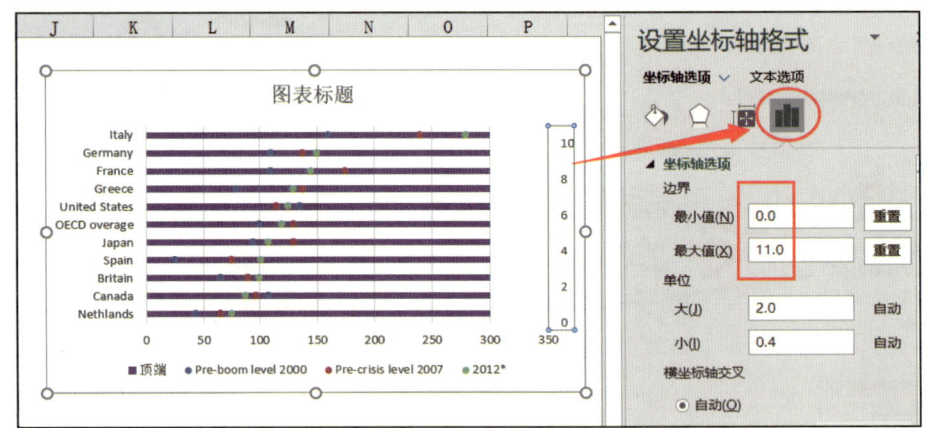

图 6-58 设置次坐标轴的最大值和最小值

选择图表下方的水平（值）轴，点击右键→设置坐标轴格式，将最大值设置为固定值 300（见图 6-59）。

Step6：请注意，此时垂直（类别）轴的各类别上下顺序是反的，需调整过来：双击图表左边的垂直（类别）轴→设置坐标轴格式→坐标轴选项→将"逆序类别"勾选上（见图 6-60）。

Step7：选择"顶端"系列，将间隙宽度设置为 500%，填充设置为无填充，边框颜色设置实线，颜色为蓝色。设置好后，如图 6-61 所示。

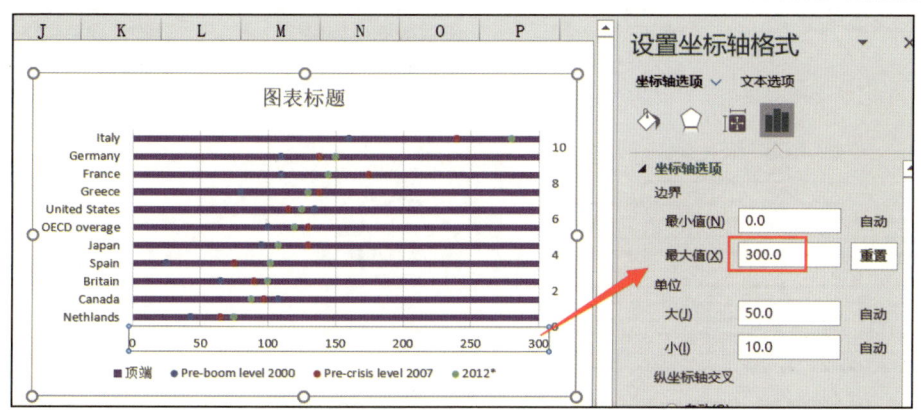

图 6-59 设置水平坐标轴的最大值

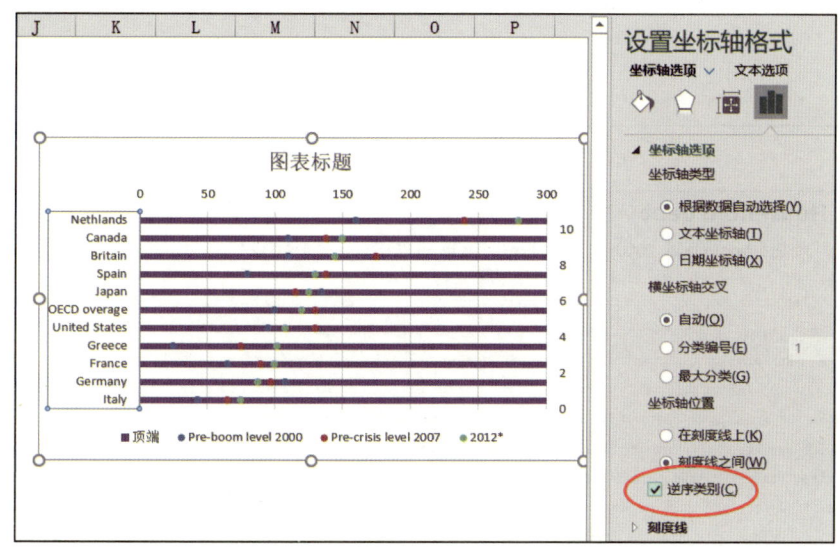

图 6-60 将垂直轴坐标设置为逆序类别

Step8：添加图表标题，将图例移到图表顶端，再按偏好进行美化设置。美化后效果图如图 6-62 所示。

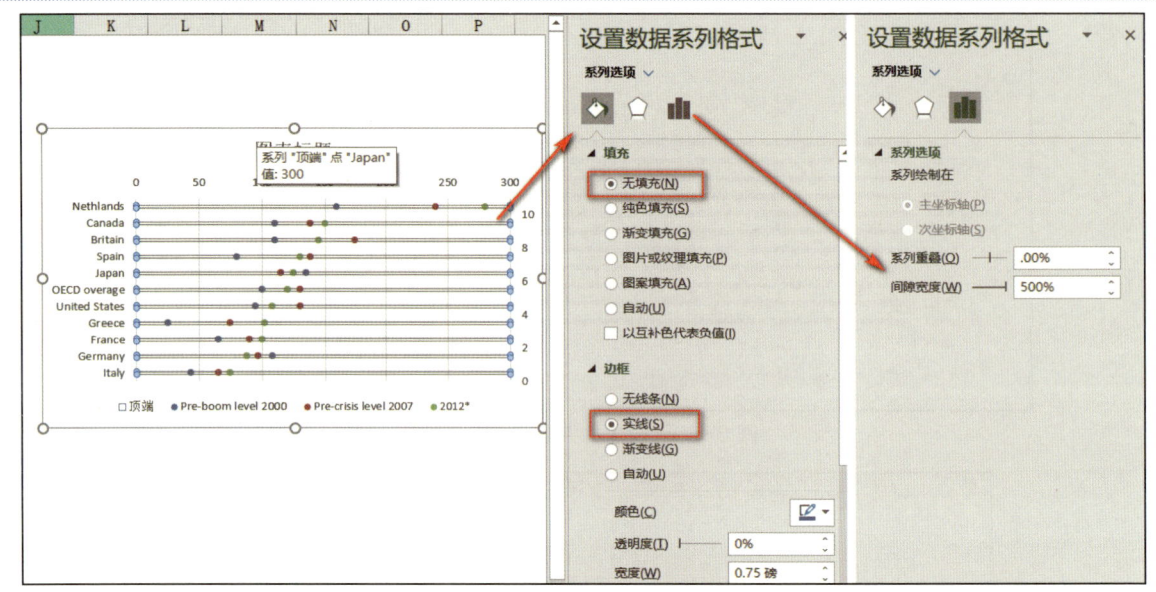

图 6-61 未经美化的效果图

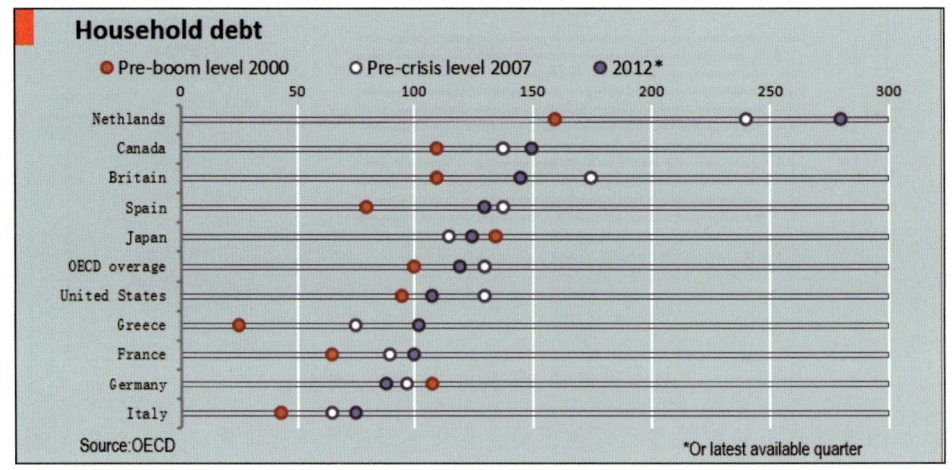

图 6-62 美化后的效果图

三、组成结构分析经典图表

组成结构分析法是指对分析对象中各项目的组成进行分析。如各产品的销售组成分析、流动资产组成分析、各部门管理费用组成分析。一般使用饼图、圆环图和百分比堆积条形图、百分比堆积柱形图表示组成比率。还可使用新型图表:旭日图、树形图来展示组成结构。如果要表示组成数字的大小可以使用堆积条形图、堆积柱形图。比如《经济学人》杂志(2013.2.16)的这张图表(见图6-63)就是使用的圆环图。

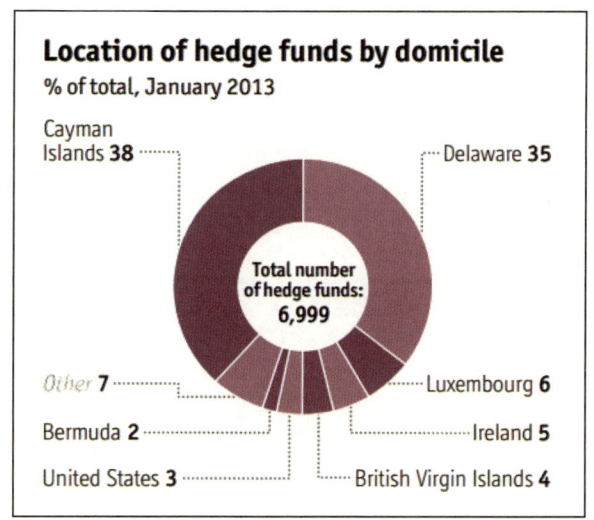

图6-63 《经济学人》杂志(2013.2.16)的圆环图

圆环图和饼图是组成结构最基本的一种表现形式,还有两种复合图(复合饼图和复合条饼图),除了展示各项目的组成,还可以展示其中某个项目的明细组成(见图6-64)。

以上两个图表见示例文件"表6-11 复合饼图"。

下面我们以《经济学人》(2013.5.11~2013.5.17)的一张图表(见图6-65)为例,讲解如何用百分比堆积条形图来进行项目的组成结构对比分析。

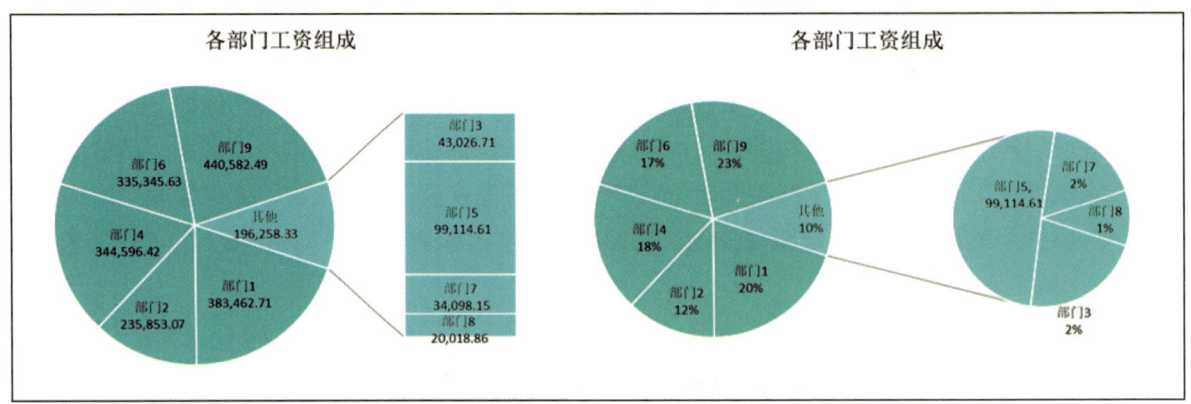

图 6-64 复合条饼图和复合饼图

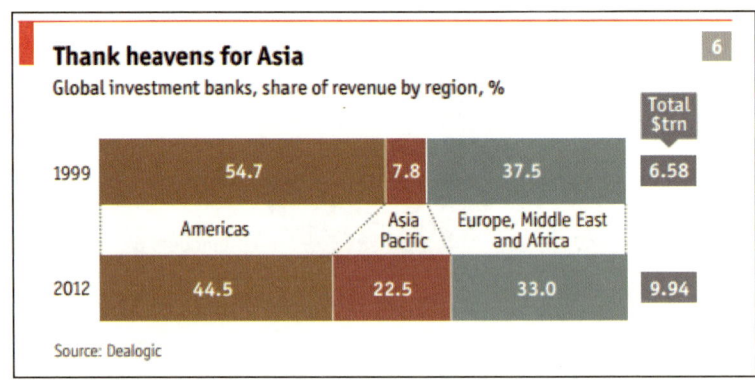

图 6-65 《经济学人》(2013.5.11～2013.5.17) 百分比堆积条形图

1. 用百分比堆积条形图展示组成结构对比

> Step1：打开示例文件"表 6-12 用百分比堆积条形图展示组成结构"，选择 A1:C4 单元格区域，选择【插入】选项卡→点击图表组的【条形图】→选择"百分比堆积条形图"（见图 6-66）。

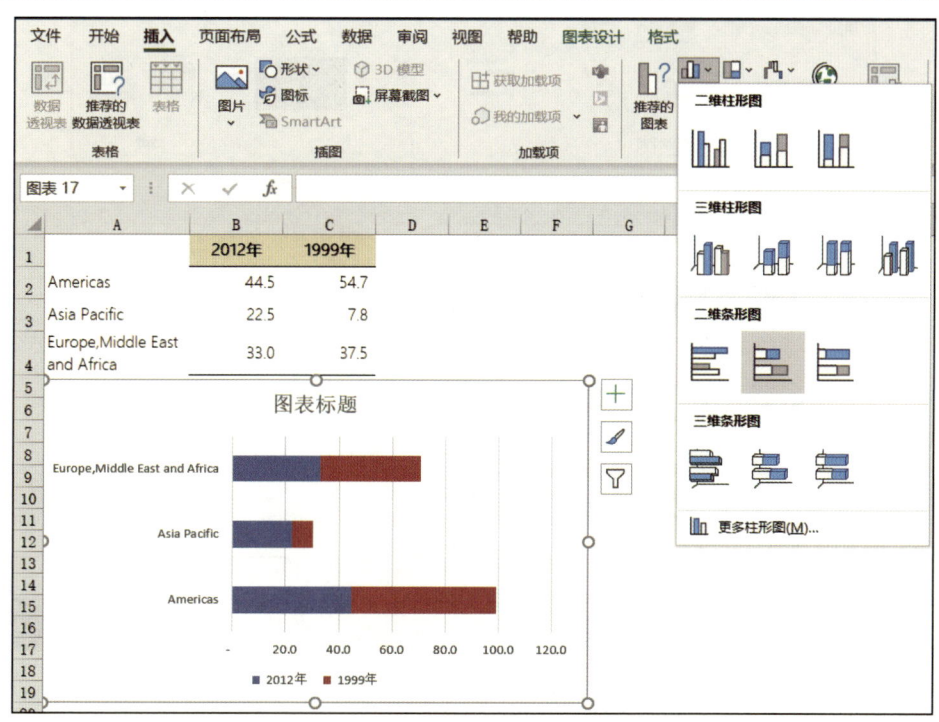

图 6-66　创建百分比堆积条形图

Step2：创建的图表不符合我们的要求，需进行行列转换：选择刚创建的图表→点击【图表设计】选项卡→【切换行/列】，切换后的图表如图 6-67 所示。

Step3：分别选择水平（值）轴、网格线、图例，将其删除。

Step4：给图表添加系列线，添加后图表如图 6-68 所示。

Step5：分别选中各个系列→点击右键→添加数据标签。

Step6：添加图表标题，插入文本框进行标注，并对图表进行美化。美化后效果如图 6-65 所示。

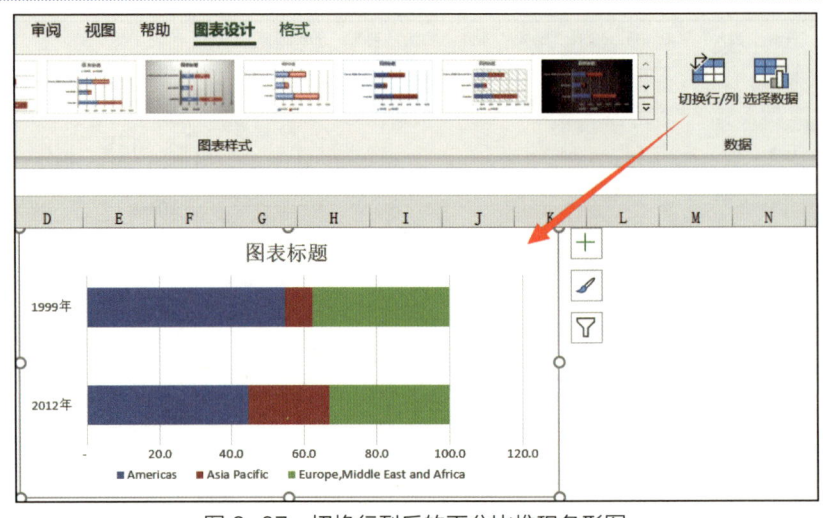

图 6-67　切换行列后的百分比堆积条形图

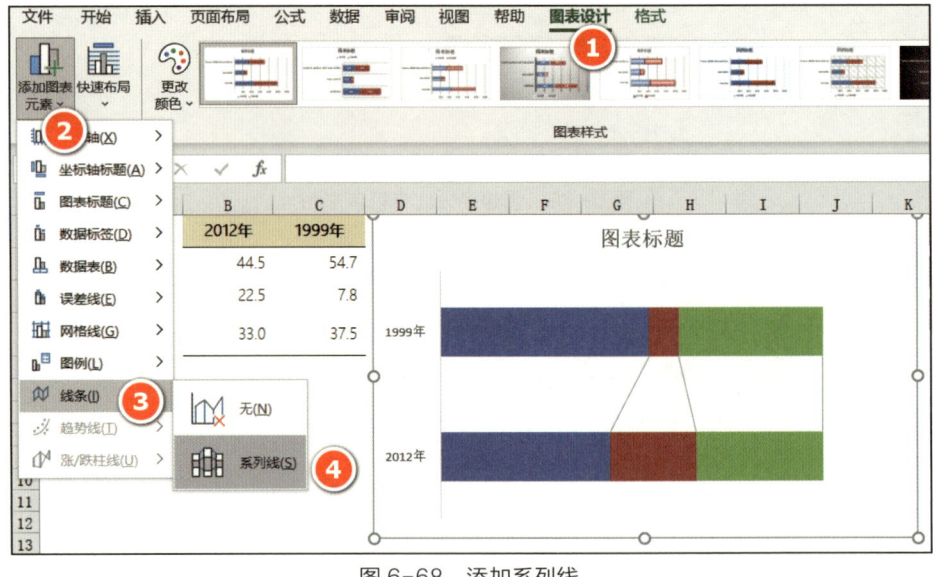

图 6-68　添加系列线

2. 用双层饼图展示复合组成结构

前面我们讲到，复合饼图和复合条饼图除了可以展示各项目组成结构，还可以展示项目的组成结构。某些时候我们需要展示各项目的明细组成，比如既要展示各季度销售收入构成百分比，又要展示各季度中各月的销售组成，此时复合饼图就不能满足需求了，我们可以使用双层饼图，如图 6-69 所示（扫描二维码观看操作视频）。

扫码观看操作视频

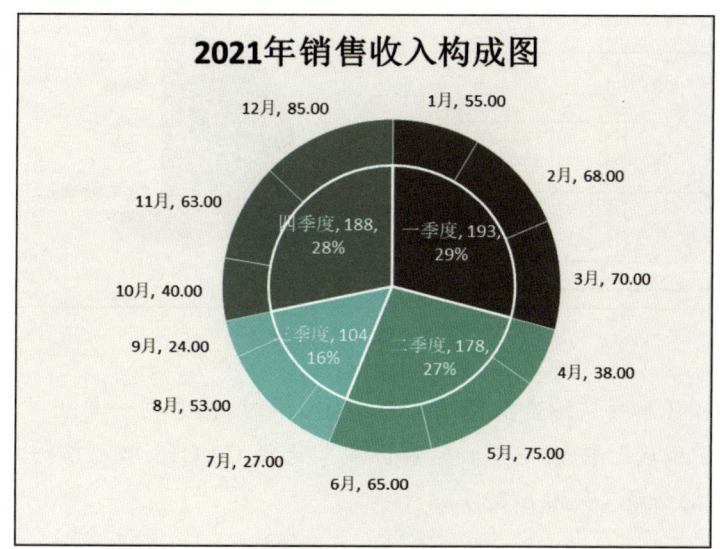

图 6-69　双层饼图

> Step1：打开示例文件"表 6-13　双层饼图"，选择 B1:B13 单元格区域。点击【插入】选项卡→图表组的【饼图】按钮→选择"饼图"，创建饼图（见图 6-70）。
>
> Step2：选中刚创建的饼图，点击【图表设计】选项卡→【选择数据】，打开"选择数据源"对话框，点击"添加"。按图 6-71 中的步骤添加"销售收入"数据系列，点击"确定"退出"编辑数据系列"对话框（仍停留在选择数据源对话框）。

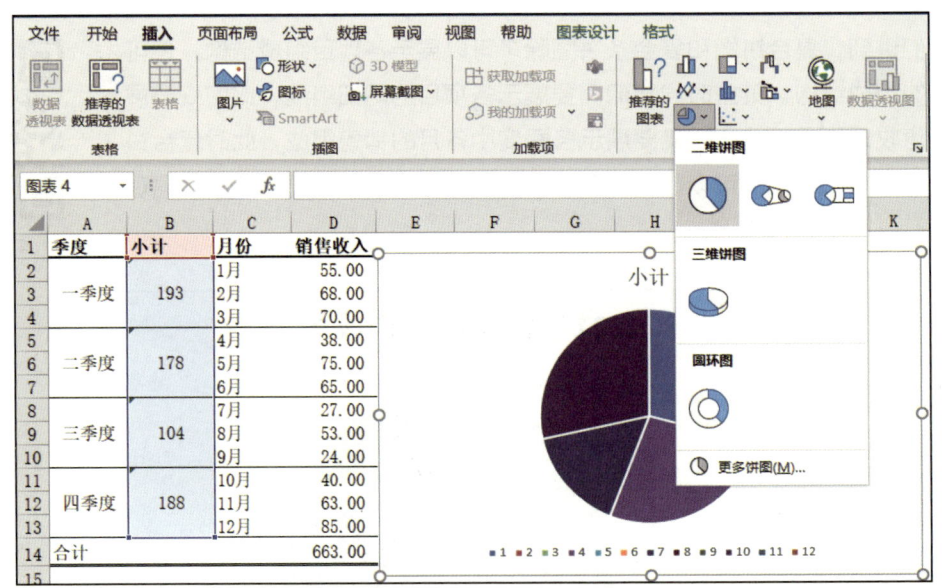

图 6-70 插入饼图

Step3： 选中图例项（系列）列表框中的"销售收入"数据系列→单击"水平（分类）轴标签"下的"编辑"按钮→"轴标签区域"选择 C2:C13 单元格→单击"确定"退出"轴标签"对话框（见图 6-72）。

用同样的方法，将"小计"系列的"水平（分类）轴标签"设置为 A2:A13。

Step4： 单击"确定"退出"选择数据源"对话框。此时图表还是单层饼图原来的样子。

Step5： 选择【格式】选项卡→在当前所选内容组的图表元素选择框，点击选择"小计"系列→点击"设置所选内容格式"→弹出"设置数据系列格式"对话框→点击系列绘制在"次坐标轴"。同时将"饼图分离"程度设置为 50%（见图 6-73）。

Step6： 单击选中"小计"数据系列，再次单击"小计"的其中一个扇区，将其拖至饼图的原点对齐。用同样的方法将其他三个扇区都拖到饼图中间对齐（见图 6-74）。

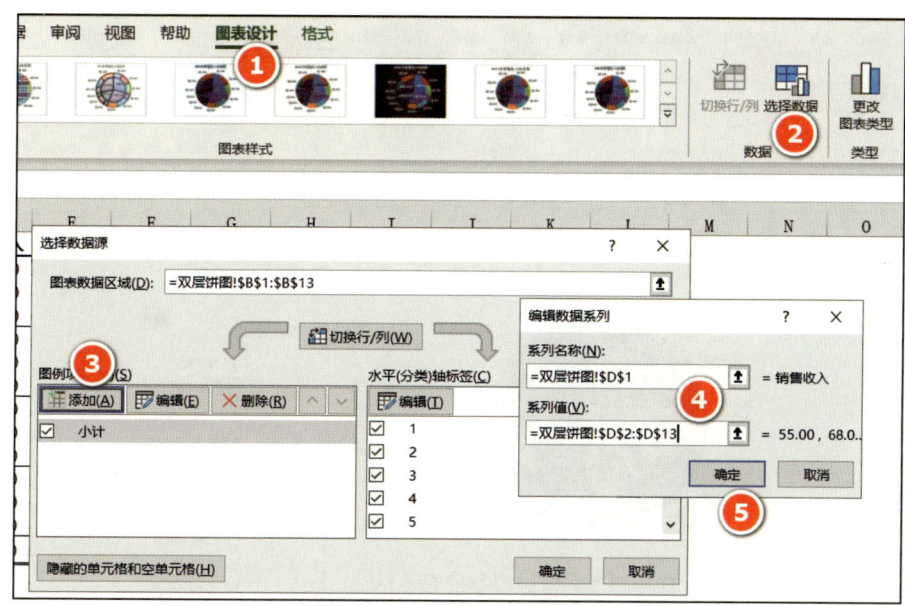

图 6-71 添加销售收入数据系列

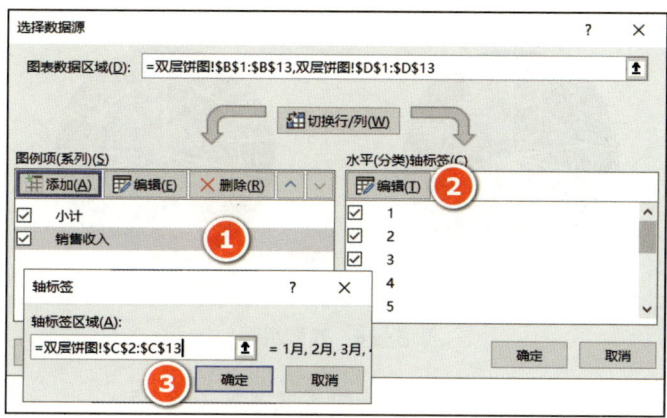

图 6-72 编辑销售收入的轴标签

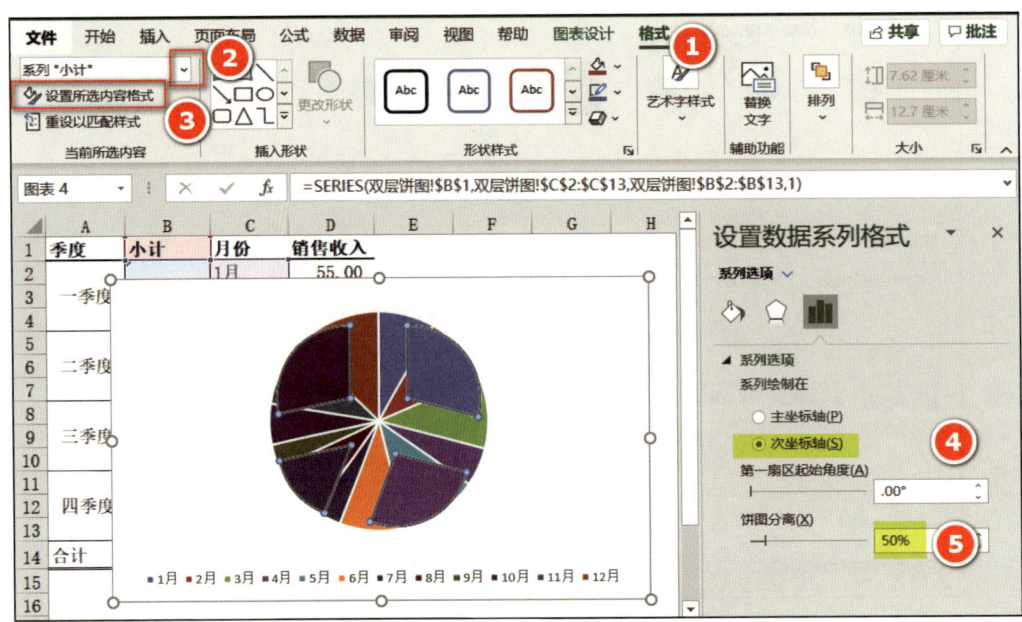

图 6-73 设置次坐标和饼图分离程度

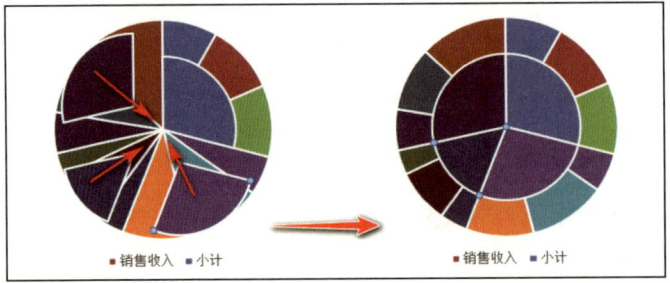

图 6-74 双层饼图

Step7：然后添加数据标签，并设置数据标签的格式（见图 6-75）。

Step8：按个人偏好进行美化。美化后效果见图 6-69。

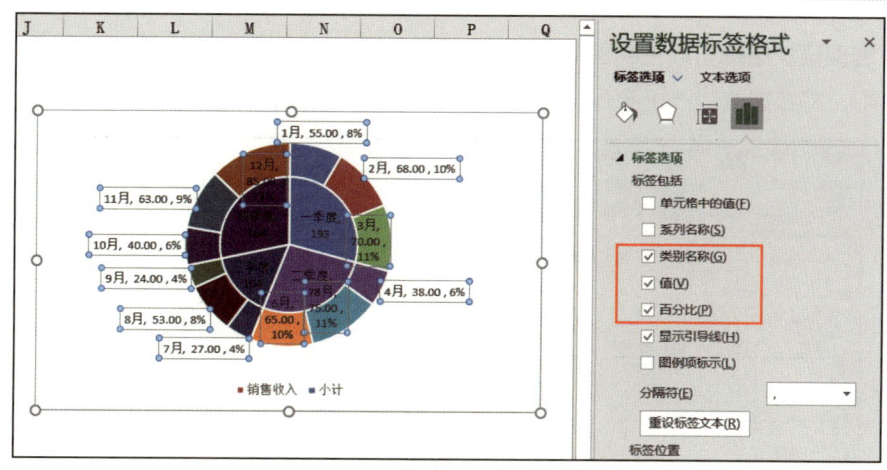

图 6-75 设置数据标签的格式

另外，我们可以调换小计和月份数据系列饼图的主次坐标类别，将图表做成图 6-76 的样式。

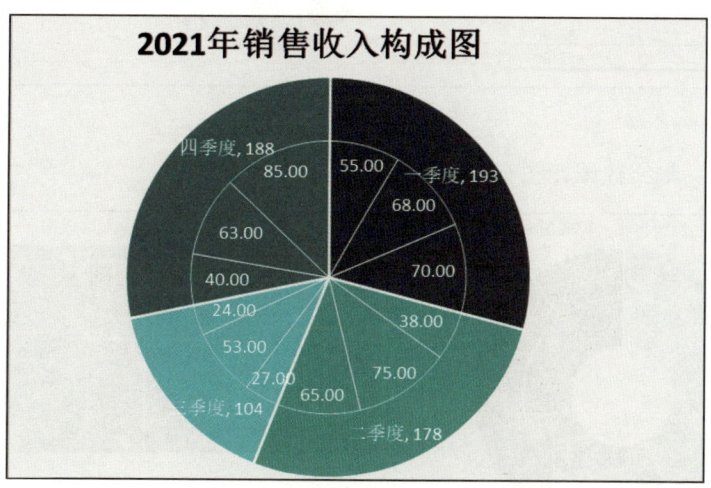

图 6-76 明细项在内部的双层饼图

由于此图不方便标注月份的数据标签，故不建议使用此种双层饼图。

3. 用旭日图和树形图展示层次结构

另外，要展现层次结构可以使用旭日图和树形图。我们仍以示例文件"表 6-13　双层饼图"的数据为例来介绍。将数据改变一下布局，如图 6-77 所示，然后插入旭日图/树状图。

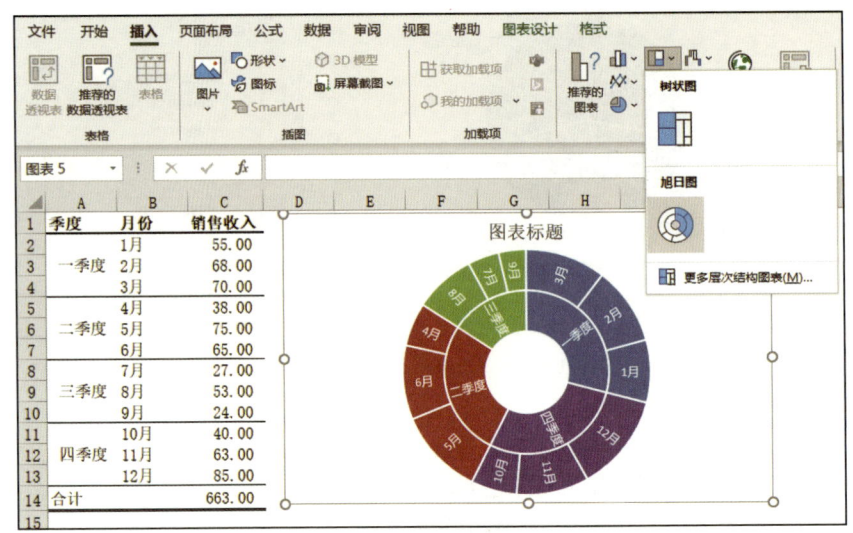

图 6-77　插入旭日图

再对其进行美化，最终效果如图 6-78 所示。

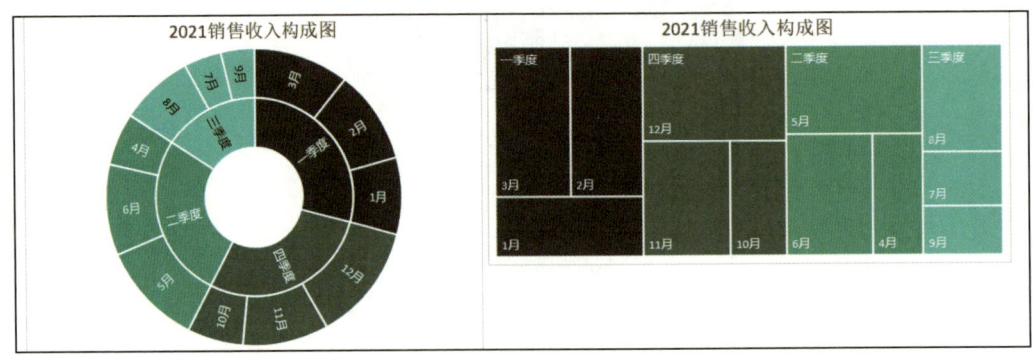

图 6-78　旭日图及树形图

旭日图与双层饼图的区别是，它们会自动按数字大小排序。当需要对数据按大小进行排序时，建议使用旭日图或树形图。

四、达成及进度分析经典图表

在财务分析中，经常要比较某项指标的达成进度，比如业绩完成情况、费用使用进度等。为了更直观地展示进度，我们一般选用柱形图、条形图来展示。下面介绍三种常用的达成及进度分析图表。

我们首先来看各公司业绩完成情况对比图。

1. 各公司业绩完成情况对比

各公司业绩完成情况如图 6-79 所示。

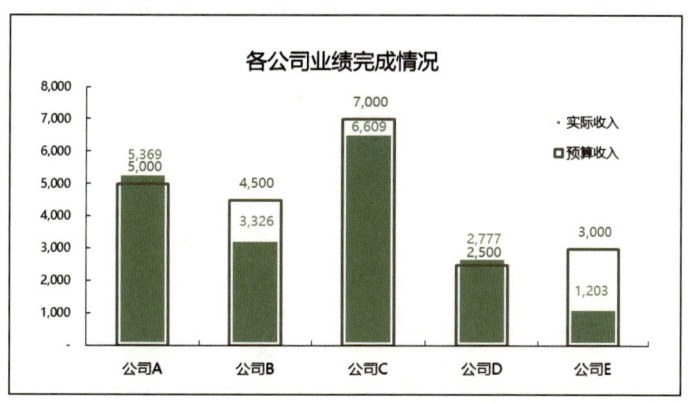

图 6-79　业绩完成情况对比图

此业绩完成情况对比图制作方法与前文图 6-38《财富》杂志商务图表的制作方法一样，在此不再赘述。由此我们也可以看出，同一张图表，可以表达不同的主题，在财务分析时应根据情况灵活运用。

2. 各公司业绩完成情况对比（上下半年分开）

在前面图表的基础上，我们将上半年和下半年业绩分开列示，制作出如图 6-80 所示的图表。

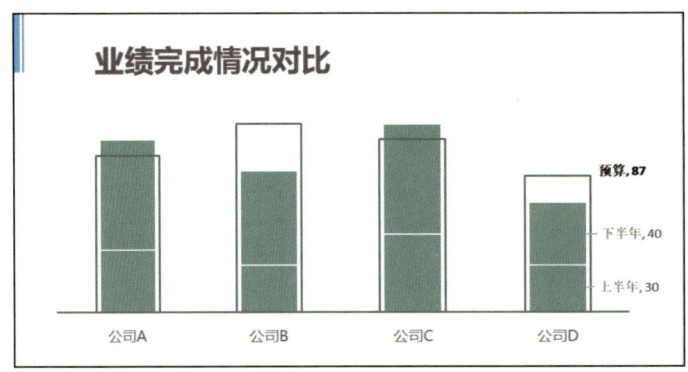

图 6-80　业绩分成上下半年

由于篇幅所限，请在微信公众号"Excel 偷懒的技术"主页发送关键词"预算对比 1"获取相关内容。

在上一个图表的基础上，再变换一下需求，将预算分为上半年和下半年（见图 6-81）。

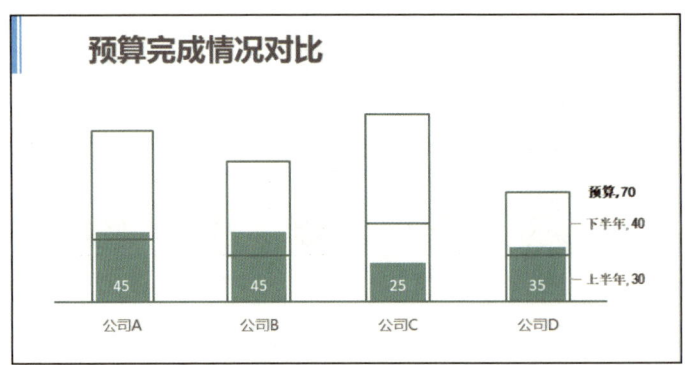

图 6-81　预算分成上下半年

具体方法请参考上一图表的制作方法，不详述。

还可以将业绩完成情况制作成俄罗斯套娃的样式（见图 6-82）。

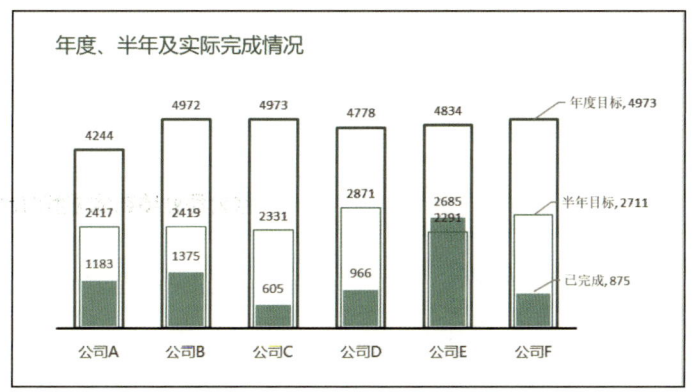

图 6-82　年度、半年及实际完成情况

具体制作方法，请在微信公众号"Excel 偷懒的技术"主页发送关键词"预算对比 2"获取相关内容。

3. 多部门实际预算同期对比

我们还需要将多个部门的实际、预算、同期三个指标放在一个图表。如果做成普通的簇状柱形图，则预算和实际的对比不是很直观，我们可以将预算和实际重叠，将同期放在旁边进行对比，如图 6-83 所示。

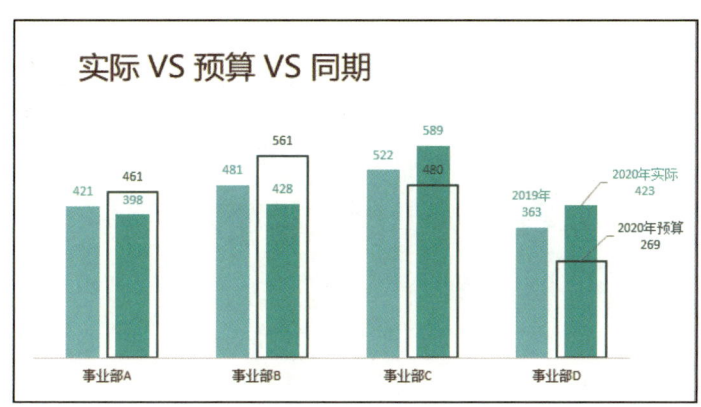

图 6-83　实际 VS 预算 VS 同期

详细制作步骤，请在微信公众号"Excel 偷懒的技术"主页发送关键词"预算对比3"获取。

4. 各公司业绩完成进度对比图

图 6-79 业绩完成情况对比图尽管可以清晰地反映各公司的预算完成进度，但在实际工作中，各公司的预算收入金额并不相同，各公司的完成进度不直观，不方便对比。这时就需要制作如图 6-84 所示的图表来直观反映各公司业绩完成进度，这一类图添加了时间进度线，能直观地反映预算收入、实际收入等数据，信息量更大。如果是侧重比较各公司业绩完成进度，建议使用此图表；如果是要强调各公司完成业绩的金额，则使用图 6-79 更合适。

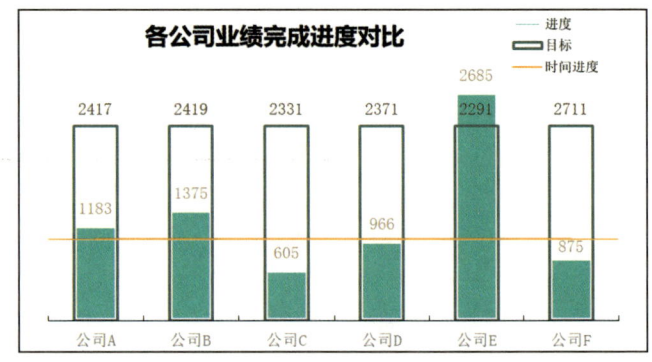

图 6-84　各公司业绩完成进度对比

Step1：打开示例文件"表 6-15　各公司业绩完成进度对比图"，选定 A1:A7，D1:E7 单元格区域，点击【插入】选项卡→【图表】组→【柱形图】→【簇状柱形图】。将"目标"系列设置为无填充、系列重叠 100%（见图 6-85）。

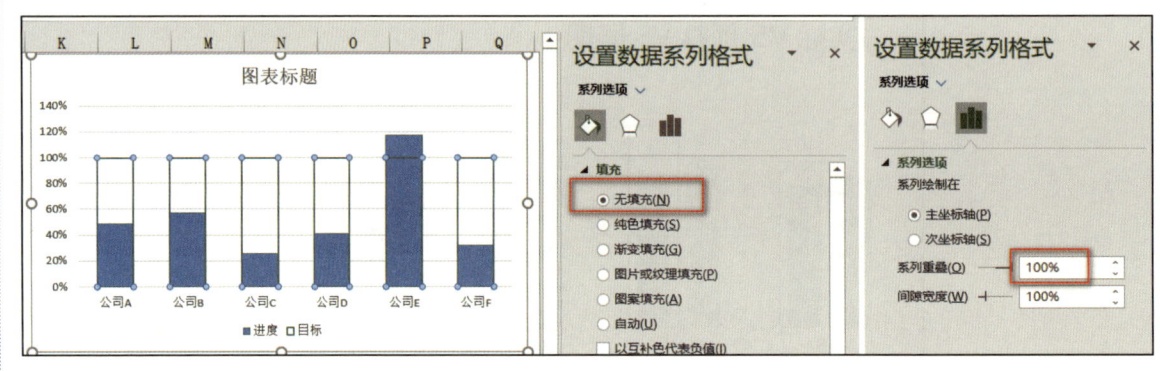

图 6-85　将系列重叠设为 100%

Step2：选定"进度"系列，将边框设为实线，颜色为白色，宽度为4磅（见图6-86）。

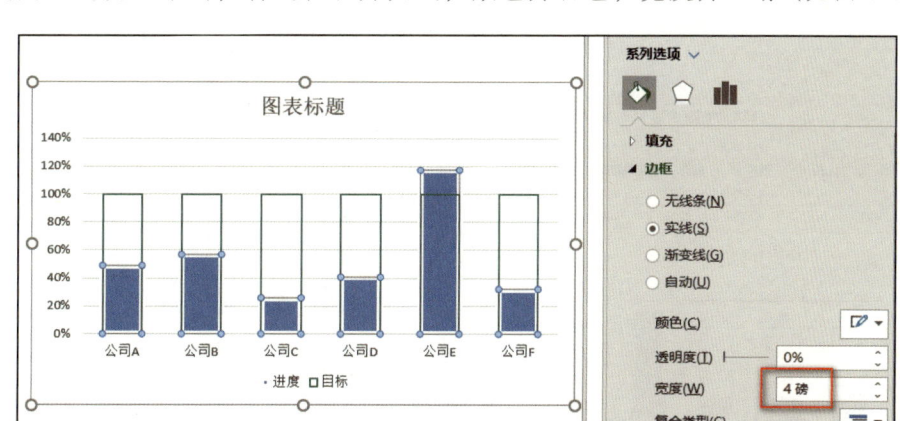

图6-86　将进度边框设置为4磅

Step3：选择F1:F7单元格区域，按【Ctrl+C】键复制单元格，再点击选中图表，按【Ctrl+V】键粘贴，添加"时间进度"数据系列。然后，选定"时间进度"数据系列→单击右键→更改系列图表类型，将其设为散点图，并去掉"次坐标轴"的勾选（见图6-87）。

Step4：点击选定"时间进度"数据系列，点击图表右上角的加号"+"，添加误差线（见图6-88）。

Step5：选择目标数据系列→单击右键→添加数据标签。然后双击"目标"系列的数据标签，在右侧设置数据标签格式对话框，勾选"单元格中的值"，并将数据标签区域设置为如下格式，具体操作步骤如图6-89所示。

= 完成进度!$B$2:$B$7

重复以上步骤，给"进度"系列添加数据标签，并将数据标签指定为如下格式，具体操作步骤如图6-90所示：

= 完成进度!$C$2:$C$7

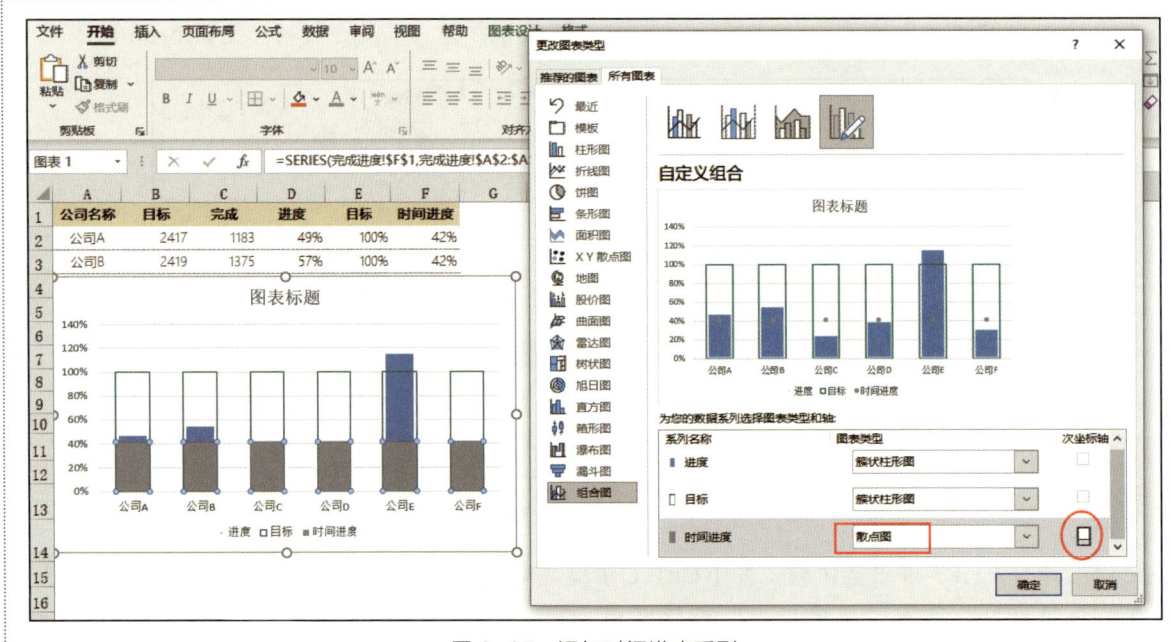

图 6-87 添加时间进度系列

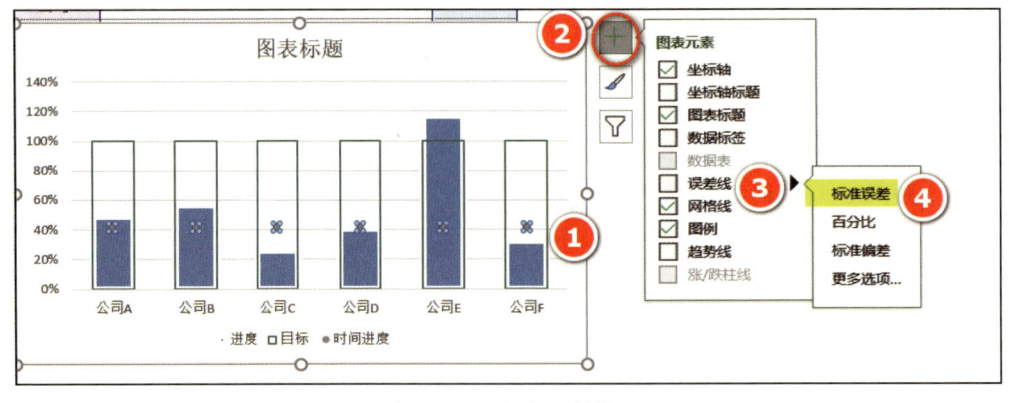

图 6-88 添加误差线

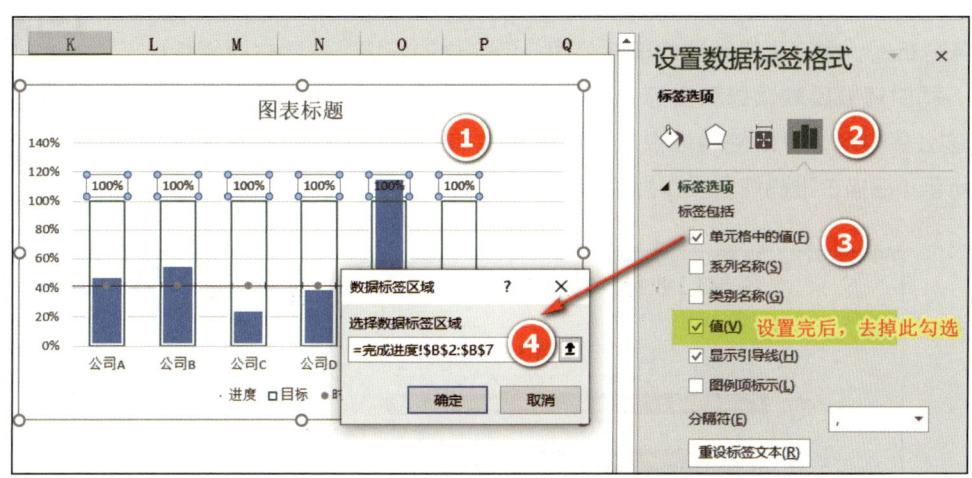

图 6-89 将标签修改为指定单元格的值

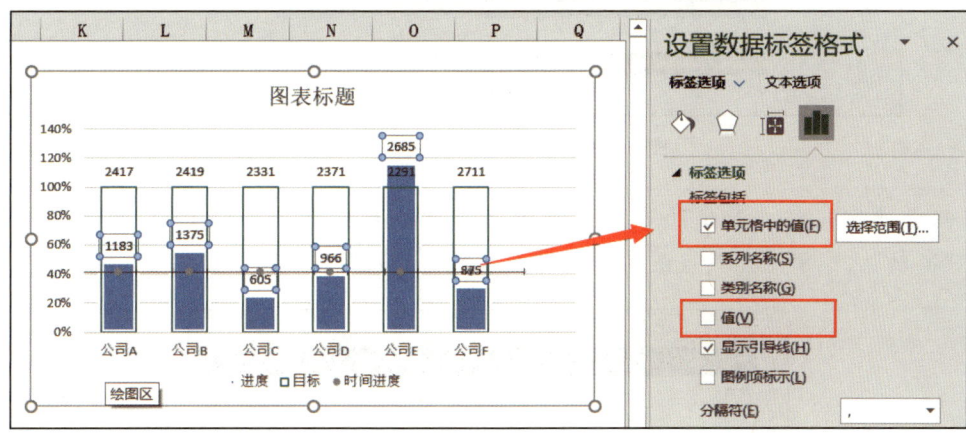

图 6-90 给进度添加数据标签

Step6：根据个人偏好进行美化设置。美化后的效果如图 6-84 所示。

5. 带业绩等级的完成进度图（子弹图）

做财务分析时，为了更直观地体现各公司业绩完成的好坏，需要将业绩等级标示出来，同时还要反映预算和实际业绩情况。这时，普通的柱形图或条形图无法表现这么多内容，可以使用堆积条形图结合散点图来满足我们的需求，如图 6-91 所示（扫描二维码观看操作视频）。

扫码观看操作视频

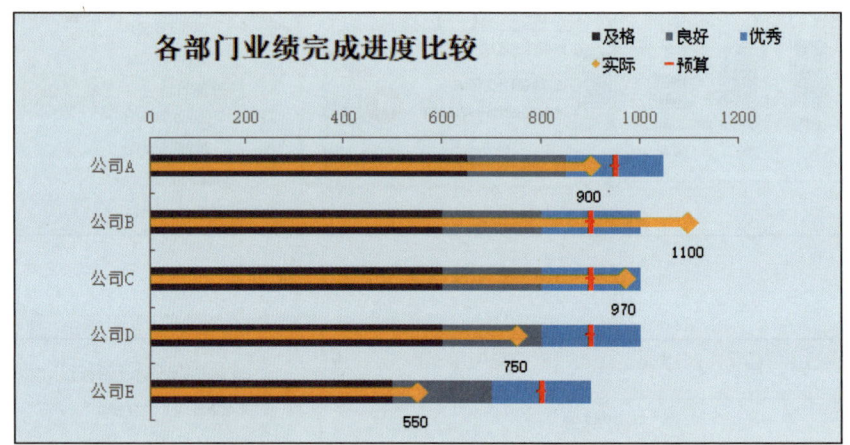

图 6-91　带业绩等级的完成进度图

> **Step1**：打开示例文件"表 6-16　带业绩等级的完成进度图（子弹图）"，添加辅助列 G 列"Y 轴"，作用是让散点图刚好落在条形图上（见图 6-92）。
>
> | | A | B | C | D | E | F | G |
> |---|---|---|---|---|---|---|---|
> | 1 | 公司名称 | 实际 | 预算 | 及格 | 良好 | 优秀 | Y轴 |
> | 2 | 公司A | 900 | 950 | 650 | 200 | 200 | 4.5 |
> | 3 | 公司B | 1100 | 900 | 600 | 200 | 200 | 3.5 |
> | 4 | 公司C | 970 | 900 | 600 | 200 | 200 | 2.5 |
> | 5 | 公司D | 750 | 900 | 600 | 200 | 200 | 1.5 |
> | 6 | 公司E | 550 | 800 | 500 | 200 | 200 | 0.5 |
>
> 图 6-92　添加辅助列

Step2：然后选定 A1:F6 区域，点击【插入】选项卡→【图表】→【条形图】→【堆积条形图】（见图 6-93）。

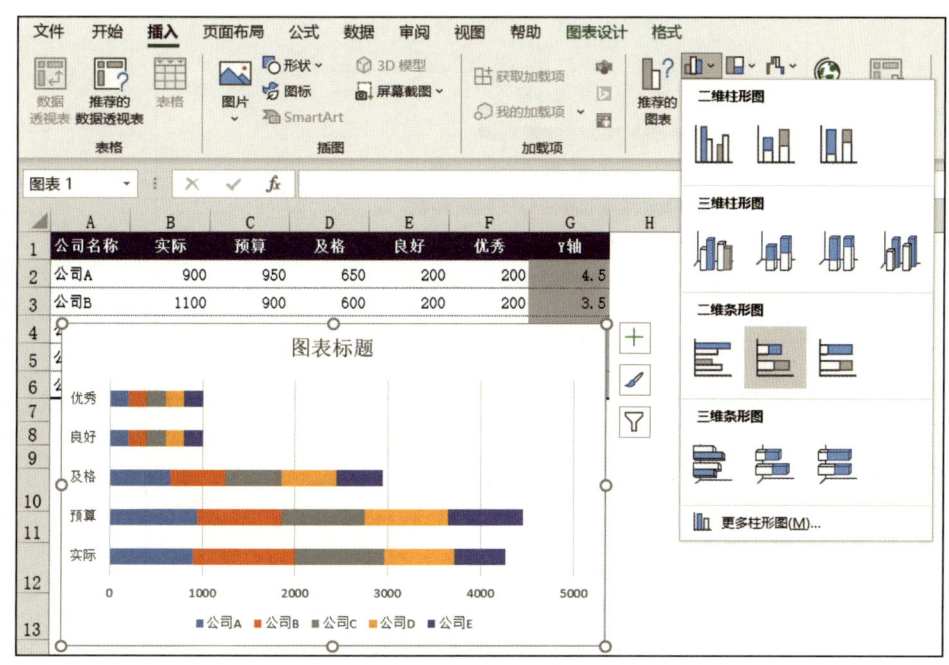

图 6-93　创建堆积条形图

Step3：默认的图表纵坐标是各等级，而非各公司，不符合要求，需进行行列切换。点击【图表设计】选项卡→【切换行列】。切换行列后的图表如图 6-94 所示。

Step4：选定"实际"数据系列→右键→更改系列图表类型，将"实际"和"预算"的图表类型更改为散点图（见图 6-95）。

Step5：右键点击图表左边的垂直（类别）轴，设置坐标轴格式，在弹出的"设置坐标轴格式"对话框的坐标轴选项中将"逆序类别"勾选上（见图 6-96）。

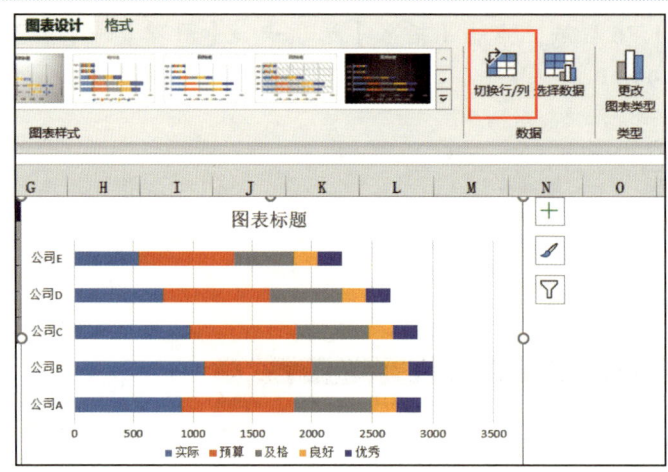

图 6-94 行列切换后

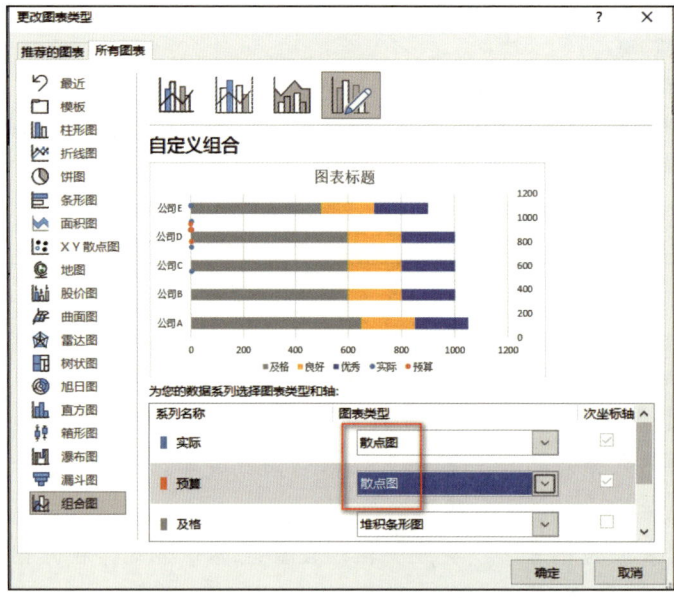

图 6-95 更改图表类型

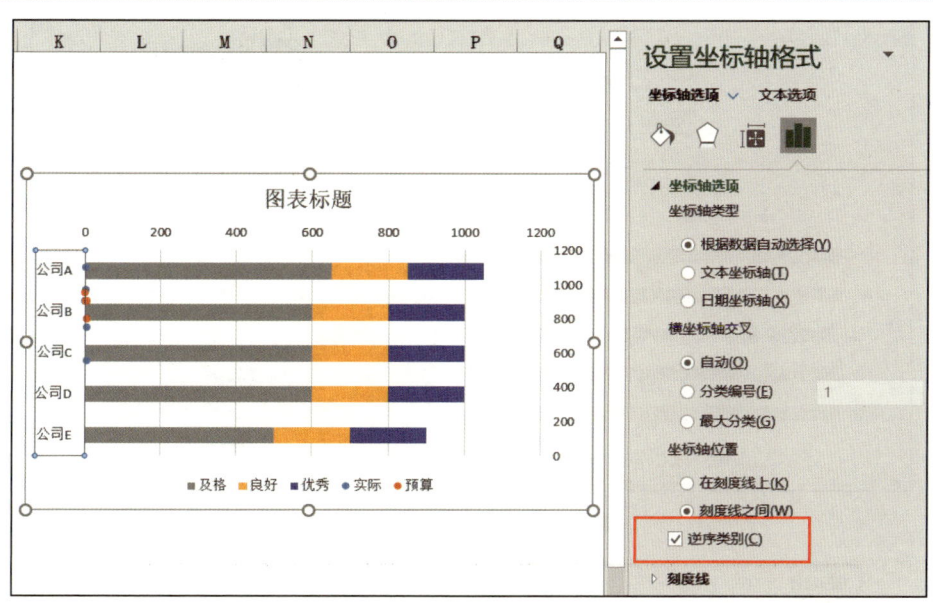

图 6-96　逆序类别

Step6： 点击右边的"次坐标轴垂直（值）轴"，单击右键，设置坐标轴格式。将最小值设为固定值 0，最大值设为固定值 5，主要刻度单位设定为固定值 1（见图 6-97），然后将"次坐标轴垂直（值）轴"删除。

Step7： 点击图表工具【设计】选项卡→【选择数据】，在弹出的"选择数据源"对话框中选择"实际"数据系列，点击"编辑"，在编辑数据系列对话框将"实际"数据系列的 X 轴系列值改为"=子弹图!$B$2:$B$6"，将 Y 轴系列值改为"=子弹图!$G$2:$G$6"，如图 6-98 所示。

同理，选择"预算"数据系列，将"预算"数据系列的 X 轴系列值改为"=子弹图!$C$2:$C$6"，将 Y 轴系列值改为"=子弹图!$G$2:$G$6"。设置后如图 6-99 所示。

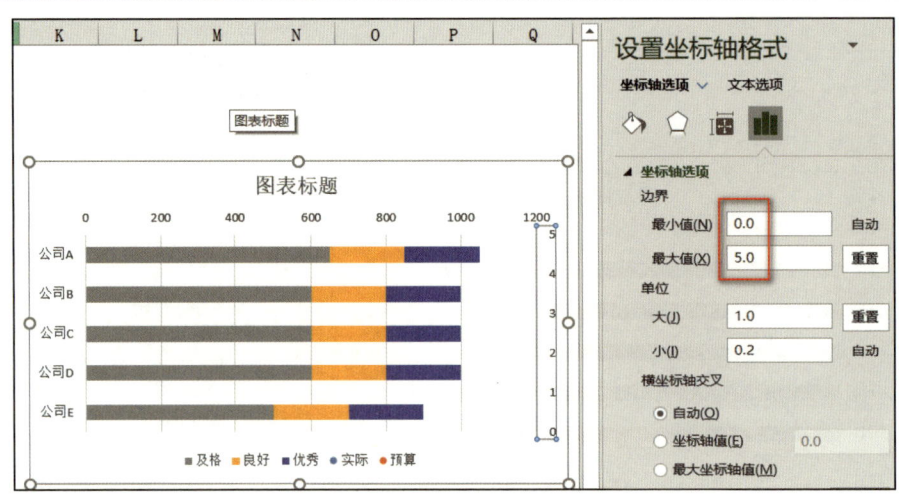

图 6-97 设置次坐标轴格式

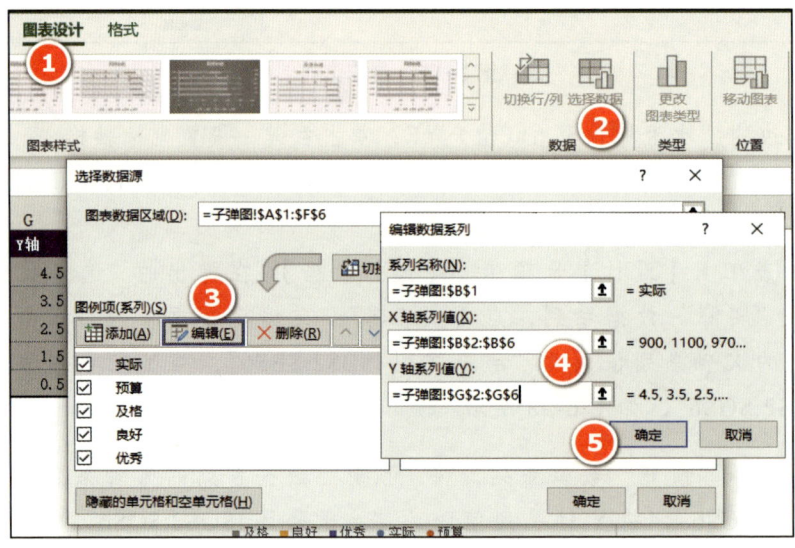

图 6-98 设置"实际"数据系列的 X 轴、Y 轴

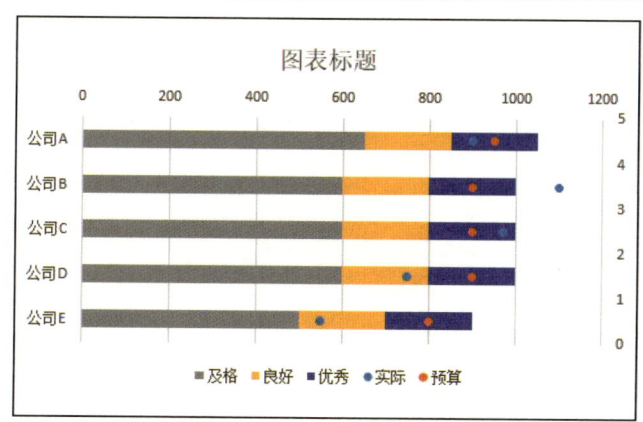

图 6-99 设置好预算和实际 X 轴、Y 轴值后的效果

Step8：选择"实际"数据系列，点击图表右上角的加号"+"→【误差线】→标准误差，添加标准误差线（见图 6-100）。

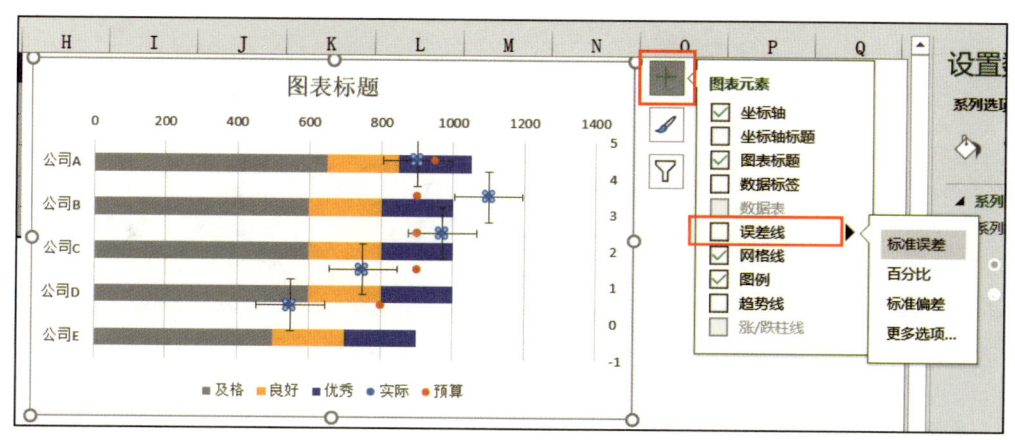

图 6-100 添加标准误差线

选定"实际"系列垂直方向的Y误差线,按【Delete】键将其删除。双击X误差线,在弹出的"设置误差线格式"对话框中将显示方向设置成负偏差,误差量的负偏差值设置为自定义,负错误值设置为指定值"=子弹图!$B$2:$B$6"(见图6-101)。

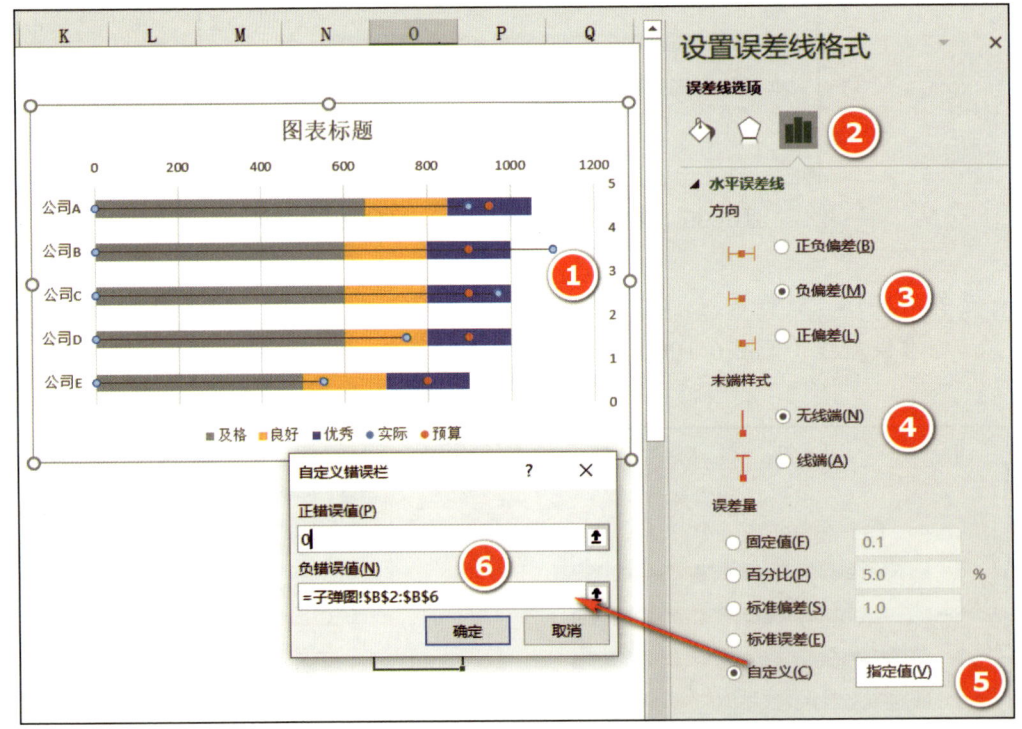

图6-101 设置X误差线的误差值

Step9:选择"预算"数据系列,按照上一步同样的操作,添加误差线,并选定横向的X误差线按【Delete】键将其删除,再双击Y误差线,将误差方向设置成正负偏差,误差量设置为固定值 0.2，设置后效果图如图 6-102 所示。

Step10：设置误差线的格式，将线型加粗、设置顶端图案、添加图表标题，然后根据个人偏好进行美化，美化后的效果见前文图 6-91 所示。

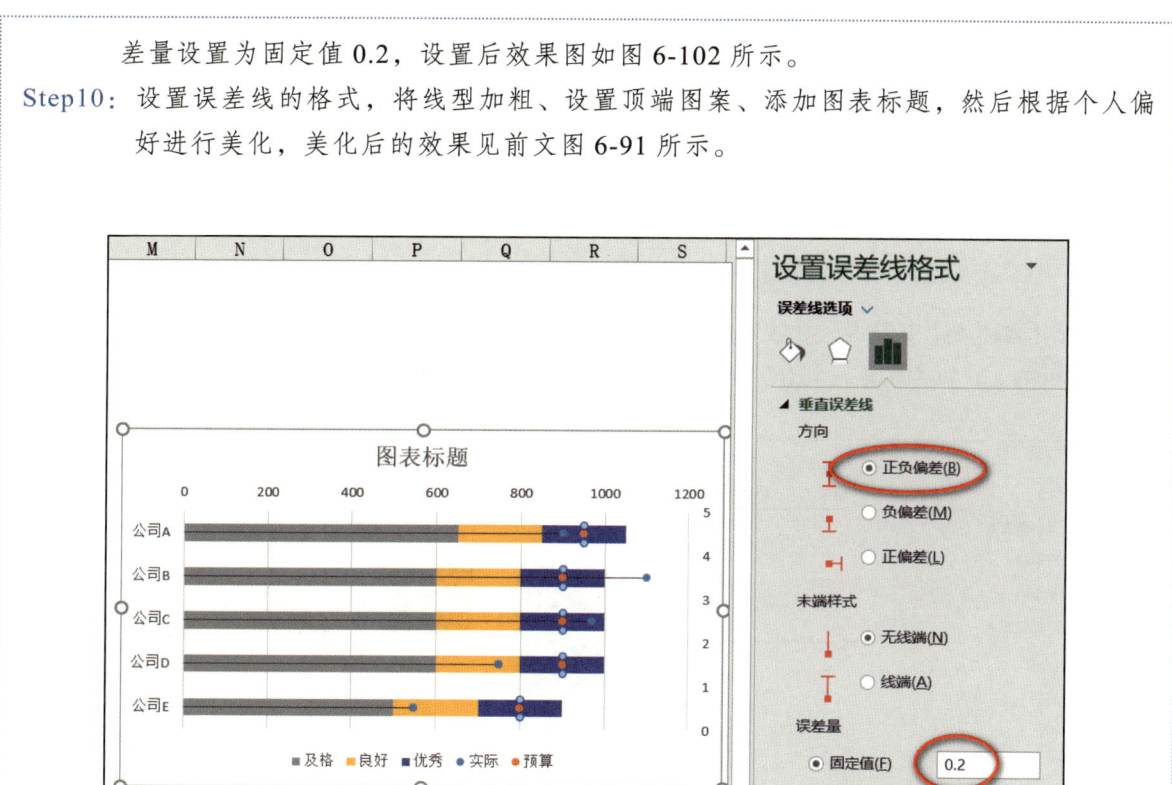

图 6-102　设置预算的 Y 误差值

五、影响因素分析经典图表

在财务分析中，影响因素分析有两种不同的指代含义：一是指因素分析法，比如影响销售收入的价差量差；二是指从某一指标到另一指标的各种累积影响，比如分析 EBIT 指标从预算到实际值各因素的影响。

1. 价差量差分析图

我们在做销售收入分析或成本分析时，如果只是用柱形图或条形图将预算与实际数值进行简单的罗列对比，这只能反映结果，并不能反映差异的原因。要分析彻底，就需要进行价差量差分析。学过财务管理的人都知道，在双因素分析法中，可以使用连环替代法进行价差量差分析：

价差 = 实际数量 ×（实际价格 − 标准价格）

量差 =（实际数量 − 标准数量）× 标准价格

某公司预算价格和销量及销售收入情况及价差量差分析图如图 6-103 所示（示例文件"表 6-17　价差量差分析图"），其中价差 -4200 万元、量差 2000 万元。

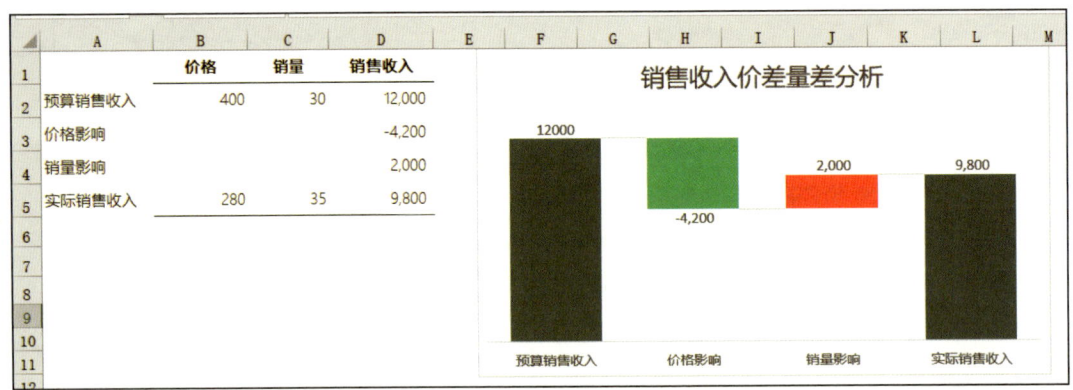

图 6-103　价差量差分析表

Excel 从 2016 版开始增加了瀑布图，要制作价差量差分析图很简单，具体步骤如下：

Step1：按住选定 A1:A5 和 D1:D5 单元格区域，插入瀑布图（见图 6-104）。

Step2：点击"销售收入"数据系列，然后再次双击，在右侧的格式设置栏勾选"设置为汇总"。同样的操作，将"实际销售收入"也设置为汇总（见图 6-105）。

Step3：设置后如图 6-106 所示，可再根据个人偏好进行美化设置。

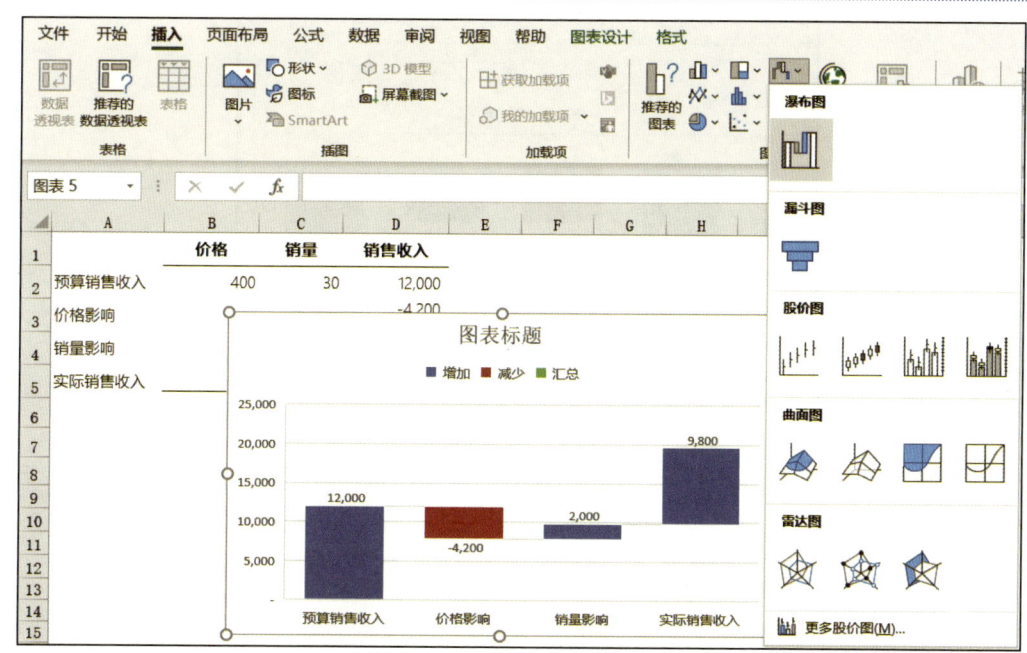

图 6-104 插入瀑布图

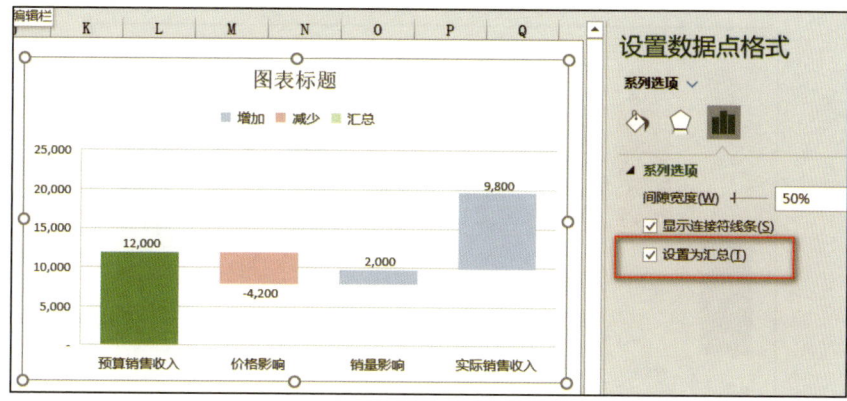

图 6-105 设置为汇总

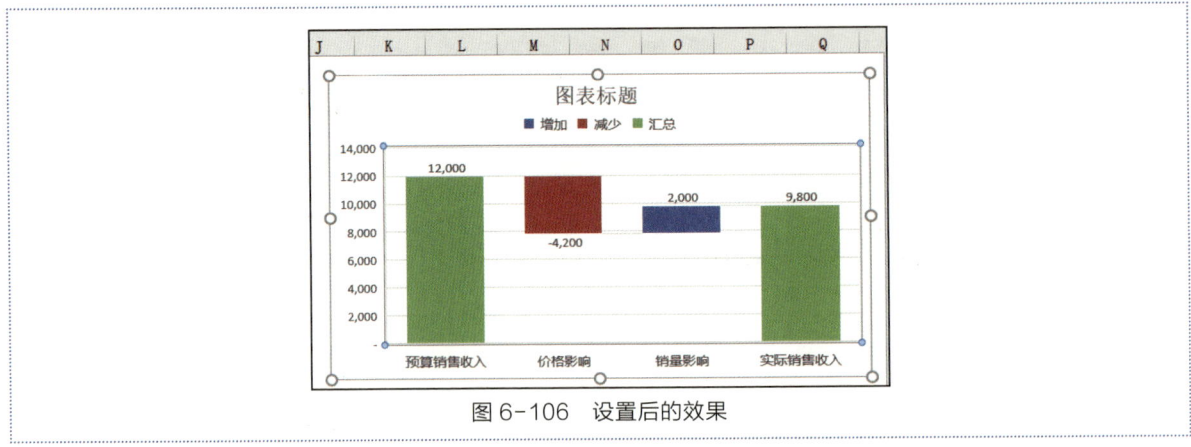

图 6-106 设置后的效果

如果读者朋友用的是 Excel 2016 之前的版本，可以使用堆积柱形图来制作价差量差分析图。制作后的效果参见示例文件"表 6-17　价差量差分析图"中的图表，在此不介绍具体制作方法了。

2.从预算到实际的影响因素分析图

前面的价差量差分析图通过一定的变换，还可用于从预算到实际的影响因素分析图，图 6-107 表示从销售收入到其他业务收支对 EBIT 的累积影响，即便不解释，报表使用者也能瞬间明白图表所表达的含义。

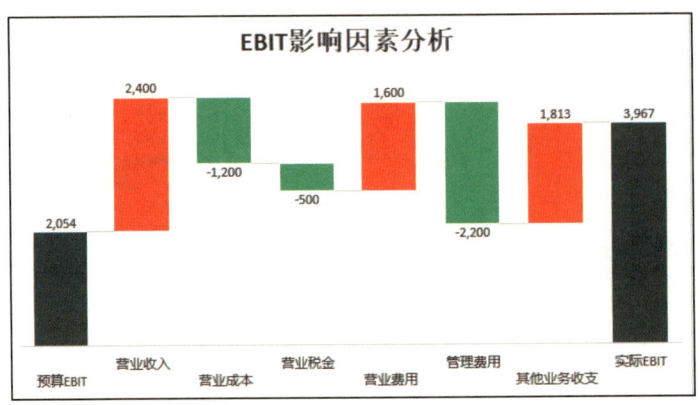

图 6-107　EBIT 影响因素分析图

制作方法与上一图表相同，不再详述，大家可以打开示例文件"表6-18　影响因素分析图"按照前文的步骤制作。

另外，还可使用涨跌柱线图进行影响因素分析。受本书篇幅所限，关于涨跌柱线图的具体制作在本书不再介绍，请参见本书示例文件"表6-19　影响因素分析（涨跌柱线图法）"文档查看详细制作步骤。

六、财务管理分析经典图表

前面我们已经介绍了常用的财务分析图表，掌握了以上图表的制作可满足日常工作中大部分的图表需求。作为财务人士，除了在撰写财务分析、经营分析、专项分析报告时要经常用到图表，对于财务经理、管理会计来说，可能还要做决策分析。比如多个方案的盈利对比分析、自制还是购买的方案分析，这些方案分析如果用图表来展示将更加直观。下面介绍在经营决策中经常用到的本量利分析图和决策方案分析图两种图表的制作。

1. 本量利分析图

假设生产某产品的单位变动成本为60元，固定成本为100 000元，产品销售单价为160元。根据利润计算公式"销售利润 = 销售收入 −（单位变动成本 × 销量 + 固定成本）"不难算出，盈亏平衡点在1000。图表表示如图6-108所示（扫描二维码观看操作视频）。

扫码观看操作视频

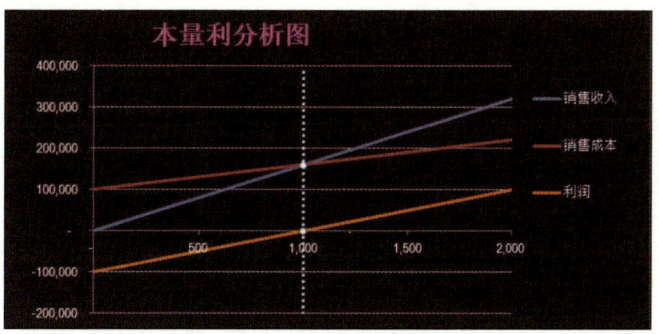

图6-108　本量利分析图

下面我们介绍如何使用散点图来绘制本量利分析图。

Step1：打开示例文件"表6-20 本量利分析图"，根据A1:B4单元格区域的基础数据，制作反映销量、收入、成本、利润最大值和最小值的绘图数据，如A6:C10区域所示。选定A7:C10单元格区域，点击【插入】选项卡→【图表】组→【散点图】→【带直线的散点图】（见图6-109）。

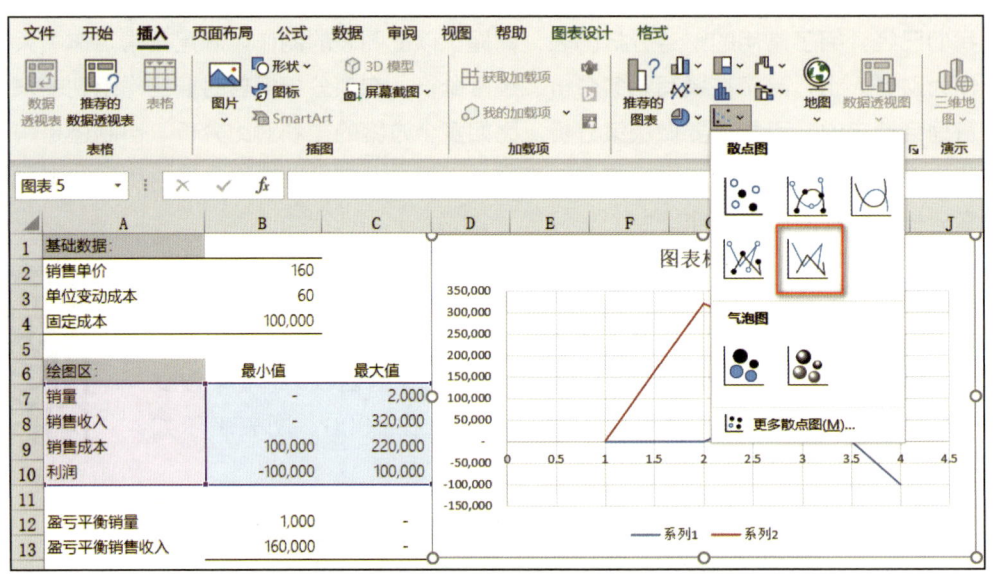

图6-109 创建带直线的散点图

Step2：选中图表→点击图表工具【设计】选项卡→点击数据组中的【切换行/列】。此时图表的主体部分已经绘制完毕（见图6-110）。

Step3：为了突出显示收入与成本交叉之处的盈亏平衡点，需增加一个数据系列，用散点图来绘制。选中图表→【图表设计】→【选择数据】→打开"选择数据源"对话框→点击【添加】→打开"编辑数据"对话框，按图6-111所示输入系列名称、X轴值、Y轴值。

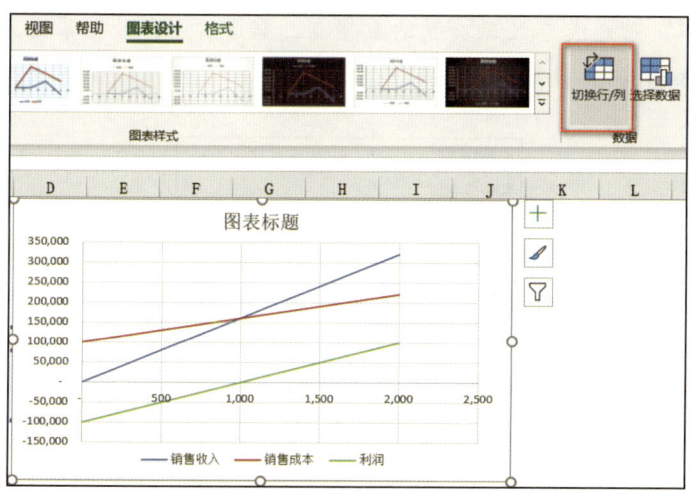

图 6-110 行列切换后的图表样式

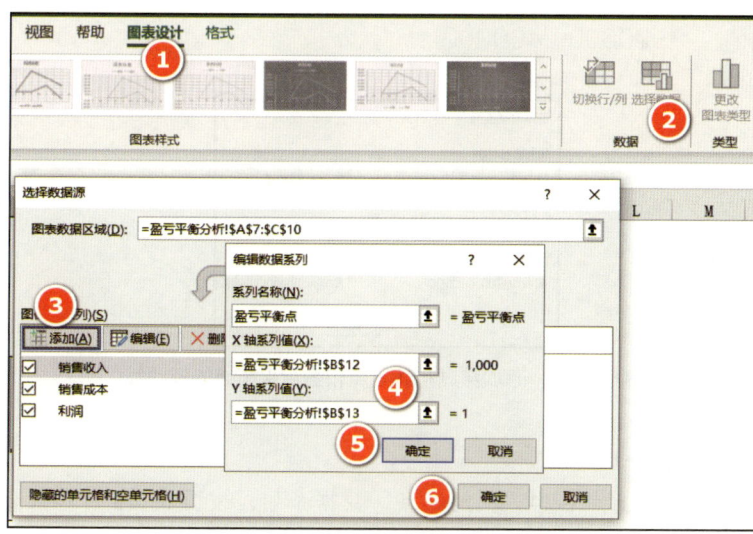

图 6-111 添加盈亏平衡点的数据系列

Step4：添加"利润"系列线与X轴交叉的数据点，需增加一个数据系列，用散点图来绘制。方法同Step4，具体设置如图6-112所示。

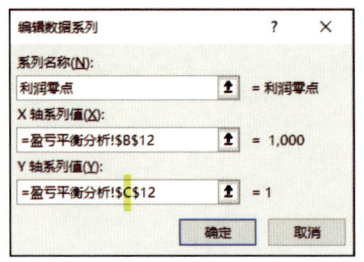

图6-112 添加数据系列"利润零点"

Step5：添加一条穿过利润零点与盈亏平衡点的线段。方法同Step4。具体设置如图6-113所示。

X轴系列值：=(盈亏平衡分析!$B$12,盈亏平衡分析!$B$12)

Y轴系列值：={-200000,400000}

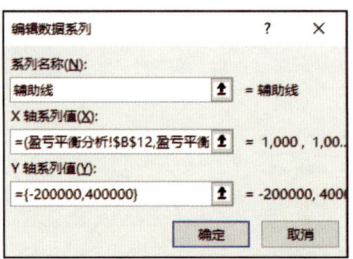

图6-113 添加穿过利润零点和盈亏平衡点的辅助线

设置后效果如图6-114所示。

Step6：分别选择"盈亏平衡点"和"利润零点"数据系列，按图6-114所示设置数据系列格式。

Step7：将图表填充色设置为棕黑色，进行其他美化设置，美化后的图表如前文图6-108所示。

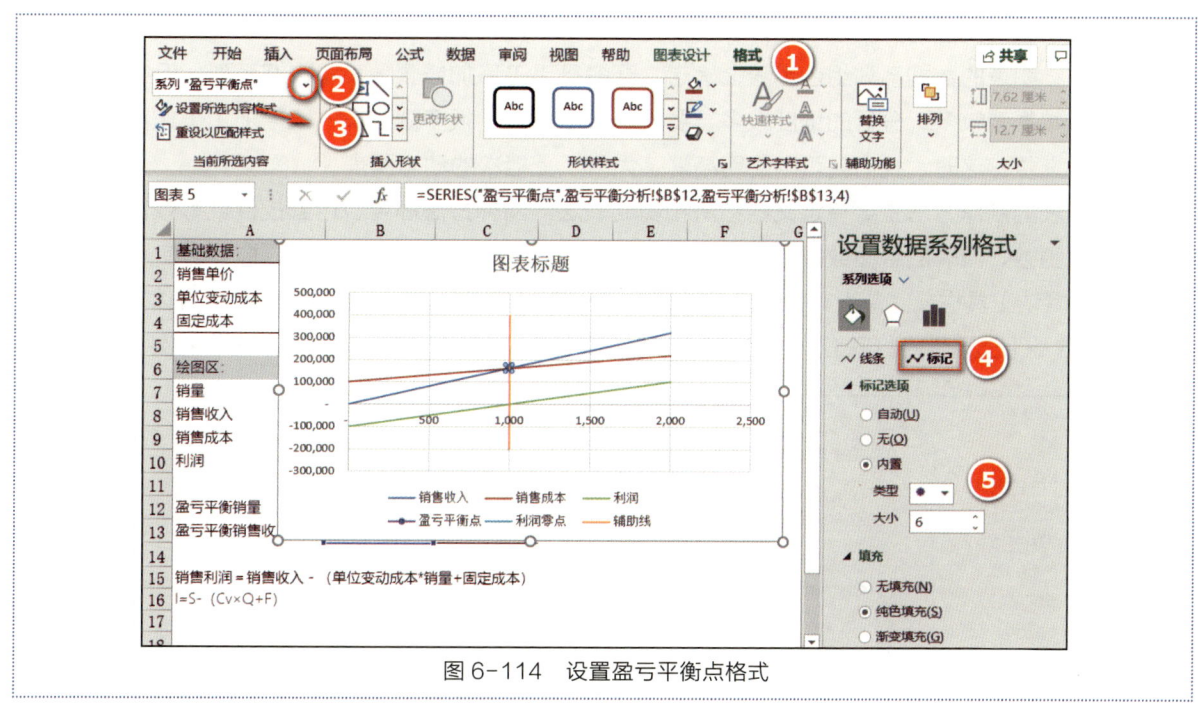

图 6-114 设置盈亏平衡点格式

2. 决策方案分析图

方案的决策分析图主要用于对比各种方案的成本或利润，以成本费用最小化或利润最大化为选择标准。具体图表请参见本章第三节第二小节"自制与外购方案的决策分析"图表部分。

第三节 动态图表的制作

一、动态图表基础知识

动态图表也称交互式图表，可以随着用户点击或选择的变化而变化。与普通的静态图表相比，它可以提供更丰富、灵活的数据系列组合。我们日常工作中用到的图表，都是根据表格数据绘制的，表格一旦确定，图表的数据系列组合也随之确定，至多是手工添加或删除某些数据系列。但在做财务分析时，如果数据量较多、分析的维度较多，要一一展示就需要很多张图表，既增加了工作量，又使分析报告显得累赘。这时，我们就可以使用高端、大气、上档次的动态图表。

　　动态图表的制作方法主要有定义名称法和辅助表法。两种方法都要应用到控件或有效性以及常用的查找引用函数，图表的绘图数据源会根据用户的选择变化而变化。下面先介绍控件的使用。

　　Excel 默认工具栏或菜单没有将控件工具箱显示出来，要使用控件，需手工添加，具体方法：点击【文件】菜单→【选项】→打开 Excel 选项对话框，按图 6-115 所示的步骤添加"插入控件"按钮。

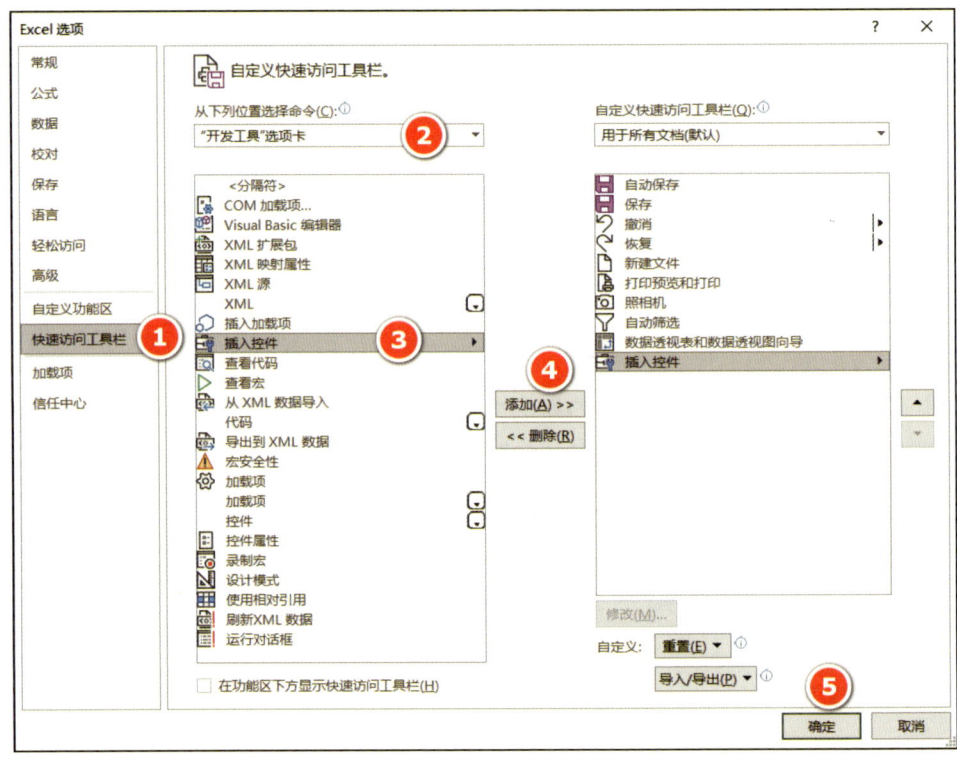

图 6-115　添加"插入控件"按钮

点击确定后就在快速访问工具栏添加了“插入控件”按钮，将鼠标移到各个按钮上会提示其名称，如图 6-116 所示。

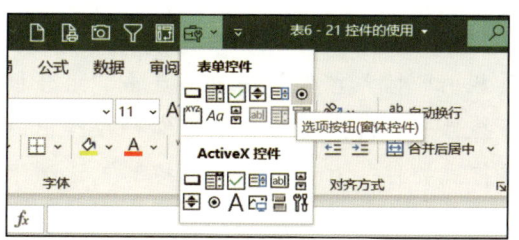

图 6-116　插入控件按钮

制作动态图表常用的控件有数值调节按钮、组合框、列表框、选项按钮、复选框等。我们以组合框为例，介绍其使用方法。

Step1：打开示例文件“表 6-21　控件的使用”，表格数据如 A1:C5 所示（见图 6-117）。

	A	B	C
1	季度	A公司	B公司
2	一季度	31,453.00	14,630.00
3	二季度	8,762.00	40,118.00
4	三季度	27,976.00	87,488.00
5	四季度	75,195.00	95,100.00
6			
7	图表数据：	4	
8	季度	A公司	B公司
9	四季度	75,195.00	95,100.00
10	截至四季度累计	143,386.00	237,336.00

图 6-117　数据区域

Step2：在 A8:C10 单元格区域建立图表数据。

A9 单元格公式：=OFFSET($A$2,$B$7-1,COLUMN()-1,1,1)

A10 单元格公式：=" 截至 "&A9&" 累计 "

B10 单元格公式：=SUM(OFFSET(B$2,0,0,$B$7,1))

然后分别将 A9 单元格、B10 单元格向右拖动填充。

Step3： 点击快速访问工具栏的"插入控件"按钮→点击"组合框"控件→在工作表中点击一下，插入组合框控件→右键点击组合框控件→在弹出的右键菜单中点击设置控件格式，打开"设置格式控件"对话框→在"控制"选项卡，设置数据源、单元格链接（见图6-118）。

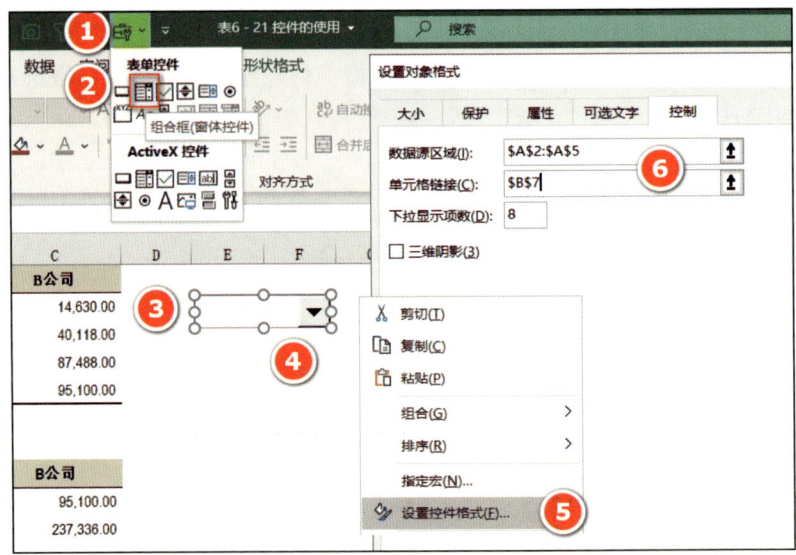

图6-118 插入组合框并设置数据源及单元格链接

"控件"选项卡中的"单元格链接"是指当控件数字变动时，所链接的单元格数据会自动变化，比如在本示例中，选定组合框下拉列表中的"第二季度"，则 B7 单元格自动变为 2（也就是"第二季度"在列表中所在的位次），从而带动 B9:C10 单元格区域公式发生变化。基于 B9:C10 单元格绘制的图表也会随之变化。

Step4：选定 B8:C10 单元格区域，插入簇状柱形图，表格如图 6-119 所示，点击组合框中的各季度，图表就会随之相应变化。

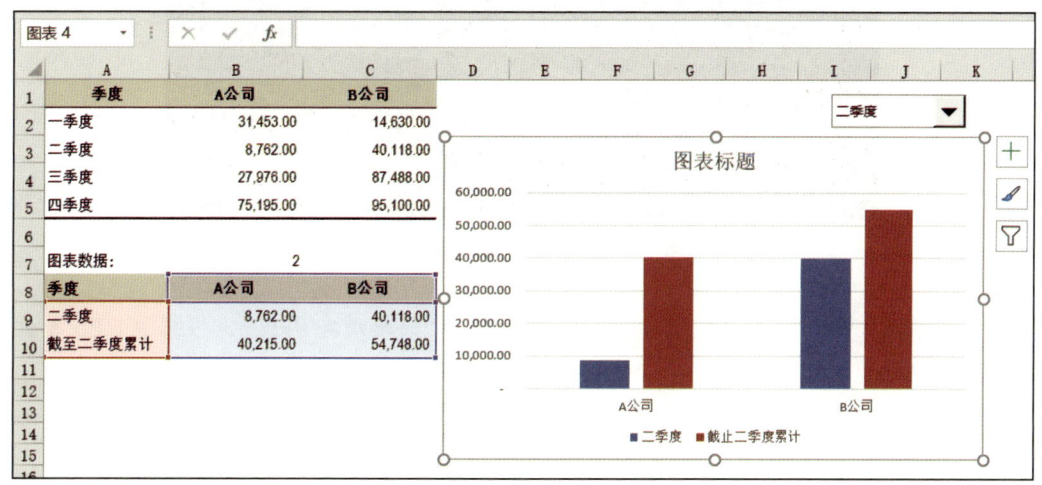

图 6-119 插入簇状柱形图

二、动态图表举例

在本章第二节的本量利分析图中，我们通过编制销量、收入、成本、利润最大值和最小值的表格，利用散点图绘制了本量利分析图。在此图表的基础上，将收入变为外购总成本、成本变为自制总成本，即可用于自制与外购方案的决策分析。

本案例涉及财务管理中决策分析的相关内容，某公司将根据相关数据对某项材料做出外购或自制的决策。使用本案例介绍如何制作动态图表，采用微调按钮来改变表格的相关数值，图表将根据数字的变化而变化（见图 6-120）（扫描二维码观看操作视频）。

扫码观看操作视频

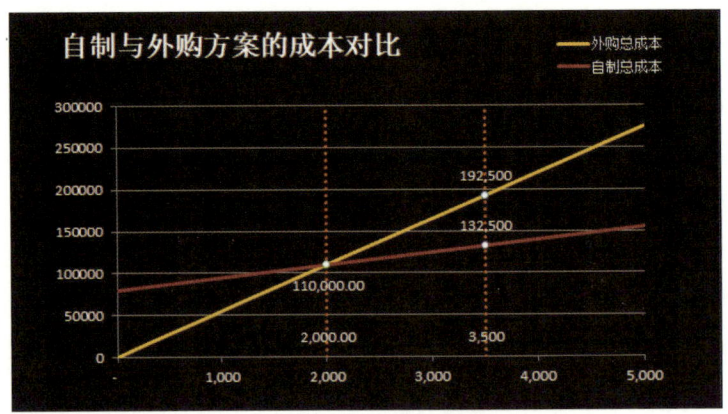

图 6-120 自制与外购方案决策分析动态图表

Step1: 打开示例文件"表 6-22 自制与外购方案决策分析动态图表",根据 A1:E5 单元格区域的基础数据,测算出盈亏平衡点及盈亏平衡点处的共同成本(见图 6-121)。

B7 单元格公式:=ROUND(E3/(B3-E4),2)

B8 单元格公式:=ROUND(B7*B3,2)

A9 单元格公式:=" 当数量为 "&B1&" 时应选择: "

B9 单元格公式:=IF(B5>E5," 自制方案 "," 外购方案 ")

Step2: 根据基础数据在 A12:C14 单元格区域建立绘图区的表格(即设置散点图的最大值和最小值,参见本章第二节的本量利分析图)。

B14 单元格公式:=B3*A14

C14 单元格公式:=E4*A14+E3

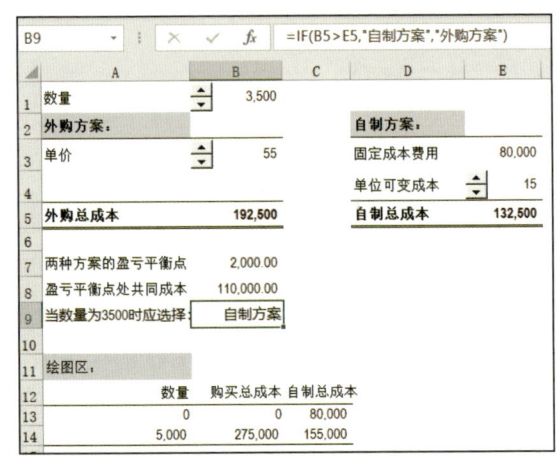

图 6-121 自制与外购方案决策分析动态表

Step3：创建微调框，并将其链接到相应单元格。

Step3.1：点击快速访问工具栏的"插入控件"按钮→在 B1 单元格旁创建微调框→右键点击数值微调框→点击"设置控件格式"打开"设置控件格式"对话框。按图 6-122 所示设置最大值、最小值、步长、单元格链接。

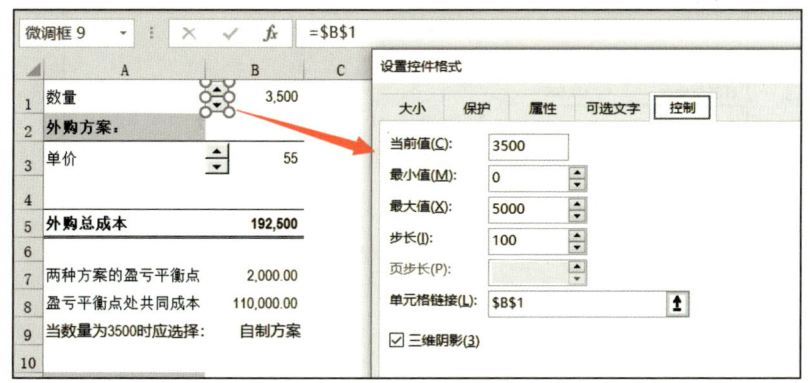

图 6-122　设置数值微调按钮 1

Step3.2：重复 Step3.1，在 B3 单元格旁插入数值微调框，按图 6-123 所示进行设置。

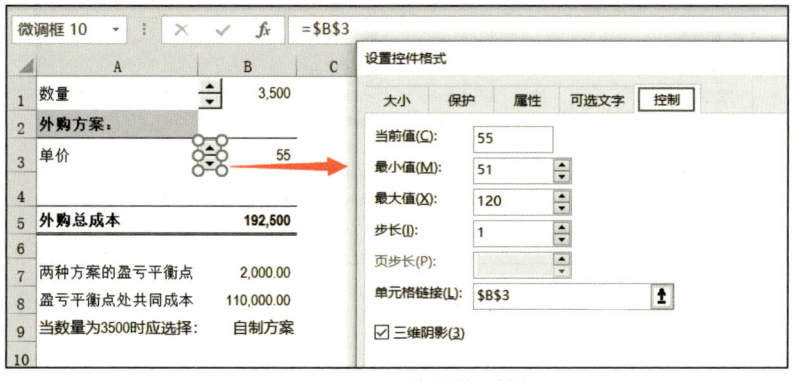

图 6-123　设置数值微调按钮 2

Step3.3：重复 Step3.1，在 E4 单元格旁插入数值微调框，按图 6-124 所示进行设置。

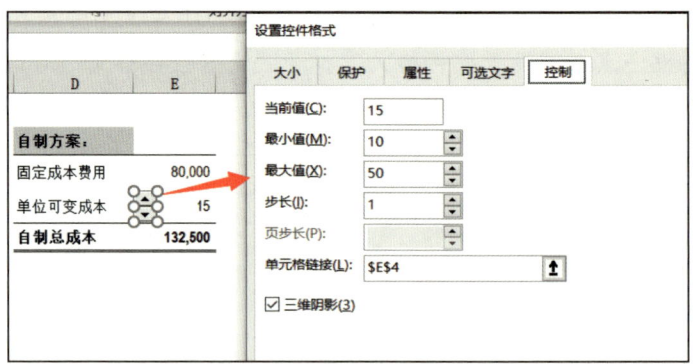

图 6-124　设置数值微调按钮 3

Step4：选择 A12:C14 单元格区域，绘制带直线的散点图（详细步骤详见本章第二节本量利分析图）。

Step5：分别添加并设置"盈亏平衡点""自制成本"数据系列（见图 6-125）。

图 6-125　分别添加"盈亏平衡点"和"自制成本"数据系列

Step6：添加"外购成本"数据系列（见图 6-126）。

Step7：分别添加并设置"辅助线1""辅助线2"数据系列（见图6-127）。

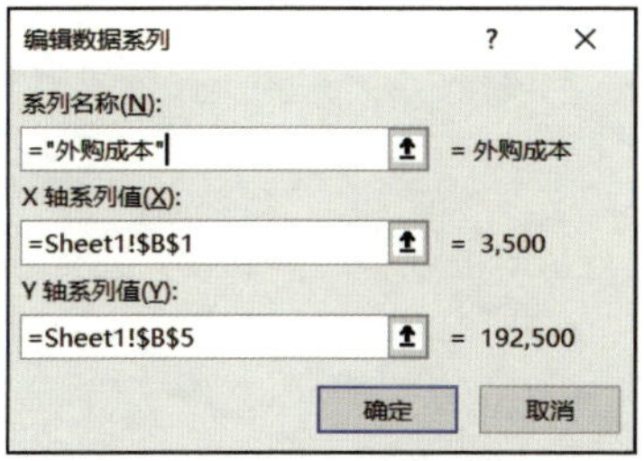

图6-126 添加"外购成本"数据系列 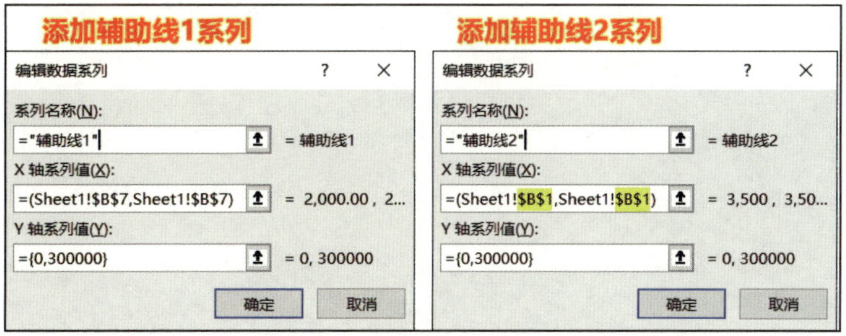　　　图6-127 分别添加"辅助线1""辅助线2"数据系列

Step8：进行以上设置后，动态图表就基本上完工了，图表形态将随着B1、B3、E4单元格旁的微调按钮的点击变化而变化。再美化一下，效果如图6-128所示。

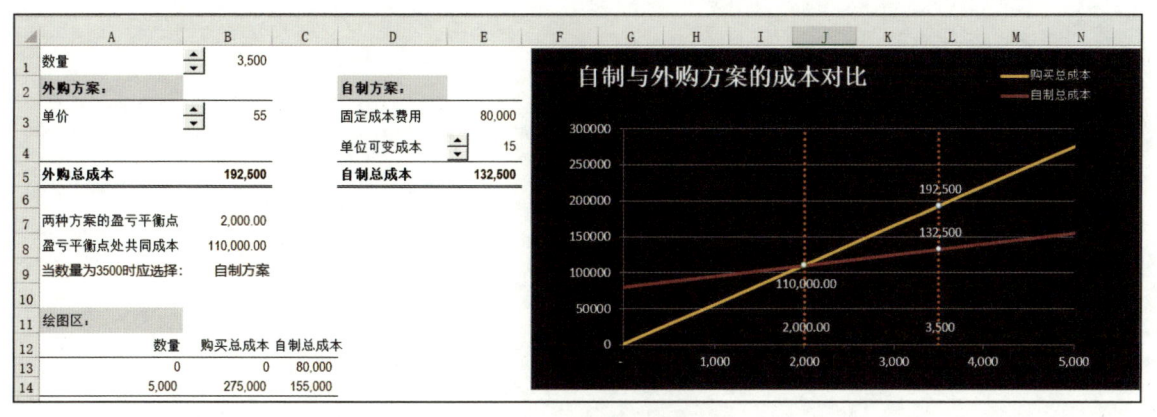

图6-128 动态图表完工图

下 篇

气质，在这里升华

第七章 表格美化

让你的财务表格锦上添花

有些读者朋友可能会说,表格只要数据准确就行了,何必费时费力去美化呢?诚然,表格美化会花费一点时间,但表格经过合理美化后,结构会更明晰、重点会更突出、观点也会更鲜明,让报表使用者一眼就能看出表格需要传递的信息。可以说,表格美化做的不仅仅是表面文章,更具有提升品质、创造价值的作用。将表格做漂亮一点,和正式场合盛装出席一样,既是尊重别人,也是表现自己,美化后的表格与未经美化的表格给人的印象反差强烈。一如图 7-1 中的熊猫。

图 7-1　表格美化前后的区别一如图中的熊猫
　　　　（图片来自网络）

第一节　表格外观设计的陋习

江湖传说：西施有沉鱼落雁之容、闭月羞花之貌，而无盐"凹头深目，长肚大节，昂鼻结喉，肥顶少发"，无盐一出门，肯定也是鱼沉水底、雁落尘埃。结果虽然相同，但恐怕一个是惊艳，一个是惊吓。西施和无盐的五官都是由鼻子、眼睛、嘴巴、耳朵等组成，一个都不缺，为什么视觉效果差别就这么大呢？无他，无盐丑陋只因五官的大小、形状、颜色等比例失调，搭配不当！与之同理，工作中我们使用 Excel 绘制出的表格，其美观度也是千差万别的。漂亮者如西施，让人心旷神怡、心醉神迷；丑陋者赛无盐，令人心惊胆战、心有余悸，犹如图 7-2 的表格示例，让人看了想死的心都有了。

既然漂亮与丑陋是由于各元素搭配不同造成的，也就是说，只要我们掌握了搭配的方法并合理应用，无盐也能变西施！

美的表格应该是逻辑清晰、布局合理、结构明晰、简洁干净、美观大方的。我们如何才能设计出这样的表格呢？简单来说，表格美化无非是合理地设置字体、字号、边框、颜色（字体的颜色、填充颜色）、间距（行高、列宽）以及对齐和缩进等。为了帮助读者朋友纠正表格设计的不良习惯，避免犯同样的错误，我们以图 7-2（示例文件"表 7-1　表格设计的常见错误"）为例，把表格美化时常见的错误总结一下：

（1）标题：没有完全居中或没有完全靠左。

（2）字体：标题使用了花哨的华文彩云字体、单位名称使用了活泼飘逸的华文行楷，数据区域的字体大多是楷体，但字体不统一（有一部分为宋体）。

（3）字号：数据区域字号不统一，存在多种字号。

（4）边框：所有单元格都加边框，边框格式不统一、残缺不全，表格之外无关的单元格也设置了边框。

（5）底色：单元格底色五颜六色，颜色浓重刺眼。

（6）对齐：对齐格式不统一，有的居左，有的居右，有的居中。

（7）列宽：部分列的列宽不够，数字显示不完整。

（8）行高：高度不够，未适当留白，数字填满了单元格。

（9）整行整列设置填充色：不但会无谓增加文件的大小，还影响美观，更是将表格制作者不认真的做事态度表露无遗。

（10）处处想强调，到处加底色，批注未隐藏，遮挡了其他数据。

（11）网格线未隐藏。

商品采购统计表

单位名称：逸凡公司

月份 供应商/商品	商品	1月	2月	3月	4月	5月	6月	7月	8月	9月	10月	11月	12月	合计
供应商A	商品A1	996.00	1010.00	1041.00	968.00	978.00	967.00	1030.00	987.00	1009.00	1032.00	980.00	1010.00	12008.00
	商品A2	1010.00	1008.00	961.00	1042.00	1016.00	1008.00	1019.00	988.00	1006.00	1019.00	1012.00	956.00	12034.00
	商品A3	968.00	1017.00	997.00	1018.00	955.00	1029.00	1031.00	1036.00	1026.00	971.00	975.00	961.00	11984.00
	商品A4	1017.00	997.00	978.00	963.00	1045.00	968.00	1047.00	1020.00	970.00	1014.00	1043.00	1023.00	12085.00
	小计	3991.00	4032.00	3977.00	3991.00	3994.00	3972.00	4116.00	4031.00	4011.00	4036.00	4010.00	3950.00	48111.00
供应商B	商品B1	971.00	1049.00	1028	993.00	1037.00	968.00	1014.00	1007.00	984.00	1042.00	1005.00	961.00	12059.00
	商品B2	1022.00	1013.00	976	1048.00	966.00	980.00	991.00	963.00	971.00	1024.00	1021.00	977.00	11952.00
	商品B3	1041.00	1008.00	990.00	1027.00	1031.00	961.00	954.00	994.00	992.00	961.00	1049.00	989.00	11997.00
	小计	3034.00	3070.00	2994.00	3068.00	3034.00	2909.00	2959.00	2964.00	2947.00	3027.00	3075.00	2927.00	36008.00
供应商C	商品C1	1049.00	957	978	972	978.00	1004.00	982.00	977.00	971.00	998.00	1047.00	1035.00	11948.00
	商品C2	1047.00	1027	1035	1027	952.00	950.00	1032.00	1033.00	953.00	958.00	993.00	981.00	11988.00
	商品C3	980.00	1965.00			959.00	963.00	1028.00	990.00	960.00	961.00	1044.00	980.00	12803.00
	商品C4	1000.00	1011.00			957.00	958.00	981.00	994.00	######	967.00	1001.00	972.00	11885.00
	商品C5	994.00	1015.00	1		983.00	974.00	1024.00	1011	1000	989.00	1041.00	997.00	12091.00
	小计	5070.00	5975.00		4929.00	4829.00	4849.00	5047.00	5005	4913	4873.00	5127.00	4965.00	60715.00
供应商D	商品D1	997.00	956.00	1033.00	976.00	979.00	1032.00	969.00	960.00	1025.00	953.00	970.00	971.00	11821.00
	商品D2	986.00	953.00	953.00	952.00	1013.00	959.00	972.00	984.00	1014.00	1000.00	980.00	956.00	11722.00
	小计	1983.00	1909.00	1986.00	1928.00	1992.00	1991.00	1941.00	1944.00	2039.00	1953.00	1950.00	1927.00	23543.00
合计		14078.00	14986.00	########	14075.00	########	13721.00	14063.00	13944.00	13910.00	13889.00	14162.00	13769.00	168377.00

批注：龙逸凡：春节消费旺季，销量翻倍，采购量翻倍

图7-2 丑陋的表格示例

第二节　表格美化的目的、方法与技巧

表格美化的目的有以下三种。

1. 让表格变得更美观

这是目的之一，也是最基本的出发点，就像"人造"美女们拉皮、漂白、隆鼻、削骨、抽脂、丰胸，如此辛苦地折腾自己，不只是为了变漂亮一点；也不只是为了吸引别人的眼球，愉悦一下他人的神经，满足一下自己的虚荣心！

2. 让表格更便于阅读、能更清晰地传递信息

如前所述，美化得成功的表格应该是逻辑合理、结构明晰、重点突出的：一方面让表格更便于阅读，不需要让报表使用者从排版糟糕、颜色杂乱的表格中去找数据；另一方面让数据重点突出、标题鲜明，让报表使用者一眼就能看出表格想要传递的信息。

3. 体现专业素养、打造职场竞争力

首先，功利一点说，漂亮的表格做的是表面文章，你将 Excel 操作得很熟练，工作效率可能比同事高出几倍，但领导不一定知道，还可能因为别人都加班，就你不加班，倒以为你工作量太少。但要是表格做得很漂亮，领导立马就能看到。其次，严肃一点说，美观的表格体现的是你的职业素养、精益求精的工作态度。同样一件事，即使得出的结果一样，但你的展示效果更清晰、美观，给使用者的感觉可能完全不一样。

由于本章主要探讨财务表格的美化，故文中的美化仅指应用 Excel 单元格的字号、颜色、边框、行高、列宽等最基本的格式对表格进行美化，不涉及应用图片、背景、自定义图形等内容。在专业性强的财务表格中不建议使用此类元素，除非公司的 CIS（企业形象识别系统）要求如此。另外，本节所述的表格均为报表型，而非清单型，故清单型的那些规则，如表格不能有空白行/列、不能使用合并单元格、不能有多行表标题等在本章均不适用。

一、正确布局让逻辑更合理

报表型表格的用途主要是传递信息，因而在表格的布局设计上更注重数据之间的逻辑关系和版式

设计,否则在表格字体、边框、颜色等设置上做得再漂亮,也只是虚有其表。

那么,如何正确设置数据的布局呢?

1. 注意数据的逻辑性

我们拿到一张报表,阅读习惯一般都是先上后下、从左到右,因而表格的布局一定要考虑此阅读习惯:将重要的字段或记录靠前,靠左。但表格各字段的布局不是简单地按重要性顺序依次排列的,而应综合考虑数据之间的内容关系、逻辑顺序、一般的阅读习惯和报表使用者的关注点,合理安排各字段的排列顺序。

比如图7-3中的"授信台账",不管是从数据的重要性还是报表使用者的关注度上来看,授信的金融机构、授信总额度及使用情况肯定比授信合同号更重要。但从数据的逻辑性上来看,授信合同号作为授信数据的身份标识,是统领其他信息的唯一标识,因而它应该是主关键字,应放在最前的位置。

授信台账

编制单位:	逸凡公司		今天是	2014/7/11	当前可用授信额度		12,800,000.00	单位:元
授信合同号	金融机构	授信总额度	已用额度	可用额度	期限(月)	授信起始日	授信到期日	
SX20130001	中国银行A支行	8,000,000.00	4,700,000.00	3,300,000.00	24	2013/1/9	2015/1/8	
SX20130002	工商银行A支行	6,000,000.00	3,500,000.00	2,500,000.00	24	2013/7/5	2015/7/4	
SX20130003	建设银行A支行	10,000,000.00	10,000,000.00	-	24	2013/11/7	2015/11/6	
SX20140001	交通银行A支行	12,000,000.00	5,000,000.00	7,000,000.00	24	2014/2/16	2016/2/15	

图7-3 正确布局(数据的逻辑性)

如果报表使用者更关注各类商品采购的数据,那么就不能按图7-4所示排列数据,而应将商品分类放在最前列,然后再按供应商分类。

2. 注意数据记录有无排序要求

如果对数据的记录顺序有要求,则应按字段排序后显示,以更清晰地反映数据的构成或趋势。比如图7-4中各供应商可按小计金额的大小倒序排列,而每个供应商供应的商品也可按年度合计金额倒序排列，以便更清晰地查看采购商品的构成。

2021年商品采购统计表

单位名称：逸凡公司　　　　　　　　　　　　　　　　　　　　　　　单位：万元

供应商	商品	合计	一季度	二季度	三季度	四季度
供应商A						
	商品A1	4,015.00	996.00	1,010.00	1,041.00	968.00
	商品A2	4,021.00	1,010.00	1,008.00	961.00	1,042.00
	商品A3	4,000.00	968.00	1,017.00	997.00	1,018.00
	商品A4	3,955.00	1,017.00	997.00	978.00	963.00
	小计	15,991.00	3,991.00	4,032.00	3,977.00	3,991.00
供应商B						
	商品A1	4,041.00	971.00	1,049.00	1,028.00	993.00
	商品A3	4,059.00	1,022.00	1,013.00	976.00	1,048.00
	商品A4	4,066.00	1,041.00	1,008.00	990.00	1,027.00
	小计	12,166.00	3,034.00	3,070.00	2,994.00	3,068.00
供应商C						
	商品A1	3,962.00	997.00	956.00	1,033.00	976.00
	商品A3	3,844.00	986.00	953.00	953.00	952.00
	小计	7,806.00	1,983.00	1,909.00	1,986.00	1,928.00
	合计	35,963.00	9,008.00	9,011.00	8,957.00	8,987.00

图7-4　正确布局（使用者的关注点）

3.注意版式的选择

要考虑表格的版式是横版还是竖版。如果表格行数不多，而横向字段较多或较宽，横向一屏显示不下时，则应考虑改成纵向排列，以尽量不横向翻屏为原则。

版式的选择既要考虑本表的排版需要，还要考虑与同批次其他资料的一致性。比如某张表格是某个可行性分析报告中若干附表的一张，其他表格均为水平排列的横版，那么就应考虑本表是否也采用横向版式。比如图7-5中，表格数据较少，如果表格设置成纵向，放在报表中左右会留有空白，故设为横版。

Intangible amortization expense included in continuing operations was $14.3 million, $14.2 million and $12.1 million during fiscal years 2016, 2015 and 2014, respectively. The weighted average original useful life of our finite-lived intangibles as of August 31, 2016 was 6.7 years and the estimated future amortization expense of our finite-lived intangibles is as follows:

($ in thousands)	2017	2018	2019	2020	2021	Thereafter	Total
Estimated future amortization expense[(1)]	$ 14,578	$ 10,484	$ 5,088	$ 3,117	$ 2,202	$ 5,064	$ 40,533

[(1)] Estimated future amortization expense may vary as acquisitions and dispositions occur in the future and as a result of foreign currency translation adjustments.

图 7-5　阿波罗教育集团 2016 年财报 P107

4. 注意合计行、合计列的位置

如前所述，使用者的视线一般是从上到下、从左到右，如果报表使用者更关心合计数，合计列在最后的话就会直接影响报表使用者视线的转移次数和距离。这种情况下，应将合计列靠前，移至标题列之后。如前文图 7-4 就将各月合计放在了第三列。同理，也可根据实际情况将合计行移至标题行的下面。

5. 注意表格标题的位置

传统型表格的标题一概都是居中的，有时我们也将标题靠左或靠右。突破常规的排列方式显得更灵动与个性化，如图 7-6 和图 7-7 所示。

CONSOLIDATED STATEMENTS OF COMPREHENSIVE INCOME

Years Ended (In Millions)	Dec 29, 2018	Dec 30, 2017	Dec 31, 2016
Net income	$ 21,053	$ 9,601	$ 10,316
Changes in other comprehensive income, net of tax:			
Net unrealized holding gains (losses) on available-for-sale equity investments	—	(434)	415
Net unrealized holding gains (losses) on derivatives	(253)	365	7
Actuarial valuation and other pension benefits (expenses), net	210	317	(364)
Translation adjustments and other	(3)	508	(12)
Other comprehensive income (loss)	(46)	756	46
Total comprehensive income	$ 21,007	$ 10,357	$ 10,362
See accompanying notes.			

图 7-6　标题靠左（英特尔公司 2018 年财报 P66）

Chongqing YiFan Limited
Sales Analysis by Customer Type
客户种类销量分析
Period 2 2014

(XXX case) XXXX	Jan 一月	Feb 二月	Mar 三月	Apr 四月	May 五月	Jun 六月	Jul 七月	Aug 八月	Sep 九月	Oct 十月	Nov 十一月	Dec 十二月	YTD 累计
Wholesaler 批发 (1)													
Budget 预算	8,592	11,495	8,533	9,161	11,022	11,934	9,532	9,660	10,907	10,439	8,958	9,238	119,471
Actual 实际	9,036	11,652	9,388	10,856	9,484	9,771	11,483	9,865	8,621	11,948	10,796	10,819	123,719
+/- %	(0.05)	(0.01)	(0.10)	(0.19)	0.14	0.18	(0.20)	(0.02)	0.21	(0.14)	(0.21)	(0.17)	(0.04)
Direct sales 直销													
Budget 预算	3,121	7,659	2,252	4,816	6,124	5,143	6,786	4,179	7,257	6,614	3,587	3,316	60,854
Actual 实际	7,029	2,840	6,516	7,488	5,415	6,219	5,725	7,222	7,115	2,236	7,828	7,657	73,290
+/- %	(1.25)	0.63	(1.89)	(0.55)	0.12	(0.21)	0.16	(0.73)	0.02	0.66	(1.18)	(1.31)	(0.20)
Direct sales as % of total 直销占总销量百分比	0.44	0.20	0.41	0.41	0.36	0.39	0.33	0.42	0.45	0.16	0.42	0.41	0.37

NOTE:
1. xxxxxxxxxxxxxxxxxxxxxxxxxxxxxxxxxxxxxxxxxxxxxxxxxxxxxxxx
  xxxxxxxxxxxxxxxxxxxxxxxxxxxxxxxxxxxxxxxxxxxxxxxxxx;
2. xxxxxxxxxxxxxxxxxxxxxxxxxxxxxxxxxxxxxxxxxxxxxxxxxxx;

图 7-7　标题靠右

另外，有时为了排版需要，还可将行标题放在中间，如图 7-8 所示。

Mobile Features **Compare and Contrast** Slides

This slide is 100% editable.Adapt it to your needs and capture your audience's attention.

Mobile 1	Attributes	Mobile 2
$ 808.95 as of Apr. 22nd	Price	$ 741.16 as of Apr. 21nd
750×1334	Resolution	1440 x 2560
4.7 Inches	Screen Size	5.5 Inches
64 GB	Storage	32 GB
2 GB	RAM	4 GB
1715 mah	Battery	3600 mah
5.04 ounces	Weight	5.54 ounces

图 7-8　行标题在中间

二、层次分明让结构更清晰

何谓结构清晰？就是表格使用者在较远处就能一眼看出表的层次。量化来说，就是把表格缩小为 30% 甚至 10% 时，仍能看出表格的层次结构。

那怎样才能做到结构清晰呢？在探讨具体方法之前，我们先了解一下著名设计师罗宾·威廉姆斯（Robin Williams）在《写给大家看的设计书》中提出的设计四大基本原则：对比原则、重复原则、对齐原则、亲密性原则。

对比原则： 要避免页面上的东西太过相似，如果元素（字体、颜色、线宽等）不相同，那就干脆让它们截然不同。

重复原则： 让设计中的视觉要素在作品中重复出现，这样既可增加条理性，还可增加统一性。

对齐原则： 任何东西都不能在页面上任意安放。每个元素都应当与页面上另一个元素有某种视觉联系，建立一种清晰、精巧而且清爽的外观。

亲密性原则： 彼此相关的项应当靠近，归组在一起，如果多个项相互之间存在很近的亲密性，它们就会成为一个视觉单元，而不是多个孤立的元素。这有助于组织信息、减少混乱，为读者提供清晰的结构。

了解了四大基本原则以后我们就来研究如何应用这些原则，如何通过设置表格的各种设计元素以凸显表格的结构。

1. 归类

首先，我们应用亲密性原则，将同一类记录归组在一起。如前文图 7-4 中将供应商 A、B、C 的商品分组归类。

2. 间距

然后，将不同类别的记录或字段增加间距、拉开距离，同时将标题与数据间的间距拉开。如图 7-9 所示，我们可以将各大项之间用空行分隔，以从物理空间上区分不同类别。

**Reconciliation of Year Ended December 31, 2017 to Year Ended December 31, 2018
Earnings Attributable to AEP Common Shareholders from Generation & Marketing
(in millions)**

Year Ended December 31, 2017	$	166.0
Changes in Gross Margin:		
Generation		(85.8)
Retail, Trading and Marketing		(20.9)
Other		11.8
Total Change in Gross Margin		(94.9)
Changes in Expenses and Other:		
Other Operation and Maintenance		50.2
Asset Impairments and Other Related Charges		5.8
Gain on Sale of Merchant Generation Assets		(226.4)
Depreciation and Amortization		(16.8)
Taxes Other Than Income Taxes		(1.3)
Interest and Investment Income		2.8
Non-Service Cost Components of Net Periodic Benefit Cost		6.3
Interest Expense		3.6
Total Change in Expenses and Other		(175.8)
Income Tax Expense (Benefit)		238.9
Equity Earnings of Unconsolidated Subsidiaries		0.5
Net Loss Attributable to Noncontrolling Interests		0.6
Year Ended December 31, 2018	$	135.3

图 7-9　美国电力公司 2018 年财报 P42

3. 边框

如本章第一节所述，"表哥""表妹"喜欢给所有单元格都加边框，这样做不但不美观，还不利于显现表格的层次结构、不利于阅读报表。

我们应该用单元格边框的有无、边框线条的粗细来区分数据的层级（对比原则）：重要层级可添加边框，明细级数据可不添加边框；同一层级应使用同一粗细的线条边框（重复原则）。例如图 7-6 中的表格最明细级数据行无边框，小计行的边框使用细边框，而合计行使用了双线条边框。图 7-7 的表格中也使用了三种边框来区分不同层级的数据。

边框还常用于区分不同性质的数据。一些数据可能层级相同，但属于不同性质，为了区分，使用边框以示分隔。

总的来说，边框主要有以下用途：

（1）结构化表格。比如图7-7，边框将表格划分为列标题、行标题、累计数、数据区域等几个区域。

（2）引导阅读。当表格为横向版式时，为了看某行数据时不至于错行，常常通过每隔两三行添加较细、较淡的边框的方法来引导视线。当然，有时会使用隔行添加填充色来引导阅读。

（3）强调突出数据。如果某些数据明显异于其他数据，需要强调突出，就可以为这些特殊数据设置不同的边框以示强调。

（4）美化表格。有时纯粹为了美化造型，给单元格设置边框，后文图7-18中的斜线边框，就是为了满足美化造型的需要。

另外，传统型的表格习惯使用封闭式边框，即上、下、左、右都有边框，而现代表格更多的是开放式表格，即每个表格没有左右边框，甚至较少使用边框。相比而言，开放式表格更简约、更清爽、更具设计感。

4. 字号

与边框同理，使用不同的字体和加粗与否来区分不同的层级（对比原则），图7-4中所示的小计行、合计行、标题均加粗了，且行标题、列标题、合计栏都使用了较大号的字体，用大字号字体来突出强调。

5. 底色

与边框同理，使用不同的底色来区分不同的层级（对比原则），同层同色，还可用底色进行突出强调（见图7-10）。

底色不能太暗，也不能太亮，颜色要与字体颜色相协调。底色种类不能太多，多了显得花哨。具体技巧请参见后文第四点"格式得体让表格更美观"中的颜色运用技巧。

6. 缩进

明细级的项目应该与上一层级保持一定的缩进，以凸显各项目的逻辑层次；同级的项目保持同样的缩进距离。美化示例请参见图7-7、图7-10。

Table A52
Major exporters and importers of audio-visual and related services, 2018 and 2019
(Million dollars and percentage)

	Value		Share in 10 economies	Annual percentage change			
	2018	2019	2018	2010-18	2017	2018	2019
Exporters							
United States of America	20744	19745	48.4	4	12	-7	-5
European Union	13996	15671	32.7	5	29	-4	12
Extra-EU exports	...	...	...	...	...	...	...
Canada	2791	2905	6.5	4	4	7	4
United Kingdom	2603	2582	6.1	1	20	0	-1
Korea, Republic of	770	878	1.8	17	-24	23	14
India	620	772	1.4	13	6	41	25
Argentina	364	292	0.8	4	54	6	-20
Japan	349	545	0.8	19	37	-61	56
Israel	322	...	0.8	27	23	6	...
Singapore	292	294	0.7	...	-19	6	1
Above 10	42849	...	100.0	...	...	...	...
Importers							
United States of America	17415	18918	41.3	21	44	11	9
European Union	17084	18463	40.5	...	2	5	8
Extra-EU imports	...	...	...	...	...	...	...
Canada	2511	2613	6.0	3	11	12	4
Australia	1201	937	2.8	1	6	-7	-22
United Kingdom	929	993	2.2	4	12	-11	7
Russian Federation	804	845	1.9	-1	44	13	5
Argentina	703	672	1.7	15	37	-4	-4
Norway	567	579	1.3	4	32	-4	2
Japan	481	530	1.1	-5	-17	-48	10
Korea, Republic of	449	523	1.1	5	14	29	17
Above 10	42142	45075	100.0	...	...	...	...

图 7-10 《世界贸易统计数据》2020 版 P52

三、鹤立鸡群让重点更突出

按照对比原则，要做到重点突出，只要对需要强调的重点数据施以特别的字体颜色、添加不同的单元格底色、加大加粗的字体、使用较粗的边框、加图形标注等。在颜色运用上可使用表格主色的互补色进行强调。

如图 7-11 中埃森哲公司的数据加边框突出，以示强调。在图 7-12 中则是用加粗字体和青色填充色来强调。

Index Prices as of August 31

	2013	2014	2015	2016	2017	2018
Accenture	**$100**	**$115**	**$137**	**$171**	**$198**	**$261**
S&P 500 Stock Index	$100	$125	$126	$142	$165	$197
S&P 500 Information Technology Sector Index	$100	$134	$137	$163	$214	$284

图 7-11　埃森哲 2018 年财报 P7

营运数据对比分析

项目3的营运数据明显优于其他项目

项目名称	本月实际	本年累计	去年累计	本年预算	备注
项目1	92,778.88	16,233.49	262,154.76	572,926.67	
项目2	10,965.38	145,285.45	278,395.16	556,745.85	
项目3	**156,511.32**	**1,119,117.19**	**2,189,378.53**	**514,660.85**	**数据明显高于其他项目**
项目4	12,844.71	113,163.53	228,515.03	547,514.19	
项目5	58,910.09	121,690.73	299,774.33	593,831.10	
项目6	84,954.92	19,807.87	259,836.77	527,747.10	
项目7	69,716.71	123,269.95	243,570.76	529,322.33	
项目8	34,017.34	19,992.66	282,103.62	597,442.82	
合计	520,699.35	1,678,560.87	4,043,728.96	4,440,190.91	

图 7-12　使用加粗字体和青色填充色来强调

四、格式得体让表格更美观

要让表格清爽怡人、美轮美奂，首先要搞清楚什么样的表格是美观漂亮的。美的事物其道理总是相通的，我们还是先来看看美人的标准吧！宋玉先生已经给我们做了精彩的总结："东家之子，增之一分则太长，减之一分则太短；著粉则太白，施朱则太赤。"用白话来说就是："五官精致，体态匀称，该长的长，该短的短，该大的大，该小的小，肤色健康红润，衣着得体大方。"反映在 Excel 表格上就是要布局合理、结构清晰、版面干净、粗细得当、字体协调、颜色和谐，一句话概括："和谐就是美。"关于布局和结构前面已经讨论过，现在重点讨论一下字体、颜色和造型。

1. 字体

对字体的要求：

（1）要与表格用途协调：字体的风格有严肃庄重的，也有活泼和装饰性强的。在字体的选择上一定要考虑表格的用途，选择与表格用途相协调的字体。

（2）要与表格内其他字体风格协调：选择外观、风格彼此协调的字体，使表格看起来更专业。

（3）应考虑各字号大小之间是否协调：整体和谐，不能过大，也不能过小。

关于字体的建议：

（1）数据区域与行标题、列标题可以使用不同的字体以示区分。

（2）汉字建议使用宋体和微软雅黑字体，宋体笔画线较细，有衬线、棱角分明，严肃庄重，适合财务表格。其他常见的字体如楷体、仿宋不建议在表格中使用，顶多用于表尾的备注，除非表格字号大于 14 号。这是因为，尽管这两种字体比较漂亮，但字体较小时（小于 14 号）很难看，尤其是用于数字时其边缘显示锯齿状。

（3）数字建议使用 Arial、Arial Narrow 和 Times New Roman 字体，这三种字体比较紧凑，以 Times New Roman 和 Arial Narrow 为最优。Arial 字体用于数字，在加粗时不会加宽。Arial 和 Times New Roman 比常见的任何中文字体占用宽度都要窄。

关于各字体的比较请参见图 7-13 的字体比较（示例文件"表 7-6　不同字体比较"）。

字体	数字	数字	汉字	英文
宋体	12,345,678.09	12345678.09	龙逸凡工作表美化	You got a dream, you gotta protect it!
仿宋_GB2312	12,345,678.09	12345678.09	龙逸凡工作表美化	You got a dream, you gotta protect it!
黑体	**12,345,678.09**	**12345678.09**	**龙逸凡工作表美化**	**You got a dream, you gotta protect it!**
楷体_GB2312	12,345,678.09	12345678.09	龙逸凡工作表美化	You got a dream, you gotta protect it!
幼圆	12,345,678.09	12345678.09	龙逸凡工作表美化	You got a dream, you gotta protect it!
微软雅黑	12,345,678.09	12345678.09	龙逸凡工作表美化	You got a dream, you gotta protect it!
Arial	12,345,678.09	12345678.09	龙逸凡工作表美化	You got a dream, you gotta protect it!
Arial Narrow	12,345,678.09	12345678.09	龙逸凡工作表美化	You got a dream, you gotta protect it!
Times New Roman	12,345,678.09	12345678.09	龙逸凡工作表美化	You got a dream, you gotta protect it!

图 7-13　不同字体的比较

2. 颜色

颜色的建议：

（1）表格颜色不能太多，最好不要超过三种。

（2）如果要选用多种颜色，尽量使用类似色，可避免色彩杂乱（见图 7-14）。

Excel偷懒的技术系列图书销售业绩排行榜

	本年排名	去年排名	姓名	大区	销售金额
▬	1	1	龙逸凡	东部	2,978,023
▲	2	3	王冰雪	南部	2,536,581
▼	3	2	钱勇	西部	2,352,556
▲	4	6	罗惠民	北部	2,296,204
▬	5	5	龙逍遥	东部	2,171,345
▲	6	7	张三丰	南部	1,305,498
▲	7	10	赵四爷	西部	1,194,035
▲	8	15	小六子	东部	1,193,322
▼	9	8	张七林	北部	1,192,821
▼	10	4	郑八峰	南部	1,129,600

图 7-14　使用同一色系的颜色

（3）也可选定一种颜色，然后搭配此色系不同亮度的颜色（变淡或加深），这样的搭配，既可实现颜色的统一，也可体现层次感。

颜色的要求：

（1）使用搭配在一起让人感觉比较自然舒服的颜色组合，如基色三色组、间色三色组。关于颜色的知识参见图 7-15。

（2）使用对比色进行强调。对比色具有强烈的视觉差，选用表格主色调的对比色来强调重点，让人感觉特征鲜明、重点突出。

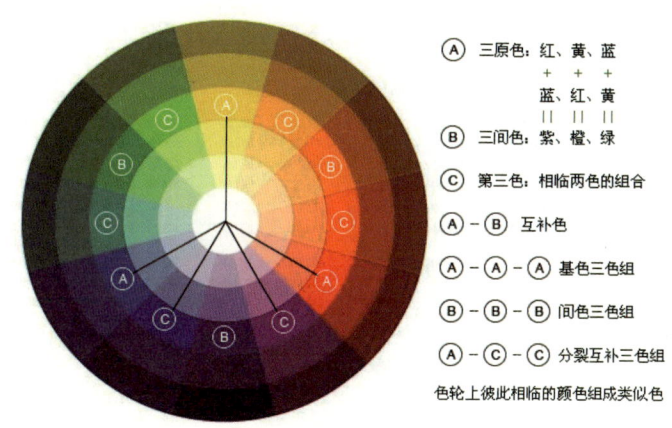

图 7-15 十二色色环

如需查看色环的各种颜色的 RGB 值，请参见示例文件"表 7-7 十二色色环"。

3. 造型

表格除了可以添加简单的边框或单元格底色进行美化，还可以将边框和底色相结合进行造型，以进一步美化表格，制作出与众不同的表格，下面分别介绍。

（1）纯边框造型。

图 7-16（示例文件"表 7-8 纯边框造型"）列标题的上边框完全是出于美化的原因才添加的，

故意去掉供应商和商品列的列标题（前提条件：去掉后并不影响报表的阅读），也是为了造型的需要，美化后的表格造型简洁优雅。

2021年商品采购统计表

单位名称：逸凡公司

		1月	2月	3月	4月	5月	6月	7月	8月	9月	10月	11月	12月
供应商A	商品A1	996.00	1,010.00	1,041.00	968.00	978.00	967.00	1,030.00	987.00	1,009.00	1,032.00	980.00	1,010.00
	商品A2	1,010.00	1,008.00	961.00	1,042.00	1,016.00	1,008.00	1,008.00	988.00	1,006.00	1,019.00	1,012.00	956.00
	商品A3	968.00	1,017.00	997.00	1,018.00	955.00	1,029.00	1,031.00	1,036.00	1,026.00	971.00	975.00	961.00
	商品A4	1,017.00	997.00	978.00	963.00	1,045.00	968.00	1,047.00	1,020.00	970.00	1,014.00	1,043.00	1,023.00
	小计	3,991.00	4,032.00	3,977.00	3,991.00	3,994.00	3,972.00	4,116.00	4,031.00	4,011.00	4,036.00	4,010.00	3,950.00
供应商B	商品B1	971.00	1,049.00	1,028.00	993.00	1,037.00	968.00	1,014.00	1,007.00	984.00	1,042.00	1,005.00	961.00
	商品B2	1,022.00	1,013.00	976.00	1,048.00	966.00	980.00	991.00	963.00	971.00	1,024.00	1,021.00	977.00
	商品B3	1,041.00	1,008.00	990.00	1,027.00	1,031.00	961.00	954.00	994.00	992.00	961.00	1,049.00	989.00
	小计	3,034.00	3,070.00	2,994.00	3,068.00	3,034.00	2,909.00	2,959.00	2,964.00	2,947.00	3,027.00	3,075.00	2,927.00
供应商C	商品C1	1,049.00	957.00	978.00	972.00	978.00	1,004.00	982.00	977.00	971.00	998.00	1,047.00	1,035.00
	商品C2	1,047.00	1,027.00	1,035.00	1,027.00	952.00	950.00	1,032.00	1,033.00	953.00	958.00	993.00	981.00
	商品C3	980.00	965.00	950.00	1,023.00	959.00	963.00	1,028.00	990.00	960.00	961.00	1,044.00	980.00
	商品C4	1,000.00	1,011.00	970.00	1,045.00	957.00	958.00	981.00	994.00	1,029.00	967.00	1,001.00	972.00
	商品C5	994.00	1,015.00	1,041.00	1,021.00	983.00	974.00	1,024.00	1,011.00	1,000.00	989.00	1,042.00	997.00
	小计	5,070.00	4,975.00	4,974.00	5,088.00	4,829.00	4,849.00	5,047.00	5,005.00	4,913.00	4,873.00	5,127.00	4,965.00
供应商D	商品D1	997.00	956.00	1,033.00	976.00	979.00	1,032.00	969.00	960.00	1,025.00	953.00	970.00	971.00
	商品D2	986.00	953.00	953.00	952.00	1,013.00	959.00	972.00	984.00	1,014.00	1,000.00	980.00	956.00
	小计	1,983.00	1,909.00	1,986.00	1,928.00	1,992.00	1,991.00	1,941.00	1,944.00	2,039.00	1,953.00	1,950.00	1,927.00
合计		14,078.00	13,986.00	13,931.00	14,075.00	13,849.00	13,721.00	14,063.00	13,944.00	13,910.00	13,889.00	14,162.00	13,769.00

图 7-16 纯边框造型

（2）填充色造型。

有些表格仅仅通过表格单元格的填充色来构建表格的框架，以达到区分和结构化表格的目的。图 7-17 就是使用不同的填充色来区分行标题、数据行的。

（3）边框 + 填充色造型。

除了单纯地通过边框或单元格底色进行造型美化外，还可将单元格底色与边框相结合，通过二者的组合可以设计更丰富、更漂亮的别致造型。实际上，"边框 + 填充色"造型的表格是最普遍的。除了前文的示例，下面来看几个美化示例。

先来看一个最简单的用边框和填充色对表格进行美化的案例，图 7-18 中每个供应商独占一行，结构更清晰。同时各供应商名称单元格加了斜边框，造型独特，非常醒目。

RESULTS OF OPERATIONS

The following table summarizes the consolidated results of operations:

Consolidated - In Millions (except per share data)	December 31,					
	2018	Better/(Worse)	2017	Better/(Worse)	2016	
Units (in thousands)	68,440	(4.6)%	71,704	-%	71,692	
Net sales	$ 21,037	(1.0)	$ 21,253	2.6	$ 20,718	
Gross margin	3,537	(1.8)	3,602	(2.2)	3,692	
Selling, general and administrative	2,189	(3.6)	2,112	(1.5)	2,080	
Restructuring costs	247	10.0	275	(58.9)	173	
Impairment of goodwill and other intangibles	747	nm	—	—	—	
Interest and sundry (income) expense	108	(24.3)	87	6.5	93	
Interest expense	192	(18.2)	162	(0.7)	161	
Income tax expense	138	74.7	550	nm	186	
Net earnings (loss) available to Whirlpool	(183)	nm	350	(60.6)	888	
Diluted net earnings (loss) available to Whirlpool per share	$ (2.72)	nm	$ 4.70	(59.1)%	$ 11.50	

nm: not meaningful

图 7-17 填充色造型（惠尔浦 2018 年财报 P23）

2021年商品采购统计表

单位名称：逸凡公司

		1月	2月	3月	4月	5月	6月	7月	8月	9月	10月	11月	12月
供应商A													
	商品A 1	996.00	1,010.00	1,041.00	968.00	978.00	967.00	1,030.00	987.00	1,009.00	1,032.00	980.00	1,010.00
	商品A 2	1,010.00	1,008.00	961.00	1,042.00	1,016.00	1,008.00	1,008.00	988.00	1,006.00	1,019.00	1,012.00	956.00
	商品A 3	968.00	1,017.00	997.00	1,018.00	955.00	1,029.00	1,031.00	1,036.00	1,026.00	971.00	975.00	961.00
	商品A 4	1,017.00	997.00	978.00	963.00	1,045.00	968.00	1,047.00	1,020.00	970.00	1,014.00	1,043.00	1,023.00
	小计	3,991.00	4,032.00	3,977.00	3,991.00	3,994.00	3,972.00	4,116.00	4,031.00	4,011.00	4,036.00	4,010.00	3,950.00
供应商B													
	商品B 1	971.00	1,049.00	1,028.00	993.00	1,037.00	968.00	1,014.00	1,007.00	984.00	1,042.00	1,005.00	961.00
	商品B 2	1,022.00	1,013.00	976.00	1,048.00	966.00	980.00	991.00	963.00	971.00	1,024.00	1,021.00	977.00
	商品B 3	1,041.00	1,008.00	990.00	1,027.00	1,031.00	961.00	954.00	994.00	992.00	961.00	1,049.00	989.00
	小计	3,034.00	3,070.00	2,994.00	3,068.00	3,034.00	2,909.00	2,959.00	2,964.00	2,947.00	3,027.00	3,075.00	2,927.00
供应商D													
	商品D 1	997.00	956.00	1,033.00	976.00	979.00	1,032.00	969.00	960.00	1,025.00	953.00	970.00	971.00
	商品D 2	986.00	953.00	953.00	952.00	1,013.00	959.00	972.00	984.00	1,014.00	1,000.00	980.00	956.00
	小计	1,983.00	1,909.00	1,986.00	1,928.00	1,992.00	1,991.00	1,941.00	1,944.00	2,039.00	1,953.00	1,950.00	1,927.00
合计		9,008.00	9,011.00	8,957.00	8,987.00	9,020.00	8,872.00	9,016.00	8,939.00	8,997.00	9,016.00	9,035.00	8,804.00

图 7-18 边框 + 填充色造型 1

图 7-19 是微软 Excel 透视表的模板加以修改而来，通过边框与填充色的有机结合，使得表格的结构非常清晰，同时造型也优雅美观。

销售地区	销售人员	品名	数量	销售金额
北京				
	张三			
		按摩椅	73	58, 400
		微波炉	120	181, 500
		液晶电视	77	385, 000
	李四			
		跑步机	201	442, 200
		微波炉	5	2, 500
山东				
	王五			
		微波炉	69	34, 500
		显示器	157	235, 500
		液晶电视	87	435, 000
上海				
	赵六			
		跑步机	178	391, 600
		微波炉	60	30, 000
		显示器	128	192, 000
		液晶电视	1	5, 000
总计			1, 156	2, 393, 200

销售地区	销售人员	品名	数量	销售金额
北京				
	张三			
		按摩椅	73	58, 400
		微波炉	120	181, 500
		液晶电视	77	385, 000
	李四			
		跑步机	201	442, 200
		微波炉	5	2, 500
山东				
	王五			
		微波炉	69	34, 500
		显示器	157	235, 500
		液晶电视	87	435, 000
上海				
	赵六			
		跑步机	178	391, 600
		微波炉	60	30, 000
		显示器	128	192, 000
		液晶电视	1	5, 000
总计			1, 156	2, 393, 200

图 7-19　边框 + 填充色造型 2

4. 版面

表格要漂亮美观，除了在字体、颜色、造型上进行美化外，还要做到版面干净，否则就像一位美女，即使五官精致、肤色白皙、身材苗条、穿着时髦，但衣服、脸上脏兮兮的，实在有损形象，再漂亮也会大打折扣。

版面干净要注意以下几点：

（1）仅在表格区域设置单元格边框和填充色，删除表格之外单元格的内容和格式。

（2）尽量少用批注，如果必须使用批注，至少要做到不遮挡其他数据，也可以吸取国外著名财经杂志的经验，需要批注的加星号标注，然后在表格末尾备注。

如果表格需要打印，则应在页面设置时将批注打印设置在表格末尾。如果备注较多的话，应考虑增加一列字段专门用于说明，备注如果有数字，最好单列成一字段，以便统计。

（3）应消除表格中的公式错误。

使用公式时最常见的错误值有"#DIV/0!"和"#N/A"，前者是因为公式中的除数为零值，后者是因为函数或公式中没有可用数值。编制公式时可以使用 IF、ISNA、IFERROR 函数来消除错误值，比如"=IF(ISERROR(A1/B1),0,A1/B1)""=IFERROR(A1/B1,0)"，在第五章各案例中均可看到此类处理。

（4）隐藏或删除零值。

如果报表使用者不喜欢看到有零值，我们应根据用户至上的原则，将零值删除或显示成小短横线。

第三节　表格美化应考虑的问题

一、考虑公司的 VI（视觉识别）要求

一些公司对这方面的要求比较高，尤其是当表格需要对外提供时，所以要注意表格的字体、配色不要与公司 VI 系统的要求相冲突，在 VI 要求的标准色、标准字范围内美化。

二、考虑表格的用途

表格设计和美化时要考虑表格的用途：表格是供个人使用还是供工作使用？如果是工作表格，请使用严谨的商务风格。表格是直接在 Excel 中使用还是需要复制到 PPT 中？如果要复制到 PPT 中，表格的风格应与 PPT 风格保持一致。

三、考虑是否要打印

如果报表需要打印，那么就不应大面积使用填充色。否则打印时不仅会使版面杂乱，还非常浪费

墨水或碳粉，环保从细节做起，为地球节约一点资源吧。比如打印图 7-20，就会比较费碳粉。

图书	合计	1月	2月	3月	4月	5月	6月	7月	8月	9月	10月	11月	12月
"偷懒"的技术2：财务Excel表格轻松做													
书店A1	12,408	996	1,010	1,041	968	978	967	1,430	987	1,009	1,032	980	1,010
书店A2	12,434	1,010	1,008	961	1,042	1,016	1,008	1,408	988	1,006	1,019	1,012	956
书店A3	12,384	968	1,017	997	1,018	955	1,029	1,431	1,036	1,026	971	975	961
书店A4	12,485	1,017	997	978	963	1,045	968	1,447	1,020	970	1,014	1,043	1,023
小计	49,711	3,991	4,032	3,977	3,991	3,994	3,972	5,716	4,031	4,011	4,036	4,010	3,950
"偷懒"的技术：打造财务Excel达人													
书店C1	12,348	1,049	957	978	972	978	1,004	1,382	977	971	998	1,047	1,035
书店C2	12,388	1,047	1,027	1,035	1,027	952	950	1,432	1,033	953	958	993	981
书店C3	12,203	980	965	950	1,023	959	963	1,428	990	960	961	1,044	980
书店C4	12,285	1,000	1,011	970	1,045	957	958	1,381	994	1,029	967	1,001	972
书店C5	12,491	994	1,015	1,041	1,021	983	974	1,424	1,011	1,000	989	1,042	997
小计	61,715	5,070	4,975	4,974	5,088	4,829	4,849	7,047	5,005	4,913	4,873	5,127	4,965
合计	111,426	9,061	9,007	8,951	9,079	8,823	8,821	12,763	9,036	8,924	8,909	9,137	8,915

图 7-20 深色背景的表不宜打印

四、考虑标题是否写明重点

如果需要强调表格的某种特点或趋势，且报表使用者更关注此特点或趋势，那么可以考虑在表格标题中写出来。如果报表使用者更关注数据的整体性，那么就别自作多情了，用个普通的概括性标题就行了。

五、尊重报表使用者的偏好

如果表格的最终使用者不是自己,我们应有良好的服务意识,秉承用户至上的理念,按报表使用者的偏好进行美化。

■ **扩展阅读**

由于篇幅所限,已将本章第四节"商务表格欣赏"转移至公众号,请在微信公众号"Excel偷懒的技术"主页发送关键词"商务表格",获取相关内容。

后记
仰望半山腰

　　高中时代起，我便开始在应试作文之外尝试文学创作，自然也曾梦想能出版一本自己的书，无奈志大才疏，零零散散写了几十万字，均上不得台面，只好作罢。不承想，微软公司旗下的 Excel 软件，却给了我一个曲线圆梦的机会。

　　认识 Excel 是在 2002 年秋冬之交，大一上学期的某节计算机课上。由于当时和它打交道的主要目的不是辅助工作，而是应付考试，所以对其不屑一顾：这不就是一个画好了表格的 Word 嘛。

　　直到大一下学期期中考试后的某天，我和几个同学去帮辅导员处理琐事，不经意间瞥见辅导员正在用 Excel 统计考试成绩，求和、平均分计算、总分排名、列填充……几个简单的操作，一张近百人的期中考试统计表便诞生了，我当时就看傻了，Excel，还可以这么玩儿？

　　我对 Excel 的理解，至此被彻底颠覆。我开始慢慢地关注并尝试去挖掘这个被我误解和蔑视过的数据工具。只是大学时代接触电脑的机会不多，除了一些简单的函数和功能外，我没有太多的收获。不过还满心窃喜，以为自己总算是掌握了 Excel 了。

　　毕业以后，随着财务执业的深入，Excel 越来越多地渗透到我的工作中。这时才发现，面对这个强大的助手，我却力不从心。幸好此时有缘遇见了本书的合著人龙逸凡先生，在他的指导下，我慢慢认识、应用和掌握了一些未曾使用过的 Excel 功能。更重要的是，在他的几次培训课后，我开始结合 Excel 的特性，对使用 Excel 的素养和理念有了一种顿悟。

至此我才发现，我离自以为的熟练掌握，还隔着十万八千里。

当年的窃喜，实在是浅薄的无知。

从此，我便沉迷于学习探索 Excel 的各种功能和技巧并应用于工作中，利用 Excel 编制各种有助于提高工作效率的工作表，并结合报表翻新、数据透视表等技术来捍卫我宝贵的业余时间。同时我还热衷于向朋友们分享提高工作效率的乐趣。尽管我所探索的方法不一定是最科学、最合理、最高效的，但只要它能让我们在探索的旅程中前进一步，便是值得欣慰的。

你永远不知道，在你的想象之外，Excel 还能给你怎样的惊喜。所以，即使在本书的写作过程中，我也有很大一部分时间是在学习和探索。在统稿前的一次次交叉审稿中，与其说我是在找合著人的茬儿，不如说我是在学习合著人分享的那些我还不曾掌握的知识。

我相信读完本书的朋友也一定能发现，理解 Excel，并不意味着就是对函数或功能的死记硬背，抑或是对生僻功能的深入钻研。只要打好了规范的基础，其实 Excel 也是平易近人的，只是需要靠用户的想象力和主观能动性去成就它的精彩。

不知何时起，耳边开始听到称我为"Excel 高手"的封号，有了前车之鉴，这可着实把我吓得不轻。因为我一直在努力地抬头仰望，却发现视线所及之处，才仅仅是 Excel 的半山腰。

钱勇
于重庆

推荐阅读

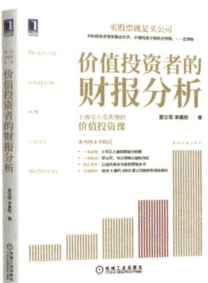

"偷懒"的技术：打造财务Excel达人（第2版）

作者：龙逸凡 钱勇　ISBN：978-7-111-69599-8

第1版畅销10万册，从数据管理理念、Excel技巧到实操应用，本书贴近实务、"用户友好"、不落俗套。

"偷懒"的技术2：财务Excel表格轻松做

作者：龙逸凡 钱勇 黄子俊　ISBN：978-7-111-61865-2

既是一本提高财务人员数据加工整理、统计查询和分析能力的图书，又是每一位财务人员不可或缺的财务表格和函数公式字典，有需要时翻查套用。

全面预算管理：让企业全员奔跑

作者：温兆文　ISBN：978-7-111-50855-7

作者从其500强企业工作实践出发，总结出一套"洋为中用"的预算理念和方法，配以模拟案例。

让数字说话：审计，就这么简单

作者：孙含晖（笔名：金十七）王苏颖 阎歌　ISBN：978-7-111-53081-7

深入浅出，将枯燥的审计化繁复为轻简、化严肃为活泼、化枯燥为有趣，豆瓣评分9.0。

肖星的财务思维课

作者：肖星　ISBN：978-7-111-65166-6

专门为初学者和非专业人士制作，讲授人人都能听得懂、学得会的财务知识。通过真实、有趣、接地气的案例，带你从财务的角度重新认识企业。

价值投资者的财报分析

作者：夏立军 李莫愁　ISBN：978-7-111-67064-3

专为股票投资者写作，会计名家（上海交大会计系主任）手把手教你选择好公司。以海天味业为案例，从投资的角度介绍财报分析的分析思路、分析方法及相关数据，零基础也可学会。

推荐阅读

巴菲特的第一桶金

作者：[英] 格伦·阿诺德　ISBN：978-7-111-64043-1　定价：79.00元

股神赚得第一个1亿美元的投资路线图

巴菲特之道

作者：[美] 罗伯特·哈格斯特朗　ISBN：978-7-111-49362-4　定价：59.00元

将巴菲特思想引进中国的书

沃伦·巴菲特如是说

作者：[美] 珍妮特·洛　ISBN：978-7-111-59832-9　定价：59.00元

彼得·林奇、约翰·伯格推荐的10本经典书之一

巴菲特致股东的信

作者：[美] 沃伦 E. 巴菲特　ISBN：978-7-111-59210-5　定价：99.00元

摩根大通推荐给百万富翁的10本必读书之一

关键时刻掌握关键技能

《纽约时报》畅销书，全美销量突破400万册
《财富》500强企业中的300多家都在用的方法

推荐人

史蒂芬·柯维 《高效能人士的七个习惯》作者
汤姆·彼得斯 管理学家
菲利普·津巴多 斯坦福大学心理学教授
穆罕默德·尤努斯 诺贝尔和平奖获得者
麦克·雷登堡 贝尔直升机公司首席执行官

樊登 樊登读书会创始人
吴维库 清华大学领导力教授
采铜 《精进：如何成为一个很厉害的人》作者
肯·布兰佳 《一分钟经理人》作者
夏洛特·罗伯茨 《第五项修炼》合著者

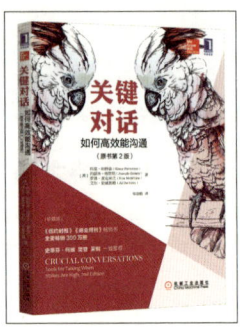  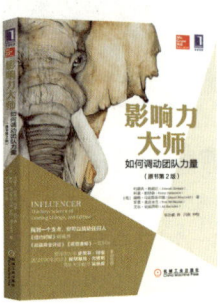

关键对话：如何高效能沟通（原书第2版）（珍藏版）
作者：科里·帕特森 等 书号：978-7-111-56494-2

应对观点冲突、情绪激烈的高风险对话，得体而有尊严地表达自己，达成目标

关键冲突：如何化人际关系危机为合作共赢（原书第2版）
作者：科里·帕特森 等 书号：978-7-111-56619-9

化解冲突危机，不仅使对方为自己的行为负责，还能强化彼此的关系，成为可信赖的人

影响力大师：如何调动团队力量（原书第2版）
作者：约瑟夫·格雷尼 等 书号：978-7-111-59745-2

轻松影响他人的行为，从单打独斗到齐心协力，实现工作和生活的巨大改变